"十三五"江苏省高等学校重点教材（编号：2019-1-081）

模拟电子技术

（第二版）

编　著　左　芬　杨　军
参　编　马春林　潘　建　戴金桥　陈华宝

南京大学出版社

图书在版编目(CIP)数据

模拟电子技术 / 左芬,杨军编著. — 2版. — 南京：
南京大学出版社,2021.6
ISBN 978 - 7 - 305 - 24619 - 7

Ⅰ. ①模… Ⅱ. ①左… ②杨… Ⅲ. ①模拟电路—电
子技术—高等学校—教材 Ⅳ. ①TN710

中国版本图书馆 CIP 数据核字(2021)第 118220 号

出版发行　南京大学出版社
社　　址　南京市汉口路 22 号　　　　邮　编　210093
出版人　金鑫荣

书　　名　**模拟电子技术**
编　著　左芬　杨军
责任编辑　吕家慧　　　　　　　编辑热线　025 - 83597482

照　　排　南京南琳图文制作有限公司
印　　刷　南京人民印刷厂有限责任公司
开　　本　787×1092　1/16　印张 22　字数 536 千
版　　次　2021 年 6 月第 2 版　2021 年 6 月第 1 次印刷
ISBN 978 - 7 - 305 - 24619 - 7
定　　价　59.00 元

网址：http://www.njupco.com
官方微博：http://weibo.com/njupco
微信服务号：njuyuexue
销售咨询热线：(025) 83594756

前　言

　　模拟电子技术课程是一门重要的专业技术基础课程,也是一门工程应用性很强的课程,具有自身的体系和很强的实践性。课程中的许多重要概念,对后续课程的学习以至工程应用都具有深远的影响。因此,本书是考虑我国高等学校的课程设置和学时压缩的教学现状,以培养应用型人才为目标,结合作者多年的教学实践,本着推进课程教学改革的思路而编写的。

　　本书延续了第一版的"突出理论和实践紧密结合、实用为主、注重实践"的教学思想,在内容的选取及编写上,更加突出基本概念、基本电路的原理和基本分析方法,引导学生抓住重点、掌握分析方法,强调理论联系实际,使学生既获得模拟电子技术方面的基本知识、基本理论和基本技能,熟悉常用电子器件的特性,又具备一定的创新实践能力和工程应用能力,为深入学习电子技术及其应用打好基础。本书对第一版进行了一定的修订,内容上紧紧围绕信号的放大、运算、产生、处理与变换等内容进行编写,同时按照先器件后放大电路、先基础后应用的规律对第一版的顺序进行了适当的调整,全书内容包括:绪论、常用半导体器件、基本放大电路、集成运算放大电路、负反馈放大电路、功率放大电路、模拟信号的运算和处理、信号发生电路和直流稳压电源。本书在编写过程中,更加地突出基础、简明扼要、通俗易懂。书中每章从"教学目的和要求"开始,以"本章小结"结束,让学生在学习中明确重点,把握难点,加深理解。全书结合理论分析和实际应用,介绍了模拟电子电路的一些应用示例,通过例题阐述了分析问题和解决问题的思路和方法,利于学生自学。每章都配有适量的练习题,利于学生举一反三,逐步提高分析问题和解决问题的能力。书中对应章节增加了扩展阅读部分,收录了部分有关模拟电子技术的知识和常识。每章安排了Multisim10电子仿真实验与设计的多个应用示例,有助于学生学习EDA技术以扩展自己的能力。考虑到全书的篇幅以及高校专业理论课时的缩减,将第一版中的课后练习题进行了适当地删减,去掉一些非典型的或者重复性比较高的习题,同时将自我检测题以及Multisim10电子仿真实验改成了扩展阅读。学生可以通过扫描二维码进一步的学习,拓展知识面,同时提高理论水平和实践能力。

　　本书可作高等学校电子信息类、电气信息类、仪器仪表类等专业和其他相关专业的"模拟电子技术""模拟电子线路"等课程的教材或参考书,也可供从事模拟电子电路应用和系统设计的有关工程技术人员参考。

　　本书在编写过程中,参考了国内外有关方面的书刊,编者在这里向被选用书刊的作者表示感谢。

　　限于作者的水平和时间,书中难免有疏漏和不妥之处,恳请读者批评指正。

编　者
2021 年 5 月

目　录

第1章 绪 论

本章学习目的和要求
1. 掌握电信号、信号的频谱、模拟信号和数字信号的基本知识;
2. 了解电子系统的组成、电子系统中模拟电路的基本功能和电子系统设计的基本原则;
3. 了解模拟电子技术的研究对象、课程的性质和作用,明确学习目的、把握学习方法。

电子技术是研究电子器件、电子电路及其应用的科学技术。随着物理学、半导体技术的不断发展,电子技术在 20 世纪取得了惊人的进步。特别是近几十年来,微电子技术的发展带动了计算机、通信、自动控制等高新技术的迅猛发展,致使工业、农业、科技和国防等领域发生了令人瞩目的变革。同时,电子技术一直都在改变着并且还将持续改变着人们的日常生活。从收音机、高保真度音响、电视机到 DVD 播放机、随身听,再到功能不断更新换代的通信设备、智能手机、个人电脑等大量的电子产品,已经日渐成为人们生活中不可或缺的引领时尚的必需品。

本书作为模拟电子技术课程的教材,在介绍二极管、三极管、场效应管、集成电路等半导体器件原理和特性的基础上,重点讨论一些基本电子电路的分析与设计方法,包括应用 Multisim10 软件进行电子仿真实验和设计。在当今世界集成电路器件及其产品日渐更新、层出不穷的形势下,读者掌握基本电子器件、基本电子电路的工作原理和主要特性,以及电路之间的互联匹配等基本知识之后,通过查阅电子器件产品说明等有关技术资料,就有可能设计出满足技术要求、性能可靠、成本低廉甚至具有创新应用的电子电路,乃至构成某种功能完善的电子系统。

本章结合本书的特点以及后续章节的内容,首先介绍信号与电子系统的一些基本概念,然后介绍模拟电子技术课程的任务特点、学习方法以及电子仿真与设计软件,为后续各章的学习提供引导性的预备知识。

1.1 电 信 号

【微信扫码】
扩展阅读

1.1.1 信 号

信号是反映消息的物理量,是信息的载体,例如工业控制中的温度、压力、流量,自然界的声音信号,等等。人们所说的信息,是指存在于消息之中的新内容,例如人们从各种媒体上获得原来未知的消息,就是获得了信息。可见,信息需要借助于某些物理量(如声、光,电)的变化来表示和传递,广播和电视利用电磁波来传送声音和图像就是最好的例证。

由于非电的物理量可以通过各种传感器较容易地转换成电信号。这种随时间连续变化

的电压 v 或电流 i 的电信号,称为模拟信号。处理模拟信号的各种电路,是本书所要讨论的主要内容。

能够将各种物理量转换为可由电子电路处理的信号的传感器,输出的信号都是电信号。比如话筒就是将声音信号转换为电信号的传感器。为方便起见,常把传感器看成信号源。根据有关电路理论的知识可知,电路中的信号源可以等效为理想电压源 v_s 和源内阻 R_s 串联的**戴维宁等效电路**,如图 1.1.1 所示;也可以等效为理想电流源 i_s 和源内阻 R_s 并联的**诺顿等效电路**,如图 1.1.2 所示。这两种信号源电路也可以等效转换,可以根据不同的应用场合,使用不同的信号源形式。

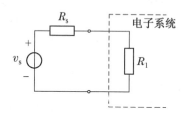
图 1.1.1　电压源等效电路

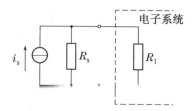
图 1.1.2　电流源等效电路

实际的电信号都是时间的函数,例如示波器显示某话筒输出的小提琴发出 A 调"啦"的声音波形如图 1.1.3 所示,而同样装置显示的钢琴发出 A 调"啦"的波形却如图 1.1.4,与小提琴声音波形截然不同,表明这两个信号的特征参数肯定不同。信号中的特征参数是设计放大电路和电子系统的重要依据。

图 1.1.3　小提琴发声 A 调"啦"的波形

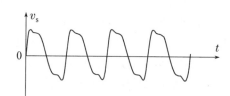
图 1.1.4　钢琴发声 A 调"啦"的波形

1.1.2　信号的频谱

小提琴和钢琴发出同一音符的声音,听起来虽然音调一样高,但是感觉是不同的声音。它们的波形不同,除了基音频率相同之外,泛音成分是不同的,所以这两个声音信号携带的信息是不同的,本质上是这两个声音的频谱是不同的。但是图 1.1.3 和图 1.1.4 只能看出波形不同,并不能明显看出具体不同的参数细节。

为了提取信号的特征参数,通常是将信号从时域变换到频域。信号在频域中表示的图形或曲线称为信号的频谱。通过傅立叶变换可以实现信号从时域到频域的变换。为了对信号的频谱有进一步的了解,下面首先以正弦波电压信号为例,说明信号的表达方式及其基本特性。图 1.1.5 描述了正弦波电压幅值与时间的函数关系,其数学表达式为

$$v(t)=V_m\sin(\omega t+\theta) \tag{1.1.1}$$

式中 V_m 是正弦波电压的振幅,ω 为角频率,θ 为初相角,当 $\omega=0$ 时,$v(t)$ 则为直流电压信号。在图 1.1.6 所示的正弦电压幅度与角频率的关系图中,只有幅值为 V_m、角频率为 ω_0 的

一个信号成分,当 V_m、ω、θ 均为已知常数时,信号中就不再含有任何未知信息,这是最简单的信号。所以,正弦波信号经常作为标准信号用来对模拟电子电路进行测试。

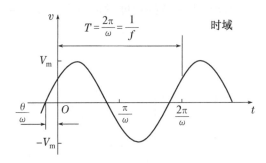

图 1.1.5 正弦信号时域表示

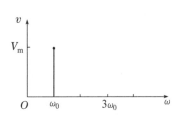

图 1.1.6 正弦电压幅度频谱

信号幅度与频率的关系称为**幅度频谱**,简称**幅度谱**;信号相位与频率的关系称为**相位频谱**,简称**相位谱**。它们统称为信号的**频谱**。

1. 周期信号的频谱

根据高等数学中的傅立叶级数可知,任意周期函数只要满足狄利克雷条件都可以展开成傅立叶级数。对于图 1.1.7 的周期性方波信号,它的时间函数表达式为

$$v(t)=\begin{cases}V_s,\ nT\leqslant t<(2n+1)\dfrac{T}{2},\\[2mm]0,\ (2n+1)\dfrac{T}{2}\leqslant t<(n+1)T\end{cases} \quad (1.1.2)$$

式中 V_s 为方波幅值,T 为周期,n 为从 $-\infty$ 到 $+\infty$ 的整数。

图 1.1.7 和式(1.1.2)中的电压 v 是时间 t 的函数,所以称为方波信号的时域表达方式。

方波信号可展开为傅立叶级数表达式

$$v(t)=\frac{V_s}{2}+\frac{2V_s}{\pi}\left(\sin\omega_0 t+\frac{1}{3}\sin 3\omega_0 t+\frac{1}{5}\sin 5\omega_0 t+\cdots\right)$$
$$(1.1.3)$$

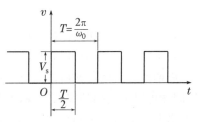

图 1.1.7 方波信号的时域表示

式中 $\omega_0=\dfrac{2\pi}{T}$,$\dfrac{V_s}{2}$ 是方波信号的**直流分量**,$\dfrac{2V_s}{\pi}\sin\omega_0 t$ 为该方波信号的**基波分量**,它的周期 $T=\dfrac{2\pi}{\omega_0}$ 与方波本身的周期相同。式(1.1.3)中其余各项都是高次**谐波分量**,它们的角频率是基波角频率的整数倍。根据三角函数知识,由式(1.1.3)可以得到如下形式:

$$v(t)=\frac{V_s}{2}+\frac{2V_s}{\pi}\left[\cos\left(\omega_0 t-\frac{\pi}{2}\right)+\frac{1}{3}\cos\left(3\omega_0 t-\frac{\pi}{2}\right)+\frac{1}{5}\cos\left(5\omega_0 t-\frac{\pi}{2}\right)+\cdots\right]$$
$$(1.1.4)$$

即
$$v(t)=\frac{V_s}{2}+\frac{2V_s}{\pi}\sum_{n=1,3,5,\cdots}^{\infty}\frac{1}{n}\cos\left(n\omega_0 t-\frac{\pi}{2}\right) \quad (1.1.5)$$

从而可得到幅值与角频率的关系为如图 1.1.8 所示的幅度频谱,其中包括直流项($\omega=$

0)和每一谐波分量在相应角频率处的振幅。这种信号各频率分量的振幅随角频率变化的分布图,就是该信号的幅度谱。本例中方波信号的各频率分量的相位随角频率变化的分布图,就是如图 1.1.9 所示的相位谱。从图 1.1.6 可以看出,正弦波的幅度频谱只在基波频率上有相应的幅值,而没有其他的频率分量。

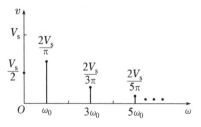

图 1.1.8　方波信号的幅度谱　　　　图 1.1.9　方波信号的相位谱

根据傅立叶级数的特性,许多周期信号的频谱都由直流分量、基波分量以及无穷多项高次谐波分量组成,频谱表现为一系列离散频率上的幅值,且随着谐波次数的递增,$v(\omega)$的幅值总趋势是逐渐减小的。如果只截取 $N\omega_0$(N 为有限正整数值)以下的信号组合,则可以得到原周期信号的近似波形,N 愈大,波形的近似程度愈高,与原信号的误差就愈小。

周期电压信号作用到电阻 R 上的平均功率为

$$P = \frac{1}{R}\left(V_0^2 + \sum_{n=1}^{\infty} \frac{1}{2}V_n^2\right) = \frac{V^2}{R} \tag{1.1.6}$$

其中
$$V = \sqrt{V_0^2 + \sum_{n=1}^{\infty} \frac{1}{2}V_n^2} \tag{1.1.7}$$

式中,V 是电压信号的有效值;$V_n/\sqrt{2}$ 是各次正弦谐波的有效值。总平均功率等于各次分量平均功率之和,所以信号的幅度谱反映了信号的功率分布,是信号最重要的特性之一。

周期性方波信号亦可作为电子系统的测试信号,例如,当测试宽频带放大器的频率响应时,固然可以采用扫频仪来实现,但当采用方波信号进行测试时,由被测系统输出方波电压的前沿上升是否陡峭和平顶降落的程度,来定性地评价放大器的频带宽度。这是因为方波信号的前沿变化较快,反映高频分量,而平顶部分变化较慢,反映低频分量。

2. 非周期信号的频谱

如果周期 T 趋于无穷大,则周期信号变化为非周期信号。因此,非周期信号的角频率 $\omega_0=2\pi/T$ 是无穷小量,信号的幅度谱将在角频率轴向上连续分布。运用傅立叶变换可将非周期信号表达为一个连续频率函数形式的频谱,它包含了所有可能的频率($0\leqslant\omega<\infty$)成分。实际世界的各种非周期信号,随角频率上升到一定程度,其幅度频谱函数总趋势是衰减的。当选择适当的截止角频率 ω_C,把高于此频率的部分截断时,即舍去高于 ω_C 的频率分量,一般不致太多地影响信号的特性。通常把保留的部分称为信号的带宽。

在工程实际中,信号的频谱总是存在的,如音频信号的频谱在 20 Hz~20 kHz 范围内连续分布。对工程实际问题有重要影响的信号称为有用信号(或有效信号),一般有用信号的频谱范围是有限的。表 1.1.1 列出了一些典型信号(有用信号)的频率范围。

表 1.1.1 典型信号的频率范围

信 号	频率范围	信 号	频率范围
心电信号	0.05 Hz~200 Hz	调频无线电信号	88 MHz~108 MHz
音频信号	20 Hz~20 kHz	模拟电视 LHF 频段	48.5 MHz~92 MHz
模拟电视信号	0 Hz~4.5 MHz	超高频电视信号	470 MHz~806 MHz
中波调幅无线电信号	535 kHz~1 605 kHz	卫星电视信号	3.7 GHz~4.2 GHz

综上所述,信号的频域表达方式可以得到某些比时域表达方式更有意义的参数。信号的频谱特性是电子系统有关频率特性的主要设计依据。这是因为在放大模拟信号的理想放大电路中,需要将信号中所有的频率分量按相同比例进行线性放大,使放大后的输出信号尽可能与原输入信号的波形保持一致,不产生失真或失真很小。但是,由于实际放大器内部存在分布电容等参数以及耦合电路等因素,放大器输出信号可能存在一些失真。有关放大器对信号各频率分量的响应的讨论参见本书第 3 章。

1.1.3 模拟信号与数字信号

信号的形式是多种多样的,可以从不同角度进行分类。根据信号的确定性,可将信号划分为确定信号和随机信号;根据信号是否具有周期性,可将信号划分为周期信号和非周期信号;根据信号对时间的取值是否具有连续性,可将信号划分为连续时间信号和离散时间信号等。在电子技术中通常将信号划分为模拟信号和数字信号。

模拟信号在时间和数值上均具有连续性,即对应于任意时间 t,均有确定的电压值 v 或电流值 i 与之对应,并且 v 或 i 的取值是连续的。例如从温度传感器输出的大气温度的变化信号就是一个模拟信号,正弦波信号也是一个典型的模拟信号。如图 1.1.3 和图 1.1.4 所示的小提琴和钢琴声音的信号也是一个典型模拟信号的波形。

与模拟信号不同,数字信号在时间和数值上均具有离散性,v 或 i 的变化在时间上不连续,总是发生在离散的瞬间,且它们的数值是一个最小量值的整倍数,并以此倍数作为数字信号的数值,如图 1.1.10 所示。当实际信号的数值在 N 和 $N+1$(N 为正整数)之间时,则根据所设定的阈值,将它确定为 N 或 $N+1$,即认为 N 与 $N+1$ 之间的数值没有意义。

图 1.1.10 数字信号波形

应当指出,大多数物理量所转换成的电信号均为模拟信号。在信号处理时,可以通过电子电路实现模拟信号和数字信号的相互转换。例如,对模拟信号进行数字化处理时,需首先将其转换为计算机能够识别的数字信号,称为模-数转换[①];经处理后,计算机输出的数字信号常需转换为能够驱动负载的模拟信号,称为数-模转换[②]。

本书所涉及的信号多为模拟信号。

---

① 模-数转换,简称 A/D(Analog to Digital)转换。

② 数-模转换,简称 D/A(Digital to Analog)转换。

1.2 电子系统

电子系统,通常是指若干相互连接、相互作用的基本电子电路组成的具有特定功能的电路整体。下面简要介绍电子系统所包含的主要组成部分和各部分的作用,电子系统的设计原则,以及系统中常用的模拟电子电路和组成系统时所要考虑的问题。

1.2.1 电子系统的组成

典型的电子系统示意图如图 1.2.1 所示。系统首先采集信号,即进行信号的提取。通常,这些信号来源于测试各种物理量的传感器、接收器,或者来源于用于测试的信号发生器。对于实际系统,传感器或接收器所提供的信号的幅值往往很小,噪声很大,且易受干扰,有时甚至分不清什么是有用信号,什么是干扰或噪声。因此,在加工信号之前,需将其进行预处理。进行预处理时,要根据实际情况利用隔离、滤波、阻抗变换等各种手段将信号提取出来并进行放大。当信号足够大时,再进行信号的运算、转换、比较等不同的加工。最后,一般还要经过功率放大以驱动执行机构(负载)。如果要进行数字化处理,则首先通过 A/D 转换电路将预处理后的模拟信号转换为数字信号,输入至计算机或其他数字系统,经处理后,再经 D/A 转换电路将数字信号转换为模拟信号,以便驱动负载。

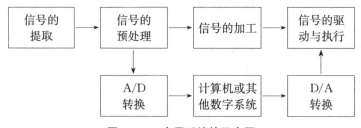

图 1.2.1 电子系统的示意图

如果系统不经过数字化处理,则图 1.2.1 中的信号的预处理和信号的加工可合而为一,统称为信号的处理。处理模拟信号的电路称为模拟电路,处理数字信号的电路称为数字电路。因此,图 1.2.1 所示电子系统是模拟-数字混合系统,其中信号的提取、预处理、处理、驱动由模拟电路组成,计算机或者其他数字系统由数字电路组成,A/D、D/A 转换为模拟电路和数字电路之间的接口电路。

1.2.2 电子系统中的模拟电路

对模拟信号最基本的处理是放大,放大电路是构成各种功能模拟电路的基本电路。在电子系统中,常用的模拟电路及其功能如下:

1. 放大电路:用于放大信号的电压、电流或功率。
2. 滤波电路:用于信号的提取、变换或抗干扰。
3. 运算电路:完成信号的比例、加、减、乘、除、积分、微分、对数、指数等运算。
4. 信号转换电路:用于将电流信号转换成电压信号或将电压信号转换成电流信号、将直流信号转换为交流信号或将交流信号转换为直流信号、将直流电压转换成与之成正比的频率等等。

　　5. 信号发生电路：用于产生正弦波、矩形波、三角波、锯齿波信号。

　　6. 直流电源：将 220 V、50 Hz 交流电转换成不同输出电压和电流的直流电，作为各种电子电路的供电电源。

1.2.3　电子系统的组成原则

　　设计电子系统，不但要考虑如何实现预期的功能和性能指标，还必须要考虑系统的可测性和可靠性。电子系统设计具备可测性，其一是为了调试方便引出合适的测试点，其二是为了系统设计有一定故障覆盖率的自检电路和测试激励信号。可靠性是指系统在工作环境下能够安全稳定地运行，具有一定的抗干扰能力。在满足功能和性能指标要求的前提下，系统设计时还应遵循以下几个原则：

　　（1）电路尽量简单。对于同样功能的电路，电路越简单，元器件数目越少，连线和焊点越少，出现故障的概率越小，系统的可靠性也就越高。通常能用集成电路实现的就不选用分立元件电路，大规模集成电路能实现的就不选用小规模集成电路。

　　（2）考虑电磁兼容。电磁兼容（Electro Magnetic Compatibility），是系统在其电磁环境中既能够抵御电磁干扰符合要求运行，又能较少地影响周围的电磁环境。电子系统常常不可避免地工作在复杂的电磁环境中，其中既有来自大自然的各种放电现象及各种电磁变化，又有人类自己利用电和电磁场从事的各种活动产生的变化的电磁场。空间电磁场的变化对于电子系统都会造成不同程度的干扰；同时，电子系统本身也在不同程度上成为其他电子设备的干扰源。

　　考虑电磁兼容性，设计的重点就是根据电磁干扰的物理特性，采取必要措施抑制干扰源、阻断干扰源的传播途径，使系统正常工作。通常采用隔离、屏蔽、接地、滤波、去耦等技术来获得较强的抗干扰能力；此外，必要时还应选用抗干扰能力强的元器件，并对元器件进行精密地调整。

　　（3）考虑系统可测。合理引出测试点，设计自检电路，使系统的调试测试简单方便、容易操作。

　　（4）整体统筹权衡。设计电路和选择元器件时，首先统筹考虑，权衡利弊，满足设计需求即可，不盲目追求某单一方面性能特别优秀；对于多数电子电路，当改善其某方面性能时，往往会使另一方面的性能变坏。其次，能用通用型元器件，就不用专用型元器件，以降低系统成本。唯有当系统电路结构正确而性能不满足要求时，才考虑更换所选的元器件。

　　5. 生产工艺简单易行。

1.3　模拟电子技术课程

1.3.1　模拟电子技术课程的任务

　　模拟电子技术课程是高等学校电子信息类、电气信息类、仪器仪表类等专业的一门重要的技术基础课程。本课程的任务是使学生掌握半导体电子器件和模拟电子电路的基本概念、基本原理和基本分析方法，着力培养学生分析问题、解决问题的发展性能力和创造性能力,培养学生的实验实践技能,为以后深入学习电子技术某些领域的内容以及为电子技术在各个专业中的应用打好基础。

1.3.2 模拟电子技术课程的特点

本课程是一门应用技术课程,不同于数学、物理以及电路理论等基础理论课程。本课程最突出的特点是工程性和实践性强,对于培养学生的工程实践能力和创新实践意识具有不可替代的重要作用。

1. 工程性

由于组成电子电路的各种器件具有非线性,并且各类半导体材料、半导体器件的参数与性能通常具有很强的分散性,即使同一个型号的器件,其参数也是不完全一样的。因此在分析模拟电子电路时要更加注重以下几个方面。

(1) 采用"工程估算"方法

通常对电子电路的精确计算是很困难的,也是没有必要的,因此在电子电路的分析计算过程中通常采用"工程估算"的方法。即在工程允许的范围内,忽略一些次要因素,将非线性器件用其线性化模型代替,将非线性电路转化成线性电路来分析计算,在工程上,允许有5%～10%的误差。在模拟电子电路的分析过程中,经常用到等效电路分析方法和图解分析方法。

(2) 更加强调定性分析

只有对模拟电子电路进行反复调试,才能使模拟电子电路满足性能指标的要求。因此,对电子电路的分析更强调定性分析,即分析电路的工作原理,分析电路是否在功能上和性能上满足要求。特别是要善于把握电路的变化,即当电路的参数、工作条件发生变化时,能正确分析电路的性能发生了哪些变化。模拟电子电路归根结底是"路",其特殊性表现在含有具有非线性特性的半导体器件。通常,在求解模拟电子电路时需将其转换成用线性元件组成的电路,即将电路中的半导体器件用其等效模型(或称等效电路)取代。不同的条件,解决不同的问题,应构造不同的等效模型。

2. 实践性

各类电子电路千差万别,应用场合不同,但实用的电子电路几乎都要通过调试才能达到预期的指标,调试电路的过程就是实践的过程。掌握常用电子仪器仪表的使用方法、模拟电子电路的测试方法、故障的诊断与排除方法、仿真方法是教学的基本要求。理论教学是进行实践的基础,只有正确理解了模拟电子电路中各元器件参数对电路性能的影响,才能进行正确的电路调试和故障排除。同样,通过实践可以加深对理论的理解。随着计算机技术的不断发展,电子电路的计算机仿真技术得到了迅速发展,掌握一种电子电路仿真软件是提高电子电路分析能力和设计能力非常必要的手段。

1.3.3 模拟电子技术课程的学习方法

根据模拟电子技术课程工程性和实践性很强的特点,在学习该课程的过程中,我们一定要抓住以下几点。

1. 重点掌握"基本概念、基本电路和基本分析方法"

掌握模拟电子技术中的基本概念、基本电路和基本分析方法是学好模拟电子技术基础课程的关键。

（1）对于基本概念，不仅要理解概念引入的必要性，更要理解基本概念的物理意义以及适应的条件，并能灵活运用。

（2）在模拟电路中，有成千上万种电路，但是每一个复杂电路其实都是由若干单元电路有机组合在一起构成的。我们在学习模拟电子技术课程时，一定要熟练掌握常见基本模拟单元电路，不仅要掌握单元电路的原理和分析计算，更要理解各单元电路的参数、性能、特点以及应用。例如，外形结构一样的放大电路，仅仅某一个电阻阻值参数不符合要求，就足以使放大电路性能不符合要求甚至处于不能工作的故障状态。在模拟电子技术课程中，贯穿整个课程的是各类放大电路，它们不仅能完成对信号电压或电流的放大作用，而且还是构成其他模拟电路的基础。因此学习模拟电子技术时，一定要抓住放大电路这条主线。

（3）不同类型的模拟电路完成不同的功能，在对电路进行分析时，可能用到不同的参数和方法。在学习模拟电子技术过程中，不仅要掌握各种参数的求解方法、电路的识别方法、性能指标的估算方法和描述方法，而且还要清楚各种参数、分析方法所适用的条件和范围。

2. 灵活运用电路理论的基本定理、定律

晶体管等半导体电子器件是非线性器件，由半导体电子器件和线性器件（如电阻、电容、电感等）组成的模拟电子电路是一种非线性电路。电路中的非线性器件除了体现其自身的伏安特性规律之外，它和线性器件组成的电路还满足电路理论的基本定律和定理，如基尔霍夫定律、戴维宁定理、诺顿定理等。在小信号工作情况下，晶体管等非线性器件可以用其线性电路模型表示，此时可将非线性电路转变为线性电路进行分析。

3. 学会用全面、辩证的观点分析模拟电子电路

模拟电路千差万别，应用条件、应用场合各不相同。如果从实际应用出发讨论各种电路，应该说没有最好的电路，只有最合适的电路，或者说在某一特定条件下最好的电路。因为在改变电路的某些参数，以改善电路某些性能指标的同时，还可能使其他某些电路指标变差。也就是说电路的各方面性能指标往往是相互影响的，通常"有一利必将有一弊"，要注意不能顾此失彼。因此在学习模拟电路技术基础课程的过程中，在学习某一新电路时，我们不仅要首先弄清楚现有电路存在的问题以及新电路是如何解决这一问题的，而且还要清楚新电路带来了哪些不利。在模拟电路设计中，经常会对技术指标进行"折中"权衡。只有辩证、全面地学习模拟电子电路，才能学会、掌握模拟电子技术。

4. 勤于实践并善于实践

模拟电子技术课程的实践性很强，离开实践是学不好的。因此学习该课程时，一定要十分重视实践环节，要通过实验课或课程设计等实践教学，掌握常用仪器仪表的使用方法、常见电子电路的设计与调试方法，这些方法只有在实验实践中亲自动手动脑去做才能学会。如果实验实践中只看别人做而自己仅仅记几个数据、抄个报告，就不可能真的学会这些方法。不仅要参与实践，还要善于实践，以日常生活中的电路为素材，进行电子设计和制作。此外，还要善于学习有关电子电路方面的书刊、杂志，拓宽知识面，以及学会用 Protel 绘图软件，绘制电路原理图、PCB 版图等。

5. 至少学会一种电子电路仿真与设计软件

学会使用一种电子电路仿真与设计软件，可以加深对电子电路的分析和理解，提高学习模拟电子技术课程的效率，使你的学习、实验与设计变得容易和轻松。为方便读者学习，本书附录中扩展阅读部分给出了基于 Multisim10 软件的各章重要知识点的仿真示例。

总之,只要我们在学习模拟电子技术课程过程中,坚持发挥自己的主动性,坚持理论联系实际,积极实践,就一定能够根据自己的基础条件,探索出高效的适合自己的学习方法。

第2章 常用半导体器件

本章学习目的和要求

1. 了解半导体的导电特性,熟悉 PN 结的形成及其单向导电性;
2. 掌握半导体二极管的伏安特性及主要参数,熟悉半导体二极管的基本应用,能用理想二极管模型分析二极管电路;
3. 了解常用的一些特殊二极管的特性及应用;
4. 掌握晶体三极管的结构、电流分配关系、伏安特性曲线及主要参数;掌握晶体三极管的放大状态、饱和状态和截止状态的条件和特点;学会正确地选择、检测和使用晶体管;
5. 熟悉场效应晶体管(JFET 和 MOSFET)的基本结构及工作原理;掌握场效应管的伏安特性,熟悉其主要参数,并能依据特效参数正确选用场效应管。

半导体器件是现代电子技术的重组成部分,由于它具有体积小、重量轻、使用寿命长、输入功率小和功率转换效率高等优点而得到广泛的应用。

本章首先介绍半导体的基本知识,接着阐述半导体器件的基础——PN 结及其单向导电性,并依次讨论了二极管、晶体三极管以及场效应管的结构、工作原理、特性曲线和主要参数,同时在半导体二极管的部分介绍了二极管基本电路及其分析方法与应用,并对稳压二极管、变容二极管、肖特基二极管、光电二极管、发光二极管和半导体发电器件等特殊二极管的特性与应用也做了简要的介绍。

2.1 半导体基本知识

物体按其导电能力的不同可分为导体、半导体和绝缘体。导体很容易导电,是由于导体内部原子的最外层价电子(Valence Electron)很容易摆脱原子核的束缚而成为自由电子(Free Electron),在外加电场力的作用下,这些自由电子就会定向运动形成电流。绝缘体(大部分绝缘体都属于化合物)内部原子的价电子被原子紧紧地束缚在一起,自由电子非常少,导电能力极差,正常情况下不导电。半导体的导电能力介于导体和绝缘体之间,其电阻率在 $(10^{-2} \sim 10^{9})\Omega \cdot cm$ 范围内。自然界中属于半导体的物质很多,目前用来制造半导体器件的材料主要是硅(Si)、锗(Ge)、砷化镓(GaAs)等。

与导体和绝缘体截然不同,半导体材料具有以下导电特性。

(1) 热敏特性:半导体材料的导电能力对温度非常敏感。当半导体的温度(受所处环境影响)升高时,其导电能力显著增强。利用这种特性可以制成温度敏感元件,如热敏电阻。

(2) 光敏特性:当半导体受到光照射时,其导电能力显著增强。利用光敏特性可以制成各种光敏元件,如光敏电阻、光敏二极管、光敏三极管等。

（3）掺杂特性：在纯净的半导体中掺入微量杂质，半导体的导电能力将大大增强，可增强达几十万乃至几百万倍。利用掺杂特性可以制成各种不同用途的半导体器件。

为了理解半导体的这些导电特性，必须了解它的内部结构和导电机理。

2.1.1 本征半导体

纯净而且结构完整的单晶半导体称为本征半导体（Intrinsic Semiconductor）。实际上很难实现理想的本征半导体，工程上把杂质浓度很低的单晶半导体称为本征半导体。常用的半导体材料硅(Si)和锗(Ge)的原子序数分别为 14 和 32，它们的共同特点是原子最外层轨道上有 4 个价电子，都是 4 价元素。硅和锗的原子结构模型分别如图 2.1.1(a)(b)所示。由于两者价电子数相同，所以呈现出非常相似的导电性能。为了突出价电子对半导体导电性能的影响，常把内层电子和原子核共同看成一个惯性核，硅和锗的惯性核都带 4 个正电子电量，周围是 4 个价电子，其简化原子结构模型如图 2.1.1(c)所示。

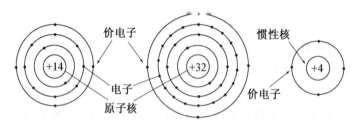

(a) 硅原子结构模型　　(b) 锗原子结构模型　(c) 硅和锗原子的简化模型

图 2.1.1　硅和锗的原子结构模型

1. 本征半导体中的共价键结构

本征半导体中的原子在空间形成排列整齐的晶格，单个硅原子的空间结构如图 2.1.2 所示。由于相邻原子间的距离很小，因此原子最外层的价电子不仅受到自身原子核的束缚，还要受到相邻原子核的吸引，形成共价键结构，其简化的二维硅晶体共价键结构示意图如图 2.1.3 所示。

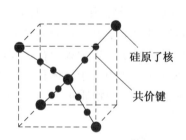

图 2.1.2　硅晶体的空间排列

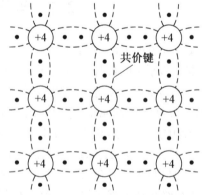

图 2.1.3　硅晶体共价键结构平面示意图

2. 本征半导体中的两种载流子

晶体中的共价键具有很强的结合力，因此，当半导体处于热力学温度 $T=0$ K 和没有外界激发时，半导体中所有的价电子被束缚在共价键中，不能参与导电。但是半导体共价键中的价电子并不像绝缘体中束缚的那样紧。例如在室温(300 K)下,被束缚的价电子就会获得足够的随机热振动能量而挣脱共价键的束缚,成为**自由电子**。自由电子产生的同时,会在原来共价键中留下一个空位,称为空穴(Hole)。在本征半导体中,自由电子和空穴总是成对出现的,称为**电子-空穴对**,如图 2.1.4 所示。半导体在外部能量激励下(主要是热激发),产生自由电子-空穴对的现象称为**本征激发**。外加能量越高(例如温度越高),所产生的电子-空穴对就会越多。常温 300 K 时,硅晶体中电子-空穴对的浓度大约是 $1.5 \times 10^{10} / cm^3$;锗晶体中电子-空穴对的浓度大约为 $2.4 \times 10^{13} / cm^3$。

原子失去一个价电子后而带正电,也就是说,我们可以把空穴看成带正电的粒子,它所带的电量与自由电子相等,但符号相反。在外加电场力的作用下,邻近共价键中的价电子很容易填补这个空穴,从而在这个价电子原来的位置上留下一个新的空位,就好像空穴在移动。因此,在电场力的作用下,一方面本征半导体中的自由电子可以定向移动,形成电子电流;另一方面空穴也会产生定向移动,形成空穴电流,只不过空穴的移动是靠相邻共价键中的价电子按一定方向依次填充来实现的。

运载电荷的粒子称为**载流子**。导体中只有一种载流子——自由电子参与导电;而本征半导体中有两种载流子——带负电的自由电子和带正电的空穴,它们均参与导电。这是半导体导电区别于金属导体导电的一个重要特点。自由电子和空穴所带电荷极性不同,它们的运动方向相反,因此本征半导体中的电流是电子电流和空穴电流之和,如图 2.1.5 所示。

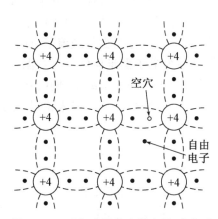

图 2.1.4　本征半导体中的电子-空穴对

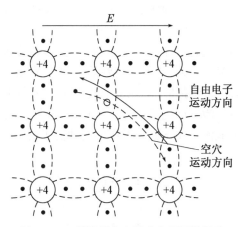

图 2.1.5　载流子在电场力作用下的运动

另外,当自由电子在运动过程中与空穴相遇时就会填补空穴,这种现象称为**复合**。在一定温度下,本征半导体中所产生的自由电子-空穴对,与复合的自由电子-空穴对数目相等,达到**动态平衡**。当环境温度(实际上也就是指半导体本身的温度)相同时,本征半导体中自由电子和空穴两种载流子的浓度不变且相等。本征激发产生的载流子浓度和温度有关:当环境温度升高时,热运动加剧,挣脱共价键束缚的自由电子增多,空穴也随之增多,载流子的浓度升高,半导体的导电能力增强;反之,当环境温度降低时,载流子的浓度降低,半导体的导电能力就会降低。

常温下本征硅(锗)的载流子浓度数值[约为 1.5×10^{10} cm^{-3}(2.4×10^{13} cm^{-3})]看起来虽然很大,但与硅(锗)的原子密度 5×10^{22} cm^{-3}(4.4×10^{22} cm^{-3})相比却非常非常小。对硅半导体而言,常温下只有约为三万亿分之一的原子的价电子受激发产生电子-空穴对。因此,本征半导体的导电能力和热稳定性都很差,一般不能直接用来制造半导体器件。

2.1.2　杂质半导体

在本征半导体中掺入某些微量元素作为杂质,可使半导体的导电性能发生显著变化。掺入杂质的本征半导体称为**杂质半导体（Doped Semiconductor）**。根据掺入杂质的性质不同,杂质半导体可分为 N 型半导体(电子型半导体)和 P 型半导体(空穴型半导体)两大类。通过控制掺入杂质元素的浓度,可以控制杂质半导体的导电性能。

制备杂质半导体时,一般按百万分之一数量级的比例在本征半导体中掺入三价或五价元素。

1. N 型半导体

在本征半导体硅(或锗)中掺入适量五价元素,比如磷(P),就形成了 N 型半导体,此时,磷原子取代硅晶体中少量硅原子,占据晶格上的某些位置。由于磷原子最外层有五个价电子,其中四个价电子分别与邻近的四个硅原了形成共价键结构,多介的一个价电子在共价键之外,不受共价键的束缚,只受到磷原子对它微弱的吸引,如图 2.1.6(a)所示。因此,它只要获得很少的能量(例如在室温下)就能挣脱原子核的束缚,成为自由电子,游离于晶格之间。失去自由电子的磷原子在晶格上不能移动,成为带正电的正离子,半导体整体仍保持中性。磷原子可以提供自由电子,称为**施主原子**,或施主杂质。

在本征半导体中,每掺入一个磷原子就可以产生一个自由电子。同时,N 型半导体中也存在本征激发产生的自由电子和空穴对。这样在掺入磷原子的半导体中,自由电子的数目就远远超过了空穴的数目,称为**多数载流子**,简称多子,空穴则称为**少数载流子**,简称少子。显然,参与导电的主要是自由电子,故这种半导体又称为**电子型半导体**。在室温条件下,N 型半导体中的施主杂质电离为带负电的自由电子和带正电的施主离子,同时还有少数本征激发产生的自由电子和空穴,其结构示意图如图 2.1.6(b)所示。一般来说,掺杂产生的载流子比本征激发产生的载流子要多得多。

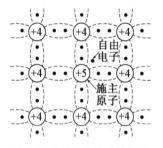
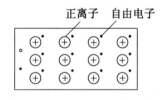

(a) N型半导体共价键结构图　　　　(b) N型半导体结构示意图

图 2.1.6　N 型半导体

所以,在 N 型半导体中自由电子是多数载流子,主要由掺入杂质的浓度决定,掺入的杂质越多,其导电能力就会越强,由此可以实现对半导体导电性能的有效控制;空穴是少数载流子,其浓度由本征激发决定,且与温度有关。

2. P 型半导体

在本征半导体硅(或锗)中掺入适量三价元素杂质,比如硼(B),就形成了 P 型半导体,此时,硼原子取代硅晶体中的少量硅原子,占据晶格上的某些位置。由于硼原子最外层有三个价电子,其中三个价电子分别与邻近的三个硅原子组成完整的共价键,而与其相邻的另一个硅原子的组成共价键时则缺少一个价电子,出现了一个空位。其他共价键中的价电子很容易填充这个空位,使三价的硼原子获得一个电子,而变成带负电的不能移动的负离子,同时,在邻近共价键中产生一个空穴,半导体整体也仍然保持中性,如图 2.1.7(a)所示。由于三价原子中的空位吸引电子,起着接受电子的作用,故称三价杂质原子为**受主原子**。在硅中加入的受主杂质原子除了常见的硼以外,还有铟或者铝。

在本征半导体中,每掺入一个硼原子就可以提供一个空穴。这样,在掺入硼原子的半导体中,空穴的数目远远大于本征激发所产生电子的数目,空穴成为多数载流子,而电子则成为少数载流子。同样,参与导电的主要是空穴,故这种半导体又称为**空穴型半导体**。在室温条件下,P 型半导体中的受主杂质电离为带正电的空穴和带负电的受主离子,同时还有少数本征激发产生的自由电子和空穴,其结构示意图如图 2.1.7(b)所示。

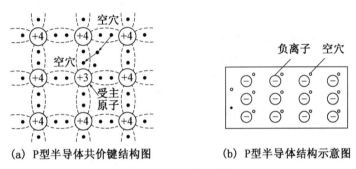

(a) P 型半导体共价键结构图　　　　(b) P 型半导体结构示意图

图 2.1.7　P 型半导体

所以,空穴是 P 型半导体中的多数载流子,主要由掺杂的浓度决定,虽然杂质原子含量很少,但对半导体的导电能力却有很大的影响;自由电子是少数载流子,由本征激发产生,其浓度很低,且与温度有关。

2.1.3　PN 结

采用不同的掺杂工艺,通过扩散作用,将一块 N 型(P 型)半导体(通常是硅或锗)的局部掺入浓度较大的三价(五价)元素,使其局部成为 P 型(N 型)半导体。P 型半导体和 N 型半导体的交界面将形成一个空间电荷区,称为 PN 结。PN 结具有单向导电特性和电容效应。

一、PN 结的形成

在 P 型半导体和 N 型半导体的交界面,两种载流子的浓度差很大。P 区内空穴的浓度远大于 N 区内空穴的浓度,N 区内自由电子的浓度远大于 P 区内自由电子的浓度。由于存在浓度差,所以 P 区内的空穴向 N 区扩散,N 区内的自由电子向 P 区扩散。这种由于存在浓度差,载流子从浓度高的区域向浓度低的区域运动称为**扩散运动**,如图 2.1.8(a)所示。载流子做扩散运动所形成的电流称为**扩散电流**。P 区内多数载流子——空穴向 N 区扩散,并与 N 区的自由电子复合。N 区内多数载流子——自由电子向 P 区扩散,并与空穴复合。

扩散的结果,使P区和N区的交界处原来呈现的电中性被破坏了。P区一边失去空穴,留下了带负电的杂质离子;N区一边失去电子,留下了带正电的杂质离子。半导体中的杂质离子虽然也带电,但由于物质结构的关系,它们不能任意移动,因此并不参与导电。这些不能移动的正离子集中在交界面处N区一侧,负离子集中在交界处的P区一侧,交界面附近就形成了一个很薄的**空间电荷区**,这就是所谓的**PN结**,如图2.1.8(b)所示。在这个区域内,多数载流子已分别扩散到对方并复合掉了,或者说消耗尽了,因此空间电荷区有时又称为**耗尽区**。它的电阻率很高。扩散越强,空间电荷区越宽。

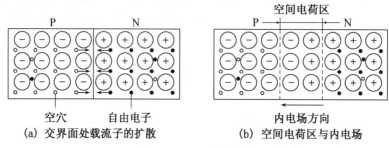

(a) 交界面处载流子的扩散　　　　　(b) 空间电荷区与内电场

图2.1.8　PN结的形成

在出现了空间电荷区以后,由于正负离子之间的相互作用,在空间电荷区中就形成了一个电场,其方向是从带正电的N区指向带负电的P区。由于这个电场是在PN结区内部形成的,而不是外加电压形成的,故称为**内电场**。显然,这个内电场的方向是阻止载流子扩散运动的。随着扩散运动的不断进行,空间电荷区变宽,内电场增强,同时内电场阻止扩散运动的作用也随之不断增强。

在内电场的作用下,N区内少数载流子——空穴向P区运动,P区内少数载流子——自由电子向N区运动。少数载流子在内电场的作用下的运动称为**漂移运动**。载流子做漂移运动所形成的电流称为**漂移电流**。少数载流子的数目与温度有关。温度升高,本征激发增强,少数载流子的数目增加,漂移运动增强,漂移电流增大。

因为P区和N区的载流子存在浓度差,就形成了多子的扩散运动。由于多子的扩散运动,就形成了空间电荷区,建立了内电场。这种由扩散过来的电荷建立起来的内电场,其方向是从N区指向P区,使载流子受到与其运动方向相反的力,它阻止多子的扩散,促进少子的漂移运动。漂移运动的方向正好与扩散运动的方向相反。扩散运动越强,内电场越强,对扩散运动的阻碍就越强,却对漂移运动的促进作用越强。扩散运动和漂移运动相互制约,使得从P区扩散到N区的多子空穴数目与从N区漂移到P区的少子空穴数目相等,从N区扩散到P区的多子电子数目与从P区漂移到N区的少子电子数目相等,扩散电流等于漂移电流,从而使扩散运动和漂移运动达到**动态平衡**状态。此时,空间电荷区宽度不再发生变化,电流为零。

二、PN结的单向导电性

前面讨论的PN结处于平衡状态,称为平衡PN结。PN结的基本特性是**单向导电性**,只是有外加电压时才表现出来。即外加正向电压时,PN结呈现出很低的电阻,处于导通状态;在外加反向电压时,PN结处于截止状态。

1. PN 结外加正向电压

如图 2.1.9(a)所示,当 PN 结外加电压 V_F,即 V_F正端接 P 区,负端接 N 区时,外加电场与 PN 结内电场方向相反。在这个外加电场作用下,PN 结的平衡状态被打破,P 区中的多数载流子空穴和 N 区中的多数载流子电子都要向 PN 结移动,即 P 区空穴进入 PN 结后,就要和原来的一部分负离子中和,使 P 区的空间电荷量减少。同样,当 N 区电子进入 PN 结时,中和了部分正离子,使 N 区的空间电荷量减少,结果 PN 结变窄,这时耗尽区厚度变薄,耗尽区中载流子增加,因而电阻的阻值减小,所以通常将这个方向的外加电压称为正向电压或**正向偏置电压**。由于半导体本身的体电阻和 PN 结上的电阻相比,前者的阻值是很小的,所以外加电压作用后,其阻值将集中降落在 PN 结上。因此,外加电压将使 PN 结内的电场强度减小。PN 结电场强度的减小,有利于 P 区和 N 区中多数载流子的扩散运动,形成扩散电流。这时扩散运动将胜过漂移运动,N 区电子不断扩散到 P 区,P 区空穴不断扩散到 N 区。PN 结内的电流便由起主导地位的扩散电流所决定,在外电路上形成一个流入 P 区的电流,称为正向电流 I_F。当外加电压升高,PN 结电场便进一步减弱,扩散电流随之增加,在正常工作范围内,PN 结上外加电压只要稍有变化(如 0.1V),便能引起电流的显著变化,因此电流 I_F 是随外加电压急速上升。这样,正向的 PN 结表现为一个阻值很小的电阻,呈现低阻特性,此时也称 **PN 结导通**。图 2.1.9 中接电阻 R 是为了限制回路电流,防止 PN 结因正向电流过大而损坏。

在这种情况下,由少数载流子形成的漂移电流,其方向与扩散电流相反,外电路的电流等于扩散电流减去漂移电流。不过,漂移电流和正向电流比较,其数值很小,可以忽略不计。

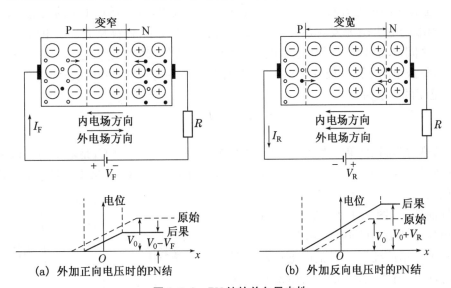

(a) 外加正向电压时的PN结　　　　　　(b) 外加反向电压时的PN结

图 2.1.9　PN 结的单向导电性

2. 外加反向电压

将外加电压 V_R 的正端接 N 区,负端接 P 区,如图 2.1.9(b)所示。这时外加电场方向与 PN 结内电场方向相同。在这种外电场作用下,P 区中的空穴和 N 区中的电子都将进一步远离 PN 结,使耗尽区厚度加宽,我们把这时 PN 结的外加电压称为反向电压,或者说这时 PN 结处于**反向偏置**。外加电压将使 PN 结电场强度增加。PN 结电场强度的增加,阻碍了多数载流子的扩散运动,因此扩散电流趋近于零。但是,结电场的增加,使 N 区和 P 区中的少数载流子更容易产生漂移运动,因此在这种情况下,PN 结内的电流由占主导地位的漂移电流所决定。漂移电流的方向与扩散电流相反,表现在外电路上有一个流入 N 区的反向电流 I_R,它是由少数载流子的漂移运动形成的。因为少数载流子的浓度极小,所以 I_R 十分微弱,一般硅管为微安数量级。同时,少数载流子是由本征激发产生的,当管子制成后,其数值决定于温度,而几乎与外加电压 V_R 无关。在一定温度 T 下,因热激发而产生的少数载流子的数量是一定的,反向电流的值趋于恒定。这时的反向电流 I_R,就是反向**饱和电流**,用 I_S 表示。

因为 I_S 很小,所以 PN 结在反向偏置时,呈现出阻值很大的电阻即呈现高阻特性,可认为它基本上是不导电的,我们把 PN 结不导电称为 **PN 结截止**。但由于受温度的影响,在一些实际应用中,还必须考虑 I_S 的一些影响。

这样看来,PN 结的单向导电性表现为加正向电压时,PN 结导通,呈低阻特性;加反向电压时,PN 结截止,呈现高阻特性。PN 结的这种单向导电性的关键就在于它存在耗尽区,且耗尽区的宽度随外加电压而变化。

三、PN 结的伏安特性

通过 PN 结的电流与加在 PN 结两端的电压之间的关系称为 PN 结的伏安特性。根据半导体物理的理论分析,PN 结的伏安特性是指数函数,即

$$i_D = I_S(e^{v_D/nV_T} - 1) \tag{2.1.1}$$

电流 i_D 和电压 v_D 的参考方向都是由 P 区指向 N 区。式中,i_D 为通过 PN 结的电流;v_D 是加在 PN 结两端的电压;n 是发射系数,它与 PN 结的尺寸大小、材料及通过的电流有关,其数值在 1~2 之间;I_S 是 PN 结反向饱和电流,对于分立器件,其典型值约在 10^{-8} A~10^{-14} A 的范围内,集成电路中的二极管 PN 结,其 I_S 值则更小;e 为自然对数的底;V_T 是温度当量电压,V_T 与温度的关系为

$$V_T = \frac{kT}{q} \tag{2.1.2}$$

式中,T 是热力学温度(单位为 K,0 K = -273 ℃);$q = 1.6 \times 10^{-19}$ C,是电子的电荷量;k 是玻尔兹曼常量,数值为 $k = 1.38 \times 10^{-13}$ J/K;在室温下($T = 27$ ℃ = 300 K),$V_T = 26$ mV。

按照式(2.1.1)可绘出在室温下 PN 结的伏安特性曲线,如图 2.1.10 所示。当 PN 结的正向电压较小时,正向电流几乎为零,这一区域称为 PN 结的死区。当正向电压超过某一数值时,即 v_D 比 V_T 大几倍时,式(2.1.1)中 e^{v_D/nV_T} 远大于 1,括号中的 1 可以忽略,这样二极管的电流 i_D 与电压 v_D 成指数关系,才有明显的正向电流,电流随电压基本上按指数规律增长,称为 PN 结的导通区。PN 结的死区和导通区构成 PN 结的正向特性,如图 2.1.10 中的正向电压部分所示。

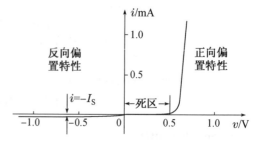

图 2.1.10 PN 结的伏安特性曲线

PN 结的反向特性是指 PN 结反向偏置时的特性。当二极管加反向电压时,v_D 为负值。

若 $|v_D|$ 比 nV_T 大几倍时,式(2.1.1)的指数项趋近于零,因此 $i_D = -I_S$。可见当温度一定时,反向电流是个常数 I_S,基本上不随外加反向电压的大小而变化,如图 2.1.10 中的反向电压部分所示。

四、PN 结的反向击穿

PN 结承受正常的反向电压时,反向电流很小。当反向电压达到一定数值时,反向电流突然激增,考虑反向击穿的 PN 结伏安特性如图 2.1.11 所示。这种现象称为 PN 结的**反向击穿**(电击穿)。发生反向击穿对应的反向电压称为**反向击穿电压**,记为 V_{BR}。PN 结电击穿后电流很大,容易使 PN 结发热。如果 PN 结的击穿电流和 PN 结温度进一步升高,容易烧毁 PN 结。反向击穿电压 V_{BR} 的大小与 PN 结制造参数有关。

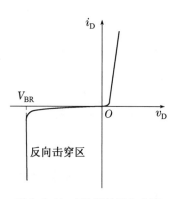

图 2.1.11　PN 结的反向击穿

PN 结反向击穿的机理分为**雪崩击穿**和**齐纳击穿**。产生 PN 结雪崩击穿的原因,是 PN 结反向电压增加时,空间电荷区中的电场随着增强。产生漂移运动的少数载流子通过空间电荷区时,在很强的电场作用下获得足够大的动能,与晶体原子发生碰撞,从而打破共价键的束缚,形成更多的自由电子-空穴对,这种现象称为**碰撞电离**。新产生的电子和空穴与原有的电子和空穴一样,也在强电场作用下获得足够的能量,继续碰撞电离,再产生电子-空穴对,于是产生了载流子的**倍增效应**,即当反向电压增大到某一数值后,载流子的倍增情况就像在陡峻的积雪山坡上发生雪崩一样,载流子增加得多而快,使反向电流急剧增大,这种击穿就称为雪崩击穿。

齐纳击穿的物理过程和雪崩击穿完全不同。当掺杂浓度很高、空间电荷区内电荷(即杂质离子)密度较大时,空间电荷区很窄,在不大的反向电压作用下,PN 结内就能形成很强的内电场(2×10^7 V/m),很强的电场直接地强行地将价电子从原子的共价键中"拉"出来,产生大量电子-空穴对,于是 PN 结的反向电流急剧增大,产生"齐纳击穿"。当掺杂浓度较低时,空间电荷区宽度较宽,内电场较小,则不能发生齐纳击穿。

通常雪崩击穿电压大于齐纳击穿电压。硅材料的 PN 结反向击穿电压在 4 V 以下为齐纳击穿,PN 结反向击穿电压在 7 V 以上为雪崩击穿,PN 结反向击穿电压在 4~7 V 之间两种击穿均可产生。雪崩击穿和齐纳击穿都是电击穿,电击穿是可逆的,只要反向电压降低后,仍可恢复原状。

特别值得关注的是,电击穿以后 PN 结的反向电压基本不随反向电流变化,这种特性称为恒压特性或稳压特性。但是在发生电击穿后,如果没有适当的限流措施,就会因电流大、电压高,PN 结消耗很大的功率,产生热量,使 PN 结过热造成不可恢复的永久性的损坏,这种现象称为热击穿。电击穿现已为人们广泛利用(如稳压管二极管),而热击穿则是电子设计者必须尽量避免的。

五、PN 结的电容效应

电荷的空间积累和消散就是电容效应。PN 结的电容效应直接影响半导体器件(二极管、三极管、场效应管等)的高频特性和开关特性。PN结存在两种电容效应,即势垒电容效应和扩散电容效应。

1. 势垒电容

PN结的空间电荷区又称为耗尽区或势垒区。当PN结正向偏置时,空间电荷区变窄,势垒区变窄,电荷量减少,如图2.1.9(a)所示;当PN结反向偏置时,空间电荷区变宽,势垒区将增宽,电荷量增加,如图2.1.9(b)所示。由于载流子运动到空间电荷区或离开空间电荷区需要时间,空间电荷区的宽度变化即势垒区的变化意味着区内存储的正、负离子电荷数的增减,相似于平行板电容器两极板上电荷的变化,等效为电容元件的充电和放电,同样需要时间。此时PN结呈现出的电容称为**势垒电容(Barrier Capacitance)**,记为C_B。所不同的是,势垒电容是非线性的。

对于非线性的势垒电容,可以用微增量电容来定义:

$$C_B = \left| \frac{dQ}{dv_D} \right| \tag{2.1.3}$$

式中dQ为势垒区每侧存储电荷的微增量,dv_D为作用于PN结型两端的电压微增量。经理论推导,势垒电容可表示为

$$C_B = \frac{C_{B0}}{(1 - V_D/V_0)^m} \tag{2.1.4}$$

式中C_{B0}为零偏置情况下的势垒电容,它与PN结的结构、掺杂浓度等有关;V_D为PN结的反向偏置直流分量(在反偏情况下为负值),V_D越大,电容量越小;V_0为建立势垒电势(典型值为1V);m为结的梯度系数,其值取决于PN结两侧的掺杂情况,对于线性掺杂来说,$m=1/3$,而在突变结,$m=1/2$。

2. 扩散电容

多数载流子的扩散运动是形成扩散电容的主要因素。当PN结处于正向偏置时,多数载流子的扩散运动加强,N区的电子到达P区后,将继续在P区内扩散,并在扩散过程中不断与P区空穴复合。于是,电子在P区内就形成了一定的浓度分布。在P区靠近结的边缘处浓度高,远离结的地方浓度低,结果在结边缘处有电子的积累。同理,P区的空穴将向N区扩散,在N区内的结边缘处有空穴的积累。如果P区和N区的掺杂浓度相等,PN结两侧的载流子浓度分布如图2.1.12所示。

当正向电压增加时,扩散到P区的电子浓度和N区的空穴浓度均增加,扩散区内积累的电荷

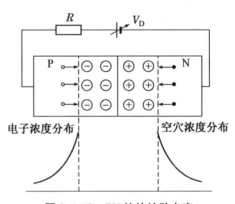

图2.1.12 PN结的扩散电容

量增加;当正向电压减小时,扩散区内积累的电荷量减少。由外加电压的改变引起扩散区内积累电荷量的变化,产生了电容效应,这个电容称为**扩散电容**,用C_D表示。当PN结处于反向偏置时,载流子数目很少,因此反向偏置时扩散电容数值很小,一般可以忽略。C_D的大小随外加电压而变化,也是一种非线性电容。

综上所述,PN结的结电容是扩散电容C_D和势垒电容C_B的综合反映。结电容的大小除

了与 PN 结结构本身和制作工艺有关外,还与外加电压有关。当 PN 结正向偏置时,结电容较大且主要决定于扩散电容 C_D,其容量值通常在几十皮法至几百皮法;当 PN 结反向偏置时,结电容较小且主要决定于势垒电容 C_B,其容量值只有几皮法到几十皮法。所以势垒电容和扩散电容都很小,对低频应用时常常忽略其影响。而在高频运用时,则必须考虑 PN 结电容的影响。

2.2　半导体二极管

将 PN 结用外壳封装起来,并加上电极引线就构成了半导体二极管。由 P 区引出的电极称为正极或阳极,用字母 A 表示;由 N 区引出的电极称为负极或阴极,用字母 K 表示。图 2.2.1 所示的是几种典型半导体二极管的封装形式和二极管(简称)的电路符号。

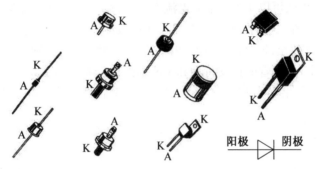

图 2.2.1　几种典型半导体二极管的封装形式和电路符号

2.2.1　二极管的常见结构

半导体二极管的常见结构如图 2.2.2(a)(b)和(c)所示,大致可分为点接触型、面接触型和平面型三类。

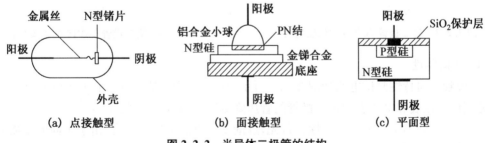

图 2.2.2　半导体二极管的结构

图 2.2.2(a)所示的点接触型二极管,由一根金属丝经过特殊工艺与半导体表面相接形成 PN 结。其特点是 PN 结面积小、结电容小,适用于高频电路和数字电路,工作频率可达 100 MHz。但是不能承受较大的正向电流和较高的反向电压。

图 2.2.2(b)所示的面接触型二极管,其特点是 PN 结面积较大,能够流过较大电流。但是结电容大,工作频率低,适用于大电流、低频率的场合,多用于低频整流电路中。

图 2.2.2(c)所示的平面型二极管采用集成电路工艺制成,这种结构形式常用于集成电

路中。结面积较大的可用于大功率整流,结面积小的可作为脉冲数字电路中的开关管。

2.2.2　二极管的伏安特性

半导体二极管两端电压 v_D 与流过二极管的电流 i_D 之间的关系称为伏安特性。与 PN 结的伏安特性相似,二极管也具有单向导电性。由于实际的二极管内存在着引线电阻、PN 结两侧区域的体电阻及管外电极间的漏电阻等因素的影响,其伏安特性和 PN 结有所区别。因为二极管内引线电阻及体电阻与 PN 结串联,主要影响二极管伏安特性中的正向特性,所以当外加正向电压时,在电流相同的情况下,二极管的端电压大于 PN 结上的压降。或者说,在外加正向电压相同的情况下,二极管的正向电流要小于 PN 结的电流。在大电流情况下,这种影响更为明显。另外,二极管表面存在漏电流,使外加反向电压时的反向电流增大。这相当于有个较大的漏电阻与二极管并联,主要影响二极管伏安特性中的反向特性。

在近似分析时,仍然可以用 PN 结的电流方程式(2.1.1)来描述二极管的伏安特性。

采用实验的方法,在二极管正极和负极加上不同极性和不同数值的电压,同时测量流过二极管的电流值,可以测绘出硅二极管和锗二极管的伏安特性曲线,分别如图 2.2.3、图 2.2.4 所示。从图中可以看出,二极管的伏安特性和 PN 结的伏安特性(图 2.1.10、图 2.1.11)非常相似,并且都是非线性曲线,可将其分为正向特性、反向特性和反向击穿特性三个部分。

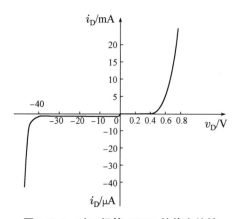

图 2.2.3　硅二极管 2CP10 的伏安特性

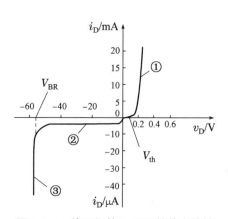

图 2.2.4　锗二极管 2AP15 的伏安特性

1. 正向特性

二极管正向特性测试电路如图 2.2.5 所示,在二极管两端外加一个正向可调直流电压源,分别用电压表和电流表测量二极管的管压降 v_D 和正向电流 i_D 的大小。

图 2.2.4 的第①段为正向特性。首先,逐渐增大直流电压的幅度,由于正向电压数值较小,外电场不足以克服 PN 结内电场的作用,内电场阻挡了多数载流子的扩散运动,正向电流几乎为零,二极管呈现出一个大电阻。当二极管的正向电压超过某一值时,内电场大大削弱,正向电流从零开始随正向电压按指数规律增大,二极管导通。这个使二极管刚开始导通的电压 V_{th},称为二极管的**门槛电压**,也称**开启电压**或**死区电压**。二极管门槛电压的大小与二极管的材料和温度等因素有关。一般硅二极管的门槛电压约为 0.5 V,锗二极管的门槛电压约为 0.1 V。二极管正向导通后,其管压降变化很小。一般认为硅二极管的正向**导通电压** V_D 为 0.6~0.8 V,一般取 $V_D=0.7$ V;锗二极管的正向导通电压为 0.1~0.3 V,一般

取 $V_D = 0.2\,\text{V}$。

2. 反向特性

二极管反向特性测试电路如图 2.2.6 所示,在二极管两端外加一反向可调直流电源,分别用电压表和电流表测量二极管两端电压和反向电流的大小,可测绘出如图 2.2.4 的第②段特性曲线。

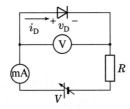

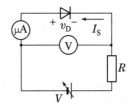

图 2.2.5 二极管正向特性测试电路   **图 2.2.6 二极管反向特性测试电路**

P 型半导体和 N 型半导体中的少数载流子在反向电压的作用下,通过 PN 结形成反向电流。由于少数载流子数目很少,且和环境温度有关,因此反向电流很小,基本不随外加反向电压的变化而变化,近似为常数,称为反向饱和电流,用 I_S 表示。一般来说,由于半导体材料锗在室温条件下的载流子浓度比硅要高,因此锗管的反向饱和电流比硅管的反向电流大。

3. 反向击穿特性

当增加反向电压时,因在一定温度条件下,少数载流子数目有限,故起始一段反向电流没有多大变化,当反向电压增加到一定值 V_{BR} 时,反向电流剧增,这叫作二极管的反向击穿,对应于图 2.2.4 的第③段,这实际上就是二极管中 PN 结反向击穿。

环境温度影响二极管的伏安特性。当环境温度升高时,二极管的正向特性曲线将左移,反向特性曲线将下移。在室温附近,温度每升高 1 ℃,正向压降 V_D 减小 2～2.5 mV;温度每升高 10 ℃,反向电流约增大一倍。可见,二极管的特性对温度很敏感。

2.2.3 二极管的主要参数

二极管的参数是定量描述二极管的电性能质量和安全工作范围的重要数据,是合理选择和正确使用二极管的依据。二极管的主要参数有直流参数和交流参数两类。

1. 直流参数

(1) 最大整流电流 I_F

I_F 是二极管长期运行时允许通过的最大正向平均电流,其值与 PN 结面积及外部散热条件等有关。在规定散热条件下,二极管正向平均电流若超过此值,二极管会因结温升高而烧坏。例如 2AP1 的最大整流电流为 16 mA,又如 1N4001 的最大整流电流为 1 A。应用中应保证 I_F 大于二极管实际通过的最大平均电流。

(2) 最高反向工作电压 V_{RM}

最高反向工作电压 V_{RM},是指二极管安全工作时所能承受的最高反向电压。一般手册上给出的最高反向工作电压 V_{RM} 约为反向击穿电压 V_{BR} 的一半,以确保二极管安全工作。例如,二极管 2AP1 的最高反向工作电压 V_{RM} 为 20 V,而反向击穿电压实际上大于 40 V;二极管 1N4001 的最高反向工作电压 V_{RM} 为 50 V,实际上反向击穿电压大于 100 V。应用中必

须使 V_{RM} 大于二极管实际可能承受的最大反向峰值电压。

（3）反向电流 I_R

I_R 是二极管未击穿时的反向电流。I_R 愈小，表明二极管的单向导电性愈好。I_R 对温度非常敏感，比如二极管 2AP1 的反向电流 $I_R \leqslant 250\ \mu A$，二极管 1N4001 的反向电流 $1\ \mu A \leqslant I_R \leqslant 50\ \mu A$。

（4）直流电阻 R_D

R_D 是二极管两端所加直流电压 V_D 与流过它的直流电流 I_D 之比，即

$$R_D = \frac{V_D}{I_D} \tag{2.2.1}$$

二极管是非线性元件，其 R_D 不是恒定值，正向工作时的 R_D 随工作电流的增大而减小，反向工作时的 R_D 随反向电压的增大而增大。从图 2.2.7(a)中可以看出 R_D 的几何意义，静态工作点 Q(直流工作点)到原点间直线斜率的倒数就是 R_D。直线愈陡，R_D 愈小。显然，Q_2 点处的 R_D 小于 Q_1 点处的 R_D。

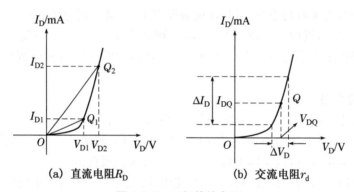

(a) 直流电阻 R_D (b) 交流电阻 r_d

图 2.2.7　二极管的电阻

（5）正向电压降 V_F

正向电压降 V_F 是指二极管工作于半波整流电路中，流过额定整流电流时，在二极管两端测得的正向导通期间二极管电压降平均值。有些二极管的正向电压降则指通过一定的直流测试电流时的管压降。

2. 交流参数

（1）交流电阻 r_d

r_d 是指在 Q 点附近电压变化量 ΔV_D 与电流变化量 ΔI_D 之比，即

$$r_d = \frac{\Delta V_D}{\Delta I_D}\bigg|_Q \tag{2.2.2}$$

r_d 的几何意义如图 2.2.7(b)所示，即静态工作点 $Q(V_{DQ}, I_{DQ})$ 处切线斜率的倒数。把描述二极管特性的公式(2.1.1)中 n 的值取 1，写为 $I_D = I_S(e^{V_D/V_T} - 1)$，并对该式求导得

$$\frac{1}{r_d} = \frac{dI_D}{dV_D}\bigg|_Q = \frac{d}{dV_D}[I_S(e^{V_D/V_T} - 1)]|_{V_D=V_{DQ}} = \frac{I_S}{V_T}e^{V_D/V_T}|_{V_D=V_{DQ}} \approx \frac{I_D}{V_T} \tag{2.2.3}$$

所以 $$r_d \approx \frac{V_T}{I_D} \tag{2.2.4}$$

可见，r_d 与静态工作电流成反比，并与温度有关。室温条件下($T=300\ K$)，通常以 $V_T \approx$

26(mV)带入式中计算 r_d 的值。

（2）极间电容 C_d

前面讨论 PN 结时已知，PN 结存在扩散电容 C_D 和势垒电容 C_B。极间电容 C_d 是反映二极管中 PN 结电容效应的参数，$C_d = C_D + C_B$，其大小除了与本身结构和工艺有关外，还与外加电压有关。在高频或开关状态运用时，必须考虑极间电容的影响。

（3）最高工作频率 f_M

f_M 是二极管工作的上限截止频率。超过此值时，由于结电容的作用，二极管的单向导电性能将会恶化。

应当指出，由于制造工艺所限，半导体器件参数具有分散性，同一型号管子的参数值也会有相当大的差距，因而手册上往往给出的是参数的上限值、下限值或范围。此外，使用时应特别注意手册上每个参数的测试条件，当使用条件与测试条件不同时，参数也会发生变化。

在实际应用中，应根据管子的应用场合，按其承受的最高反向电压、最大正向平均电流、工作频率、环境温度等条件，选择满足要求的二极管。

2.2.4　二极管基本电路的分析方法

二极管电路在电子技术中应用非常广泛。本节先介绍图解分析方法，然后重点讨论二极管简化模型，分析几种基本的二极管电路，如限幅电路、开关电路、低电压稳压电路等。

一、二极管电路的图解分析法

二极管是一种非线性器件，因而其电路一般要采用非线性电路的分析方法，相对来说比较复杂，而图解分析法则比较简单，但前提条件是已知二极管的伏安特性曲线。

【例 2.2.1】　二极管电路如图 2.2.8 所示，设二极管的伏安特性曲线如图 2.2.9 所示。已知电源 V_{DD} 和电阻 R，求二极管两端电压 v_D 和流过二极管的电流 i_D。

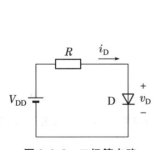

图 2.2.8　二极管电路

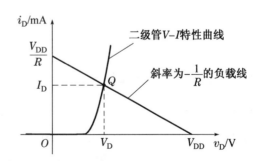

图 2.2.9　二极管电路的图解分析

解　根据二极管电路列出 KVL 方程 $V_{DD} = i_D R + v_D$

可得到

$$i_D = \frac{V_{DD} - v_D}{R} \tag{2.2.5}$$

写成

$$i_D = -\frac{1}{R} v_D + \frac{1}{R} V_{DD} \tag{2.2.6}$$

在坐标系中，若 v_D 为 0，则 $i_D = V_{DD}/R$；若 i_D 为 0，则 $v_D = V_{DD}$。连结点 $(0, V_{DD}/R)$ 和点 $(V_{DD}, 0)$，

就得到一条满足式(2.2.6)的斜率为$-1/R$的直线,称为**负载线**。该负载线与二极管伏安特性曲线交点Q的坐标值(V_D, I_D)就是所求的解。图中的Q点称为电路的**工作点**。

用图解法求解二极管电路既直观又简单,但前提条件是已知二极管的伏安特性曲线,而在二极管实际应用电路中,因为生产厂家提供的二极管的特性曲线仅仅是该型号产品的典型曲线,由于产品的离散性,实际二极管的特性提供的特性曲线并不完全吻合,往往与实际有点差距。所以,图解法并非十分实用,但对理解电路的工作原理和相关重要概念却有相当大的帮助。

二、二极管电路的简化模型分析法

二极管伏安特性的非线性,给二极管应用电路的分析带来一定的困难。为了便于分析,常在一定的条件下,用线性元件所构成的电路来近似模拟二极管的特性,并用之取代电路中的二极管。能够模拟二极管特性的电路称为二极管的**等效电路**,也称为二极管的**等效模型**。通常,人们通过两种方法建立模型,一种是根据器件物理原理建立等效电路,由于其电路参数与物理机理密切相关,因而适用范围大,但模型较复杂,适于计算机辅助分析;另一种是根据器件的外特性来构造等效电路,因而模型较简单,属于**简化模型**,适于近似分析。简化模型分析方法是非常简单有效的工程近似分析方法。

1. 二极管的简化模型

二极管有4种常用的简化模型,分别是理想模型、恒压降模型、折线模型和小信号模型。对于不同的应用场合和不同的分析要求(特别是误差要求),可选用其中一种。

(1) 理想模型

图2.2.10(a)表示理想二极管的伏安特性,其中的虚线表示实际二极管的伏安特性。图2.2.10(b)为理想二极管的代表符号。如图2.2.10(c)所示,在正向偏置时,其管压降为0 V;如图2.2.10(d)所示,当二极管处于反向偏置时,认为它的电阻为无穷大,电流为零。在实际的电路中,当电源电压远大于二极管的管压降时,利用此模型来近似分析是可行的。

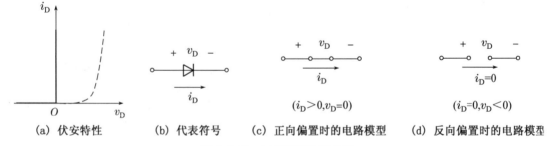

| (a) 伏安特性 | (b) 代表符号 | (c) 正向偏置时的电路模型 | (d) 反向偏置时的电路模型 |

图2.2.10　二极管的理想模型

(2) 恒压降模型

二极管的恒压降模型如图2.2.11所示。在恒压降模型中,用一个理想二极管串联一个恒压源表示电路中的二极管。当二极管处于完全导通状态时,其管压降可以认为是恒定不变的,基本不随正向电流的变化而变化;当二极管反向截止时,反向电阻无穷大,反向电流为零。工程近似计算中,对于硅二极管可取$V_D=0.7$ V,对于锗二极管可取$V_D=0.3$ V。当二极管正向电流i_D大于或等于1 mA时,恒压降模型提供了合理的近似,因此其应用较为广泛。

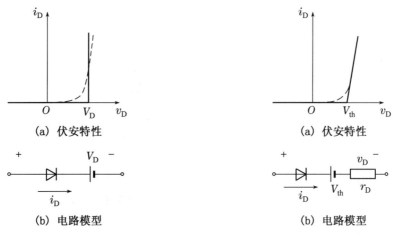

图 2.2.11　二极管的恒压降模型　　　　　图 2.2.12　二极管的折线模型

（3）折线模型

折线模型是用两条折线来表示二极管的伏安特性曲线，用一个理想二极管串联一个恒压源 V_{th} 和一个串联电阻 r_D 来表示二极管，其中 $r_D = \Delta V / \Delta I$。表明当正向电压小于门槛电压 V_{th} 时，二极管的正向电流 i_D 为零；当二极管的正向电压大于门槛电压 V_{th} 后，流过二极管的电流 i_D 与二极管两端的电压 v_D 呈线性关系，斜率为 $1/r_D$。二极管的折线模型如图 2.2.12 所示。

以上三种模型中，当电源电压远大于二极管管压降时，恒压降模型不但能够简化电路分析过程，还能够得到合理的结果。但当电源电压较低时，则折线模型更接近二极管的实际工作情况。理想模型通常用于计算精度不高的电路分析中。正确选择器件的模型，是电路分析的基本要求。

（4）小信号模型

交、直流电压源共同作用的二极管实际电路如图 2.2.13（a）所示。在交流信号幅值比较小且频率较低的情况下，电路中既有直流分量，又含有交流分量。当 $v_s = 0$ 时，电路中只有直流量，二极管两端电压和流过二极管的电流就是图 2.2.9 中 Q 点的值。现将图重画于图 2.2.13（b）中，为经过 Q 点的实线线段。此时，电路处于**直流工作状态**，也称**静态**，点 Q（V_D, I_D）称为**静态工作点**。当 $v_s = V_m \sin \omega t$，且 $V_m \ll V_{DD}$ 时，电路的负载线为

$$i_D = -\frac{1}{R} v_D + \frac{1}{R}(V_{DD} + v_s)$$

按照 v_s 的正负峰值 $+V_m$ 和 $-V_m$ 分别进行图解，可作出 v_s 分别处于正负峰值时的负载线，如图 2.2.13（b）中的两条虚线所示，它们与二极管伏安特性曲线的交点 Q' 和 Q'' 分别表示二极管的最高工作点和最低工作点，即工作点将在 Q' 和 Q'' 之间移动，二极管电压和电流变化为 Δv_D、Δi_D。

在低频小信号 $v_s = V_m \sin \omega t$ 作用下，二极管两端的电压和电流在静态工作点 Q 附近曲线的小范围内变化，此时二极管的伏安特性可以近似为通过 Q 点的切线。切线斜率的倒数就是二极管小信号模型的微变电阻 r_d，并由此得到二极管的小信号模型，如图 2.2.14 所示。微变电阻 r_d 与二极管的静态工作点有关，静态工作点发生变化时，r_d 的数值也会发生变化，因此也称它为**动态电阻**或**交流电阻**。

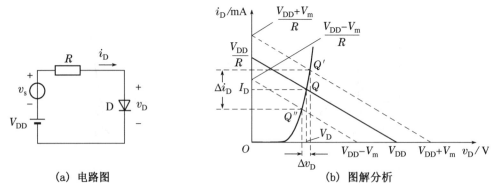

(a) 电路图   (b) 图解分析

图 2.2.13   交、直流电压源同时作用时的二极管电路

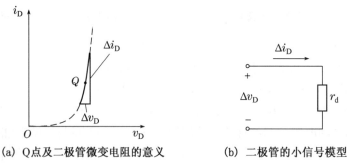

(a) Q点及二极管微变电阻的意义   (b) 二极管的小信号模型

图 2.2.14   二极管的小信号模型

微变电阻 r_d 可以按 $r_d = \Delta v_D / \Delta i_D$ 求得，常温 300 K 即 $V_T = 26$ mV 时也可以用

$$r_d = \frac{26(\text{mV})}{I_D(\text{mA})} \tag{2.2.7}$$

进行计算。

必须注意的是，小信号模型中的微变电阻 r_d 与静态工作点 Q 有关，静态工作点位置不同，r_d 的值也不同。该模型主要用于二极管处于正向偏置，且满足 $V_D \gg V_T$ 的条件下。

在二极管运用于高频电路或开关电路时，应该考虑到 PN 结电容的影响，这样我们还可以建立如图 2.2.15(a)所示的 PN 结高频电路模型，图中 r_s 表示半导体电阻，r_d 表示结电阻，C_D 和 C_B 分别表示扩散电容和势垒电容。与结电阻 r_d 相比，r_s 通常很小，可以忽略不计，所以图 2.2.15(b)的简化高频电路模型更为常用。当 PN 结处于正向偏置时，r_d 为正向电阻，其值较小，C_d 主要取决于扩散电容 C_D；当 PN 结反向偏置时，r_d 为反向电阻，其值很大，C_d 主要取决于势垒电容 C_B。

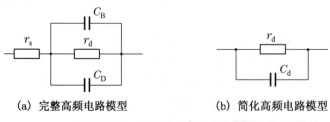

(a) 完整高频电路模型   (b) 简化高频电路模型

图 2.2.15   二极管的高频电路模型

2. 二极管基本电路分析示例

（1）整流电路

整流电路(Rectifier)是直流电源设备不可缺少的组成部分。利用二极管的单向导电性，将正、负交替变化的交流电变换成单向脉动的直流电，这一过程称为整流。常见的整流电路有单相半波、全波、桥式和倍压整流电路。在整流电路中，输入交流电压的峰值一般比二极管的导通电压大得多，二极管常常可以看作理想二极管。

【例 2.2.2】　由二极管构成的单向半波整流电路如图 2.2.16(a)所示，D 为理想二极管，设输入为工频交流电，电源变压器副边电压有效值 $V_2 = 20$ V，频率 $f = 50$ Hz。试画出输出电压的波形，并计算输出电压的平均值。

解　由于输入电压有效值为 20 V，远远大于二极管的正向导通压降，因此采用二极管的理想模型。在 v_2 的正半周，二极管 D 导通，相当于短路，输出电压 $v_o = v_2$；在 v_2 的负半周，二极管 D 截止，相当于开路，输出电压 $v_o = 0$。变压器副边电压和输出电压如图 2.2.16(b)所示。该电路将输入波形的一半过滤掉，输出只剩下输入信号的半个周期，因此称为半波整流电路。

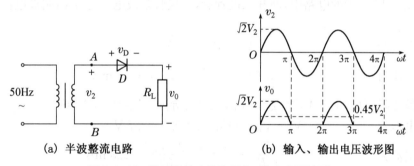

(a) 半波整流电路　　　　　　(b) 输入、输出电压波形图

图 2.2.16　半波整流电路和输入、输出电压波形

设输入电压 $v_2 = \sqrt{2}V_2 \sin\omega t$，可求出输出电压的在一个周期时间内的平均值为

$$V_o = \frac{1}{2\pi}\int_0^{2\pi} \sqrt{2}V_2 \sin\omega t \, \mathrm{d}(\omega t)$$

$$= \frac{1}{2\pi}\int_0^{\pi} \sqrt{2}V_2 \sin\omega t \, \mathrm{d}(\omega t)$$

$$= \frac{\sqrt{2}}{\pi}V_2 \approx 0.45V_2$$

所以，半波整流的输出电压为

$$V_o = 0.45V_2 \tag{2.2.8}$$

半波整流电路结构简单，但输出电压较低，输出信号的波动较大，整流效率较低，损失了半个周期的正弦波信号。因此，半波整流电路应用较少，常用在输出电流较小且要求不高的场合。要实现更好的整流效果，可采用全波或桥式整流电路。

若输入信号 v 为高频调幅信号，该电路可实现将调制信号从高频调制信号中提取出来的目的，在无线电技术中，该电路又称为二极管检波电路。半波整流电路和检波电路的结构完全相同，它们之间的差别主要在工作频率上。半波整流是对 50 Hz 的工频交流电进行整流，工作电流较大，应采用低频、大功率的整流二极管；而检波电路的工作频率较高，功率较小,应采用高频小功率二极管作为检波管。

(2) 限幅电路

限幅电路的作用是利用二极管在正向电压超过阈值电压 V_{th} 时导通,使信号的幅值电压限制在一定范围内。在电子电路中,常用限幅电路对各种信号进行处理,使信号在预定电平范围内有选择地传输一部分信号,起到保护元件不会因输入电压过高而损坏的作用。

【例 2.2.3】　图 2.2.17 所示为二极管限幅电路,$R=$ 1 kΩ,$V_{\text{REF}}=2$ V,二极管为硅二极管,输入信号为 v_{i}。

(1) 若 v_{i} 为 5 V 的直流信号,分别采用理想模型、恒压降模型和折线模型计算电流 I_{D} 和输出电压 V_{O}。

(2) 若 $v_{\text{i}}=10\sin\omega t$(V),分别采用理想模型、恒压降模型和折线模型求输出电压的波形。

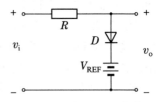

图 2.2.17　例 2.2.3 电路图

解　(1) 采用二极管的理想模型,假设先断开二极管 D,判断二极管阳极电位和阴极电位的大小。如果二极管阳极电位高于阴极电位,则二极管导通;反之,则二极管截止。

在图 2.2.17 所示的电路中,断开二极管后,二极管阳极电位为 5 V,阴极电位为 2 V,二极管导通,则

输出电压为　　　　　　　　　　$V_{\text{O}}=V_{\text{REF}}=2$ V

输出电流为　　　　　　$I_{\text{D}}=\dfrac{V_{\text{I}}-V_{\text{REF}}}{R}=\dfrac{5-2}{1\ 000}=0.003$ A$=3$ mA

采用恒压降模型,由于 $V_{\text{I}}\geqslant V_{\text{REF}}+V_{\text{D}}$,二极管导通。$V_{\text{D}}=0.7$ V,则

输出电压为　　　　　　　　$V_{\text{O}}=V_{\text{REF}}+V_{\text{D}}=2+0.7=2.7$ V

输出电流为　　　　$I_{\text{D}}=\dfrac{V_{\text{I}}-V_{\text{REF}}-V_{\text{D}}}{R}=\dfrac{5-2-0.7}{1\ 000}=2.3$ mA

采用折线模型,$V_{\text{I}}\geqslant V_{\text{REF}}+V_{\text{th}}$,二极管导通。$V_{\text{th}}=0.5$ V,设二极管导通电流为 2 mA 时,$V_{\text{D}}=0.7$ V,则

$$r_{\text{D}}=\frac{\Delta V_{\text{D}}}{\Delta I_{\text{D}}}=\frac{V_{\text{D}}-V_{\text{th}}}{\Delta I_{\text{D}}}=\frac{0.7-0.5}{0.002}=100\ \Omega$$

输出电流为　　　　$I_{\text{D}}=\dfrac{V_{\text{I}}-V_{\text{REF}}-V_{\text{th}}}{R+r_{\text{D}}}=\dfrac{5-2-0.5}{1\ 000+100}=2.27$ mA

输出电压为 $V_{\text{O}}=V_{\text{REF}}+V_{\text{th}}+I_{\text{D}}r_{\text{D}}=2+0.5+0.002\ 27\times100=2.727$ V

(2) 采用二极管的理想模型时:当 $V_{\text{I}}<V_{\text{REF}}$ 时,二极管反偏截止,相当于开路,回路无电流,$V_{\text{O}}=V_{\text{I}}$;当 $V_{\text{I}}>V_{\text{REF}}$ 时,二极管导通,相当于短路,$V_{\text{O}}=V_{\text{REF}}$。

采用恒压降模型时:当 $V_{\text{I}}<V_{\text{REF}}+V_{\text{D}}$ 时,二极管反偏截止,相当于开路,回路无电流,$V_{\text{O}}=V_{\text{I}}$;当 $V_{\text{I}}\geqslant V_{\text{REF}}+V_{\text{D}}$ 时,二极管导通,相当于短路,$V_{\text{O}}=V_{\text{REF}}+V_{\text{D}}$,输出电压被限制在 $V_{\text{REF}}+V_{\text{D}}$,波形上部被削去。

采用折线模型时:当 $V_{\text{I}}<V_{\text{REF}}+V_{\text{th}}$ 时,二极管反偏截止,相当于开路,回路无电流,$V_{\text{O}}=V_{\text{I}}$;当 $V_{\text{I}}>V_{\text{REF}}+V_{\text{th}}$ 时,二极管导通,$V_{\text{O}}=V_{\text{REF}}+V_{\text{th}}+I_{\text{D}}r_{\text{D}}$,输出电压被限制在 $V_{\text{REF}}+V_{\text{th}}+I_{\text{D}}r_{\text{D}}$ 附近。

采用三种不同模型分析得到的输入、输出电压波形如图 2.2.18 所示。

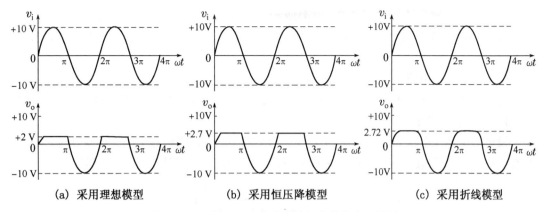

(a) 采用理想模型　　　　　(b) 采用恒压降模型　　　　　(c) 采用折线模型

图 2.2.18　例 2.2.3 电路的输入和输出电压波形

本例说明,理想模型容易得到近似结果,当电源电压不很大时,与实际情况有可见误差;恒压降模型能得出较为接近的结果,误差比理想模型明显降低;折线模型则能提供更为合理更为准确的结果。正确选择器件的模型,是电子电路工作者需要掌握的基本技能。

(3) 钳位电路

钳位电路又称直流分量恢复电路,其作用是使整个信号电压进行直流平移。钳位电路的一个重要特征是无须知道确切的信号波形,而且能调整其直流分量。

【例 2.2.4】 图 2.2.19(a)所示为一种简单的二极管钳位电路。若输入电压 $v_i = V_m \sin \omega t$,波形如图 2.2.19(b)。将二极管视为理想二极管,电容初始电压为零,试画出电容 C 两端电压 v_C 波形和输出电压 v_o 的波形。

解　因电容初始电压为零,在输入电压的第一个四分之一周期内,这时二极管工作在正向导通状态,输出电压为 0 V;向电容器充电,使电容电压 v_C 由 0 上升到峰值电压 V_m,如图 2.2.19(c)所示。在正半周的 $T/4$ 到 $T/2$ 时间内,v_i 逐渐下降,二极管承受反偏电压而截止。电容器没有放电回路,电容上的电压 v_C 将保持 V_m 不变,故有 $v_o = -v_C + v_i = -V_m + v_i$。此后,二极管一直处于反偏截止状态,输出电压 $v_o = -V_m + V_m \sin \omega t$。

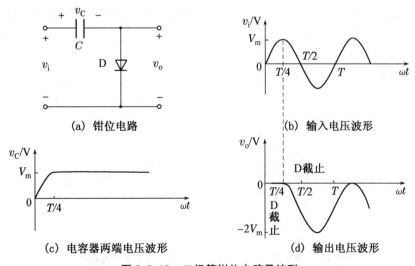

(a) 钳位电路　　　　　　　(b) 输入电压波形

(c) 电容器两端电压波形　　　　(d) 输出电压波形

图 2.2.19　二极管钳位电路及波形

所以可绘出输出波形如图 2.2.19(d)所示。

可见,本例的钳位电路将输入信号波形向下平移了$-V_m$的直流,将输出电压钳制在 0 V 以下。

(4) 低压稳压电路

这里介绍的低电压稳压电路,是利用二极管的正向曲线很陡的伏安特性设计的稳压电路,可以获得较好的稳压性能。

设低电压稳压电路如图 2.2.20(a)所示。合理选取电路参数,对于硅二极管,可以获得输出电压 $v_o(=V_D)$ 近似等于 0.7 V,若采用几只二极管串联,则可获得 1 V 以上的输出电压。

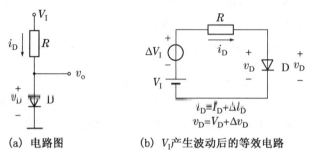

(a) 电路图　　　　(b) V_I产生波动后的等效电路

图 2.2.20　低电压稳压电路

由于某种原因,如电网电压波动引起直流电源电压 V_I 产生波动,这个波动分量用 ΔV_I 表示,其波形是任意的,它与 V_I 串联共同作用于 R(限流电阻)和二极管 D 相串联的支路[图 2.2.20(b)]。电路中 V_I、R 和二极管 D 共同确定电路的静态工作点。当波动电压增量 ΔV_I 出现之后,电路中的电流和二极管电压亦产生相应的增量,即 $i_D = I_D + \Delta i_D$,$v_D = V_D + \Delta v_D$。因 r_d 很小,ΔV_I 引起的 v_D 的波动 $\Delta v_D = \Delta i_D r_d$ 也很小,即 $v_o \approx V_D$,输出电压 v_o 可以保持基本稳定。二极管的伏安特性曲线愈陡,微变电阻 r_d 愈小,稳压特性也愈好。

二极管的低压稳压电路将在互补功率放大电路、集成三端稳压器等电路中普遍采用。

(5) 开关电路

利用二极管的单向导电性以接通或断开电路,可以做成开关电路。这在数字电路中得到广泛的应用。在分析这种电路时,应当掌握一条基本原则,即判断电路中的二极管处于导通状态还是截止状态,可以先将二极管断开,然后分析(或经过计算)阳、阴两极间是正向电压还是反向电压,若是正向电压则二极管导通,否则二极管截止。

【例 2.2.5】　二极管开关电路如图 2.2.21 所示。利用二极管理想模型,试求:当 v_{iA}、v_{iB}、v_{iC} 分别为 0 V 或 5 V 时,v_{iA}、v_{iB}、v_{iC} 的值不同组合情况下,输出电压 v_o 的值。

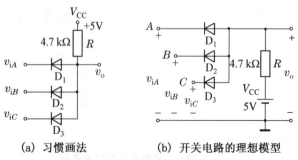

(a) 习惯画法　　　　(b) 开关电路的理想模型

图 2.2.21　二极管开关电路

解　当输入电压 $v_{iA}=v_{iB}=v_{iC}=5\text{ V}$ 时,二极管均截止,输出电压 $v_o=5\text{ V}$;当 v_{iA}、v_{iB}、v_{iC} 中有一个为 0 V 且其余都为 5 V 时,输入电压为 0 V 的那个二极管导通,其他二极管截止,输出 $v_o=0.7\text{ V}$。同理,可将输入电压 v_{iA}、v_{iB}、v_{iC} 和对应的输出电压所有的取值组合填入表 2.2.1。

表 2.2.1　与门电路输入输出电压状态表

v_{iA}/V	v_{iB}/V	v_{iC}/V	二极管工作状态			v_o/V
			D_1	D_2	D_3	
0	0	0	导通	导通	导通	0.7
0	0	5	导通	导通	截止	0.7
0	5	0	导通	截止	导通	0.7
0	5	5	导通	截止	截止	0.7
5	0	0	截止	导通	导通	0.7
5	0	5	截止	导通	截止	0.7
5	5	0	截止	截止	导通	0.7
5	5	5	截止	截止	截止	5

由表 2.2.1 可知,图 2.2.21 所示电路只有输入全为高电平 5 V 时,输出才为高电平 5 V;只要其中一个输入端输入为低电平(0 V),输出就为低电平(0.7 V)。这就是数字电路中的与门电路。

(6) 小信号工作情况分析

当二极管处于正向偏置且 $v_D \gg V_T$ 时,可以利用小信号模型分析二极管电路。但要特别注意,微变电阻 r_d 与静态工作点 Q 有关。一般首先分析电路的静态工作情况,求得静态工作点 Q;其次,根据 Q 点算出微变电阻 r_d;然后,根据小信号模型和交流电路模型,求出小信号作用下电路的交流电压、电流;最后与静态值叠加,得到完整的结果。

【例 2.2.6】　在图 2.2.22(a) 所示的二极管电路中,$V_{DD}=5\text{ V}$,$R=5\text{ k}\Omega$,恒压降模型的 $V_D=0.7\text{ V}$,交流信号 $v_s=0.1\sin\omega t\text{(V)}$。试求:

(1) 输出电压 v_o 的交流量和总量;

(2) 绘出 v_o 的波形。

解　(1) 根据叠加原理,将两个电压源 V_{DD} 和 v_s 的作用分别单独考虑,得到相应的电路模型如图 2.2.22(b) 和 (c)。图 2.2.22(b) 中只有直流分量,称为**直流通路**,它反映了电路的直流工作情况即静态情况;图 2.2.22(c) 称为**交流通路**,电路中只有交流分量,它只反映电路的交流(动态)工作情况。

根据图 (b) 可知,二极管是导通的,所以电路的静态工作点为

$$V_D=0.7\text{ V}$$

$$I_D=(V_{DD}-V_D)/R=(5\text{ V}-0.7\text{ V})/5\text{ k}\Omega=0.86\text{ mA}$$

输出电压的直流分量为 $V_O=I_D R=0.86\text{ mA}\times5\text{ k}\Omega=4.3\text{ V}$(或 $V_O=V_{DD}-V_D=4.3\text{ V}$)

$$r_d=\frac{V_T}{I_D}=\frac{26\text{ mV}}{0.86\text{ mA}}\approx30\ \Omega=0.03\text{ k}\Omega$$

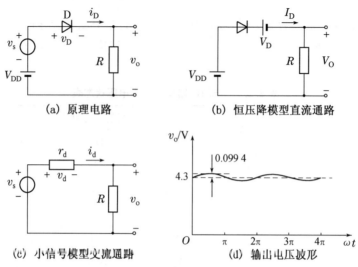

图 2.2.22　例 2.2.6 电路及输出波形

由图(c)得到输出电压的交流分量为

$$v_o = \frac{R}{R+r_d}v_s = \frac{5\text{ k}\Omega}{5\text{ k}\Omega + 0.03\text{ k}\Omega} \times 0.1\sin\omega t \approx 0.099\,4\sin\omega t\text{(V)}$$

所以输出电压的总量为 $v_O = V_O + v_o = 4.3 + 0.099\,4\sin\omega t\text{(V)}$

(2) 按照上述结果,所绘的输出电压 v_O 的波形如图 2.2.22(d)所示,输出的交流量叠加在直流量上。

本题中,应用叠加原理把电路拆分为直流通路和交流通路,将问题分解为静态和动态两种情况来求解的方法是非常重要的分析方法,在后面的放大电路的分析中都要用到,应引起足够重视。

2.2.5　稳压二极管

稳压二极管是一种硅材料制成的面接触型晶体二极管,简称稳压管,其代表符号如图 2.2.23(a)所示。稳压管在反向击穿时,在一定的电流范围内(或者说在一定的功率损耗范围内),端电压几乎不变,表现出稳压特性,因而广泛用于稳压电源与限幅电路之中。

一、稳压二极管的伏安特性

稳压管内部的杂质浓度比较高,空间电荷区内的电荷密度也大,因而该区域很窄,容易形成强电场。当反向电压加到某一定值时,反向电流急增,产生反向击穿,特性曲线如图 2.2.23(b)所示。图中的 V_Z 表示反向击穿电压,即稳压管的稳定电压,它是在特定的测试电流 I_{ZT} 下得到的电压值。稳压管的稳压作用在于,电流增量 ΔI_Z 很大,却只引起很小的电压变化 ΔV_Z。曲线愈陡,动态电阻 $r_Z = \Delta V_Z / \Delta I_Z$ 愈小,稳压管的稳压性能愈好。$-V_{Z0}$ 是过 Q 点(测试工作点)的切线与横轴的交点,切线的斜率为 $1/r_Z$。I_{Zmin} 和 I_{Zmax} 为稳压管工作在正常稳压状态的最小和最大工作电流。反向电流小于 I_{Zmin} 时,稳压管进入反向截止状态,稳压特性消失;反向电流大于 I_{Zmax} 时,稳压管可能被烧毁。根据稳压管的反向击穿特性,可得到图 2.2.23(c)的等效模型。由于稳压管正常工作时,都处于反向击穿状态,所以图 2.2.23(c)中稳压管的电压、

电流参考方向与普通二极管标法不同。V_Z的假定正向如图 2.2.23(c)所示,因此有

$$V_Z = V_{Z0} + r_Z I_Z \tag{2.2.9}$$

一般稳压值V_Z较大时,可以忽略r_Z的影响,即$r_Z = 0$,V_Z为恒定值。

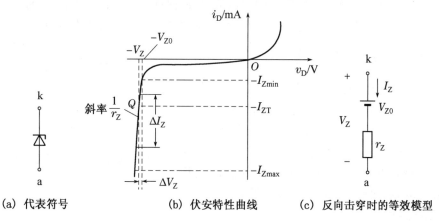

(a) 代表符号　　　　　　(b) 伏安特性曲线　　　　(c) 反向击穿时的等效模型

图 2.2.23　稳压二极管的符号与伏安特性

二、稳压二极管的主要参数

1. 稳定电压 V_Z

V_Z是在规定电流下稳压管的反向击穿电压。由于半导体器件参数的分散性,同一型号的稳压管的V_Z存在一定差别。例如,型号为 2CW11 的稳压管的稳定电压为 3.2~4.5 V。但就某一只管子而言,V_Z应为确定值。

2. 稳定电流 I_{Zmin} 和 I_{Zmax}

I_{Zmin}是稳压管工作在稳压状态时的最小稳定工作电流。当反向电流 $I_Z < I_{Zmin}$ 时,稳压管处于反向截止状态,没有稳压特性。I_{Zmax}是稳压管工作在稳压状态时的最大稳定工作电流。当反向电流 $I_Z > I_{Zmax}$ 时,稳压管可能被烧毁。例如,稳压二极管 2CW52 的 $I_{Zmin} = 10$ mA,$I_{Zmax} = 55$ mA。

3. 额定功耗 P_{Zmax}

稳压管的额定功耗等于稳压管的稳定电压 V_Z 与最大稳定电流 I_{Zmax} 的乘积。稳压管的功耗超过此值时,会因结温升过高而损坏。对于一只具体的稳压管,可以通过其 P_{Zmax} 的值,求出 I_{Zmax} 的值,只要不超过稳压管的额定功率,工作电流愈大,稳压效果愈好。

4. 动态电阻 r_Z

r_Z是稳压管工作在稳压区时,端电压变化量与其电流变化量之比,即 $r_Z = \Delta V_Z / \Delta I_Z$,$r_Z$愈小,电流变化时$V_Z$的变化愈小,即稳压管的稳压特性愈好。对于不同型号的管子,r_Z将不同,从几欧到几十欧;对于同一只管子,工作电流愈大,r_Z愈小。

5. 温度系数 α

α 表示温度每变化 1 ℃稳压值的变化量,即 $\alpha = \Delta V_Z / \Delta T$。稳定电压小于 4 V 的管子具有负温度系数(属于齐纳击穿),即温度升高时稳定电压值下降;稳定电压大于 7 V 的管子具有正温度系数(属于雪崩击穿),即温度升高时稳定电压值上升;而稳定电压在 4~7 V 之间

的管子,温度系数非常小,近似为零(齐纳击穿和雪崩击穿均有)。例如,稳压二极管 2CW11 的 $\alpha \geqslant -8 \times 10^{-4}/℃$。

由于稳压管的反向电流小于 I_{Zmin} 时不稳压,大于 I_{Zmax} 时会因超过额定功耗而损坏,所以在稳压管电路中必须串联一个电阻来限制电流,从而保证稳压管正常工作,故称这个电阻为**限流电阻**。只有在限流电阻 R 取值合适时,稳压管才能安全地工作在稳压状态。

三、稳压二极管稳压电路

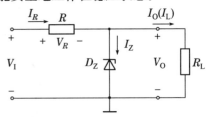

稳压二极管组成的稳压电路如图 2.2.24 所示。该电路由稳压二极管 D_Z、限流电阻 R 和负载电阻 R_L 组成。限流电阻 R 的作用是使稳压二极管 D_Z 工作在稳压区,即电路的工作电流 $I_{Zmin} \leqslant I_Z \leqslant I_{Zmax}$,同时保护稳压二极管不会过流损坏。该电路负载 R_L 与稳压管两端并联,因而称为并联式稳压电路。

图 2.2.24 简单并联型稳压电路

1. 稳压原理

稳压二极管稳压电路的作用是当输入电压 V_I 发生变化或负载电阻 R_L 发生变化时,负载上的电压 V_O 基本保持不变。

设输入电压 V_I 发生变化,负载电阻不变。设 V_I 增大,输出电压 V_O 也将随之上升($V_O = V_Z$),稳压管的工作电流 I_Z 也随之增大。因 $I_R = I_Z + I_L$,所以 I_R 也增大,V_R 增大,从而使 V_O 减小。只要参数选择合适,V_R 的电压增量就可以与 V_I 的电压增量相等,从而使 V_O 基本不变。具体稳压过程如下:

$$V_I \uparrow \rightarrow V_O(V_Z) \uparrow \rightarrow I_Z \uparrow \rightarrow I_R \uparrow \rightarrow V_R \uparrow$$
$$V_O \downarrow \longleftarrow$$

若输入电压 V_I 不变,负载电阻 R_L 变小,即负载电流 I_L 增大,则电流 I_R 增大,V_R 增大,从而使输出电压 $V_O(V_O = V_Z)$ 减小。而 $V_O(V_O = V_Z)$ 减小,会使 I_Z 急剧减小,于是 I_R 减小,$V_R = I_R R$ 减小,V_O 增大。V_O 先减小、后增大,最后 V_O 保持基本不变,其稳压过程如下:

$$R_L \downarrow \rightarrow I_L \uparrow \rightarrow I_R \uparrow \rightarrow V_R \uparrow \rightarrow V_O \downarrow (V_L 不变) \rightarrow I_Z \downarrow \rightarrow I_R \downarrow$$
$$V_O \uparrow \longleftarrow V_R \downarrow \longleftarrow$$

综上所述,在稳压二极管稳压电路中,利用稳压二极管的电流调整作用,通过限流电阻 R 上的电压的变化进行补偿,实现稳压的目的。显然,稳压二极管的击穿特性越陡(即动态电阻越小),稳压性能越好;限流电阻 R 越大,稳压性能越好。这是一个有差调节系统,即最终稳压值与理想值存在一定的偏差。

2. 限流电阻的确定

限流电阻 R 的选择必须使稳压管的工作电流小于等于稳压管的最大稳定工作电流,大于等于最小稳定工作电流,即 $I_{Zmin} \leqslant I_Z \leqslant I_{Zmax}$。稳压管的工作电流小于 I_{Zmin},将失去稳压功能;稳压管的工作电流大于 I_{Zmax},稳压二极管的功耗超标可能烧坏稳压管。

由图 2.2.24 可知
$$I_R = \frac{V_I - V_Z}{R}$$
$$I_Z = I_R - I_L$$

所以得

$$I_Z = I_R - I_L = \frac{V_I - V_Z}{R} - I_L$$

当输入电压 V_I 达到最大值 V_{Imax} 且负载电流达到最小值 I_{Lmin} 时，流过稳压管的电流 I_Z 最大，此时 I_Z 应小于等于 I_{Zmax}，则得到

$$\frac{V_{Imax} - V_Z}{R} - I_{Lmin} \leqslant I_{Zmax} \qquad (2.2.10)$$

当输入电压 V_I 为最小值 V_{Imin} 且负载电流达到最大值 I_{Lmax} 时，流过稳压管的电流 I_Z 最小，此时 I_Z 应大于等于 I_{Zmin}，则得到

$$\frac{V_{Imin} - V_Z}{R} - I_{Lmax} \geqslant I_{Zmin} \qquad (2.2.11)$$

联立式(2.2.10)和式(2.2.11)，解方程组可得

$$R_{min} \leqslant R \leqslant R_{max} \qquad (2.2.12)$$

式中，$R_{min} = \dfrac{V_{Imax} - V_Z}{I_{Zmax} + I_{Lmin}}$；$R_{max} = \dfrac{V_{Imin} - V_Z}{I_{Zmin} + I_{Lmax}}$。

R 值取小，电阻上的损耗小；R 值取大，电阻上的损耗大，但电路稳压性能好。稳压二极管组成的稳压电路结构简单，但性能指标较低、输出电压不能调节、输出电流受稳压二极管最大稳定电流 I_{Zmax} 的限制，所以，这种稳压电路只能用在输出电压固定、输出电流变化不大、稳压性能要求不高的场合。

【例 2.2.7】 在图 2.2.24 所示简单并联型稳压电路中，已知稳压管的稳定电压 $V_Z = 6\ \text{V}$，最小稳定电流 $I_{Zmin} = 5\ \text{mA}$，最大稳定电流 $I_{Zmax} = 25\ \text{mA}$；$V_I = 10\ \text{V}$；负载电阻 $R_L = 600\ \Omega$ 电阻。求解限流电阻 R 的取值范围。

解 从图 2.2.24 电路可知，R 上电流 I_R 等于稳压管中电流 I_Z 和负载电流之和，即 $I_R = I_Z + I_L$。其中 $I_{Zmin} = 5\ \text{mA}$，$I_{Zmax} = 25\ \text{mA}$，$I_{Lmax} = I_{Lmin} = I_L = V_Z/R_L = (6/600)\text{A} = 0.01\ \text{A} = 10\ \text{mA}$，所以

$$V_{Imin} = V_{Imax} = V_I = 10\ \text{V}$$
$$I_{Rmin} = I_{Zmin} + I_{Lmax} = 5\ \text{mA} + 10\ \text{mA} = 15\ \text{mA}$$
$$I_{Rmax} = I_{Zmax} + I_{Lmin} = 25\ \text{mA} + 10\ \text{mA} = 35\ \text{mA}$$

所以

$$R_{max} = \frac{V_{Imin} - V_Z}{I_{Zmin} + I_{Lmax}} = \left(\frac{4}{15 \times 10^{-3}}\right)\Omega \approx 266.7\ \Omega$$

$$R_{min} = \frac{V_{Imax} - V_Z}{I_{Zmax} + I_{Lmin}} = \left(\frac{4}{35 \times 10^{-3}}\right)\Omega \approx 114.3\ \Omega$$

限流电阻 R 的取值范围为 $114.3\ \Omega \sim 266.7\ \Omega$。

【例 2.2.8】 稳压二极管组成的稳压电路如图 2.2.24 所示。图中限流电阻 $R = 800\ \Omega$，输入电压 $V_I = 20\ \text{V}$，稳压二极管的稳定电压 $V_Z = 8\ \text{V}$，最小稳定电流 $I_{Zmin} = 4\ \text{mA}$，最大稳定电流 $I_{Zmax} = 25\ \text{mA}$，负载电阻 $R_L = 800\ \Omega$，动态电阻 r_d 可忽略。试求：

(1) 输出电压 V_O、负载电流 I_L、I_R 及流过稳压管的电流 I_Z 值；

(2) 当 V_I 降低为 $15\ \text{V}$ 时的 V_O、I_L、I_R 及 I_Z 的值。

解 (1) 先判断 D_Z 是否击穿：设 D_Z 断开，则 $V_O = \dfrac{R_L}{R + R_L}V_I = 10\ \text{V}$，大于 V_Z，稳压管工

作于稳压状态,则 $V_O = V_Z = 8$ V

$$I_L = \frac{V_O}{R_L} = \frac{V_Z}{R_L} = \frac{8 \text{ V}}{800 \text{ }\Omega} = 10 \text{ mA}$$

$$I_R = \frac{V_I - V_O}{R} = \frac{20 \text{ V} - 8 \text{ V}}{800 \text{ }\Omega} = 15 \text{ mA}$$

$$I_Z = I_R - I_L = 15 \text{ mA} - 10 \text{ mA} = 5 \text{ mA}$$

由于满足条件 $I_{Zmin} \leqslant I_Z \leqslant I_{Zmax}$,所以,所求结果正确。

(2) 当 V_I 降低为 15 V 时,$V_O = \frac{R_L}{R + R_L} V_I = \frac{800 \text{ }\Omega}{800 \text{ }\Omega + 800 \text{ }\Omega} \times 15 \text{ V} = 7.5 \text{ V}$,小于 V_Z,所以稳压管还未击穿,不满足稳压条件,则

$$V_O = 7.5 \text{ V}$$

$$I_L = \frac{V_O}{R_L} = \frac{7.5 \text{ V}}{800 \text{ }\Omega} = 9.375 \text{ mA}$$

$$I_R = \frac{V_I - V_O}{R} = \frac{15 \text{ V} - 7.5 \text{ V}}{800 \text{ }\Omega} = 9.375 \text{ mA}$$

稳压二极管未被击穿时电流很小,所以,$I_Z \approx 0$ mA。

本例说明,分析稳压电路中各参数时,需首先判断稳压二极管是否处于稳压状态,这将很大程度影响后面的分析结果。

2.2.6 其他类型二极管

二极管种类繁多,除前面讨论的普通二极管、稳压管外,还有应用在各种领域中的其他类型二极管。例如变容二极管、肖特基二极管、光电二极管、发光二极管、激光二极管等。现分别介绍如下。

1. 变容二极管

变容二极管(Varactor Diode)是利用 PN 结的电容效应工作的,它工作于反向偏置状态,其电容量与所加的反偏电压的大小有关。这种关系可以用变容二极管的电容电压特性曲线,即 C-V 特性曲线来反映。图 2.2.25 所示的是变容二极管的符号和 C-V 特性曲线。从图中曲线可以看出,变容二极管的电容量与外加反向电压有关,反向电压小时,结电容大,反向电压大时,结电容小,表现为一个压控电容器。不同型号的管子,电容量最大值不同,一般在几个皮法到几百个皮法之间。目前,变容二极管的电容最大值与最小值之比(变容比)可达 20 以上。变容二极管的应用已相当广泛,特别是在高频调谐技术中。例如,彩色电视机普遍采用的电子调谐器,就是通过控制直流电压来改变二极管的结电容量,从而改变谐振频率,实现频道选择的。

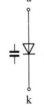

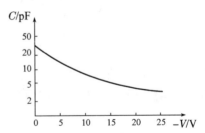

(a) 符号   (b) 结电容与反向电压的关系(纵坐标为对数刻度)

图 2.2.25 变容二极管

2. 肖特基二极管

当金属与 N 型半导体接触时,在其交界面处会形成势垒区,利用该势垒制作的二极管,称为肖特基二极管(Schottky Diode)或表面势垒二极管。它的原理结构图和电路符号如图 2.2.26 所示。

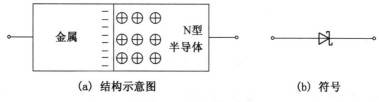

（a）结构示意图　　　　　　　　　　（b）符号

图 2.2.26　肖特基二极管

当金属与 N 型半导体接触时,电子会从半导体中逸出并向金属一侧注入,注入的电子将分布在金属表面的薄层内。而 N 区一侧由于失去电子,留下了一个较宽的施主正离子区,从而形成了图 2.2.26(a)所示的电荷分布。随着该偶电层的建立,界面处产生了一个由 N 区指向金属的内电场。该电场一方面阻止 N 区电子向金属进一步注入,另一方面有利于金属中的少数逸出电子向 N 区一侧漂移。随着内电场的增强,电子的正向注入和反向漂移最终达到动态平衡,从而形成一个稳定的势垒区,该势垒区称为肖特基表面势垒。

当外加正向电压(即金属一侧的电位高于 N 区一侧的电位)时,内电场减弱,N 区将有更多的电子向金属注入,形成较大的正向电流,且该电流会随外加正向电压的增大而增大。当外加反向电压(即金属一侧的电位低于 N 区一侧的电位)时,内电场增强,有利于金属中少数逸出电子向 N 区漂移,形成很小的反向电流,且该电流几乎与外加反向电压的大小无关。由此可见,肖特基势垒具有和 PN 结类似的单向导电性。

与 PN 结二极管相比,肖特基二极管是依靠多数载流子导电的,由于消除了少数载流子的存储效应,因而具有良好的高频特性。此外,肖特基二极管的导通电压和反向击穿电压均比 PN 结低 0.2 V,如图 2.2.27 所示。

需要指出的是,只有金属和轻掺杂半导体接触才会形成上述结果。若 N 区为重掺杂时,将失去单向导电性。通常这种金属和重掺杂半导体的接触称为欧姆接触。

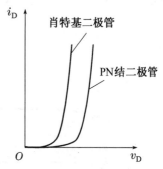

图 2.2.27　肖特基二极管的伏安特性

但是,由于肖特基二极管的势垒区(耗尽区)较薄,所以反向击穿电压比较低,大多不高于 60 V,最高仅约 100 V,且反向漏电流比 PN 结二极管大。

3. 光电二极管

光电二极管是电子电路中广泛采用的光敏器件,也是由 PN 结组成的半导体器件,同样具有单向导电特性。光电二极管在电路中不是作整流元件,而是充分利用 PN 结的光敏特性,将接收到的光的变化转换成电流的变化,是把光信号转换成电信号的光电传感器件。其管壳上的玻璃窗口用来接收外部的光照,外形及电路符号如图 2.2.28 所示。

光电二极管工作在反向工作区,其伏安特性曲线如图 2.2.28(a)所示。普通二极管在

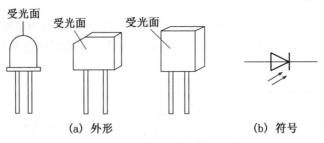

（a）外形   （b）符号

图 2.2.28　光电二极管的外形和符号

反向电压作用时处于截止状态，只能流过微弱的反向电流；而光电二极管在设计和制作时尽量使 PN 结的面积相对较大，以便接收入射光。没有光照时，反向电流极其微弱，一般小于 0.2 微安，称为暗电流；有光照时，携带能量的光子进入 PN 结后，把能量传给共价键上的束缚电子，使部分电子挣脱共价键的束缚，产生电子-空穴对，它们在反向电压作用下做漂移运动，使反向电流明显变大，可以迅速增大到几十微安。光的强度越大，反向电流也就越大，特性曲线下移，呈线性关系，是一组与横坐标轴平行的曲线。光电二极管在反向电压下受到光照而产生的电流称为光电流。光的变化可以引起光电二极管电流的变化，光照强度一定时，光电二极管可等效成恒流源，能够把光信号转换成电信号，成为光电传感器件，广泛应用于遥控、报警及光电传感器中。

　　图 2.2.29(b)(c)(d)所示分别是光电二极管工作在特性曲线第一、三、四象限时的原理电路。图 2.2.29(b)中，光电二极管外加正向电压，和普通二极管特性相同。图 2.2.29(c)是在有光照条件下，光电流和光照强度呈线性关系，电阻 R 将电流的变化转换成电压的变化，即 $v_R=iR$。图 2.2.29(d)中，当电阻 R 一定时，光照强度越大，电流 i 也就越大，R 上获得的能量也愈大，此时光电二极管作为微型光电池。

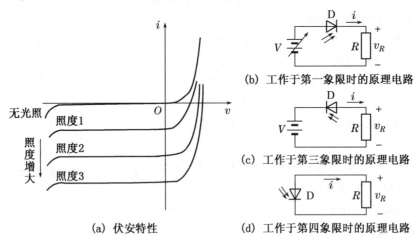

（a）伏安特性　　　　　（d）工作于第四象限时的原理电路

图 2.2.29　光电二极管的伏安特性

　　由于光电二极管的光电流较小，所以当将其用于测量及控制等电路中时，需首先进行放大和处理。

4. 发光二极管

发光二极管(Light Emitting Diode)简称 LED，通常用元素周期表中Ⅲ、Ⅴ族元素的化合物,如砷化镓、磷化镓等制成,这种管子通过电流时将发出光来,是由于电子与空穴直接复合而放出能量的结果。它发出的光的光谱范围是比较窄的,其波长由所使用的基本材料而定。图 2.2.30 表示发光二极管的外形及符号。

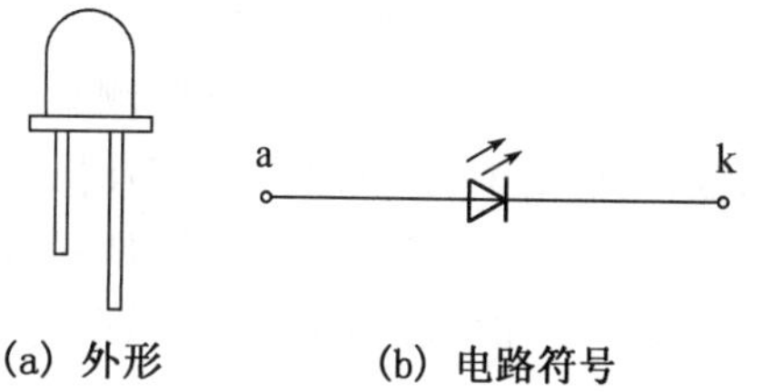

(a) 外形　　　　(b) 电路符号

图 2.2.30　发光二极管的外形与电路符号

LED 的伏安特性与普通二极管相似,但正向导通电压较大。当正偏导通时发光,光亮度随电流增大而增强,工作电流为几毫安到几十毫安,典型值为 10 mA;反向击穿电压一般大于 5 V,为安全起见,一般工作在 5 V 以下。几种常见发光材料的二极管主要参数如表 2.2.2 所示。

表 2.2.2　发光二极管的主要特性

颜色	波长/nm	基本材料	正向电压(10 mA 时)/V	光强(10 mA 时,张角±45°)/mcd*	光功率/μW
红外	900	砷化镓	1.3～1.5		100～500
红	655	磷砷化镓	1.6～1.8	0.4～1	1～2
鲜红	635	磷砷化镓	2.0～2.2	2～4	5～10
黄	583	磷砷化镓	2.0～2.2	1～3	3～8
绿	565	磷化镓	2.2～2.4	0.5～3	1.5～8

注:* cd(坎)是发光强度的单位。

LED 主要用作显示器件,能单个使用,用作电源指示灯、测控电路中的工作状态指示灯等,也常做成条状发光器件,制成七段或八段数码管,用以显示数字或字符;还能以 LED 为像素,组成矩阵式显示器件,用以显示文字、图像等,在电子公告、交通管理、影视传媒等方面得到了广泛的应用。

LED 另一重要用途是将电信号变为光信号,通过光缆传输,然后再用光电二极管接收,再现电信号。图 2.2.31 表示发光二极管发射电路通过光缆驱动光电二极管电路。在发射端一个 0～5 V 的脉冲信号,通过 500 Ω 的电阻作用于 LED,这个驱动电路可使 LED 产生一个数字光信号,并作用于光缆。在接收端,传送的光耦合到光电二极管,最后在接收电路的输出端复原为 0～5 V 电平的数字信号。

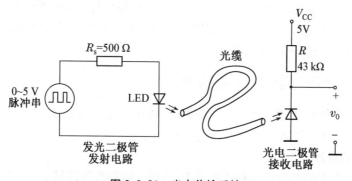

图 2.2.31　光电传输系统

【例 2.2.9】 图 2.2.32 所示为测控电路中常见的信号状态监测电路,采用 LED 监测某数字电路输出电平的高低,当输出 V_O 为低电平(0 V)时,LED 亮;输出 V_O 为高电平(5 V)时,LED 灭。已知所选 LED 的正向压降为 2 V,参考工作电流为 10 mA,试确定限流电阻 R 的阻值。

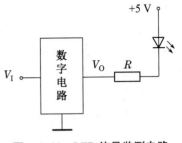

图 2.2.32　LED 信号监测电路

解　$R = \dfrac{V - V_D}{I_D} = \dfrac{5-2}{10 \times 10^{-3}} = 300\ \Omega$。

显而易见,把 LED 和光电器件组合起来可以实现光电耦合,如图 2.2.33 所示。发光二极管 D_1 发出的光强度按照输入信号的规律变化,光电二极管 D_2 接收到光信号后,还原为按照输入信号规律变化的电信号输出,从而实现信号的光电耦合。D_2 除了光电二极管以外,还有光电三极管、光敏电阻等。由于输入输出电路之间实现了电气隔离,光电耦合器的应用十分广泛,如电视机开关电源的反馈控制电路等,还可以实现信号的光传输,常用作测控电路中的抗干扰接口电路。

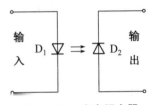

图 2.2.33　光电耦合器

5. 激光二极管

激光是单一波长的单色相干光,现在有些激光可以用激光二极管来产生。

如图 2.3.34(a)所示,激光二极管的物理结构是在发光二极管的结间安置一层具有光活性的半导体,其端面经过抛光后具有部分反射功能,因而形成一个光谐振腔。在正向偏置的情况下,PN 结发射出光来并与光谐振腔相互作用,进一步激励从结上发射出单波长的光。同时,光在光谐振腔中产生振荡并被放大,形成激光。这种光的物理性质与材料有关。

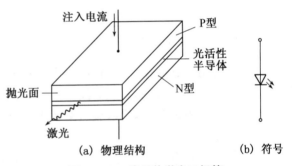

图 2.2.34　半导体激光二极管

半导体激光二极管的工作原理,理论上与气体激光器相同。早期激光二极管发射的主要是红外线,这与所用的半导体材料(如砷化镓等)的物理性质有关,现在能够发射红外线、635 nm 和 650 nm 的红光、绿光、蓝光的激光二极管产品已经投放市场。图 2.2.34(b)是激光二极管的符号。激光二极管应用也很广泛,如计算机上的光盘驱动器、激光打印机中的打印头、激光测距仪以及激光医疗仪器等等。

2.2.7　二极管的选择与简易检测

半导体二极管的种类、型号很多,其性能、参数和用途差别也很大,正确选择、识别和检测二极管是电子技术工作者必须掌握的基本技能之一。

1. 二极管的选择

根据二极管在电路中的作用和技术要求,选用功能和参数满足要求,经济、通用、容易购得的管子。要注意元器件参数具有离散性,同型号管子的实际参数可能有较大差别;而且器件手册中的参数是在一定条件下测得的,当工作条件发生较大变化时,参数值可能会有较大改变,例如由于反向电流值随温度升高而显著增加,会导致常温下正常工作的在高温时电路性能恶化,所以选用参数时要考虑留一定的裕量。

具体选用时注意:

(1) 按照具体使用场合确定二极管类型。若用于整流电路,由于工作电流大、反向电压高,而工作频率不高,故选用整流二极管;若用于高频检波,由于高频电压值一般不大,只有 1V 的数量级,所以要求导通电压小、工作频率高而电流不大,故应该选用点接触型锗管;若用于高速开关电路,则须选用开关速度足够的开关二极管。

(2) 尽量选用反向电流小、正向压降小的管子。

(3) I_F、V_{RM} 是保证二极管安全工作的重要参数,选用时要留有足够的裕量。

2. 二极管的识别与简易检测

实际应用中,识别与检测二极管时最常见的问题是识别正、负极。许多二极管外壳上印有型号和标记。标记有箭头、色点和色环三种方式,箭头方向或靠近色环的一端为负极,有色点的一端为正极。若不能由标记来判断,通常利用万用表来检测正、负极性,并粗略地鉴别二极管的性能。

(1) 二极管的模拟(指针式)万用表检测法

将万用表置于 $R \times 1k$ 挡,调零后将两表笔跨接于二极管的两端引脚,读取电阻值,然后将表笔位置互换再读一次电阻值,正常情况下应分别读得大、小两个电阻值。由于模拟万用表置欧姆挡的黑表笔连接表内电池的正极,红表笔连接表内电池的负极,因此测得较小电阻(正向阻值)时,与黑表笔相接的一端就是二极管正极。图 2.2.35 中,图(a)为测试正向电阻示意图,图(b)为测试等效电路,R_0 是万用表 $R \times 1k$ 挡时表指针在正中位置时的读数值(称为中值电阻);测得大电阻(反向电阻)值时,与黑表笔相接的一端是二极管负极。图 2.2.36 中,图(a)是测量反向电阻示意图,图(b)是测试反向电阻的等效电路。

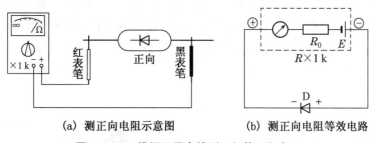

(a) 测正向电阻示意图　　(b) 测正向电阻等效电路

图 2.2.35　模拟万用表检测二极管正向电阻

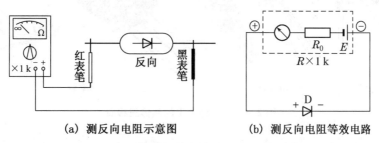

(a) 测反向电阻示意图　　(b) 测反向电阻等效电路

图 2.2.36　模拟万用表检测二极管反向电阻

测试结果一般有以下几种：

正向电阻很小同时反向电阻非常大，说明二极管单向导电性能良好。通常好的硅二极管的正向电阻为数千欧，反向电阻为几兆欧；好的锗二极管正向电阻为数百欧，反向电阻为几百千欧。由于二极管电阻在不同测试电流时的等效电阻不同，加上欧姆挡内电阻对被测电阻读数的影响，同一电表不同挡位测试同一只管子的读数一般是不同的(不同型号的万用表同样挡位测试同一只管子的读数也有明显的差别)，为了检测结果准确，当表针在左侧∞处近乎未偏转时，应更换到 $R\times10$ k 挡重测一次。同样，当表针指示接近最右边零刻度时，也应更换小挡位重测一次。依据检测结果，不难识别管子是好是坏或者是硅管还是锗管。

正向电阻大些、反向电阻稍小以及正、反向电阻相差明显不及好的二极管测试结果的，属于性能较差的劣质管子，要求低时也还可将就使用。

正、反向电阻值都非常大，说明二极管失效；正、反向电阻值都趋于∞，则管子内部已断开；正、反向电阻值都很小或者接近零，则管子已击穿或短路。失效、内部断开、击穿和内部短路的情况都是不能使用的坏管子。

(2) 二极管的数字万用表检测法

将数字万用表置二极管(─▷|─)挡，将两表笔跨接于二极管的两端引脚，读显示值。然后将表笔位置互换再读一次，应分别显示 $0.2\sim0.7$ V 范围内的某数值或超量程。显示的 $0.2\sim0.7$ V 是二极管的正向压降，由于数字万用表的红表笔接表内电池正极，黑表笔接表内电池负极，所以此时与红表笔相接的就是二极管的正极。示值 0.2 V 左右的为锗管，示值 $0.5\sim0.7$ V 的为硅管。若两次测量都显示超量程，说明二极管内部已经断路；若都显示 0，则二极管内部已经短路。

2.3 晶体三极管

晶体三极管是通过一定的工艺将两个 PN 结结合而构成的器件，种类很多。按制作的半导体材料不同分，有锗管和硅管；按封装形式分，有金属封装和塑料封装；按生产工艺分，有合金型、扩散型、台面型及平面型；按频率特性分，有高频管和低频管；按内部 PN 结构分，有 NPN 型管和 PNP 型管；按照功率分，有小、中、大功率管；等等。常见的晶体三极管外形如图 2.3.1 所示。

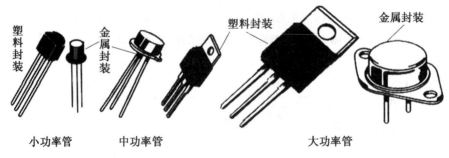

图 2.3.1 几种常见的晶体三极管

2.3.1　晶体管的结构

如图 2.3.2 所示,根据内部结构不同,晶体管一般可分为两种类型:NPN 型和 PNP 型,它们均由三层半导体制成。NPN 型晶体管由两个 N 区和中间很薄的一个 P 区组成;相反地,PNP 型晶体管由两个 P 区和中间很薄的一个 N 区组成。从三块半导体上各自接出的一根引线就是晶体管的三个电极,它们分别叫作发射极 e(Emitter)、基极 b(Base)和集电极 c(Collector),对应的三块半导体分别称为发射区、基区和集电区。三块半导体的交界面形成了两个 PN 结:发射区与基区交界处的 PN 结称为发射结,集电区与基区交界处的 PN 结称为集电结。特别值得注意的是,虽然发射区和集电区都是同种类型的半导体,但器件的结构并不是电对称的,这种不对称是因为三个区域的掺杂浓度明显不同,其中,发射区的掺杂浓度高于集电区,基区的掺杂浓度最低。例如,某种型号的晶体管的发射区、集电区、基区的掺杂浓度分别为 10^{19} cm^{-3}、10^{17} cm^{-3}、10^{15} cm^{-3}。此外,在几何尺寸上,基区很薄,集电区的面积比发射区大。正是这种结构特点,构成了晶体管具有电流放大作用的物质基础。

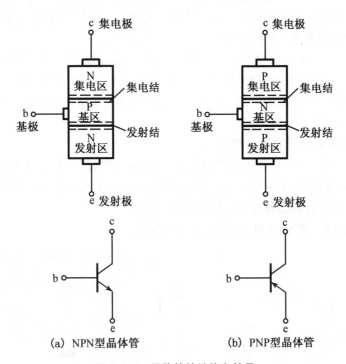

(a) NPN型晶体管　　　　　　(b) PNP型晶体管

图 2.3.2　晶体管的结构和符号

两种晶体管电路符号的区别在于发射极所标箭头的指向,发射极箭头的指向表明了晶体管导通时发射极电流的实际流向,即 NPN 型晶体管的发射极电流是从管子的发射极流出来的,而 PNP 型晶体管的发射极电流是从发射极进入管子内部的。

实际晶体管的结构要比图 2.3.2 复杂得多,图 2.3.3 是集成电路中典型的 NPN 型晶体管的结构剖面图。图 2.3.3 中,衬底若用硅材料,则为硅管;若用锗材料,则为锗管。

本书主要讨论 NPN 型晶体管及其电路,但结论对 PNP 型同样适用,只不过两者所需电源电压的极性相反,产生的电流方向相反。

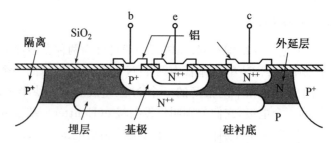

图 2.3.3 集成电路中常见 NPN 型晶体管的结构剖面图

2.3.2 晶体管的放大作用

晶体管内部有两个 PN 结,根据每个 PN 结所加偏置电压的正偏或反偏,晶体管共有放大、饱和、截止、倒置四种工作状态。当发射结正偏,集电结反偏时,工作于放大状态;当发射结、集电结均正偏时,工作于饱和状态;当发射结、集电结均反偏时,工作于截止状态;当发射结反偏,集电结正偏时,工作于倒置状态。在数字电路(或逻辑电路)中,晶体管工作在开关(饱和、截止)状态;倒置状态应用很少。

在放大电路中,无论晶体管是 NPN 型还是 PNP 型,都应将它们的发射结加正向偏置电压,集电结加反向偏置电压,使晶体管工作于放大状态。下面以 NPN 管为例,分析在偏置电压作用下晶体管内部载流子的传输过程和放大原理,其结论对 PNP 管同样适用,只是两者偏压的极性、电流的方向都相反。

1. 晶体管内部载流子的运动规律

图 2.3.4 所示为 NPN 型晶体管在放大状态下的原理电路。其中直流电源 V_{EE} 和 V_{CC} 相互配合,保证发射结正偏、集电结反偏,这是晶体管具有放大作用所需的外部条件,即外因。图 2.3.5 所示为晶体管内部载流子传输过程的示意图。

(1) 发射区向基区扩散载流子,形成发射极电流 I_E

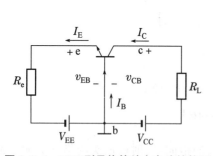

图 2.3.4 NPN 型晶体管放大电路的偏压

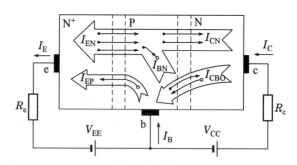

图 2.3.5 NPN 型晶体管中载流子的运动

由于发射结外加正向电压,发射区的多子电子将不断通过发射结扩散到基区,形成发射结电子扩散电流 I_{EN},其方向与电子扩散方向相反。同时,基区的多子空穴也要扩散到发射区,形成空穴扩散电流 I_{EP},方向与 I_{EN} 相同。I_{EN} 和 I_{EP} 一起构成受发射结正向电压 v_{BE} 控制的发射结电流(也就是发射极电流)I_E,即

$$I_E = I_{EN} + I_{EP} = I_{ES}(e^{v_{BE}/V_T} - 1) \tag{2.3.1a}$$

式中 I_{ES} 为发射结的反向饱和电流,其值与发射区及基区的掺杂浓度、温度有关,也与发射结的面积成比例。

由于基区掺杂浓度很低,I_{EP} 很小,可以认为

$$I_E = I_{EN} + I_{EP} \approx I_{EN} \tag{2.3.1b}$$

(2)载流子在基区扩散与复合,形成复合电流 I_{BN}

由发射区扩散到基区的载流子电子在发射结边界附近浓度最高,离发射结越远浓度越低,形成了一定的浓度梯度。浓度差使扩散到基区的电子继续向集电结方向扩散。在扩散过程中,有一部分电子与基区的空穴复合,形成基区复合电流 I_{BN}。由于基区很薄,掺杂浓度又低,因此电子与空穴复合机会少,I_{BN} 很小,大多数电子都能扩散到集电结边界。基区被复合掉的空穴由电源 V_{EE} 从基区拉走电子来补充。

(3)集电区收集载流子,形成集电极电流 I_C

因为集电结上外加反偏电压,空间电荷区的内电场被加强,对基区扩散到集电结边缘的载流子电子有很强的吸引力,使它们很快漂移过集电结,被集电区收集,形成集电极电流中受发射结电压控制的电流 I_{CN},其方向与电子漂移方向相反。显然有 $I_{CN} = I_{EN} - I_{BN}$。与此同时,基区自身的少子电子和集电区的少子空穴也要在集电结反偏电压作用下产生漂移运动,形成集电结反向饱和电流 I_{CBO},其方向与 I_{CN} 方向一致。I_{CN} 和 I_{CBO} 一起构成集电极电流 I_C,即

$$I_C = I_{CN} + I_{CBO} \tag{2.3.2}$$

从以上分析可以看出,晶体管中薄的基区将发射结和集电结紧密地联系在一起,把发射结的正向电流几乎全部地传输到反偏的集电结回路中去。这正是晶体管实现放大作用的关键所在。

I_{CBO} 不受发射结电压控制,故对放大没有贡献,它的大小取决于基区和集电区的少子浓度,数值很小,但它受温度影响很大,容易使晶体管工作不稳定。

由图 2.3.5 和式(2.3.1b)(2.3.2)可见,晶体管的基极电流为

$$\begin{aligned}
I_B &= I_{EP} + I_{BN} - I_{CBO} \\
&= I_{EP} + I_{EN} - I_{CN} - I_{CBO} \\
&= I_E - I_C
\end{aligned} \tag{2.3.3}$$

晶体管有三个电极,在放大电路中可以有三种连接方法,分别是共发射极(简称共射极)、共基极和共集电极接法,即分别把发射极、基极、集电极作为输入和输出回路的共同端的连接方法,如图 2.3.6 所示。应当指出,发射结正偏、集电结反偏是晶体管内部载流子的传输、电流分配的外部必要条件。若晶体管具有放大作用,无论是哪种连接方法,都必须使发射结正偏、集电结反偏。

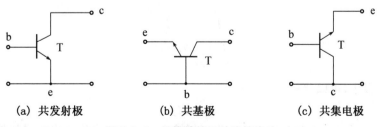

(a) 共发射极　　　　　(b) 共基极　　　　　(c) 共集电极

图 2.3.6　晶体管的三种连接方法

2. 晶体管的电流分配

在发射结正向电压、集电结反向电压的共同作用的条件下,从发射区扩散到基区的载流子电子(PNP 型管中是空穴)绝大部分能够被集电区收集,形成电流 I_{CN},一小部分在基区被复合,形成电流 I_{BN}。晶体管三个电极的电流不是孤立的,它们反映非平衡少子在基区扩散与复合的比例关系。这一比例关系主要由基区宽度、掺杂浓度等因素决定,三极管做好后就基本确定了。而一旦知道了这个比例关系,就不难确定三个电极电流之间的关系,从而为定量分析三极管电路提供了方便。

(1) 共发射极组态的电流传输关系

共发射极组态的输入端是基极,输出端是集电极,发射极为公共端。其输入电流为 I_B,输出电流为 I_C。

为了得到输入端基极电流 I_B 和输出端集电极电流 I_C 之间的关系,实际上是反映扩散到集电区的电流 I_{CN} 与基区复合电流 I_{BN} 之间的比例关系。为此,定义共发射极直流电流放大系数 $\bar{\beta}$ 为

$$\bar{\beta}=\frac{I_{CN}}{I_{BN}}=\frac{I_C-I_{CBO}}{I_B+I_{CBO}} \tag{2.3.4}$$

它表示基区每复合一个电子,则有 $\bar{\beta}$ 个电子扩散到集电区去。$\bar{\beta}$ 值一般在 $20\sim300$ 之间。

确定了 $\bar{\beta}$ 值后,由式(2.3.2)和式(2.3.3)可得晶体管三个电极电流的表达式

$$I_E=I_C+I_B \tag{2.3.5a}$$
$$I_C=\bar{\beta}I_B+(1+\bar{\beta})I_{CBO}=\bar{\beta}I_B+I_{CEO} \tag{2.3.5b}$$
$$I_E=(1+\bar{\beta})I_B+(1+\bar{\beta})I_{CBO}=(1+\bar{\beta})I_B+I_{CEO} \tag{2.3.5c}$$
$$I_{CEO}=(1+\bar{\beta})I_{CBO} \tag{2.3.6}$$

式中,I_{CEO} 为基极开路时集电极与发射极之间的反向饱和电流,称为穿透电流,一般也很小。在忽略 I_{CBO}、I_{CEO} 的影响时,则有

$$I_C\approx\bar{\beta}I_B \tag{2.3.7a}$$
$$I_E\approx(1+\bar{\beta})I_B \tag{2.3.7b}$$

式(2.3.7)表示共发射极组态时,基极电流对集电极电流的控制作用,它也是以后电路分析中最常用的关系式。

(2) 共基极组态的电流传输关系

共基极连接时,输入端电流为发射极电流 I_E,输出端为集电极电流 I_C。为了反映扩散到集电区的电流 I_{CN} 与发射极注入电流 I_{EN} 之间的比例关系,定义共基极直流电流放大系数 $\bar{\alpha}$ 为

$$\bar{\alpha}=\frac{I_{CN}}{I_{EN}}=\frac{I_C-I_{CBO}}{I_E} \tag{2.3.8}$$

显而易见,$\bar{\alpha}<1$,一般为 0.98 以上。将此式变换,可得

$$I_C=\bar{\alpha}I_E+I_{CBO} \tag{2.3.9}$$

反向电流 I_{CBO} 很小,可以忽略不计,则

$$I_C\approx\bar{\alpha}I_E \tag{2.3.10}$$

式(2.3.10)表达了晶体管共基极接法时发射极输入电流对集电极输出电流的控制作用。

因为 $\bar{\beta}$ 和 $\bar{\alpha}$ 都是反映晶体管基区中电子扩散与复合的比例关系,只是选取的参考量不同,所以两者之间必然有内在的联系。根据 $\bar{\beta}$ 和 $\bar{\alpha}$ 的定义可以推出

$$\bar{\beta}=\frac{I_{\text{CN}}}{I_{\text{BN}}}=\frac{I_{\text{CN}}}{I_{\text{E}}-I_{\text{CN}}}=\frac{\bar{\alpha}I_{\text{E}}}{I_{\text{E}}-\bar{\alpha}I_{\text{E}}}=\frac{\bar{\alpha}}{1-\bar{\alpha}} \tag{2.3.11}$$

$$\bar{\alpha}=\frac{I_{\text{CN}}}{I_{\text{EN}}}=\frac{I_{\text{CN}}}{I_{\text{BN}}+I_{\text{CN}}}=\frac{\bar{\beta}I_{\text{BN}}}{I_{\text{BN}}+\bar{\beta}I_{\text{BN}}}=\frac{\bar{\beta}}{1+\bar{\beta}} \tag{2.3.12}$$

根据以上分析,晶体管作为放大器件使用时,输入电流对输出电流都有控制作用,所以晶体管是电流控制器件。

3. 晶体管的放大作用

现用图 2.3.7 来说明晶体管的放大作用。假设在图中 V_{BB} 上叠加一幅度为 $100\ \text{mV}$ 的正弦电压 Δv_{i},则引起晶体管发射结电压产生相应的变化,因而发射极会产生一个较大的注入电流 Δi_{E},例如为 $1\ \text{mA}$,基极电流变化 Δi_{B} 约为 $10\ \mu\text{A}$,集电极电流变化 Δi_{C} 约为 $0.99\ \text{mA}$。若取 $R_{\text{c}}=3.3\ \text{k}\Omega$,则 R_{c} 上得到的信号电压 $\Delta v_{\text{o}}=\Delta i_{\text{C}}R_{\text{c}}=0.99\times3.3=3.267\ \text{V}$,相比之下信号电压放大了约 33 倍。另外,$R_{\text{c}}$ 得到的信号功率为

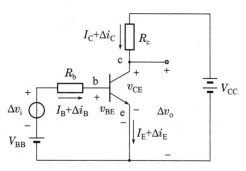

图 2.3.7　晶体管的放大作用

$$P_{\text{o}}=\frac{1}{2}\times0.99\times10^{-3}\times3.267\approx1.62\ \text{mW}$$

比信号源的输入功率

$$P_{\text{i}}=\frac{1}{2}\Delta v_{\text{i}}\Delta i_{\text{B}}=\frac{1}{2}\times100\times10^{-3}\times10\times10^{-6}=0.5\ \mu\text{W}$$

大出约 3 000 倍。结果输出信号的电流、电压和电功率都被放大了,这就是晶体管的放大作用,也是它区别于无源元件的重要特性。

2.3.3　晶体管的特性曲线

晶体管的特性曲线是指各极间电压与各极电流之间的关系。晶体管电路有输入回路和输出回路两个回路,所以要用输入特性曲线和输出特性曲线分别描述输入回路和输出回路的伏安特性。

按照晶体管连接方式的不同,有共发射极特性曲线和共基极特性曲线。共集电极组态可用共发射极特性曲线进行分析。下面讨论共发射极连接时的伏安特性曲线,对共基极连接的伏安特性曲线只做简单介绍。

1. 共发射极连接时的特性曲线

共发射极连接时,各极电流和端口电压如图 2.3.8 所示。

（1）输入特性曲线

共发射极连接时的输入特性曲线描述了当输出电压 v_{CE} 一定的情况下,输入电流 i_{B} 与输入电压 v_{BE} 之间的关系,即

$$i_{\text{B}}=f(v_{\text{BE}})\big|_{v_{\text{CE}}=\text{const}}$$

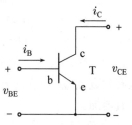

图 2.3.8　共发射极连接

图 2.3.9 给出了 NPN 型硅管共发射极连接时的输入特性曲线。由图可见，只有输入电压 v_{BE} 大于发射结的门槛电压 V_{th}（图中约为 0.5 V）时，发射结才开始导通，i_B 才产生。由于发射结正偏，输入特性曲线与半导体二极管的正向特性曲线类似。当 v_{CE} 增大时，特性曲线向右移，如图中 v_{CE} 为 1 V 和 10 V 的曲线。这是因为，当 v_{BE} 一定时，随着 v_{CE} 的增加，在集电结收集载流子的能力得到加强的同时，集电结空间电荷区也在变宽，从而使基区的有效宽度减小，载流子在基区的复合机会减少，结果使 i_B 减少。因此，在相同的 v_{BE} 作用下，随 v_{CE} 的增加，i_B 将减小。

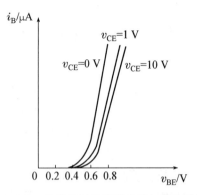

图 2.3.9　共发射极连接时的输入特性曲线

当 v_{BE} 一定时，如果 v_{CE} 增大到一定值（如 1 V）以后，集电结的电场已足够强，可以将发射到基区的载流子中的绝大部分收集到集电区，以致 v_{CE} 再增加，i_B 也不再明显减小，因此，$v_{CE} > 1$ V 后的输入特性曲线基本上是重合的。

（2）输出特性曲线

共射极连接时的输出特性曲线描述了当输入电流 i_B 为某一常量时，集电极电流 i_C 与电压 v_{CE} 间的关系，用函数表示为

$$i_C = f(v_{CE})\big|_{i_B = \text{const}}$$

图 2.3.10 给出了 NPN 型硅管共发射极连接时的输出特性曲线。对于每一个不同的 i_B，都有一条不同的曲线与之对应，所以输出特性是一簇曲线。为简便清晰起见，图中仅绘出有代表性典型的几条曲线。从图中可以看出，晶体管的输出特性曲线可以分为 3 个区域：截止区、放大区和饱和区。分别对应晶体管的截止、放大和饱和 3 种工作状态。

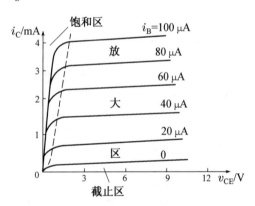

图 2.3.10　共发射极连接时晶体管的输出特性曲线

① 截止区　当发射结反向偏置或正偏电压小于开启电压 V_{th}，并且集电结反向偏置时，$i_B = 0$，$i_C \leqslant I_{CEO}$。对于小功率管，I_{CEO} 很小，可以忽略它的影响。通常把 $i_B = 0$ 的那条输出特性曲线以下的区域称为截止区。对于硅管，$i_B = 0$ 的曲线基本与横轴重合，为便于阅读理解，图 2.3.10 中这条线画的有意夸大了截止区域。

② 放大区　发射结正向偏置且大于开启电压 V_{th}、同时集电结反向偏置时，晶体管工作的区域为放大区。此时 i_C 受 i_B 控制，几乎与 v_{CE} 无关。输出特性曲线是一组几乎与横坐标轴平行的等距离直线。但随着 v_{CE} 的增加，各条曲线稍稍向上倾斜。这说明当 v_{CE} 增加时，基区有效宽度减小，载流子在基区的复合机会减少，在保持 i_B 不变的情况下，i_C 将随 v_{CE} 增大而略有增加。

③ 饱和区　当发射结和集电结均处于正向偏置，并且 v_{BE} 大于发射结开启电压 V_{th} 时，晶

体管工作在饱和区。此时集电极的反向电压 v_{CE} 很小,集电结内电场很弱,对注入基区的电子没有足够的吸引力,使得 i_C 小于 $\bar{\beta}i_B$,说明 i_C 不受 i_B 的控制。饱和时 v_{CE} 的典型值为 0.1～0.3 V。图中饱和区与放大区的分界线,称为临界饱和线。对于小功率管,可以认为 $v_{CE}=v_{BE}$。

2. 共基极连接时的特性曲线

晶体管共基极连接时,各极电流和各端口电压如图 2.3.11 所示。图 2.3.12 是它的伏安特性曲线。

(1) 输入特性曲线

当 v_{CB} 为某一数值时,输入电流 i_E 与输入电压 v_{BE} 之间的关系曲线称为共基极输入特性曲线,用函数表示为

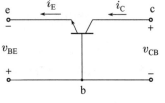

图 2.3.11 共基极连接

$$i_E=f(v_{BE})\,|_{\,v_{CB}=\text{const}}$$

从图 2.3.12(a)可见,当 $v_{CE}>0$ 时,随着 v_{CE} 的增加,输入特性曲线略向左移,说明 v_{BE} 保持不变时,随着集电结反偏电压 v_{CE} 的增加,i_E 也有所增加。

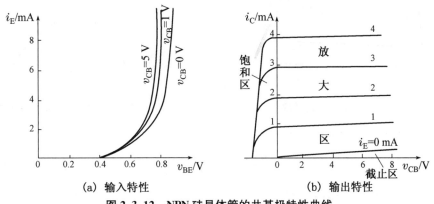

(a) 输入特性   (b) 输出特性

图 2.3.12 NPN 硅晶体管的共基极特性曲线

(2) 输出特性曲线

i_E 为某一数值时,输出电流 i_C 与输出电压 v_{CB} 之间的关系曲线称为共基极输出特性曲线,用函数表示为

$$i_C=f(v_{CB})\,|_{\,i_E=\text{const}}$$

图 2.3.12(b)中可见,$i_E>0$(发射结正偏)、$v_{CB}>0$(集电结反偏)的区域为 BJT 的放大区。在放大区内,电压 v_{CB} 变化时,i_C 几乎不变,特性曲线十分平坦,恒流特性良好。说明共基极连接时,晶体管几乎是理想的恒流源。$i_E>0$(发射结正偏)、$v_{CB}<0$ 的区域是饱和区;曲线 $i_E=0$ 以下的区域是截止区。

2.3.4 晶体管的主要参数

晶体管的参数可用来表征其性能优劣和适用范围,是合理选择和使用晶体管的重要依据。晶体管的参数分为直流参数、交流参数和极限参数三类。这里仅介绍晶体管的主要参数,它们均可在半导体器件手册中查到。

1. 晶体管的直流参数

(1) 直流电流放大系数

① 共发射极直流电流放大系数 $\bar{\beta}$

$$\bar{\beta}=\frac{I_C-I_{CBO}}{I_B}\approx\frac{I_C}{I_B}\Big|_{v_{CE}=\mathrm{const}} \tag{2.3.13}$$

在集电极与发射极之间电压为定值时,测得晶体管的集电极电流和基极电流,就可以求出 $\bar{\beta}$,也可以利用共发射极输出特性曲线来求。例如,在图 2.3.13 所示晶体管共射输出特性曲线的放大区内取 Q(即静态工作点)点,$\bar{\beta}=\frac{I_{CQ}}{I_{BQ}}$。

严格说来,只是 i_C 在一定的范围内,$\bar{\beta}$ 才是常数,当 i_C 大于某值或者小到靠近截止区时,$\bar{\beta}$ 都在变小,表现为特性曲线间距变小。图 2.3.14 为某晶体管的 $\bar{\beta}$ 与 i_C 的关系曲线。

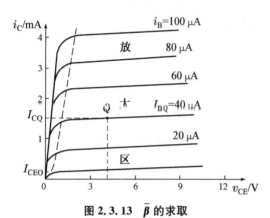

图 2.3.13　$\bar{\beta}$ 的求取　　　　　　　图 2.3.14　$\bar{\beta}$ 与 i_C 的关系曲线

② 共基极直流电流放大系数 $\bar{\alpha}$

$$\bar{\alpha}=\frac{I_C-I_{CBO}}{I_E}\approx\frac{I_C}{I_E}\Big|_{v_{CB}=\mathrm{const}} \tag{2.3.14}$$

与 $\bar{\beta}$ 一样,$\bar{\alpha}$ 也不是常数。

(2) 极间反向电流

① 集电结的反向饱和电流 I_{CBO}

I_{CBO} 是发射极开路时集电结的反向饱和电流,如图 2.3.15 所示。一般 I_{CBO} 很小,室温下,小功率的硅管 I_{CBO} 小于 1 微安,而小功率的锗管的 I_{CBO} 为几微安到几十微安。

② 穿透电流 I_{CEO}

I_{CEO} 为基极开路、集电极与发射极之间加正电压时,集电极直通到发射极的电流,称为穿透电流,如图 2.3.16 所示,$I_{CEO}=(1+\bar{\beta})I_{CBO}$。小功率的硅管 I_{CEO} 在几微安以下,而小功率的锗管 I_{CEO} 约在几十到几百微安。

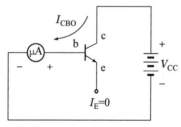　　　　　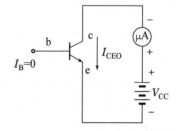

图 2.3.15　I_{CBO} 的测量　　　　　　　图 2.3.16　I_{CEO} 的测量

I_{CEO}、I_{CBO} 是由少数载流子的漂移运动所形成的电流,受温度影响较大。虽然 I_{CEO}、I_{CBO}

都随温度上升而增大,但是其值越小,受温度影响就越小,晶体管温度稳定性越好。硅管的 I_{CEO}、I_{CBO} 比锗管的小 2～3 个数量级,故实用中多用硅管。当 $\overline{\beta}$ 大时,晶体管的 I_{CEO} 会较大,因而实用中管子的 $\overline{\beta}$ 不宜选得过高,一般选用 $\overline{\beta}=40\sim140$ 的管子,优先选择 $\overline{\beta}=60\sim80$ 的管子。

2. 晶体管的交流参数

(1) 交流电流放大系数

① 共发射极交流电流放大系数 β

$$\beta=\frac{\Delta i_C}{\Delta i_B}\Big|_{v_{CE}=\text{const}} \tag{2.3.15}$$

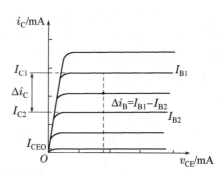

在图 2.3.17 所示晶体管共射输出特性曲线上,作垂直于横轴的直线,求 $\beta=\frac{\Delta i_C}{\Delta i_B}$。显然,$\beta$ 是反映晶体管的动态即交流工作状态的电流放大特性。由于在晶体管共射输出特性曲线的放大区,恒流特性较好的特性曲线几乎平行于横轴且等间距,因此 β 为常数,且 $\beta\approx\overline{\beta}$,工程应用中常常并不加以区分,都用 β 表示,半导体器件手册中常用 h_{FE} 或 h_{fe} 表示。

图 2.3.17　利用输出特性曲线求 β

② 共基极交流电流放大系数 α

$$\alpha=\frac{\Delta i_C}{\Delta i_B}\Big|_{v_{CB}=\text{const}} \tag{2.3.16}$$

同样,在输出特性曲线平坦且等间距时,可以认为 $\alpha\approx\overline{\alpha}$,也可相互混用。

(2) 特征频率 f_T

由于晶体管结电容和载流子渡越基区时间的影响,共发射极交流电流放大系数 β 是信号频率的函数。当信号频率高到一定程度时,β 将会下降。β 下降到 1 时所对应的信号频率称为晶体管的特征频率,用 f_T 表示。

(3) 共发射极截止频率 f_β

低频时共发射极交流电流放大系数为 β_0。当信号频率高到一定程度时,β 会下降。把 β 下降到 $\beta_0/\sqrt{2}$ 时所对应的信号频率称为晶体管的共发射极截止频率 f_β。

(4) 共基极截止频率 f_α

低频时共基极交流电流放大系数为 α_0。当信号频率高到一定程度时,α 将下降。当 α 下降到 $\alpha_0/\sqrt{2}$ 时所对应的信号频率称为晶体管的共基极截止频率 f_α。f_β 最小,f_T 为 f_β 的 β 倍,f_α 最大,为前两者之和。

3. 晶体管的极限参数

(1) 集电极最大允许电流 I_{CM}

当集电极电流 i_C 增加到一定程度时,β 就要下降。使 β 明显减小时的 i_C 即集电极最大允许电流 I_{CM}。达到 I_{CM} 时管子不一定损坏,但放大能力下降、线性变差,使用中不要使 i_C 超过 I_{CM}。

(2) 集电极最大允许功耗 P_{CM}

集电结耗散功率 $P_C=i_C v_{CE}$。一般情况下,集电结上的电压降远大于发射结上的电压降,因此与发射结相比,集电结上耗散的功率 P_C 要大得多。这个功率将使集电结发热,结温上升,当结温超过最高工作温度(硅管为 150 ℃,锗管为 70 ℃)时,晶体管性能下降,甚至会烧坏。P_{CM} 表示集电结上最大允许耗散功率。使用中应当使 $P_C < P_{CM}$,否则集电结会因过热而性能变坏或烧毁。

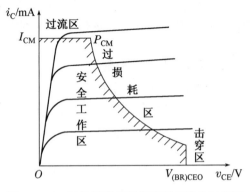

图 2.3.18　晶体管的极限损耗线与安全工作区

P_{CM} 的大小与允许的最高结温、环境温度及管子的散热方式有关。由给定的 P_{CM} 值(对于确定型号的晶体管,P_{CM} 是一个确定值),可以在晶体管的输出特性曲线中画出允许的最大功率损耗线,如图 2.3.18 所示,线上各点均满足 $i_C v_{CE} = P_{CM}$ 的条件。

(3) 反向击穿电压

反向击穿电压表示晶体管电极间承受反向电压的能力,测试电路如图 2.3.19 所示。

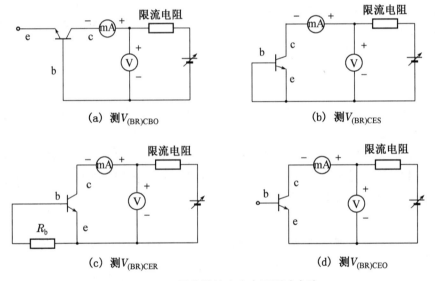

(a) 测 $V_{(BR)CBO}$　　　　　　　　　(b) 测 $V_{(BR)CES}$

(c) 测 $V_{(BR)CER}$　　　　　　　　　(d) 测 $V_{(BR)CEO}$

图 2.3.19　晶体管的击穿电压测试电路

① $V_{(BR)CBO}$——发射极开路时的集电极和基极之间的反向击穿电压,即集电结的击穿电压。

② $V_{(BR)EBO}$——集电极开路时发射极和基极间的反向击穿电压,即发射结的击穿电压。

③ $V_{(BR)CEO}$——基极开路时集电极和发射极间的击穿电压。

$V_{(BR)CER}$ 表示基极发射极之间接有电阻[图 2.3.19(c)]时的集电极发射极间的击穿电压。$V_{(BR)CES}$ 表示基极发射极之间短路时的集电极发射极之间的击穿电压。几个击穿电压之间的大小有如下关系:

$$V_{(BR)CBO} \approx V_{(BR)CES} > V_{(BR)CER} > V_{(BR)CEO} > V_{(BR)EBO}$$

为了保证晶体管安全工作,需要限制它的工作电压、工作电流和功率损耗。由晶体管的极限参数 P_{CM}、I_{CM} 和 $V_{(BR)CEO}$ 确定了晶体管的过损耗区、过流区和击穿区,如图 2.3.18 所示。使用晶体管时,应避免使其进入上述三个区域,保证晶体管工作在安全工作区。

2.3.5　温度对晶体管参数特性的影响

温度的变化导致杂质半导体中的少数载流子的浓度的变化,所以,温度的变化对晶体管的性能参数会造成很大的影响。在实际应用中,应当重视温度稳定性问题。

1. 温度对 v_{BE} 的影响

v_{BE} 随温度变化的规律与二极管正向导通时的伏安特性类似。温度升高时,晶体管的输入特性曲线也向左移动,这说明在 i_B 相同的条件下,v_{BE} 将减小。当温度每升高 1℃,v_{BE} 减小 2~2.5 mV。

2. 温度对 I_{CBO} 的影响

I_{CBO} 是发射极开路时,集电极与基极间的反向饱和电流。它是集电区和基区的少数载流子做漂移运动形成的。当温度升高时,少数载流子的浓度增加,使参与漂移运动的少数载流子数目增加,因而 I_{CBO} 增加。温度每升高 10 ℃,I_{CBO} 约增加一倍。同样,穿透电流 I_{CEO} 也随温度变化而变化。

3. 温度对 β 的影响

温度升高时,因热能使三极管内载流子的能量有所增加,扩散能力增强,使到达集电区的载流子数目有所增加。因而,电流放大系数 β 随温度上升而增大。温度每升高 1℃,β 值约增大 0.5%~1%,其温度系数为

$$\frac{\Delta\beta/\beta}{\Delta T} = (0.5\sim1)\%/℃ \tag{2.3.17}$$

共基极电流放大系数 α 也会随温度变化而变化。

4. 温度对反向击穿电压 $V_{(BR)CBO}$、$V_{(BR)CEO}$ 的影响

因为晶体管的集电区与基区掺杂浓度低,集电结较宽,所以集电结的反向击穿一般均为雪崩击穿。雪崩击穿电压具有正温度系数,所以温度升高时,$V_{(BR)CBO}$、$V_{(BR)CEO}$ 都会有所提高。

5. 温度对伏安特性的影响

温度对 v_{BE}、I_{CBO}、I_{CEO} 及 β 的影响,从外部看,都将反映在对伏安特性的影响。当温度升高时,v_{BE} 减小,晶体管的输入特性曲线向左移动。同时温度升高使 I_{CBO}、I_{CEO}、β 都将增大,输出特性曲线将上移,从而各条曲线间的距离加大,如图 2.3.20 中的虚线所示。

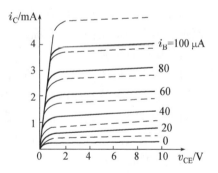

图 2.3.20　温度对晶体管输出特性的影响

2.3.6　晶体管的选择与简易检测

晶体管是电子电路的核心元件,其性能如何直接影响电子电路的功能。根据前面的讨论,我们可以比较容易地把握正确选择和检测晶体管的基本技能。

1. 晶体管的选择

选用晶体管既要满足设备及电路的要求,又要符合低成本的原则。根据用途不同,一般

应考虑以下几个因素:频率、集电极电流、耗散功率、反向击穿电压、电流放大系数、稳定性及饱和压降等。这些因素具有相互制约的关系,在选管时既要抓住主要矛盾,也应顾及次要因素。

首先根据电路工作频率确定选用低频管还是高频管。低频管的特征频率 f_T 一般在几兆赫兹以下,而高频管的特征频率高达几十兆赫兹以上。选管时应使特征频率为工作频率的 3~10 倍以上。从应用原则上讲,小功率情况下高频管可以替代低频管,低频管则不能替代高频管。但高频管的功率一般比较小、动态范围窄,在替代时应注意功率条件。

其次,根据晶体管实际工作的最大集电极电流 I_{CM}、最大管耗 P_{CM} 和电源电压 V_{CC} 选择合适的管子。要求晶体管的极限参数满足 $P_{CM} > P_{Cmax}$、$I_{CM} > i_{Cmax}$、$V_{(BR)CEO} > v_{CEmax}$,并要留有足够的裕量。必须注意的是:小功率管的 P_{CM} 值是在常温(25 ℃)下测得的,对于大功率管则是在常温下加规定规格散热片的情况下测得的,若温度升高或不满足散热要求,P_{CM} 将会下降。

对于电流放大系数 β 值的选择,并非 β 越大越好。β 太大容易引起自激振荡,且高 β 管的工作受温度影响大,优先选 60~80 之间。不过对于性能指标高的低噪声、高 β 管,β 值达数百时温度稳定性仍然较好,这种高 β 管子当然可选。另外,对整个电路来说还应从各级的配合来选择 β。例如前级用高 β,后级就可以用低 β 管;反之,前级用低 β 的,后级就可以用高 β 管。

应尽量选用穿透电流 I_{CEO} 小的管子,I_{CEO} 越小,电路的温度稳定性就越好。硅管的稳定性比锗管好得多,但硅管的饱和压降较锗管大,低电压 1.5 V 供电情况下宜选锗管。目前电路中多采用硅管。

总的原则是,在满足设备电路的要求和相同成本的前提下,优先选用参数指标档次高的管子,以保证产品质量。

2. 晶体管的检测

用万用表可以识别晶体管的管脚、管型及性能的好坏,用晶体管特性测试仪或测试电路可测量晶体管的伏安特性。下面介绍如何用模拟万用表进行识别与检测。

(1) 基极的判别

将万用表挡位置于 $R \times 1$ k 挡,用两表笔去搭接晶体管的任意两管脚,如果阻值很大(几百千欧以上),将表笔对调再测一次,如果阻值也很大,则说明所测的这两个管脚为集电极 c 和发射极 e(因为 c、e 之间有两个背靠背相接的 PN 结,故无论 c、e 间的电压是正还是负,总有一个 PN 结截止,使 c、e 间的阻值很大),剩下的那只管脚为基极 b。

(2) 类型的判别

确定基极后,黑表笔(表内电池正极与之相连接)接基极,红表笔(表内电池负极与之接通)接另两个管脚中的任意一个,如果测得的电阻值很大(几百千欧以上),则为 PNP 型管;若电阻值较小(十几千欧以下),则为 NPN 型管。硅管和锗管的判别方法同二极管,即硅管 PN 结正向电阻约为几千欧到十几千欧,锗管 PN 结正向电阻约为几百欧到一两千欧。这读数大小与万用表欧姆挡的参数有关,同一只管子测量结果因电表而数值也不同,这是 PN 结正向电阻的非线性使然,不同表同一挡测试时其通过电流不一样正向电阻就不同。读者可以改用 $R \times 100$ 挡或 $R \times 10$ 挡证之。

(3) 集电极的判别及 β 值测量

大多数万用表都带有标明 P 和 N 的晶体管 β 测量插座。在基极和管子类型确定后,将

万用表置于测量 β(或 h_{fe} 挡)挡,并进行校正。再将另两个电极分别假设为集电极和发射极,插入万用表的晶体管 β 测量插座管中,若万用表的 β 值读数较大,则假设正确,读出的就是该管值。若读数 β 很小,则重新假设集电极和发射极,重测 β,若 β 读数较大,则后一次的假设正确;若两次读数都很小,则说明该管放大能力很弱,为劣质管。

如果万用表没有晶体管 β 测量插座,可以这样判断集电极和发射极:万用表置于 $R×1k$ 挡,对于 NPN 型管,先假设集电极和发射极,黑表笔接假设集电极,红表笔接假设发射极,基极与黑表笔间接一个几十千欧的电阻,表针比不接电阻时有 $20°$ 以上的偏转,则假设正确;若表针偏转幅度很小,对换表笔重测一次,若偏转幅度较大,则这次假设正确;若两次表针摆动都很小几乎无区别,则管子 β 太小,不可使用了。对于 PNP 型管,只要把黑、红表笔对换使用就可以判断 c、e 极了。

(4) 穿透电流 I_{CEO} 及热稳定性检测

穿透电流可用在晶体管集电极与电源之间串联直流电流表的办法来测量,也可以用万用表测晶体管集电极与发射极之间电阻的方法来定性检测,测量时(图 2.3.21),万用表置于 $R×1k$ 挡,红表笔与 NPN 型晶体管的发射极相连,黑表笔与集电极相连,基极悬空。所测两极之间的电阻值越大,则漏电流就越小,管子的性能也就越好。

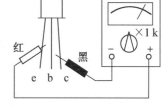

图 2.3.21　测晶体管 ce 间电阻及热稳定性

在测试 I_{CEO} 的同时,用手捏住晶体管,受人体温度的影响,极间反向电阻会有所减小。若万用表指针变化不明显,则该管的稳定性能较好;若指针迅速右偏,则该管的热稳定性能较差。

2.4　场效应管

场效应晶体管(Field Effect Transistor,FET)简称场效应管,种类很多。按基本结构来分,主要有两大类:结型场效应管(Junction Type Field Effect Transistor,JFET)和金属-氧化物-半导体场效应管(Metal-oxide-semiconductor Type Field Effect Transistor,MOSFET)。从导电载流子的带电极性来看,有 N(电子型)沟道 FET 和 P(空穴型)沟道 FET。按照导电沟道形成机理的不同,MOSFET 又可分为增强型(简称 E 型)和耗尽型(简称 D 型)两种。所以,MOSFET 有四种:N 沟道增强型 MOS 管(E 型 NMOS 管)、N 沟道耗尽型 MOS 管(D 型 NMOS 管)、P 沟道增强型 MOS 管(E 型 PMOS 管)、P 沟道耗尽型 MOS 管(D 型 PMOS 管)。JFET 都是耗尽型的,也有 N 沟道和 P 沟道两种。

2.4.1　金属-氧化物-半导体(MOS)场效应管

金属-氧化物-半导体场效应管(MOSFET),是由金属(铝)、氧化物(二氧化硅)及半导体材料构成的,简称 MOS 管。栅极与半导体之间隔了一层很薄的氧化物绝缘层,因此栅极不取电流,称其为绝缘栅,故也称 MOSFET 为绝缘栅场效应管(Insulated Gate Field Effect Transistor,IGFET)。

1. N 沟道增强型 MOS 场效应管

(1) 结构

N 沟道增强型 MOS 场效应管的结构图、结构剖面图及电路符号分别如图 2.4.1(a)(b)

和(c)所示。它是在一块掺杂浓度较低、电阻率较高的 P 型硅衬底上,利用光刻、扩散工艺制作两个高掺杂的 N$^+$ 区。并用金属铝引出两个电极,分别作为**漏极 d** 和**源极 s,**然后在 P 型硅表面覆盖一层很薄的二氧化硅(SiO$_2$)绝缘层,并在其上再装一个铝电极,作为**栅极 g。**另外在衬底上也引出一个电极 B,就形成了 N 沟道增强型 MOS 管。由于栅极与源极、漏极均无电接触,故称**绝缘栅极。**图 2.4.1(c)是 N 沟道增强型 MOSFET 的符号。箭头方向表示PN 结的正偏方向,即由 P 型衬底指向 N 沟道。图中垂直短画线代表沟道,短画线表明在未加适当栅极电压之前,漏极与源极之间无导电沟道。图 2.4.1(a)中还标出了沟道长度 L(一般为 0.5～10 μm)和宽度 W(一般为 0.5～50 μm),L 的典型值小于 1 μm,而氧化物的厚度 t_{ox} 的典型值在 400Å(400×10^{-10} cm＝0.04 μm)数量级以内。

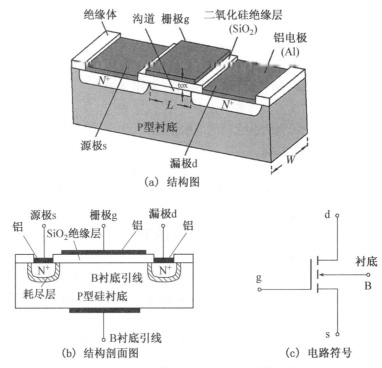

图 2.4.1　N 沟道增强型 MOSFET 结构及符号

(2) 工作原理

① v_{GS} 对 i_{DS} 的控制作用

当 v_{GS}＝0 时,没有导电沟道。MOS 管的源极和衬底通常是连在一起的。在图 2.4.2(a)中,当 v_{GS}＝0 时,源区、衬底和漏区之间就形成两个背靠背的 PN 结,无论 v_{DS} 的极性如何,其中总有一个 PN 结是反偏的,漏源极间没有形成导电沟道,因此,i_{DS}＝0。此时漏源之间的电阻的阻值很大,可高达 10^{12} Ω 数量级。

当 v_{GS}≥V_T 时,出现 N 型沟道。当 v_{GS}≥0,v_{DS}＝0 时,如图 2.4.2(b)所示,由于 SiO$_2$ 的绝缘作用,栅极电流为零。但栅极和衬底相当于以二氧化硅为介质的平板电容器,在栅源电压作用下,产生了一个垂直于半导体表面的由栅极指向衬底的电场。这个电场排斥空穴而吸引电子,将空穴推向衬底一边。因此,使栅极附近的 P 型衬底中的空穴被推开,留下不能移动的负离子区,形成耗尽层,同时 P 型衬底中的电子被吸引到栅极下的衬底表面。当正的栅源电压到达一定数值时,这些电子在栅极附近的 P 型硅表面便形成了一个 N 型薄层,称为反型层,这个反型层就把源、漏之间连接起来,构成了导电沟道。这时如果加上电压 v_{DS},将会产生漏极电流,使沟道刚刚形成时的栅源电压称为开启电压 V_T。显然,v_{GS} 的值愈大,导电沟道将愈厚,沟道电阻的阻值将愈小。由于这种场效应管在 $v_{GS} \geqslant V_T$ 才能形成导电沟道,所以称为增强型场效应管。

② v_{DS} 对 i_D 的影响

当 $v_{GS} \geqslant V_T$ 时,导电沟道形成,这时如果加上电压 v_{DS},将会产生漏极电流。在 v_{GS} 和 v_{DS} 共同作用下,沟道内存在电位梯度,使得沟道厚度不均匀,靠近源极一端的沟道最厚,而漏极一端的沟道最薄。

当 v_{DS} 较小时,漏极电流 i_D 将随 v_{DS} 上升迅速增大,如图 2.4.2(c)所示。但随着 v_{DS} 的增加,靠近漏极的沟道越来越薄,当 v_{DS} 增加到使 $V_{GD} = V_{GS} - V_{DS} = V_T$(或 $V_{DS} = V_{GS} - V_T$)时,漏极一端的沟道厚度为零,沟道开始被**夹断**,这种情况称为**预夹断**。

当 v_{DS} 继续增加,使 $v_{DS} > v_{GS} - V_T$ 时,沟道的夹断点向源极方向延伸,形成一个夹断区域,如图 2.4.2(d)所示。此时夹断区并没有将沟道全部夹断而使 $i_D = 0$,只是当 v_{DS} 继续增加时,未夹断的沟道压降仍为 $v_{GS} - V_T$,v_{DS} 增加的部分主要降落在夹断区,在夹断区形成较强的电场,在这个强电场的作用下,电子仍然能克服夹断区的阻力到达漏极。此时导电沟道的电场基本上不随 v_{DS} 改变而变化,i_D 趋于饱和,几乎不随 v_{DS} 变化而变化,仅取决于 v_{GS}。

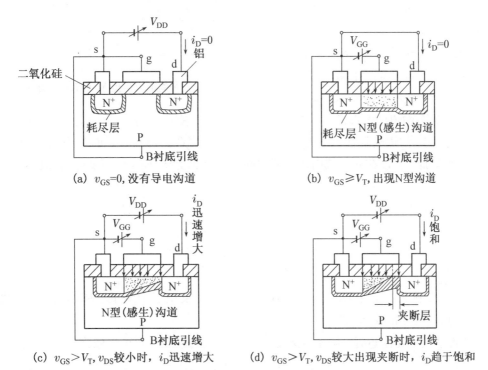

图 2.4.2　N 沟道增强型 MOSFET 的基本工作原理示意图

根据上述分析可得出:

① 当 $v_{GS} < V_T$ 时,没有导电沟道,$i_D = 0$。

② 当 $v_{GS} \geqslant V_T$,导电沟道已经形成但未夹断,v_{DS} 较小时,i_D 与 v_{DS} 呈线性关系。当 v_{DS} 增

加,导电沟道出现夹断后,i_D 趋于饱和。

③ 漏极电流 i_D 受栅源电压 v_{GS} 控制,因此场效应管是电压控制电流器件。

(3) 特性曲线

因为 MOS 管的栅极与源极和漏极之间有绝缘层隔离,栅极输入电阻很高,输入电流几乎为零,所以不再使用输入特性曲线,而用输出特性曲线和转移特性曲线来描述场效应管的伏安特性。

① 输出特性

MOSFET 的输出特性是指在栅源电压 v_{GS} 一定的情况下,漏极电流 i_D 与漏源电压 v_{DS} 之间的关系曲线,即

$$i_D = f(v_{DS})|_{v_{GS}=常数}$$

图 2.4.3 所示为某一 N 沟道增强型 MOS 管的输出特性曲线。根据 N 沟道增强型 MOS 管的工作状态,可将输出特性分为以下 3 个区域:

A. 截止区。当 $v_{GS} < V_T$ 时,导电沟道尚未形成,$i_D \approx 0$,这时 N 沟道增强型 MOS 管处于截止工作状态。截止区位于输出特性曲线的横坐标轴处。

B. 可变电阻区。图 2.4.3 中的虚线为**预夹断临界点轨迹**,它是各条曲线上 $v_{DS} = v_{GS} - V_T$(或 $v_{GD} = V_T$)的点连接而成的。可变电阻区位于虚线左边,当 $v_{GS} > V_T$,$v_{DS} \leqslant$

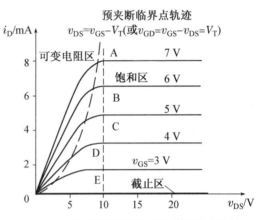

图 2.4.3　N 沟道增强型 MOS 管的输出特性

$v_{GS} - V_T$ 时,导电沟道已经形成但未夹断,如图 2.4.2(c)所示。当 v_{GS} 一定,并且 v_{DS} 较小时,对沟道影响很小,沟道电阻基本不变,i_D 与 v_{DS} 呈线性关系。若 v_{DS} 增加,沟道电阻减小,特性曲线斜率增加。所以在此区域内,漏、源之间可以看成受 v_{DS} 控制的可变电阻,故称为可变电阻区。

在可变电阻区内,i_D 与 v_{GS} 以及 v_{DS} 的关系为

$$i_D = K_n[2(v_{GS} - V_T) v_{DS} - v_{DS}^2] \tag{2.4.1}$$

其中

$$K_n = \frac{K_n'}{2} \cdot \frac{W}{L} = \frac{\mu_n C_{ox} W}{2L}$$

式中 $K_n' = \mu_n C_{ox}$ 称为本征导电因子(通常为常量),μ_n 是反型层中电子迁移率,C_{ox} 为氧化层单位面积电容,电导常数 K_n 的单位是 mA/V^2。

在特性曲线原点附近,因为 v_{DS} 很小,可以忽略 v_{DS}^2,式(2.4.1)可近似为

$$i_D \approx 2K_n(v_{GS} - V_T)v_{DS} \tag{2.4.2}$$

由此可以求出当 v_{GS} 一定时,在可变电阻区内,原点附近的输出电阻 r_{dso} 为

$$r_{dso} = \frac{\mathrm{d}v_{DS}}{\mathrm{d}i_D}\Big|_{v_{GS}=常数} = \frac{1}{2K_n(v_{GS} - V_T)} \tag{2.4.3}$$

式(2.4.3)表明,r_{dso} 是一个受 v_{GS} 控制的可变电阻。

C. 饱和区(恒流区也称放大区)。当 $v_{GS}>V_T$,且 $v_{DS}\geqslant v_{GS}-V_T$ 时,MOSFET 已进入饱和区,即预夹断轨迹的右边区域。i_D 不随 v_{DS} 变化,可以看成受 v_{GS} 控制的电流源,因此称为恒流区。

在饱和区内,将预夹断临界条件 $v_{DS}=v_{GS}-V_T$ 代入式(2.4.1)便得到饱和区内 i_D 与 v_{DS} 的关系,即

$$i_D=K_n\,(v_{GS}-V_T)^2=K_nV_T^2\left(\frac{v_{GS}}{V_T}-1\right)^2=I_{DO}\left(\frac{v_{GS}}{V_T}-1\right)^2 \tag{2.4.4}$$

式中 $I_{DO}=K_nV_T^2$,它是 $v_{GS}=2V_T$ 时的 i_D。

② 转移特性

转移特性是指漏源电压 v_{DS} 一定时,漏极电流 i_D 与栅源电压 v_{GS} 之间的关系,即

$$i_D=f(v_{GS})\Big|_{v_{DS}=\text{常数}}$$

由于输出特性与转移特性都是用来描述场效应管的电压与电流的关系,所以转移特性可以直接从输出特性曲线上用作图法求出。例如,在图 2.4.3 所示的输出特性曲线上,作 $v_{DS}=10$ V 的一条垂直线,将此垂直线与各条输出特性曲线的交点所对应的各点相应的 i_D 与 v_{GS} 值画在 i_D - v_{GS} 的直角坐标系中,就可得到转移特性 $i_D=f(v_{GS})\Big|_{v_{DS}=10\,V}$,如图 2.4.4 所示。

在饱和区内,i_D 受 v_{DS} 的影响很小,因此,不同 v_{DS} 下的转移特性基本重合。

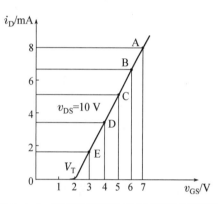

图 2.4.4　N 沟道增强型 MOS 管的转移特性

(4) 沟道长度调制效应

在理想情况下,当 MOS 场效应管工作在饱和区时,v_{DS} 对 i_D 的影响可以忽略,输出特性曲线与横坐标轴平行。而实际的输出特性曲线在饱和区会略向上倾斜,即 v_{DS} 增加时,i_D 会略有增加。这是因为 v_{DS} 对沟道长度 L 的调制作用,常用沟道长度调制参数 λ 对描述输出特性的公式进行修正。以 N 沟道增强型 MOS 管为例,考虑到沟道调制效应后,式(2.4.4)修正为

$$i_D=K_n\,(v_{GS}-V_T)^2(1+\lambda v_{DS})=I_{DO}\left(\frac{v_{GS}}{V_T}-1\right)^2(1+\lambda v_{DS}) \tag{2.4.5}$$

对于典型器件,λ 的值可近似表示为

$$\lambda\approx\frac{0.1}{L}\ \text{V}^{-1} \tag{2.4.6}$$

式中沟道长度 L 的单位为 μm。

2. N 沟道耗尽型 MOS 场效应管

(1) 结构和工作原理

N 沟道耗尽型 MOS 场效应管的结构与增强型基本相同,区别在于生产耗尽型 MOS 管时,在 SiO_2 绝缘层中掺入大量正离子,如图 2.4.5(a)所示。在正离子的作用下,即使 $v_{GS}=0$,也会在 P 型衬底上感应出电子,形成 N 型沟道,此时只要加上正的 v_{DS},就会产生电流 i_D。

当 $v_{GS}>0$ 时,栅极与沟道间的电场将在沟道中感应出更多的电子,使沟道变宽,沟道电

阻减小,i_D 增加。

当 $v_{GS}<0$ 时,则沟道中感应的电子减少,沟道变窄,从而使 i_D 减小。当 v_{GS} 为负电压并达到某值时,感应的电子消失,耗尽区扩展到整个沟道,沟道完全被夹断。这时即使加正向 v_{DS},也不会有电流 i_D,此时的栅源电压称为夹断电压 V_P。N 沟道耗尽型 MOS 场效应管的符号如图 2.4.5(b)所示。

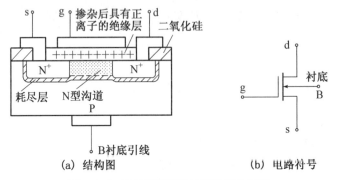

(a) 结构图　　　　　　　　　　　(b) 电路符号

图 2.4.5　N 沟道耗尽型 MOS 场效应管

由以上分析可知,N 沟道耗尽型 MOSFET 可以在 $v_{GS}>0$,$v_{GS}=0$ 或 $v_{GS}<0$ 的情况下工作,并且基本上无栅极电流,这是耗尽型 MOS 场效应管的重要特点。

(2) 特性曲线

N 沟道耗尽型 MOS 管的输出特性和转移特性曲线分别如图 2.4.6(a)(b)所示。耗尽型 MOS 管的特性曲线与增强型的基本相同,工作区域也分为截止区、可变电阻区和饱和区。所不同的是耗尽型管的 v_{GS} 可正可负,因此,N 沟道耗尽型 MOS 管的夹断电压 V_P 为负值,而 N 沟道增强型 MOS 管的开启电压 V_T 为正值。

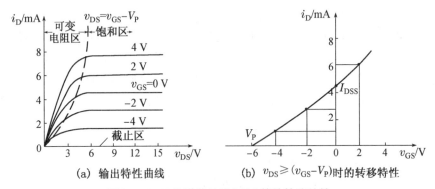

(a) 输出特性曲线　　　　　(b) $v_{DS} \geqslant (v_{GS}-V_P)$ 时的转移特性

图 2.4.6　N 沟道耗尽型 MOS 管的转移特性

耗尽型 MOSFET 的电流方程可以用增强型 MOSFET 的电流方程(2.4.1)、(2.4.2)和(2.4.4)表示,并注意将式中 V_T 用 V_P 取代。

在截止区,$v_{GS}<V_P$,$i_D=0$。

在可变电阻区,$v_{GS}>V_P$,$0<v_{DS}<v_{GS}-V_P$,

$$i_D=K_n\left[2(v_{GS}-V_P)v_{DS}-v_{DS}^2\right] \tag{2.4.7}$$

在饱和区内,$v_{GS}>V_P$,$v_{DS}\geqslant v_{GS}-V_P$,忽略 v_{DS}^2 项,

$$i_D=K_n(v_{GS}-V_P)^2 \tag{2.4.8}$$

当 $v_{GS} = 0, v_{DS} = v_{GS} - V_P$ 时,由上式可得

$$i_D \approx K_n V_P^2 = I_{DSS} \tag{2.4.9}$$

式中 I_{DSS} 为零栅压的漏极电流,称为饱和漏极电流。I_{DSS} 下标中的第 2 个 S 表示栅源极间短路。故式(2.4.8)又可以改写为

$$i_D \approx I_{DSS} \left(1 - \frac{v_{GS}}{V_P}\right)^2 \tag{2.4.10}$$

如果考虑沟道长度调制效应,则上式修正为

$$i_D \approx I_{DSS} \left(1 - \frac{v_{GS}}{V_P}\right)^2 (1 + \lambda v_{DS}) \tag{2.4.11}$$

3. P 沟道 MOS 场效应管

P 沟道 MOS 管是在 N 型衬底表面生成 P 型反型层作为沟道。P 沟道 MOS 管与 N 沟道 MOS 管的结构和工作原理类似,并且也有增强型和耗尽型两种。它们的电路符号分别如图 2.4.7(a)、(b)所示。使用时,P 沟道 MOS 管的 v_{GS}、v_{DS} 的极性与 N 沟道 MOS 管相反,其漏极供电电源极性与 N 沟道 MOS 管的也相反,都是 $-V_{DD}$,漏极电流都是从漏极流出,与 N 沟道 MOS 管的漏极电流方向也相反。P 沟道增强型 MOS 管的开启电压 V_T 是负值,而 P 沟道耗尽型 MOS 管的夹断电压 V_P 为正值。

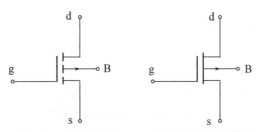

(a) 增强型电路符号　　　(b) 耗尽型电路符号

图 2.4.7　P 沟道 MOS 场效应管电路符号

P 沟道增强型 MOS 管沟道产生的条件为

$$v_{GS} \leqslant V_T \tag{2.4.12}$$

可变电阻区与饱和区的界线为

$$v_{DS} = v_{GS} - V_T \tag{2.4.13}$$

可变电阻区内:$v_{GS} \leqslant V_T, v_{DS} \geqslant v_{GS} - V_T$,假定电流的正向为流入漏极时,则

$$i_D = -K_p \left[2(v_{GS} - V_T) \, v_{DS} - v_{DS}^2\right] \tag{2.4.14}$$

在饱和区内:$v_{GS} \leqslant V_T, v_{DS} \leqslant v_{GS} - V_T$,电流 i_D 为

$$i_D = -K_p (v_{GS} - V_T)^2 = -I_{DO} \left(\frac{v_{GS}}{V_T} - 1\right)^2 \tag{2.4.15}$$

式中 $I_{DO} = K_p V_T^2$,K_p 是 P 沟道器件的电导参数,可表示为

$$K_p = \frac{W \mu_p C_{ox}}{2L} \tag{2.4.16}$$

W、L、C_{ox} 分别是沟道宽度、沟道长度、栅极氧化物单位面积上电容。μ_p 是空穴反型层中空穴的迁移率。在通常情况下,空穴反型层中空穴的迁移率比电子反型层中电子迁移率要小,μ_p 约为 $\mu_n/2$。

2.4.2 结型场效应管

1. 结构

在一块 N 型硅片两侧分别制作一个高浓度的 P^+ 型区,形成两个 P^+N 结。两个 P^+ 型区的引线连在一起,作为一个电极,称为**栅极 g**,N 型硅片的两端各引出一个电极,分别称为**源极 s** 和**漏极 d**,就做成了一个 N 沟道结型场效应管,其结构示意图如图 2.4.8(a)所示。3个电极 g、s、d 的作用分别相当于晶体管的基极 b、发射极 e 和集电极 c。两个 PN 结之间的N 型区域,就是导电通路,称为导电沟道。这种 N 型区域导电的管子称为 N 沟道结型场效应管,其符号如图 2.4.8(b)所示。如果在一块 P 型硅片两侧分别制作一个高浓度的 N^+ 型区,就可做成 P 沟道结型场效应管,其符号如图 2.4.8(c)所示。符号中的箭头代表了栅-源电压处于正向偏置时栅极电流的实际方向。

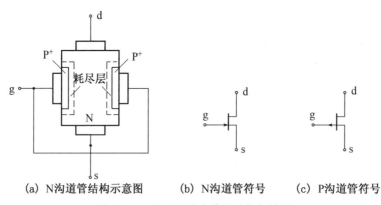

(a) N沟道管结构示意图   (b) N沟道管符号   (c) P沟道管符号

图 2.4.8 结型场效应管的结构与符号

2. 工作原理

结型场效应管正常工作时,栅源之间必须加反向偏压,即对于 N 沟道管 $v_{GS}<0$,以保证场效应管有较高的输入电阻;漏源之间必须加正电压,即 $v_{DS}>0$,这样,N 沟道中的多子电子才能在 v_{DS} 作用下,由源极向漏极作漂移运动形成漏极电流 i_D。导电沟道的宽度随外加电压变化是场效应管工作的基础,下面首先考察 v_{GS} 对沟道的控制作用。

在漏源短路的情况下,如果在栅源之间加上一个反向电压 v_{GS},则两个 PN 结均处于反偏,耗尽层有一定的宽度,如图 2.4.9(a)所示。若 v_{GS} 负值增大,PN 结反向电压增加,耗尽层均匀变宽,且向低掺杂的 N 型区扩展,致使沟道截面积变小,沟道电阻增大。v_{GS} 负值不断增加,沟道截面积不断减小,当 v_{GS} 负值增加到某一数值 $V_{GS(off)}$ 时,两边耗尽层合拢,整个沟道被耗尽层夹断,沟道电阻趋于无穷大,如图 2.4.9(b)所示。这时的栅源电压 V_P 称为夹断电压。上述分析表明,v_{GS} 的变化将引起沟道电阻的改变,即可以控制漏源之间的导电性能。

如果在漏源之间加上适当的电压 v_{DS},沟道中的电子就会从源极出发,经过沟道漂移,泄漏于漏极,形成一定的漏极电流 i_D。v_{DS} 一定时,i_D 的大小由沟道电阻决定,而沟道电阻的大小又是受栅源电压控制的,因此,v_{GS} 对漏极电流 i_D 有控制作用。显然,$v_{GS}=0$ 时,沟道电阻较小,i_D 较大,随着 v_{GS} 负值增加,沟道电阻增大,i_D 减小。当 $v_{GS}=V_P$ 时,导电沟道完全被夹断,沟道电阻趋于无穷大,$i_D \approx 0$,管子处于截止状态。由此可见,结型场效应管的漏极电

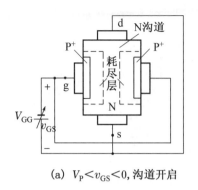 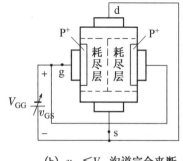

(a) $V_P < v_{GS} < 0$, 沟道开启　　　　　　(b) $v_{GS} \leqslant V_P$, 沟道完全夹断

图 2.4.9　$v_{DS} = 0$ 时，v_{GS} 对沟道的控制作用

流是通过栅源电压来控制的，所以，结型场效应管也是一种电压控制器件。

3. 特性曲线

（1）输出特性

结型场效应管的输出特性是指栅源电压为定值时，i_D 与 v_{DS} 的关系曲线，其函数关系可表示为

$$i_D = f(v_{DS}) \big|_{v_{GS}=常数}$$

N 沟道结型场效应管的输出特性曲线如图 2.4.10 所示。首先来分析 $v_{GS} = 0$ V 的输出特性曲线。当 $v_{DS} = 0$ 时，$i_D = 0$。随着 v_{DS} 的增加，i_D 开始出现，同时耗尽层也在加宽，但它们不是均匀地加宽。由于沟道有电阻，漏源电压沿沟道逐步降低，沟道中漏极端电位比源极端高，使近漏端 PN 结的反偏较大而源端较小，

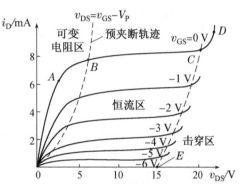

图 2.4.10　N 沟道结型场效应管的输出特性

因此，漏端耗尽层宽度比源端宽，如图 2.4.11(a) 所示。但由于 v_{DS} 较小，沟道变化不大，沟道呈现一定的电阻，i_D 随 v_{DS} 直线上升，如图 2.4.10 中的 OA 段。随着 v_{DS} 增大，耗尽层增厚，特别是近漏端耗尽层显著增厚，沟道变窄，沟道电阻增大，i_D 的增长变慢，如图 2.4.10 中 AB 段。当 v_{DS} 增大到 $|V_P|$ 时，漏端沟道内耗尽层开始在 X 点相碰，即沟道在近漏端被耗尽层夹断。这种由于漏源电压 v_{DS} 增加，沟道在近漏端一点或一段被夹断，即"预夹断"。它与 $v_{GS} = V_P$ 时沟道完全被夹断不同，这时管子并没有截止，漏极电流接近于饱和漏极电流 I_{DS}[①]。当 $v_{DS} > |V_P|$ 时，耗尽层更厚，近漏端有一段沟道被夹断，形成夹断区，如图 2.4.11(b) 所示。随着 v_{DS} 的增加，夹断区的长度略有增加，亦即自 X 点向源端方向延伸。但由于夹断区场强也增大，沿着沟道漂移到夹断区的载流子被夹断区的强电场拉往漏极，形成漏极电流。在未被夹断的沟道中，其电场强度基本保持不变，于是沟道中向漏极漂移的电流也基本不变，保持在 I_{DS} 的数值上，管子呈现恒流特性，如图 2.4.10 所示的 BC 段。如果再增加 v_{DS}，则栅漏间的 PN 结将产生雪崩击穿，i_D 剧增，如图 2.4.10 所示的 CD 段。

---

① 在 $v_{GS} = 0$ 的条件下，当 $v_{DS} > |V_P|$ 时，通常取 $v_{DS} = 10$ V 时的漏极电流为饱和漏极电流。

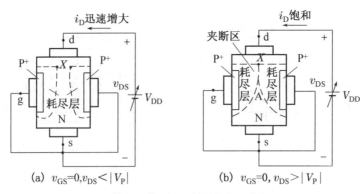

图 2.4.11 v_{DS} 对沟道的影响

v_{GS} 减小时,曲线将下移。对于 v_{GS} 的一个确定数值,可测得一条对应的输出特性曲线。这样,v_{DD} 分别取为一系列不同的值,即可测得一簇输出特性曲线,如图 2.4.10 所示。每条曲线随 v_{DS} 变化的规律与 $v_{GS}=0$ 的一条基本一致。$v_{GS}=V_P$ 的一条曲线在击穿前几乎与横轴重合,对应着沟道完全夹断的情况,此时 $i_D=0$,管子截止。

根据以上分析,管子输出特性曲线所描述的状态可分为以下 4 个区域:

① 截止区。$v_{GS}=V_P$ 的曲线以下区域,位于输出特性曲线的横坐标轴处,沟道被完全夹断,$i_D=0$。

② 可变电阻区。即图 2.4.10 中虚线 OB 左边的区域。它表示预夹断以前管子电流与电压之间的关系。该区的特点如下:对固定的 v_{GS},i_D 与 v_{DS} 基本为线性关系,即漏源间呈现一定的电阻;v_{GS} 愈负,曲线斜率愈小,即漏源间呈现的电阻愈大。在这个区域,结型场效应管与 MOS 场效应管一样,也同样可以看作一个由 v_{GS} 控制的可变电阻。

③ 恒流区。即图 2.4.10 中虚线 OB 和 EC 之间的区域。它表示管子预夹断后,电流与电压之间的关系。其特点如下:i_D 随 v_{GS} 减小而减小,且基本呈线性关系,这表明 i_D 的大小受 v_{GS} 的控制;v_{DS} 增加时,i_D 基本不变,呈恒流特性。在这个区域,结型场效应管可等效成一个受 v_{GS} 控制的恒流源。场效应管放大时,一般就工作在这个区域。

与 MOS 场效应管类似,图 2.4.10 中的虚线 OB,也是把各条曲线上的 $v_{DS}=-V_P$ 的点连接起来的预夹断轨迹,是可变电阻区和恒流区的分界线。

④ 击穿区。即图 2.4.10 中虚线 EC 右边的区域。在此区域,管子处于击穿状态。实际应用中不允许管子工作到这个区域。

(2) 转移特性

结型场效应管也是电压控制器件,用转移特性曲线描述栅源电压 v_{GS} 对漏极电流 i_D 的控制作用,定义

$$i_D=f(v_{GS})\Big|_{v_{DS}=\text{常数}}$$

图 2.4.12 所示的是 N 沟道结型场效应管的转移特性曲线。图中 $v_{GS}=0$ 时的漏极电流称为饱和漏极电流 I_{DSS},使 i_D 接近于零的栅源电压就是夹断

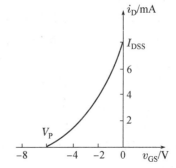

图 2.4.12 N 沟道结型场效应管的转移特性

电压 V_P①。通常 I_{DSS} 在 0.1 mA 至几十毫安,V_P 在 $-1\sim-10$ V 范围。

　　转移特性曲线与输出特性曲线有严格的对应关系,可以由输出特性曲线求出转移特性曲线。例如,要作 $v_{DS}=10$ V 的转移特性曲线,可在图 2.4.10 所示的输出特性曲线上作 10 V 的垂线,分别找出垂线与输出特性曲线各个交点的 i_D 值,然后以 v_{GS} 和 i_D 的数据作图,便得到图 2.4.12 所示的转移特性。显然,取 v_{DS} 为不同值,可得到一簇转移特性曲线。但在恒流区,i_D 几乎与 v_{DS} 无关,故可认为各条曲线基本重合。理论和实践证明,图 2.4.12 中的转移特性可近似表示为

$$i_D=I_{DSS}\left(1-\frac{v_{GS}}{V_P}\right)^2 (V_P\leqslant v_{GS}\leqslant 0) \tag{2.4.17}$$

　　当 I_{DSS} 和 V_P 已知时,i_D 可由式(2.4.17)估算出来。

2.4.3　场效应管的主要参数

　　场效应管的参数可分为直流参数、交流参数和极限参数三大类,下面将分别予以介绍。

1. 直流参数

　　(1) 夹断电压 V_P

　　V_P 是结型场效应管和耗尽型 MOSFET 的参数,是指在 v_{DS} 为一定值(例如 10 V)的条件下,使 i_D 为一微小电流(如 50 μA)时,栅-源之间所加的电压。从物理意义(以结型场效应管为例)上讲,这时相当于图 2.4.11(b)夹断点延伸到靠近源极,导电沟道被完全夹断。当 $v_{GS}=V_P$ 时,$i_D=0$。

　　(2) 开启电压 V_T

　　V_T 是增强型 MOSFET 的参数,是指在 v_{DS} 为一定值(例如 10 V)的条件下,使 i_D 为一微小电流(如 20 μA)时,栅-源之间所加的电压,是产生导电沟道所需要的 v_{GS} 的最小值。

　　(3) 饱和漏极电流 I_{DSS}

　　I_{DSS} 是结型场效应管和耗尽型 MOSFET 的参数,是指在 $v_{GS}=0$ 的情况下,产生预夹断时的漏极电流。

　　(4) 直流输入电阻 R_{GS}

　　指在漏源之间短路的条件下,栅源电压与栅极电流之比。结型场效应管的 R_{GS} 大于 10^7 Ω,MOSFET 的 R_{GS} 可达 $10^9\sim10^{15}$ Ω。

2. 交流参数

　　(1) 低频互导 g_m

　　在漏-源电压为常数时,漏极电流的微变量与引起这个变化的栅-源电压的微变量之比称为互导或跨导,即

$$g_m=\frac{\partial i_D}{\partial v_{GS}}\bigg|_{v_{DS}} \tag{2.4.18}$$

　　互导 g_m 反映了栅-源电压对漏极电流的控制能力,是表征场效应管放大能力的一个重要参数,单位为 mS 或 μS。g_m 一般在十分之几到几毫西门子之间,特殊的可达 100 mS 甚至更高。值得注意的是,互导 g_m 随管子的工作点不同而变,它是场效应管小信号模型的重要

―――――――――

　　①　一般以 $i_D=50$ μA 时 v_{GS} 的值作为 V_P。

参数之一。g_m 可以从转移特性或输出特性中求得,也可以用卜面的力法求得。

对于结型场效应管和耗尽型 MOSFET,电流方程为

$$i_D = I_{DSS}\left(1 - \frac{v_{GS}}{V_P}\right)^2$$

对应于工作点 Q 处的 g_m 为

$$g_m = \frac{\partial i_D}{\partial v_{GS}}\bigg|_Q = -\frac{2I_{DSS}}{V_P} \cdot \left(1 - \frac{v_{GS}}{V_P}\right) = -\frac{2I_{DSS}}{V_P}\sqrt{\frac{I_{DQ}}{I_{DSS}}} \qquad (2.4.19)$$

式中,I_{DQ} 为静态工作点电流。可见,I_{DQ} 越大,g_m 也越大。

对于增强型 MOSFET,电流方程为

$$i_D = \frac{\mu_n C_{ox}}{2} \cdot \frac{W}{L}(v_{GS} - V_T)^2 = K_n(v_{GS} - V_T)^2$$

对应于工作点 Q 处的 g_m 为

$$g_m = \frac{\partial i_D}{\partial v_{GS}}\bigg|_Q = \frac{\partial[K_n(v_{GS} - V_T)^2]}{\partial v_{GS}}\bigg|_{v_{DS}} = 2K_n(v_{GS} - V_T) \qquad (2.4.20)$$

考虑到 $i_D = K_n(v_{GS} - V_T)^2$ 和 $I_{DO} = K_n V_T^2$,上式又可改写为

$$g_m = 2\sqrt{K_n i_D} = \frac{2}{V_T}\sqrt{I_{DO} i_D} \qquad (2.4.21)$$

式(2.4.20)(2.4.21)表明,i_D 愈大,g_m 愈高,又因 $K_n = \dfrac{\mu_n C_{ox} W}{2L}$,沟道宽长比 W/L 愈大,g_m 也愈高。

(2) 输出电阻 r_{ds}

r_{ds} 定义为在栅-源电压为常数时,漏-源电压的微变量与漏极电流的微变量之比,即

$$r_{ds} = \frac{\partial v_{DS}}{\partial i_D}\bigg|_{v_{GS}=常数} \qquad (2.4.22a)$$

输出电阻 r_{ds} 说明了 v_{DS} 对 i_D 的影响,是输出特性某一点上切线斜率的倒数。当不考虑沟道调制效应($\lambda = 0$)时,在饱和区输出特性曲线的斜率为零,$r_{ds} \to \infty$。当考虑沟道调制效应($\lambda \neq 0$)时,输出特性曲线倾斜,对 N 沟道增强型 MOS 管,由式(2.4.5)和式(2.4.22a)可导出

$$r_{ds} = [\lambda K_n(v_{GS} - V_T)^2]^{-1} = \frac{1}{\lambda i_D} \qquad (2.4.22b)$$

所以,r_{ds} 是一个较大的有限值,一般在几十千欧到几百千欧之间,有的可达兆欧以上。

(3) 极间电容 C_{gs}、C_{gd} 和 C_{ds}

场效应管的三个电极之间均存在极间电容。通常栅-源电容 C_{gs} 和栅-漏电容 C_{gd} 约为 $1 \sim 3$ pF,而漏-源电容 C_{ds} 约为 $0.1 \sim 1$ pF。在高频应用时,应考虑极间电容的影响。

3. 极限参数

实际应用中,场效应管不能超过这些极限参数值,否则管子有可能损坏。场效应管的极限参数有:

(1) 最大栅-源电压 $V_{(BR)GS}$

指漏极开路,栅-源之间所允许加的最大电压。对于结型场效应管,使栅极与沟道之间的 PN 结反向击穿时的 v_{GS} 值即 $V_{(BR)GS}$;对于 MOSFET,使 SiO_2 绝缘层击穿时的 v_{GS} 值即栅-源击穿电压 $V_{(BR)GS}$。实际应用中必须使 $v_{GS} < V_{(BR)GS}$。

（2）最大漏-源电压 $V_{(BR)DS}$

指栅-源电压一定时，漏-源之间所允许加的最大电压。应用中必须使 $v_{DS} < V_{(BR)DS}$。

（3）最大漏极电流 I_{DM}

I_{DM} 是管子正常工作时漏极电流允许的上限值。

（4）最大耗散功率 P_{DM}

FET 的耗散功率等于 v_{DS} 和 i_D 的乘积，即 $P_{DM} = v_{DS} i_D$，这些耗散在管子中的功率将变为热能，使管子的温度升高。为了限制它的温度不要升得太高，就要限制它的耗散功率不能超过最大值 P_{DM}。显然，P_{DM} 受管子最高工作温度的限制，选取时往往要考虑管子工作时的散热环境。

2.4.4 各种场效应管的特性比较

前面讨论了金属-氧化物-半导体场效应管 MOSFET 和结型场效应管 JFET，为帮助读者学习，现将各类 FET 的符号和特性曲线分别用图 2.4.13、图 2.4.14 作一简单比较。

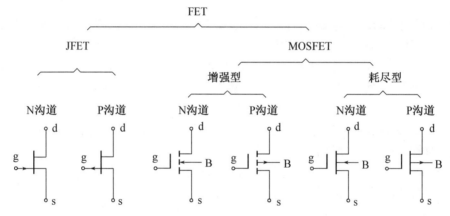

图 2.4.13 各种场效应管的符号

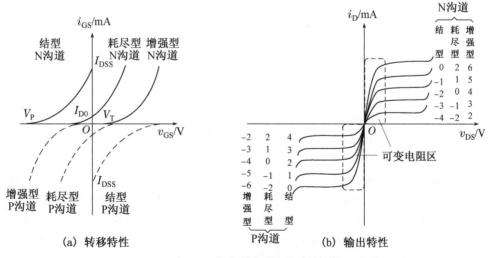

(a) 转移特性　　　(b) 输出特性

图 2.4.14 各种场效应管的特性曲线

　　图 2.4.14 绘出了各种场效应管的特性曲线。由图 2.4.14 可见,各种管子的特性曲线的形状都是十分相似的,只是控制电压 v_{GS} 不同而已;P 沟道场效应管的特性与 N 沟道特性也都是相同的,主要差别在于两者的电压极性和电流方向都是相反的。

　　值得指出的是,MOS 器件的发展是很迅速的。目前在分立器件方面,MOS 管已有多种大功率器件,在集成运放(含 BiMOS 运放)及其他模拟集成电路中,MOS 电路也有很大发展。MOS 器件在数字(大规模和超大规模)集成电路方面有更为广泛的应用,已在越来越多地占据产品市场份额。

　　JFET 具有低噪声特点,在低噪声放大电路方面得到了广泛应用。

2.4.5　场效应管使用注意事项

　　(1)在使用 MOS 管时,一般情况应将衬底引线(这种管子有 4 个管脚)与源极引线连在一起,以减小源极、衬底之间电压对管子导电性能的影响。一般来说,应视 P 沟道、N 沟道而异,P 衬底接低电位,N 衬底接高电位。如果需要分开,则必须保证源衬间的 PN 结处于反向偏置。

　　(2)场效应管的源极与漏极可以互换,但有些产品在制作时已将衬底与源极连在一起,这种管子的源极与漏极不能对调使用。

　　(3)结型场效应管的栅源电压不能接反,但可开路保存。而对于绝缘栅型场效应管,则因其输入电阻太大,使得栅极感应电荷不容易泄放,而且由于绝缘层很薄,栅极与衬底间的电容量很小,栅极只要感应少量的电荷即可产生较高的电压,造成管子的击穿。为了避免上述现象的发生,无论在存放还是在工作电路之中,都应在栅极与源极之间提供直流通路或加双向稳压对管保护,避免栅极悬空。

　　(4)焊接时,烙铁外壳必须良好接地,以屏蔽交流电场,防止损坏管子。特别是焊接 MOSFET 时,最好断电后再焊。

本章小结

　　1. 半导体有电子和空穴两种载流子参与导电,空穴参与导电是半导体不同于金属导电的重要特点。本征半导体的载流子由本征激发产生,自由电子和空穴成对出现,浓度较低,因此本征半导体的导电能力较差。本征半导体中掺入五价元素杂质,则成为 N 型半导体,其中电子是多子,空穴是少子;掺入三价元素杂质,则成为 P 型半导体,其中空穴是多子,电子是少子。杂质半导体的导电性能主要由多子决定,多子主要由掺杂产生,浓度很大且基本不受温度影响,因此杂质半导体的导电性能较好。杂质半导体中的少子由本征激发产生,其浓度随温度升高而增加,因此杂质半导体的导电性能对温度敏感。

　　2. PN 结由 P 型半导体和 N 型半导体相结合而形成,也称耗尽区、势垒区或阻挡层,它是构成各种半导体器件的核心,其主要特性是单向导电性,即 PN 结在正偏时耗尽区变窄,呈现很小的结电阻,产生较大的正向电流;反偏时耗尽区变宽,呈现很大的结电阻,反向电流近似为零。当反偏电压超过反向击穿电压时,PN 结反向击穿。PN 结还存在电容效应,由于结电容很小,低频电路中一般不考虑,但高频电路必须考虑。

　　3. 普通二极管本质上是一个 PN 结,具有 PN 结的伏安特性,其理论表达式为 $i_D =$

$I_S(e^{v_D/nV_T}-1)$。硅管死区电压为 0.5 V,导通电压为 0.7 V,锗管死区电压为 0.1 V,导通电压为 0.2 V。温度升高时,反向电流增加,死区电压和导通电压减小。二极管通常工作于单向导电区,应避免工作到反向击穿区,可用它构成整流、限幅、钳位、开关、低电压稳压等电路。二极管的主要参数有最大整流电流、最高反向工作电压、反向电流和最高工作频率。

4. 二极管是非线性器件,工程应用中采用理想模型、恒压降模型、折线模型、小信号模型等四种简化模型来分析二极管电路,关键是选择合理的二极管模型。对于直流和大信号工作电路,应采用理想模型或恒压降模型,当二极管回路的电源电压远大于其导通电压时,理想模型较简便;电源电压较低时,恒压降模型较合理。只有当信号很微小而且有正向导通的静态偏置时,才采用小信号模型。指数模型主要在计算机仿真模型中使用。

5. 稳压二极管是一种特殊的面接触型硅二极管,单向导电性与普通二极管相似,常利用它在反向击穿状态下的恒压特性,来构成简单的稳压电路。构成稳压管稳压电路时,必须给稳压管加上足够大的反偏电压,使之工作于反向击穿区;并给稳压管串接适当大小的限流电阻,使稳压管电流 I_z 满足 $I_{zmin} \leqslant I_z \leqslant I_{zmax}$。

6. 其他类型二极管如变容二极管,肖特基二极管,光电、发光和激光二极管等都具有非线性的特点。变容二极管是利用 PN 结电容随反向电压的变化效应制成的,常在高频电路中用作压控电容;肖特基二极管的内部是金属半导体结,它的特点是低到 0.4 V 的导通电压和适用于高频高速电路的工作速度;发光二极管使用时加正向电压并串接合适的限流电阻,典型工作电流为 10 mA 左右;光电二极管使用时加反向电压,其反向电流将随光照强度变化而变化;将发光器件和光电器件组合,可以实现信号的光电耦合和光传输。

7. 晶体三极管是由两个 PN 结组成的三端有源器件,有 NPN 和 PNP 两大类型,其三个端子分别称为发射极 e、基极 b 和集电极 c。发射区掺杂浓度高、基区很窄且掺杂浓度低、集电区面积大但掺杂浓度低于发射区是晶体管具有电流放大作用的内因。而发射结正向偏置、集电结反向偏置则是它实现放大必须满足的外部条件。

8. 晶体管是一种电流控制的非线性器件,各极间电压与电流的关系用 V-I(伏安)特性曲线描述,常用的有输入和输出特性曲线。这些特性曲线表征了三极管的外部特性,反映了其内部载流子的运动规律。

9. 电流放大系数是晶体管的主要参数,按电路组态的不同有共射极电流放大系数 β 和共基极电流放大系数 α 之分。为保证晶体管的安全运行,使用时还应当注意集电极最大允许功率损耗 P_{CM}、反向击穿电压 $V_{(BR)CER}$ 等几项极限参数。

10. 场效应管是一种具有放大作用的电压控制器件,利用栅源电压去控制漏极电流。工作时只有多数载流子参与导电,属于单极型器件;场效应管与晶体三极管相比,具有输入电阻高、功耗低、体积小、噪声小、热稳定性能好、易于集成等优点,广泛应用于各种电子电路中。

11. 场效应管主要分为 JFET 和 MOSFET 两大类,根据导电沟道载流子的不同,又可分为 N 沟道和 F 沟道两类。其中 MOSFET 又可分成耗尽型与增强型两种,耗尽型 MOS 管具有原始导电沟道,正常工作时栅源电压 V_{GS} 可正偏、零偏或反偏。增强型 MOS 管只有外加的栅源电压 V_{GS} 超过开启电压 V_T 才能形成导电沟道,正常工作时,栅源电压和漏源电压必须同极性偏置。而 JFET 在正常工作时必须反极性偏置,即栅源电压 V_{GS} 和漏源电压 V_{DS} 极性相反。MOSFET 因其制造工艺简单,集成度高,应用十分广泛。

12. 场效应管的主要参数可分为直流参数、交流参数和极限参数二人类。其中低频跨导 g_m 反映栅源电压对漏极电流的控制能力,是衡量场效应管放大能力的重要参数。因为场效应管的 i_D 与 v_{DS} 为平方律关系,而晶体管的 i_C 与 v_{BE} 为指数关系,单个场效应管放大能力一般不及晶体管。

练习题

【微信扫码】
自我检测

1. 二极管的电流方程为 $i_D = I_s(e^{v_D/nV_T} - 1)$,其中 $I_s = \ln A$。试问 $T = 300\ \text{K}$、正向电流为 1 mA 时,应加多大的电压?

2. 二极管正向导通电流由原来的 I_D 增加到 $5I_D$,其正向偏置电压增加多少?

3. 试确定如图题 2.3(a)(b) 所示电路中的二极管 D 是处于正偏还是反偏状态。设二极管正向导通时的压降为 0.7 V,并计算 A、B、C、D 各点的电位。

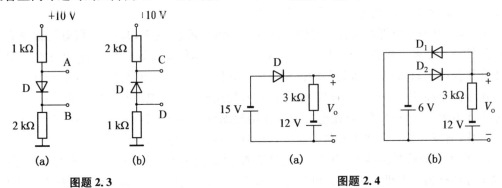

图题 2.3　　　　　　　　　　　　　　图题 2.4

4. 二极管电路如图题 2.4 所示,判断图中的二极管是导通还是截止,并确定各电路的输出电压 V_o。设二极管是理想的。

5. 试判断图题 2.5 所示电路中的二极管是导通还是截止,并确定流过二极管的电流 I_D。设二极管正向导通时的压降为 0.7 V,反向电流为零。

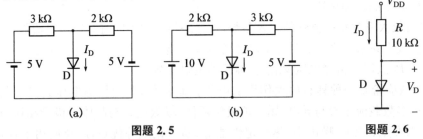

图题 2.5　　　　　　　　　　　　　　图题 2.6

6. 二极管电路如图题 2.6 所示,试用二极管理想模型、恒压降模型($V_D = 0.7\ \text{V}$)、折线模型($V_{th} = 0.5\ \text{V}$,$r_D = 200\ \Omega$),计算 $V_{DD} = 1\ \text{V}$ 和 $V_{DD} = 10\ \text{V}$ 时,I_D 和 V_D 分别为多大?

7. 图题 2.7(a) 所示二极管电路,其输入电压 $v_i(t)$ 的波形如图题 2.7(b) 所示。

(1) 试绘出 $v_o(t)$ 的波形,设二极管是理想的。

(2) 试绘出 $v_o(t)$ 的波形,设二极管用恒压降模型代替($V_D = 0.7\ \text{V}$)。

(3) 试绘出该电路的电压传输特性曲线移 $v_o = f(v_i)$,设二极管用折线模型($V_{th} = 0.7\ \text{V}$,$r_D = 25\ \Omega$)。

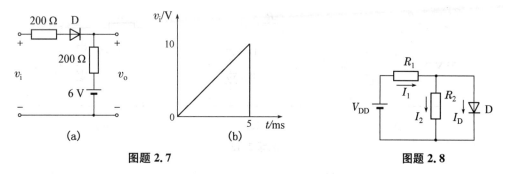

图题 2.7　　　　　　　　　图题 2.8

8. 图题 2.8 所示二极管电路中,二极管正向导通时的压降为 $V_D=0.7$ V。当电源电压在 $5\text{ V}\leqslant V_{DD}\leqslant 10\text{ V}$ 范围内,二极管均导通。流过二极管电流的最小值 $I_{Dmin}=2$ mA。二极管的最大功耗为 10 mW。试确定电阻 R_1 和 R_2 的取值。

9. 二极管组成的单相桥式全波整流电路如图题 2.9 所示,当输入电压 v_1 为正弦波时,定性分析电路的工作原理,并绘出输出电压 v_o 的波形图。

10. 在图题 2.9 所示的整流电路中,若有一个整流二极管极性接反,会出现什么现象? 若有一个二极管短路,则又会发生什么现象?

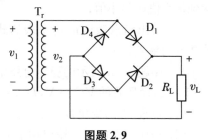

图题 2.9

11. 由理想二极管组成的电路如图题 2.11 所示,设 $v_i=6\sin\omega t$ V 时,试画出输出电压的波形。

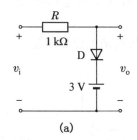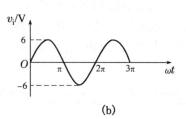

(a)　　　　　　　　　　　　(b)

图题 2.11

12. 由理想二极管组成的电路如图题 2.12 所示,设 $v_i=10\sin\omega t$ V 时,试画出输出电压的波形。

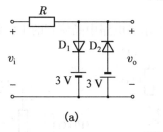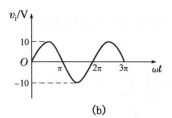

(a)　　　　　　　　　　　　(b)

图题 2.12

13. 电路如图题 2.13 所示,其中稳压管 D_{Z1} 的稳定电压为 8 V,D_{Z2} 的稳定电压为 10 V,它们的正向压降都为 0.7 V,试求各电路的输出电压值。

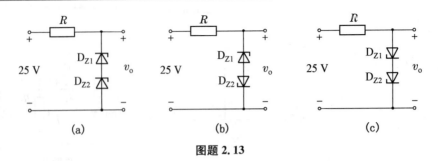

图题 2.13

14. 稳压电路如图题 2.14 所示。

(1) 试近似写出稳压管的耗散功率 P_Z 的表达式,并说明输入电压 V_I 和负载 R_L 在何种情况下,P_Z 达到最大值或最小值;

(2) 写出负载吸收的功率表达式和限流电阻 R 消耗的功率表达式。

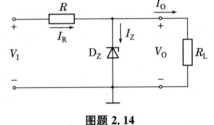

图题 2.14

15. 图题 2.14 所示的稳压电路中,若 $V_I = 10\ V$,$R = 100\ \Omega$,稳压管的 $V_Z = 5\ V$,$I_{Zmin} = 5\ mA$,$I_{Zmax} = 50\ mA$,问:

(1) 负载 R_L 的变化范围是多少?

(2) 稳压电路的最大输出功率 P_{OM} 是多少?

(3) 稳压管的最大耗散功率 P_{ZM} 和限流电阻 R 上的最大耗散功率 P_{RM} 是多少?

16. 如何用指针式万用表判断出一个晶体管是 NPN 型还是 PNP 型? 如何判断出管子的三个电极? 如何通过实验区别锗管和硅管?

17. 用万用表直流电压挡测得电路中晶体管各极对地电位如图题 2.17 所示,试判断晶体管分别处于哪种工作状态(饱和、截止、放大)?

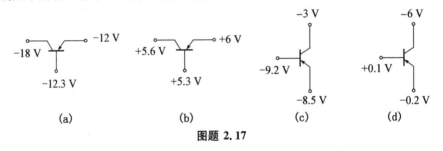

图题 2.17

18. 已知晶体管的 $\beta = 50$,分析图题 2.18 所示各电路中晶体管的工作状态。

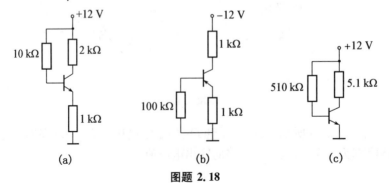

图题 2.18

19. 已知 PNP 管工作在放大区时的发射极电流 $I_E = 2.15$ mA,共基极电流放大系数 $\alpha = 0.99$。试确定共发射极电流放大系数 β,基极电流 I_B 和集电极电流 I_C。

20. 已知某三极管的极限参数 $P_{CM} = 150$ mW,$I_{CM} = 100$ mA,$V_{(BR)CEO} = 30$ V。试求:

(1) 它的工作电压 $V_{CE} = 10$ V 时的最大工作电流;

(2) 它的工作电压 $V_{CE} = 1$ V 时的最大工作电流;

(3) 它的工作电流 $I_C = 1$ mA 时的最大工作电压。

21. 为使六种场效应管都工作在恒流区,应分别在它们的栅-源之间和漏-源之间加什么样的电压?

22. 已知 N 沟道增强型 MOS 管的参数为 $V_T = 2$ V,$W = 80$ μm,$L = 8$ μm,$\mu_n = 600$ cm^2/V·s,$C_{ox} = 7.2 \times 10^{-8}$ F/cm^2。当 $V_{GS} = 2$ V,MOS 管工作在饱和区,试计算此时场效应管的工作电流。

23. 已知 N 沟道增强型 MOSFET 的参数为 $K_n = 0.2$ mA/V^2,$V_T = 1$ V,$i_D = 0.8$ mA,试求此时的预夹断点栅源电压 v_{GS} 和漏源电压 v_{DS} 等于多少?

24. 已知 P 沟道增强型 MOSFET 的开启电压 $V_T = -2$ V,栅源电压 $v_{GS} = -3$ V,漏源电压 $v_{DS} = -2$ V,试确定该 MOS 管工作在那个区域?

25. 两个场效应管的转移特性曲线分别如图题 2.25(a)(b)所示,分别确定这两个场效应管的类型,并求其主要参数(开启电压或夹断电压,低频跨导)。测试时电流 i_D 的参考方向为从漏极 d 到源极 s。

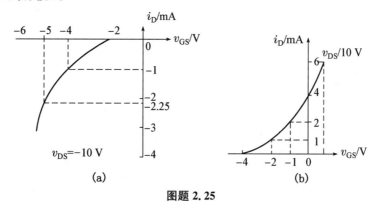

图题 2.25

26. 场效应管的转移特性如图 2.26(a)(b)所示,其中漏极电流 i_D 的方向是它的实际方向,试判断它们各是什么类型的场效应管,并写出各曲线与横坐标交点的名称及符号。

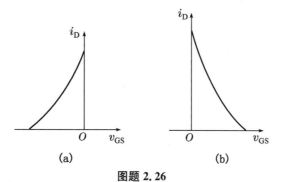

图题 2.26

27. 某场效应管的输出特性如图题 2.27 所示。

(1) 说明它的类型；

(2) 它的夹断电压和饱和电流各是多少？

28. 一个结型场效应管的转移特性曲线如图 2.28 所示，试问：

(1) 它是 N 沟道还是 P 沟道？

(2) 它的夹断电压 V_P 和饱和漏极电流 I_{DSS} 各是多少？

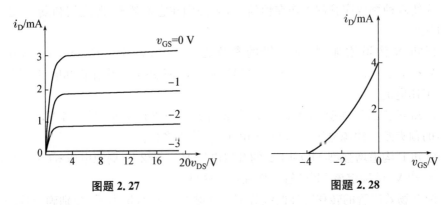

图题 2.27   图题 2.28

第 3 章　基本放大电路

　　放大现象各种应用场合随处可见,如光学中的放大镜,力学中的杠杆,电学中的变压器等。而电子学中的放大则是通过各种形式的晶体管放大电路来实现,其本质是能量的控制和转换,基本特征是功率放大。

　　信号的放大是最基本的模拟信号处理功能,它是通过放大电路将电信号放大(增强)到所需的幅度来实现的。大多数模拟电子系统中都应用了不同类型的放大电路。放大电路是现代通信、自动控制、电子测量、生物电子等设备中不可缺少的组成部分,是构成其他模拟电路的基本单元和基础,因此也是模拟电子技术课程研究的主要内容。

　　本章首先分析了模拟电子电路中有关放大电路的基本模型以及各种性能指标,然后分别讨论了晶体三极管和场效应管这两种半导体晶体管组成放大电路的基本结构以及工作原理,阐述了放大电路的直流偏置,在三极管放大电路中分析了求解静态工作点的两种方法,即图解法和近似估算法。然后重点分析了通过微变等效电路法求解放大电路的增益、输入电阻、输出电阻等性能参数的方法,以及介绍了各种放大电路的性能特点,并对场效应管放大电路和三极管放大电路进行了相应的比较。

3.1　放大电路模型及其性能指标

　　信号的放大是最基本的模拟信号处理功能,它是通过放大电路将电信号放大(增强)到所需的幅度来实现的。对电信号的放大要求是线性放大,是不失真的放大。也就是说,放大电路输出信号中包含的信息与输入信号完全相同,既不减少任何原有信息,也不增加任何新的信息,只改变信号幅度或功率的大小。例如,把一个频率为 f 的正弦波信号送入放大电路放大,希望放大电路的输出信号,除了幅值增大外,应当是输入信号的重现,输出波形就是同频率的大幅度正弦波。如果输出波形有任何的变形,都被认为是放大电路产生了市镇。需要强调的是,放大的前提是不失真,要求放大后的信号波形与放大前的波形的形状相似或基本相似(不失真或失真很小),否则就会丢失要传送的信息,失去了放大的意义。

放大电路是由晶体管(或场效应管、集成运算放大器)、电阻及电容等元器件构成的双口网络,即一个信号输入口和一个信号输出口。一般电路如图 3.1.1 所示,图中三角形图框 A 代表实际放大电路(A 也可以用矩形图框表示),V_1、V_2 为直流电源,v_s 为信号源电压,R_s 为信号源内阻,v_i 和 i_i 分别为输入电压和输入电流,R_L 为负载电阻,v_o 和 i_o 分别为输出电压和输出电流。各电压、电流的正方向是按照双口网络的习惯规定标出的。

输入较微弱的信号,放大电路就能够输出远大于输入信号幅度的信号,实质上是输出的能量增加了。增加的能量并非无中生有,而是由供电的直流电源转换得来的。通过输入信号的控制,使放大电路将直流能量转换为较大的交流输出能量,去推动负载。这种小能量对大能量的控制作用就是放大作用。因此,放大电路称为有源电路。放大电路中的放大元件也称为有源器件。所以,放大电路的工作是离不开直流工作电源的。图 3.1.1 为双电源供电,电路中的 V_1 为正电源,V_2 为负电源。有些放大电路只需要单电源供电。

图 3.1.2 是放大电路的简化表示方法。在放大电路的输入端口和输出端口之间有一个公共端“⊥”,用来作为零电位参考点,称作放大电路的“地”,作为电路输入与输出信号的共同端点或参考电位点,给分析电子电路带来极大的方便。

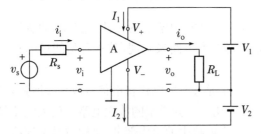

图 3.1.1　放大电路的电路符号

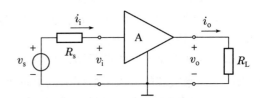

图 3.1.2　简化放大电路图

3.1.1　放大电路模型

为研究方便,我们采取忽略各种实际放大电路的内部具体结构的方法,采用一些基本的元件来构成放大电路模型,用以等效放大电路的输入和输出特性。如果将放大电路模型与实际放大电路相联系,其中各个基本元件的参数值可以通过对电路和元器件在工作状态下的分析来确定,也可以通过对实际电路的测量来获取。

事实上,放大电路的输入端口既有电压又有电流,输出端口同样既有电压又有电流。按照实际的输入信号和所需的输出信号是电压或者电流,有电压放大、电流放大、互阻放大和互导放大四种放大电路类型。下面根据双口网络的端口特性,分别讨论这四种不同类型的放大电路模型。

1. 电压放大器

图 3.1.3 中的虚线框内是一个一般化的电压放大电路模型,常被称为电压放大器。其输入端口的电压 v_i 和电流 i_i 的关系,可以用一个等效电阻 R_i 来反映。其输出端口的特性,用一个信号源和它的内阻来等效。就是说,用输入电阻 R_i、输出电阻 R_o 和受控电压源 $A_{vo}v_i$

三个基本元件构成电压放大器模型,其中 v_i 为输入电压,A_{vo} 为输出开路($R_L = \infty$)时的电压放大倍数,称为**电压增益**。因为放大电路的输出总是与输入有关的,输出信号受输入信号的控制,所以放大电路模型输出端口中的信号源是受控源,而不是独立信号源。在这里就

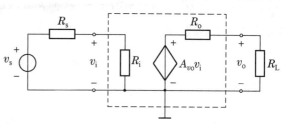

图 3.1.3　电压放大器模型

是受控电压源 $A_{vo} v_i$ 受输入电压 v_i 的控制,随 v_i 线性变化。图中电压放大器模型与电压信号源 v_s、信号源内阻 R_s,以及负载电阻 R_L 的组合,可在 R_L 两端得到对应于 v_s 的输出信号电压 v_o。

电压放大器主要考虑输出电压与输入电压 v_i 的关系:

$$v_o = A_v v_i \tag{3.1.1}$$

式中 A_v 为电路的电压增益。

根据图 3.1.3,由于 R_o 和 R_L 的分压作用,使负载电阻 R_L 上的电压信号 v_o 小于受控电压源 $A_{vo} v_i$ 的信号,即

$$v_o = A_{vo} v_i \frac{R_L}{R_L + R_o} \tag{3.1.2}$$

于是,其电压增益为

$$A_v = \frac{v_o}{v_i} = A_{vo} \frac{R_L}{R_L + R_o} \tag{3.1.3}$$

A_v 的稳定性受到负载电阻 R_L 的影响,A_v 随 R_L 值的减小而降低。要减小负载电阻对放大器电压增益的影响,在设计电路时必须努力使 $R_o \ll R_L$。理论上,R_o 愈小愈好,理想的电压放大器的输出电阻应是 $R_o = 0$。

从放大器输入端来看,信号源内电阻 R_s 和放大器输入电阻 R_i 对信号源 v_s 的分压作用,致使输入到放大器输入端的实际电压为

$$v_i = v_s \frac{R_i}{R_i + R_s} \tag{3.1.4}$$

这表明,只有 $R_i \gg R_s$ 时,才会使 R_s 对信号的衰减作用大为减小。这就使得设计电路时,应该设法提高电压放大器的输入电阻 R_i。当 $R_i \to \infty$ 时,$v_i = v_s$,信号没有衰减,这时电压放大器成为理想电压放大器。

由此可知,电压放大器适用信号源内阻 R_s 小而负载电阻 R_L 较大的场合。

2. 电流放大器

图 3.1.4 的虚线框内是电流放大电路模型。它的输出回路与电压放大器模型的不同,它是由受控电流源 $A_{is} i_i$ 和输出电阻 R_o 并联而成,其中 i_i 为输入电流,A_{is} 为输出短路时($R_L = 0$)的**电流增益**。受控电流源是另一种受控信号源,本例中控制信号是输入电流 i_i。电流放大电路与外电路相连同样存在信号衰减问题。与电压放大电路相对应,由于放

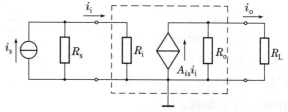

图 3.1.4　电流放大器模型

大电路输出电阻 R_o 和信号源内阻 R_s 分别在电路输出和输入端对信号电流的分流作用,同样对信号产生衰减。从图 3.1.4 可看出,在输出端,R_L 和 R_o 的分流关系为

$$i_o = A_{is} i_i \frac{R_o}{R_L + R_o} \tag{3.1.5}$$

带负载 R_L 时的电流增益为

$$A_i = \frac{i_o}{i_i} = A_{is} \frac{R_o}{R_L + R_o} \tag{3.1.6}$$

在电路输入端,R_s 和 R_i 的分流关系为

$$i_i = i_s \frac{R_s}{R_s + R_i} \tag{3.1.7}$$

因此,只有当 $R_o \gg R_L$ 和 $R_i \ll R_s$ 时,电路才具有较理想的电流放大效果。

根据电路特性,在信号源内阻 R_s 较大而负载电阻 R_L 较小的应用场合,应当选择电流放大电路。

3. 互阻放大器

互阻放大器模型如图 3.1.5 虚线框内所示。输出信号由受控制电压源 $A_{ro} i_i$ 产生。A_{ro} 为互阻放大器在负载电阻 R_L 开路时的**互阻增益**。

互阻放大器主要考虑输出电压与输入电流的关系,即

$$v_o = A_r i_i \tag{3.1.8}$$

式中 A_r 为互阻增益,具有电阻的量纲 Ω。这里延伸了放大概念,与前面无量纲的电压增益、电流增益不同。

显然,互阻放大器的输出电压受其内阻的影响,使输出电压下降

$$v_o = A_{ro} i_i \frac{R_L}{R_L + R_o} \tag{3.1.9}$$

同样,依据式(3.1.7)它的输入电流 i_i 受其信号源内阻 R_s 的影响。

为使 R_s 和 R_o 的影响尽可能地小,应使设法减小 R_i 和 R_o。在理想状态下,互阻放大电路要求输入电阻 $R_i = 0$ 且输出电阻 $R_o = 0$。

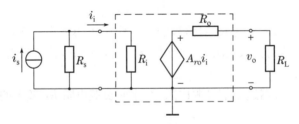

图 3.1.5　互阻放大器模型

4. 互导放大器

图 3.1.6 中的虚线框内为互导放大器,受控电流源 $A_{gs} v_i$ 产生输出信号。A_{gs} 为互导放大器在输出端短路时的**互导增益**。

互导放大器主要考虑输出电流

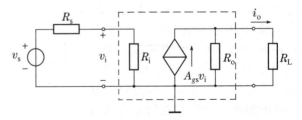

图 3.1.6　互导放大器模型

i_o 和输入电压 v_i 的关系,即

$$i_o = A_g v_i \qquad (3.1.10)$$

式中 A_g 为互导增益,具有导纳的量纲 S。这种放大器适合于将电压信号转换为与之对应的电流输出,是信号转换中常用的电路之一。

　　由于互导放大器输入端是电压、输出端是电流,故希望 R_i 愈大愈好,同时 R_o 愈大愈好,理想的互导放大器,输入电阻 $R_i = \infty$,输出电阻 $R_o = \infty$。

　　按照信号源的戴维宁-诺顿等效变换原理,上述 4 种模型是可以互相转换的。例如,一个放大器既可以用图 3.1.3 中的电压放大器模型表示,也可以用图 3.1.4 中的电流放大器模型表示。由图 3.1.3 所示电路给出的开路输出电压是 $A_{vo}v_i$,图 3.1.4 所示电路给出的开路输出电压是 $A_{is}i_iR_o$,并注意到图 3.1.3 中输入回路有 $i_i = v_i/R_i$。令两个模型等效,即这两个输出电压数值相等,于是有

$$A_{vo}v_i = A_{is}i_iR_o = A_{is}\frac{v_i}{R_i}R_o \qquad (3.1.11)$$

这样就可得到 $A_{vo} = A_{is}R_o/R_i$。同理,可得 $A_{vo} = A_{ro}/R_i$ 和 $A_{vo} = A_{gs}R_o$ 两式。于是,其他三种模型都可以转换为电压放大器模型。同理,不难实现其他放大电路模型之间的转换。

　　一个实际的放大电路原则上可以取四类电路模型中任意一种作为它的电路模型,但是根据信号源的性质和负载的要求,一般只有一种模型在电路设计或分析中概念最明确,运用最方便。例如,信号源为低内阻的电压源,要求输出为电压信号时,以选用电压放大电路模型为宜。而某种场合需要将来自高阻抗传感器的电流信号变换为电压信号时,则以采用互阻放大电路模型较合适,如此等等。

5. 隔离放大模型

　　放大电路的输入与输出电路(包括供电电源)相互绝缘,输入与输出信号之间不存在任何公共参考点,实现了输入电路和输出电路之间的隔离,称为隔离放大模型。这在实际应用中,有利于提高安全性和抗干扰能力。这种类型的电压放大电路通过磁或光进行信号的传输,其模型如图 3.1.7 所示。输入信号与输出信号之间有无公共参考点对前面的讨论没有影响。

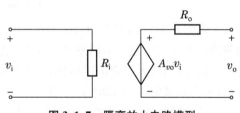

图 3.1.7　隔离放大电路模型

3.1.2　放大电路的性能指标

　　放大电路的性能指标是用来定量地描述放大电路的性能优劣的标准,并决定其适用范围。在测试性能指标时通常在放大电路的输入端加上一个正弦测试信号,然后测量电路中的其他有关电量。这里主要讨论放大电路的增益、最大输出幅度、非线性失真、输入电阻、输出电阻、频率响应和最大输出功率与效率等几项主要性能指标。

1. 增益

　　增益通常称为放大倍数,是直接衡量放大能力的重要指标,定义为输出变化量的幅值与输入变化量的幅值之比。对于图 3.1.1 所示的放大器,由于输入和输出信号都有电压和电流量,所以当研究的对象不同时,可以用 4 种增益来表示。

（1）电压增益 A_v　A_v 为输出电压变化量 v_o 与输人电压变化量 v_i 之比，即

$$A_v = \frac{v_o}{v_i} \text{ 或 } A_v = \frac{\dot{V}_o}{\dot{V}_i} \tag{3.1.12}$$

在分析和测试中，输入常用正弦信号，故在正弦稳态分析中，信号电压、电流均可用复数表示。需要注意的是，若输出波形出现明显的失真，则增益就失去了意义。放大器的其他指标也是如此。

（2）电流增益 A_i　A_i 是输出电流变化量 i_o 与输入电流变化量 i_i 之比，即

$$A_i = \frac{i_o}{i_i} \text{ 或 } A_i = \frac{\dot{I}_o}{\dot{I}_i} \tag{3.1.13}$$

（3）互阻增益 A_r　A_r 为输出电压变化量与输入电流变化量 i_i 之比，即

$$A_r = \frac{v_o}{i_i} \text{ 或 } A_r = \frac{\dot{V}_o}{\dot{I}_i} \tag{3.1.14}$$

（4）互导增益 A_g　A_g 是输出电流变化量 i_i 与输入电压变化量 v_o 之比，即

$$A_g = \frac{i_o}{v_i} \text{ 或 } A_g = \frac{\dot{I}_o}{\dot{V}_i} \tag{3.1.15}$$

在工程上，电压增益和电流增益常用分贝（dB）为单位，其定义为

$$\text{电压增益} = 20\lg|A_v|\text{dB} \tag{3.1.16}$$

$$\text{电流增益} = 20\lg|A_i|\text{dB} \tag{3.1.17}$$

因为功率与电压（或电流）的平方成比例，故功率增益可以表示为

$$\text{功率增益} = 10\lg A_p\text{dB} \tag{3.1.18}$$

考虑到在某些情况下，输出与输入之间的相位关系为 $180°$，电压增益和电流增益可能为负值。为了与增益负值的意义有区别，电压增益 A_v 和电流增益 A_i 的分贝数采用绝对值表示。例如，当放大电路的电压增益为 $-20\ \text{dB}$ 时，表示信号的衰减，即电压经过放大电路后，衰减到原来的 $1/10$，即 $|A_v| = 0.1$。

由于用对数坐标表达增益随频率变化的曲线时，可大大扩大增益变化的视野，计算多级放大电路的总增益时，可将乘法化为加法进行运算，比较简便，故工程上多用对数方式表达增益。

2. 最大输出幅度

表示在输出波形没有明显失真的情况下，放大电路能够提供给负载的最大输出电压（或最大输出电流），一般指电压的有效值。测试中常用峰-峰值表示，正弦信号的峰-峰值等于其有效值的 $2\sqrt{2}$ 倍，也可用有效值的 $\sqrt{2}$ 倍即最大幅值来表示。

3. 非线性失真

理想放大器具有线性传输特性，如图 3.1.8 所示。传输特性的斜率（即增益）应是常数。输入单一频率的正弦波时，输出应是同频率的正弦波，即输出电压 v_o 应正比于输入电压 v_i。而实际放大器的传输特性是非线性的，如图 3.1.9 所示。这是因为放大器是由晶体管等具有非线性特性的器件组成的。当输入信号过大，超出晶体管线性工作区进入非线性区时，放大器的输出信号不再是与输入信号成正比的正弦波，而是非正弦波，波形不再是与输入波形相似的波形，而是产生了一些明显的变形。如图 3.1.9 中输出波形的底部和顶部都被切割

成平顶波,这部分和正弦波的波峰波谷是完全不同的。它除了基波外,还含有许多谐波分量,即在输出信号中产生了输入信号中没有的新的频率分量,这是非线性失真的基本特征。

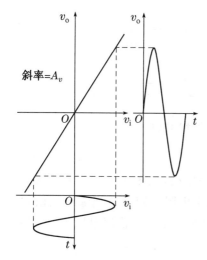 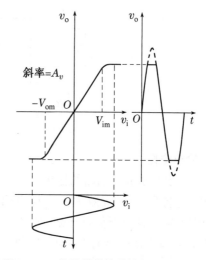

图 3.1.8　线性传输特性与线性放大　　　图 3.1.9　非线性传输特性与非线性失真

放大器的非线性失真的程度用**非线性失真系数**(Total Harmonic Distortion)THD 来表示,定义

$$\text{THD} = \frac{\sqrt{\sum_{k=2}^{\infty} V_{ok}^2}}{V_{o1}} \times 100\% (k=2,3,\cdots) \tag{3.1.19}$$

式中 V_{o1} 是输出电压信号基波分量的有效值, V_{o2}、V_{o3} 分别是二次、三次谐波的有效值, V_{ok} 是高次谐波分量的有效值, k 为大于 1 的正整数。式(3.1.18)中 V_{o1}、V_{ok} 分别可用基波、各次谐波的幅值带入,结果是一样的。

4. 输入电阻

对于放大电路,不论使用哪种模型,其输入电阻 R_i 和输出电阻 R_o 都可用图 3.1.10 来表示。如图所示,输入电阻等于输入电压与输入电流的比值,即 $R_i = v_i / i_i$。输入电阻 R_i 的大小决定了放大电路从信号源吸取信号幅值的大小。对输入为电压信号的放大电路,即电压放大和互导放大电路, R_i 愈大,则放大电路输入端的 v_i 值愈大。若输入为电流信号,则 R_i 愈小,注入放大器的输入电流 i_i 愈大。

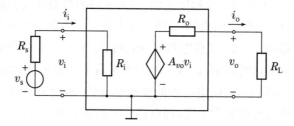

图 3.1.10　放大器的输入电阻和输出电阻

若在放大器的输入端外加测试电压 v_t,测出输入电流 i_t,则可以计算输入电阻

$$R_i = \frac{v_t}{i_t} \tag{3.1.20}$$

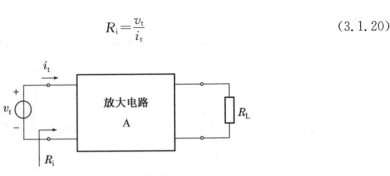

图 3.1.11　测放大器的输入电阻

5. 输出电阻

输出电阻是从放大电路的输出端看进去的等效电阻,见图 3.1.12。在中频段,从放大电路的输出端看,同样等效为一个纯电阻 R_o。输出电阻的定义是当输入端信号短路(即 $v_s = 0$,保留 R_s),输出端负载开路(即 $R_o = \infty$)时,外加一个正弦输出电压 v_t,得到相应的输出电流 i_t,两者之比即是输出电阻 R_o,即

$$R_o = \frac{v_t}{i_t} \bigg|_{v_s = 0, R_L = \infty} \tag{3.1.21}$$

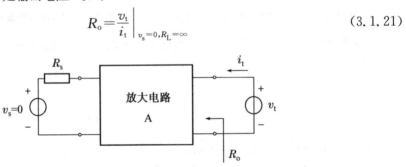

图 3.1.12　测放大器的输出电阻

另外,用实验法获得 R_o 的值,也可以在放大器输入正弦信号电压 v_i 时,先测得负载开路时的输出电压 v_o' 和带负载 R_L 时的输出电压 v_o,由下式计算得到 R_o 的值。

$$R_o = \left(\frac{v_o'}{v_o} - 1\right) R_L \tag{3.1.22}$$

放大电路输出电阻 R_o 的大小决定它带负载的能力。这里所说的带负载能力,是指放大电路输出量随负载变化的程度。当负载变化时,输出量变化很小或基本不变表示带负载能力强,即输出量与负载大小的关联程度愈弱,放大电路的带负载能力愈强。对于不同类型的放大器,输出量的表现形式是不同的。例如,电压放大和互阻放大电路,输出量为电压信号。对于这类放大电路,R_o 愈小,负载电阻 R_L 的变化对输出电压 v_o 影响愈小[从式(3.1.2)可以看出电压放大电路的这种影响]。这两种放大电路中只要负载电阻 R_L 足够大,信号输出功率 $P_o = V_o^2/R_L$ 一般较小,对供电电源的能耗也较低,多用于信号的前置放大和中间级放大。对于输出为电流信号的放大电路,即电流放大器和互导放大器,与受控电流源并联的 R_o 愈大,负载电阻 R_L 的变化对输出电流 i_o 的影响愈小。与前两种放大电路相比,在供电电源电压相同的条件下,这两种放大电路可输出较大的电流信号,从而输出功率 $P_o = I^2 R_L$ 就能达到较大的值,同时电源供给的功率也较大,通常用于电子系统的输出级,可作为音响

系统的扬声器、动力系统的电动机等负载的驱动电路。

需要指出的是,放大电路的输入电阻和输出电阻都是放大器在线性运用情况下的交流电阻,不是直流电阻,用符号带有小写字母下标 R_i 和 R_o 来表示。

6. 通频带

实际的放大电路中总是存在一些电抗性元件,如电容和电感元件以及电子器件的极间电容、接线电容与接线电感等。因此,放大电路的输出和输入之间的关系即增益必然和信号的频率有关,这种在输入正弦信号情况下,输出随输入信号频率连续变化的稳态响应,就称为频率响应。

一般情况下,当频率升高或降低时,增益都将下降,而在中间一段频率范围内,因各种电抗性元件的作用可以忽略,故增益基本不变。在输入信号幅值保持不变的条件下,增益下降 3 dB[$20\lg(1/\sqrt{2})\mathrm{dB}=-3\ \mathrm{dB}$]的频率点,其输出功率约等于中频区输出功率的一半(增益下降至中频段增益的 $1/\sqrt{2}$),称为半功率点。通常把幅频响应的高、低两个半功率点间的频率差定义为放大电路的**通频带**或**带宽**,用符号 BW 表示,即

$$BW=f_{\mathrm{H}}-f_{\mathrm{L}} \tag{3.1.23}$$

式中 f_{H} 是高端半功率点频率,称为**上限截止频率**(Upper Cutoff Frequency),f_{L} 称为**下限截止频率**(Lower Cutoff Frequency)。当 $f_{\mathrm{H}}\gg f_{\mathrm{L}}$ 时,$BW\approx f_{\mathrm{H}}$。

图 3.1.13 是一个普通音响系统放大电路的增益与频率的关系即幅频响应曲线。为了符合通常习惯,横坐标采用频率单位 $f=\omega/2\pi$。值得注意的是,图中的坐标均采用对数刻度,这样处理不仅把频率和增益变化范围展得很宽,而且在绘制近似频率响应曲线时也十分简便。

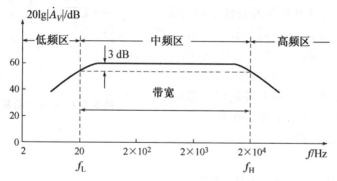

图 3.1.13　某音响系统的通频带

图 3.1.13 所示幅频(增益幅度与频率)关系曲线的中间一段是平坦的,即增益保持常数 60 dB,称为中频区(通带区)。在 20 Hz 和 20 kHz 两点增益分别下降 3 dB[$20\lg(1/\sqrt{2})\mathrm{dB}=-3\ \mathrm{dB}$],而在低于 20 Hz 和高于 20 kHz 的两个区域,增益随频率远离这两点而下降。

显然,通频带愈宽,表明放大电路对信号频率的变化具有更强的适应能力。

7. 最大输出功率与效率

放大电路的最大输出功率,是指在输出信号不产生明显失真的前提下,能够向负载提供的最大输出功率,通常用符号 P_{om} 表示。

前面曾讨论过,放大的本质是能量的控制,负载上得到的输出功率,实际上是利用放大器件的控制作用将直流电源的功率转换成交流功率而得到的,因此就存在一个功率转换的

效率问题。放大电路的效率 η 定义为

$$\eta = \frac{P_o}{P_V} \times 100\% \tag{3.1.24}$$

式中 P_o 为放大器输出功率,放大器工作时的输出功率 P_o 与输入信号的大小有关,不一定达到最大输出功率 P_{om},大多数情况下,P_o 小于 P_{om}。P_V 为直流电源提供的平均功率。

3.2　晶体管放大电路

3.2.1　晶体管共射极基本放大电路

晶体管的重要特性之一是以小的基极电流 i_B 控制较大的集电极电流 i_C,即具有电流放大作用。利用这一特性可以组成各种放大电路。单管放大电路是复杂放大电路的基本单元。下面将以 NPN 型共发射极基本放大电路为例,介绍放大电路的组成及工作原理。

一、共射极基本放大电路的组成

1. 电路结构

图 3.2.1 是共发射极基本放大电路,它由 NPN 型硅管和两个电阻、两个直流电源组成。电路分为输入回路和输出回路两部分。V_{BB}、R_b、管子发射结构成放大电路的输入回路,v_s 是待放大的时变输入信号,加在基极与发射极之间的输入回路中,输出信号从集电极、发射极之间取出,发射极是输入回路与输出回路的公共端,图中用"⊥"表示,也称为"地"(注意,实际上这一点并不真的接到大地),是整个电路的零电位参考点,所以本电路称为共发射极基本放大电路。

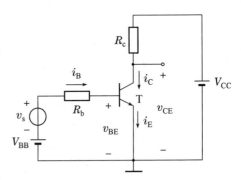

图 3.2.1　共发射极基本放大电路

2. 各元器件的作用

(1) 晶体管 T

T 是整个放大电路的核心器件,用来实现放大作用。

(2) 基极直流电源 V_{BB}

V_{BB} 的正极通过 R_b 接到晶体管的基极,负极接晶体管的发射极,从而保证发射结处于正向偏置,向基极提供工作(偏置)电流。

(3) 基极偏置电阻 R_b

R_b 的作用是为晶体管的基极提供合适的偏置电流,并使发射结获得必要的正向偏置电压。改变 R_b 的大小可使三极管获得合适的静态工作点,当 V_{BB} 一定时,增大 R_b 将使基极电流减小,减小 R_b 可使基极电流变大。R_b 的阻值一般在几十千欧至几百千欧的范围。

(4) 集电极直流电源 V_{CC}

V_{CC} 的正极通过 R_c 接到晶体管的集电极,负极接晶体管的发射极,保证集电结处于反向偏置,能使晶体管工作在放大状态。V_{CC} 的电压值一般为几伏到二十几伏。

（5）集电极负载电阻 R_c

R_c 的作用是将集电极电流的变化转换成集电极与发射射之间电压 v_{CE} 的变化,以实现电压放大。同时,电源 V_{CC} 通过 R_c 加到晶体管集电极上,使晶体管获得合适的工作电压,所以 R_c 也起直流负载的作用,阻值一般在几千欧至几十千欧的范围。

二、共射极基本放大电路的工作原理

在图 3.2.1 所示的电路中,当有正弦信号 v_s 输入时,交流信号叠加在直流量上,电路中的电压或电流既包含直流量,又包含交流量。为了研究问题的方便起见,常把直流电源对电路的作用和输入信号对电路的作用区分开来,即将直流和交流分开进行分析,并且在符号上加以区别。用 I_B、I_C、V_{BE}、V_{CE} 表示直流量,i_b、i_c、v_{be}、v_{ce} 表示交流量,i_B、i_C、v_{BE}、v_{CE} 表示直流与交流叠加量,即总瞬时值。

1. 静态

当输入信号 $v_s=0$ 时,放大电路处于直流工作状态,称为静态。电路中的电压、电流都是直流量。此时,晶体管的电流 I_B、I_C 和极间电压 V_{BE}、V_{CE} 分别在输入、输出特性曲线上对应地可以确定一个点,该点称为**静态工作点 Q**。通常将上述四个电量写成 I_{BQ}、I_{CQ}、V_{BEQ}、V_{CEQ}。其中 V_{BEQ} 可以近似看作常数（由于 R_b 阻值在几十千欧以上,I_{BQ} 的计算结果和实际测量结果误差不大）,硅管约为 $0.6\sim0.7$ V,锗管约为 $0.2\sim0.3$ V。

为了能够对输入信号进行不失真地放大,放大电路应当工作于合适的直流工作状态,以保证晶体管始终工作在放大区域。若图 3.2.1 中,设 $V_{BB}=0$,当输入电压 v_s 的幅值小于发射结的阈值电压 V_{th}（硅管 0.5 V,锗管 0.1 V）,则在输入信号的整个周期内晶体管都是截止的,因而输出电压没有变化,没有信号输出,晶体管不能放大。如果输入电压 v_s 的幅值足够大,晶体管也只能在输入信号正半周内且 v_s 大于 V_{th} 的时间内导通,在不到半个周期的时间里有放大输出,致使输出电压波形只有小于半个周期的波形,出现了非常严重的失真。所以,必须给放大电路设置合适的静态工作点。静态工作点可以根据放大电路的直流通路（直流电流通过的途径）用近似计算法算出。具体步骤如下:

（1）画出放大电路的直流通路,标出各支路电流。

在图 3.2.1 中,设 $R_s=0$,令 $v_s=0$,可得其直流通路如图 3.2.2 所示。

（2）由基极—发射极回路求 I_{BQ}。

依据图 3.2.2 列出基极回路电压方程

$$V_{BB}=I_{BQ}R_b+V_{BEQ}$$

$$I_{BQ}=\frac{V_{BB}-V_{BEQ}}{R_b} \qquad (3.2.1)$$

式中 V_{BEQ} 作为已知量。

（3）由晶体管电流分配关系得

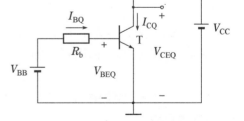

图 3.2.2　图 3.2.1 的直流通路

$$I_{CQ}=\beta I_{BQ}+I_{CEO}\approx\beta I_{BQ} \qquad (3.2.2)$$

（4）由集电极—发射极回路求 V_{CEQ}

$$V_{CEQ}=V_{CC}-I_{CQ}R_c \qquad (3.2.3)$$

【例 3.2.1】 设图 3.2.1 所示电路中的 $V_{BB}=2\,\text{V}$，$V_{CC}=6\,\text{V}$，$R_b=110\,\text{k}\Omega$，$R_c=3.3\,\text{k}\Omega$，$\beta=80$，$V_{BEQ}=0.7\,\text{V}$。试求该电路中的电流 I_{BQ}、I_{CQ}、电压 V_{CEQ}，并说明晶体管的工作状态。

解　$I_{BQ}=\dfrac{V_{BB}-V_{BEQ}}{R_b}=\dfrac{2\,\text{V}-0.7\,\text{V}}{110\times10^{-3}\,\Omega}=1.18\times10^{-5}\,\text{A}=11.8\,\mu\text{A}$

$$I_{CQ}\approx\beta I_{BQ}=945\,\mu\text{A}=0.945\,\text{mA}$$

$$V_{CEQ}=V_{CC}-I_{CQ}R_c=6\,\text{V}-0.944\times10^{-3}\times3.3\times10^{3}\,\text{V}\approx2.88\,\text{V}$$

从 $V_{BEQ}=0.7\,\text{V}$，$V_{CE}=2.88\,\text{V}$ 知，该电路中的晶体管工作于发射结正偏、集电结反偏的放大区域。

2. 动态

当图 3.2.1 电路中输入正弦信号 v_s 后，电路就处在动态工作情况。此时，晶体管各极电流及电压都将在静态值的基础上随输入信号作相应的变化。基极与发射极间的电压 $v_{BE}=V_{BEQ}+v_{be}$，v_{be} 是 v_s 在发射结上产生的交流电压。当 v_{be} 的幅值小于 V_{BEQ}，且使发射结上所加正向电压仍然大于 V_{th} 时，v_{BE} 随 v_s 的变化必然导致受其控制的基极电流 i_B、集电极电流 i_C 产生相应变化，即 $i_B=I_{BQ}+i_b$，$i_C=I_{CQ}+i_c$，其中 $i_c=\beta i_b$ 是交流电流。与此同时，集电极与发射极间的电压 v_{CE} 也将发生变化：$v_{CE}=V_{CC}-i_C R_c=V_{CEQ}+v_{ce}$。需要说明的是，在 v_s 的正半周，v_{BE}、i_B、i_C 都将在静态值的基础上增加，电阻 R_c 上的电压降也在增加，因此，电压 v_{CE} 在静态 V_{CEQ} 的基础上将减小。在 v_s 的负半周，情况则相反，于是 v_{ce} 与 v_s 是反相的。将 v_{ce}' 用适当方式取出来，作为该放大电路的输出电压。只要选择合适的电路参数，就可以使输出电压的幅度比输入电压的幅度大得多，实现了电压的放大。电路中电压、电流的波形如图 3.2.3 所示。

分析计算放大电路的交流参数是在交流通路中进行的，交流通路就是交流电流流通的途径。画交流通路的原则是：

（1）对交流信号，电路中内阻很小的直流电压源（如 V_{CC}、V_{BB} 等）可视为短路；内阻很大的电流源或恒流源可视为开路。

（2）对一定频率范围内的交流信号，容量较大的电容可视为短路。

按照以上原则可绘出图 3.2.1 的交流通路如图 3.2.4 所示。有关交流参数的分析计算在 3.2.2 节再作讨论。

放大的基本过程就是在放大电路中设置合适的静态工作点，使晶体管工作在放大区，并在输入回路

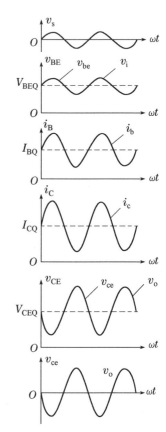

图 3.2.3　共发射极基本放大电路的波形分析

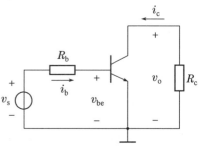

图 3.2.4　图 3.2.1 电路的交流通路

加上一个能量较小的信号,利用发射结正向电压对各极电流的控制作用,就把直流电源提供的能量,按输入信号的变化规律转换为所需要的形式供给负载。从这个意义上来说,放大作用实质上是放大器件的控制作用,放大器是一种能量控制部件。

三、放大电路的组成原则

图 3.2.1 所示的共发射极基本放大电路要用两组直流电源 V_{BB} 和 V_{CC},不是很方便的,实际的共发射极放大电路往往与之不同,共基极、共集电极放大电路也是这样。但是无论何种放大电路,其组成原则是相同的。

1. 组成原则

根据以上对共发射基本放大电路的简要分析可总结出,组成放大电路必须遵循以下几个原则:

(1) 合理设置直流电源

必须根据所用放大管的类型提供直流电源,以便设置合适的静态工作点,并作为输出的能源。对于晶体管放大电路,电源的极性和大小应使晶体管发射结处于正向偏置,且静态电压 $|V_{BEQ}|$ 大于开启电压 $|V_{th}|$,以保证晶体管发射结工作在导通状态;集电结处于反向偏置,以保证晶体管工作在放大区。对于场效应管(将在下一节讨论)放大电路,电源的极性和大小应为场效应管的栅源之间、漏源之间提供合适的电压,从而使之工作在恒流区。

(2) 设置合适的静态工作点

电阻取值得当,与电源配合,使放大管有合适的静态工作电压和工作电流,以确保晶体管能够不失真地放大交流信号。

(3) 设置合理的信号通路

当加入信号源时,输入信号必须能够作用于放大管的输入回路。对于晶体管,输入信号必须能够改变基极与发射极之间的电压,产生 Δv_{BE},从而改变基极或发射极电流,产生 Δi_B 或 Δi_C。对于场效应管,输入信号必须能够改变栅极与源极之间的电压,产生 Δv_{GS}。这样,才能改变放大管输出回路的电流,从而放大输入信号。

当负载接入时,必须保证放大管输出回路的动态电流(晶体管的 Δi_C、Δi_E 或场效应管的 Δi_D、Δi_S)能够作用于负载,从而使负载获得比输入信号大得多的信号电流或信号电压。

总之,信号和负载的接入,既不能破坏已设置好的直流工作点,又应当尽可能减小信号通路中的损耗,使信号能够“进得来,出得去”。

2. 两种实用的共发射极放大电路

根据上述组成原则,可以构成与图 3.2.1 不尽相同的共发射极放大电路。

(1) 直接耦合共发射极放大电路

在实用放大电路中,常用一组电源供电,同时为了防止干扰,要求输入信号、直流电源、输出信号均有一端接在公共“地”端,称为“共地”。这样,将图 3.2.1 所示电路中的基极电源与集电极电源整合为一组电源,并且为了合理设置静态工作点,在基极回路又增加一个电阻,便得到图 3.2.5 所示的共发射极放大电路。由于电路中信号源与放大电路、放大电路与负载电阻之间都是直接相连,故将这种连接方式称之为**直接耦合**。

将图 3.2.5 电路的输入端对地短路,得到其直流通路如图 3.2.6 所示,可方便地求出静态工作点

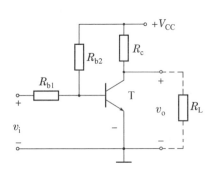

图 3.2.5　直接耦合共发射极放大电路

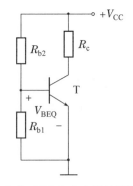

图 3.2.6　图 3.2.5 电路的直流通路

$$I_{BQ} = \frac{V_{CC} - V_{BEQ}}{R_{b2}} - \frac{V_{BEQ}}{R_{b1}} \qquad (3.2.4a)$$

$$I_{CQ} = \beta I_{BQ} = \beta I_{BQ} \qquad (3.2.4b)$$

$$V_{CEQ} = V_{CC} - I_{CQ} R_c \qquad (3.2.4c)$$

必须指出,R_{b1} 是必不可少的。试想,若 $R_{b1} = 0$,则静态时,由于输入端短路,$I_{BQ} = 0$,晶体管将截止,电路不可能正常工作。R_{b1}、R_{b2} 的取值与 V_{CC} 相配合,才能得到合适的基极电流 I_{BQ},合理地选取 R_c,才能得到合适的管压降 V_{CEQ}。

当输入信号作用时,由于信号电压将在图 3.2.1 所示电路中的 R_b 和图 3.2.5 电路中的 R_{b1} 上都有压降损失,从而减小了晶体管基极与发射极之间的信号电压,也影响了电路的放大能力。由于 R_L 上也有直流分量,R_L 的接入对 V_{CEQ} 也有影响。

(2) 阻容耦合共发射极放大电路

图 3.2.7 所示的电路既解决了"共地"问题,又使一定频率范围内的输入信号几乎毫无损失地加到放大管的输入回路,同时又避免了负载接入对放大电路静态工作点的影响。实用上,取 $V_{BB} = V_{CC}$,只用一组电源,并且将电路画成图 3.2.8 所示的习惯画法。注意图中只标出电源 V_{CC} 的正极,其负极接公共端。

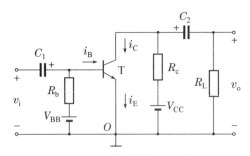

图 3.2.7　阻容耦合共发射极放大电路原理图

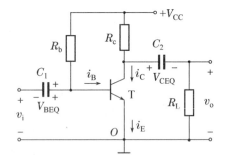

图 3.2.8　阻容耦合共发射极放大电路习惯画法图

图中电容 C_1 用于连接信号源与放大电路,电容 C_2 用于连接放大电路与负载。在电子电路中起连接作用的电容称为**耦合电容**,利用电容连接电路称为**阻容耦合**,所以该电路称为**阻容耦合共发射极放大电路**。由于电容对直流电的容抗为无穷大,所以信号源与放大电路,放大电路与负载之间没有直流电流通过。耦合电容的容量应足够大,使其在输入信号频率范围内的容抗很小,可视为短路,所以输入信号几乎无损失地加在放大管的基极与发射极之间。可见,耦合电容的作用是"隔离直流,通过交流"。

由于 C_1、C_2 隔离直流作用,它的直流通路如图 3.2.9 所示,因 R_b 为一个固定阻值的电阻,故该电路称为固定偏置电路。按此即可求出静态工作点

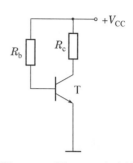

$$I_{BQ} = \frac{V_{CC} - V_{BEQ}}{R_b} \tag{3.2.5a}$$

$$I_{CQ} = \bar{\beta} I_{BQ} = \beta I_{BQ} \tag{3.2.5b}$$

$$V_{CEQ} = V_{CC} - I_{CQ} R_c \tag{3.2.5c}$$

图 3.2.9　图 3.2.7 电路的直流通路

电容 C_1 上的电压为 V_{BEQ},电容 C_2 的电压为 V_{CEQ},方向如图 3.2.7 中所标注。由于在输入信号作用时,C_1 上的电压基本不变,因此可将其等效成一个电池。这样,放大管基极与发射极之间总电压为 V_{BEQ} 与 v_i 之和。v_i、i_B、i_C、v_{BE}、v_{CE}、v_o 的波形分析与图 3.2.3 相一致。应该注意,输出电压 v_o 等于集电极与发射极之间总电压 v_{CE} 减去 C_2 上的电压 V_{CEQ},所以 v_o 为纯交流电压信号。

【例 3.2.2】　试用一个直流电源和一只 PNP 型管组成共发射极放大电路。

解　在放大电路中,直流电源一方面设置合适的静态工作点,另一方面作为负载的能源。根据放大电路组成原则,为使晶体管导通,发射结应正偏,因而 PNP 型管的发射极应接电源的正极,而基极应接到电源的负极;且为了达到合适的基极电流,基极回路应加电阻 R_b。为使晶体管工作在放大状态,集电结应反偏,因而 PNP 型管的集电极应接到电源的负极;且为了将集电极电流的变化转换为电压的变化,集电极应通过电阻 R_c 接到电源的负极,其直流通路图 3.2.10(a)所示。为了使输入信号驮载在静态电压 V_{BEQ} 之上,则应在晶体管基极与信号源之间加一个电阻或电容,如图 3.2.10(b)(c)所示;图 3.2.10(b)电路的输入输出为直接耦合方式,图 3.2.10(c)电路的输入输出为阻容耦合方式。

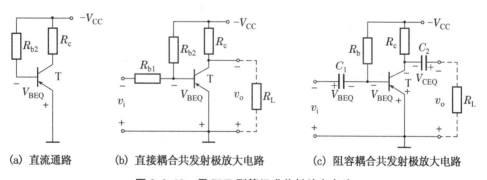

　(a) 直流通路　　　(b) 直接耦合共发射极放大电路　　　(c) 阻容耦合共发射极放大电路

图 3.2.10　用 PNP 型管组成共射放大电路

3.2.2　放大电路的分析方法

分析放大电路就是在理解放大电路工作原理的基础上求解静态工作点和各项动态参数,其中包括静态分析和动态分析。分析放大电路时,必须先进行静态分析(或称直流分析),然后再进行动态分析(或称交流分析)。只有建立了合适的静态工作点,才能保证晶体

管工作在放大区,才能保证放大电路在不失真的情况下放大输入信号。

晶体管基本放大电路的分析方法包括图解分析法和小信号模型分析法。晶体管的输入、输出特性曲线具有非线性,因此在对放大电路进行动态分析时首先要解决如何处理晶体管的非线性问题。图解法就是在承认晶体管存在非线性的前提下,在晶体管的特性曲线坐标系内通过作图的方法,求解放大电路的放大倍数和最大不失真输出信号幅度;小信号模型分析法则是在小信号条件下,将晶体管的特性曲线线性化,将非线性问题转化为线性问题来求解,然后采用适合线性电路的定理和定律求解放大电路的动态参数。图解分析法较为直观有助于理解但误差较大,小信号模型分析法则分析动态指标比较方便且误差较小。

一、图解分析法

图解分析法是利用晶体管的伏安特性曲线和放大电路的输入、输出回路方程,通过作图对放大电路的静态及动态进行分析求解。下面以共发射极基本放大电路为例来讨论图解分析法。

1. 静态工作点的图解分析

在图 3.2.11 所示的共射极电路中,将电路分成三部分:三极管、输入回路的线性电路部分、输出回路的线性电路部分。分析放大电路的静态工作情况,是在其直流通路进行的。因此,令 $v_i=0$,并且电容开路。

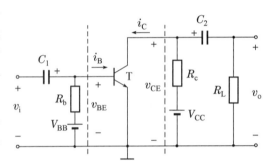

在输入回路中,静态工作点既应在三极管的输入特性曲线 $i_B=f(v_{BE})|_{v_{CE}>1\text{V}}$ 上,又应满足输入回路线性电路部分的方程:

$$v_{BE}=V_{BB}-i_B R_b \qquad (3.2.6)$$

图 3.2.11 共发射极基本放大电路原理图

可得到

$$i_B=\frac{V_{BB}}{R_b}-\frac{1}{R_b}v_{BE} \qquad (3.2.7)$$

将此 i_B 方程的直线画在输入特性曲线的坐标系中,可得出一条斜率为 $-1/R_b$ 的直线,该直线称为输入直流负载线,与横坐标轴的交点为 $(V_{BB},0)$,与纵坐标轴的交点为 $(0,V_{BB}/R_b)$,如图 3.2.12(a)所示。该直流负载线与输入特性曲线的交点就是所求的静态工作点 Q,其横坐标值为 V_{BEQ},纵坐标值为 I_{BQ}。

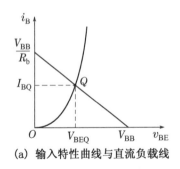

(a) 输入特性曲线与直流负载线

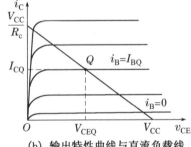

(b) 输出特性曲线与直流负载线

图 3.2.12 静态工作点的图解分析

同理,在输出回路中,静态工作点既应在 $i_B = I_{BQ}$ 的那条输出特性曲线上,又应满足输出回路线性电路部分的方程:

$$v_{CE} = V_{CC} - i_C R_c \tag{3.2.8}$$

式(3.2.8)所表达的直线,是经过与横轴的交点 $(V_{CC}, 0)$ 及与纵轴的交点 $(0, V_{CC}/R_c)$、斜率为 $-1/R_c$ 的直线,称为直流负载线,也画在输出特性曲线的坐标系中,如图 3.2.12(b)所示。该直线与输出特性曲线中 $i_B = I_{BQ}$ 那条曲线的交点就是要求的静态工作点 Q,其横坐标值为 V_{CEQ},纵坐标值为 I_{CQ}。

2. 动态工作情况的图解分析

在有输入信号的情况下,利用图解分析方法,在输入、输出特性曲线上作出放大电路中各电压及电流的波形,并能显示各波形的幅值及相位关系,可以很直观地了解电路的动态工作情况。动态图解分析是在静态分析的基础上进行的,分析步骤如下:

(1) 画 v_{BE}、i_B 的波形图

根据 v_i 的波形,在晶体管的输入特性曲线图上画出 i_B 的波形。设输入信号 $v_i = V_{im} \cdot \sin\omega t$(V),与直流电源 V_{BB} 共同作用使得 $v_{BE} = V_{BB} + v_i - i_B R_b$。当输入电压 v_i 变化时,将引起 v_{BE} 在 $(V_{BB} - V_{im})$ 到 $(V_{BB} + V_{im})$ 之间变化。相应的输入负载线是一簇斜率为 $-1/R_b$,且随 v_i 变化而平行移动的直线,根据它们与输入特性曲线相交点的轨迹,便可得到 v_{BE} 和 i_B 的波形,如图 3.2.13 所示。

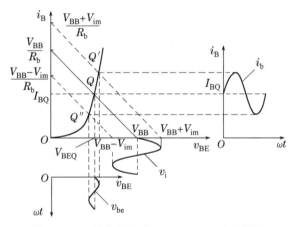

图 3.2.13　输入回路中 v_i、v_{BE}、v_{be}、i_B、i_b 的波形

(2) 画 i_C、v_{CE} 的波形图

为画 i_C、v_{CE} 的波形,须先作交流通路,依据交流输出回路方程,求作交流负载线,再画出电流、电压的波形图。

画出图 3.2.11 电路的交流通路如图 3.2.14 所示。该电路的输出回路由 R_c 和 R_L 并联构成,用 R_L' 表示,即 $R_L' = R_c /\!/ R_L$。由交流通路可见 $v_o = -i_c R_L'$,因为

$$v_{CE} = V_{CEQ} + v_{ce} = V_{CEQ} - i_c R_L' = V_{CEQ} - (i_C - I_{CQ})R_L'$$

所以有

$$v_{CE} = V_{CEQ} + I_{CQ}R_L' - i_C R_L' \tag{3.2.9}$$

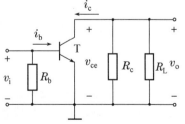

图 3.3.14　图 3.2.11 的交流通路

式中 $i_C = I_{CQ} + i_c$ 是集电极电流总量,故式(3.2.9)所表达的是斜率为 $-1/R_L'$ 且经过静态工作点 Q 的直线,称为**交流负载线**,是动态时工作点的移动轨迹。因为当正弦信号 v_i 的瞬时值为零时,电路的状态处于静态,所以它必定通过静态工作点 Q,这是交流负载线的第一个特点;另一个特点是交流负载的斜率为 $-1/R_L'$。按照式(3.2.9),交流负载线与横轴的交点为 $(V_{CEQ} + I_{CQ}R_L', 0)$,经过这点和 Q 点就可以作出交流负载线。由于 $1/R_L' > 1/R_c$,交流负载线明显比直流负载线陡,v_{CE} 的变化范围比不接 R_L 时有所减小。

根据 i_B 的变化范围和交流负载线,就可确定 i_C 和 v_{CE} 的变化范围,即动态时的工作点沿着交流负载线在 Q' 和 Q'' 之间移动,由此便可画出 i_C 及 v_{CE} 的波形,如图 3.2.15 所示。

(3) 确定电压增益

从上述图解分析可知,i_B 和 i_C 与 v_i 的变化方向相同,即当 v_i 增加时,i_B 和 i_C 也增加;而 v_{CE} 与 v_i 的变化方向相反,即当 v_i 增加时,v_{CE} 减小。这是因为 v_i 增加时,i_C 增加,使 R_c 上的压降也增加,导致 v_{CE} 减小。v_{CE} 中的交流量 v_{ce} 就是输出电压 v_o,它是与 v_i 同频率的正弦波。

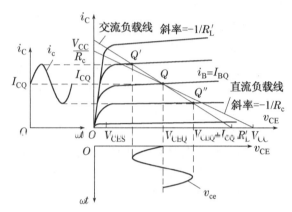

图 3.2.15 输出回路中 i_c、i_C、v_{CE}、v_{ce} 的波形

从图 3.2.15 可以知道,v_{ce} 的峰值即输出电压 v_o 的幅值 V_{om},根据电压增益的定义可求得

$$A_v = \frac{v_o}{v_i} = -\frac{V_{om}}{V_{im}}$$

式中负号说明输出电压 v_o 与输入电压 v_i 相位相反即互为反相,输入输出电压反相是共发射极放大电路的一个重要特点。

3. 波形非线性失真的图解分析

放大器产生波形失真,肯定是工作到非线性状态,即进入饱和区或者进入到截止区。如果静态工作点合适,并且输入信号幅值较小,就能保证在交流信号的整个周期内,晶体管都工作在放大区域,电路中的电压、电流波形就不会出现失真现象。但是,当 Q 点选择得过低,在输入信号负半周的峰值附近的一段时间内,晶体管发射结压降低于它的开启电压而截止,致使 i_B、i_C 及 v_{CE} 的波形失真,如图 3.2.16 所示,使输出电压 v_o 的波形**顶部**产生失真,这种因静态基极电流较小而使晶体管进入截止区所产生的失真称为**截止失真**。在图 3.2.11 电路中,只要减小 R_b 的阻值就可使基极静态电流 I_B 增加,工作点 Q 上移,就可以消除截止失真。增加 V_{BB} 虽然从原理上也能使 I_B 增加,但是实用中不那么方便,一般较少采用。

如果静态工作点 Q 过高,虽然基极电流没有出现失真,但在输出信号负半周的峰值附近的一段时间内,晶体管进入饱和区使集电极电流 i_C 不随 i_B 的增加而增加,引起输出回路 i_C、v_{CE} 的波形失真,如图 3.2.17 所示,输出电压 v_o 的波形产生**底部**失真,这种因集电极电流 i_C 较大使晶体管进入饱和区而产生的失真称为**饱和失真**。增大 R_b 的阻值可使基极静态电

流 I_B 减小,从而 i_C 减小,工作点 Q 下移,便可以消除饱和失真。减小 V_{BB} 虽然也能使 I_B 减小 Q 点下移,大多也因为不甚方便而很少采用。

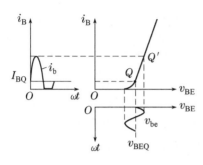

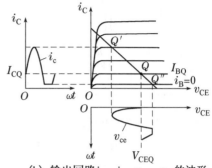

(a) 输入回路 i_B、i_b、v_{BE}、v_{be} 的波形　　　(b) 输出回路 i_C、i_c、v_{CE}、v_{ce} 的波形

图 3.2.16　共发射极放大电路的截止失真

如果 Q 点的大小设置合理,但输入信号的幅度过大,可能导致输出电压波形同时出现截止失真和饱和失真。晶体管的截止失真及饱和失真都是由于晶体管特性曲线的非线性引起的,因此称为非线性失真。

为了避免截止失真或饱和失真的出现,应把 Q 点设在输出交流负载线的中点(如图 3.2.17 中线段 $Q'Q''$ 的中点),以获得输出电压的最大动态范围。现在电子系统设计中,为了降低电路的功率损耗,如果 v_i 较小,在不产生截止失真和保证一定的电压增益的前提下,应该把 Q 点选得低一些。

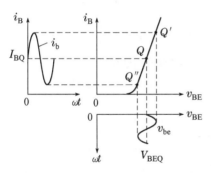
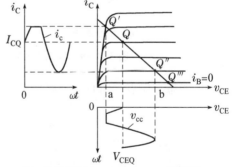

(a) 输入回路 i_B、i_b、v_{BE}、v_{be} 的波形　　　(b) 输出回路 i_C、i_c、v_{CE}、v_{ce} 的波形

图 3.2.17　共发射极放大电路的饱和失真

【例 3.2.3】　阻容耦合共发射极放大电路及晶体管输出特性,如图 3.2.18 所示,设 $V_{BE}=0.7\ \text{V}$。

(1) 画出该电路的直流通路与交流通路。

(2) 估算静态电流 I_{BQ},并用图解法确定直流工作点 I_{CQ},V_{CEQ}。

(3) 当输入信号使 $i_b=10\sin\omega t\ \mu\text{A}$ 时,试确定输出电压 v_o 的大小。

(4) 若设 $V_{CES}=0.7\ \text{V}$,试确定放大器最大不失真输出电压峰-峰值范围 V_{OPP}。当 R_c、R_L 不变时,为使输出动态范围最大,则 R_b 的大小是多少?

解　(1) 画直流通路与交流通路:由于电容有隔离直流的作用,即对直流相当于开路,

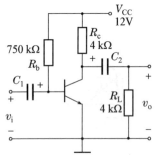
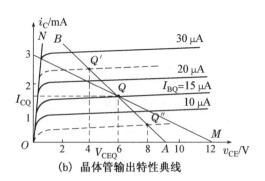

(a) 阻容耦合共发射极放大电路　　　(b) 晶体管输出特性典线

图 3.2.18　例 3.2.3 的放大电路与晶体管输出特性

因此,输入信号电压及负载电阻 R_L 对电路的直流工作状态(即 Q 点)不产生影响。由此可画出图 3.2.18 所示放大电路的直流通路,如图 3.2.19(a)所示。对一定频率范围内的交流信号而言,C_1、C_2 呈现的容抗很小,可近似认为短路。电源 V_{CC} 的内阻很小,对交流信号也可视为短路。因此可画出图 3.2.18 所示电路的交流通路,如图 3.2.19(b)所示。

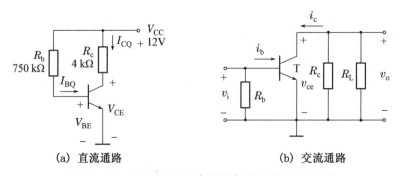

(a) 直流通路　　　　　　　　　　(b) 交流通路

图 3.2.19　例 3.2.3 所示电路的直流通路和交流通路

(2) 求静态工作点。由直流通路的输入回路有

$$I_{BQ}=\frac{V_{CC}-V_{BE}}{R_b}=\frac{12\text{ V}-0.7\text{ V}}{750\text{ k}\Omega}=15\ \mu\text{A}$$

由输出回路写出直流负载线方程 $v_{CE}=V_{CC}-i_C R_c=12-4i_C$,在输出特性横轴上找到 $V_{CE}=V_{CC}=12$ V 的点 M,在纵轴上找到 $I_C=V_{CC}/R_c=12/4=3$(mA)的点 N。连接 M、N 两点的直线即直流负载线。它与 $I_{BQ}=15\ \mu$A 的那条输出特性曲线的交点即 Q(6 V,1.5 mA)点,读出 $V_{CEQ}=6$ V,$I_{CQ}=1.5$ mA。

(3) 根据交流通路,列出交流输出回路方程 $v_{CE}=V_{CEQ}+I_{CQ}R'_L-i_C R'_L$,令 $i_C=0$,则得到 $v_{CE}=V_{CEQ}+I_{CQ}R'_L$。求出 $R'_L=R_c/\!/R_L=2$ kΩ,将 I_{CQ}、R、R'_L 的值代入,得 $v_{CE}=9$ V。在横轴上 $v_{CE}=9$ V 处确定一点 A(9 V,0)。连接 A、Q 两点的直线即交流负载线,如图 3.2.18(b)所示。

若 $i_b=10\sin\omega t(\mu\text{A})$,当信号的正向峰值到来时,$Q$ 点沿交流负载线向上移动到 Q' 点,此时 $i_B=25\ \mu$A;当信号的负向峰值到来时,Q 点沿交流负载线向下移动到 Q'' 点,此时 $i_B=5\ \mu$A。

Q' 和 Q'' 点之间的横坐标间隔(4 V)就是输出电压的峰-峰值,故 $v_o=2\sin(\omega t+\pi)$V,即

峰值为 2 V,有效值为 $\sqrt{2}$ V。

(4) 从图上可以看出,v_o 的幅值为 3 V,表明当输入信号再增大时,将先出现截止失真。但是负半周幅值要达到 5.3 V 时才会出现饱和失真,显然不对称。为使输出电压动态范围达到最大,对应的静态电流 I_{CQM} 应满足如下关系

$$I_{CQM}R'_L = V_{CC} - I_{CQM}R_c - V_{CES}$$

即
$$I_{CQM} = \frac{V_{CC} - V_{CES}}{R_c + R'_L} = \frac{12 - 0.7}{4 + 4//4} \text{ mA} \approx 1.88 \text{ mA}$$

可求出这时的偏置电阻应为

$$R_b = \frac{V_{CC} - V_{BE}}{I_{CQM}/\beta} = \frac{12 - 0.7}{1.88/100} \text{ k}\Omega = 601 \text{ k}\Omega$$

这时,最大峰-峰电压为 $V_{OPP} = 2I_{CQM}R'_L = 7.52$ V,最大不失真输出幅值达到 $V_{OPP}/2 = 3.76$ V,比原来提高了许多。

4. 图解分析法的适用范围

图解法是分析放大电路的最基本的方法之一,特别适用于分析信号幅度较大而工作频率不太高的情况。它可以直观、形象地反映三极管放大电路在交流和直流信号共存,特别是输入信号幅值较大时,电路的工作情况,以及截止失真和饱和失真的现象。借助图解法可以选择电路参数,合理设置静态工作点的位置,以及确定输出电压的最大动态范围。由于晶体管的特性曲线只反映了信号频率较低时的电压与电流的关系,所以图解法不能分析工作频率较高时或信号幅值太小的电路工作状态,也不能用来分析放大电路的输入电阻、输出电阻等动态性能指标。

二、小信号模型分析法

晶体管的非线性特性使其放大电路的分析变得复杂,不能直接采用线性电路原理来分析计算,而放大电路的图解分析法也很烦琐。建立小信号模型,就是为了克服分析中的复杂和烦琐,将非线性的晶体管做线性化处理,即在输入信号电压幅值比较小的条件下,把晶体管在静态工作点附近小范围内的特性曲线近似地用直线代替,把晶体管用小信号线性模型代替,将放大电路当作线性电路来处理,从而大大简化了放大电路的分析和设计。这就是小信号模型分析法,也称为微变等效电路法。通常用来计算放大电路的一些动态参数,如电压放大倍数、输入电阻和输出电阻。

小信号模型分析法只适用于小信号情况下工作,所以这里"小信号"指的是"微小的变化量"。顾名思义,"小"是指它不适用大信号的工作情况,大信号工作情况仍要借助图解法;"信号"是指它不适合静态情况的分析,不能使用小信号模型分析法求解静态工作点,它只适用于动态分析。从频率范围来看,小信号模型分析法仅适用于晶体管放大电路的通频带范围内,即放大电路的中频范围,这样可以不考虑结电容、分布电容、耦合电容和旁路电容的影响,有利于简化计算。

1. 晶体管的 H 参数及小信号模型

晶体管的特性曲线是用图形方式描述三极管的三个电极之间的电压与电流的关系,而晶体管小信号模型等效电路的电压与电流的关系也应该表示晶体管的三个电极之间的电压与电流的关系。因此两者之间必然有密切的关系。

（1）晶体管的 H 参数

晶体管是三端器件，它有共发射极、共集电极和共基极三种组态。无论哪种组态总有一端为输入输出共用，也就是说晶体管在电路中总可以看成一个双口有源网络。以共射极连接为例，如图 3.2.20(a)所示的双口网络中，分别用 v_{BE}、i_B 和 v_{CE}、i_C 表示输入端口和输出端口的电压及电流。若以 i_B、v_{CE} 作自变量，v_{BE}、i_C 作因变量，由晶体管的输入、输出特性曲线可写出以下两个方程式：

$$v_{BE} = f_1(i_B, v_{CE}) \tag{3.2.10}$$

$$i_C = f_2(i_B, v_{CE}) \tag{3.2.11}$$

式中 i_B、i_C、v_{BE}、v_{CE} 均为总瞬时值，而小信号模型是指晶体管在交流低频小信号，要考虑的是电压、电流间的微变关系，故对特性方曲线方程(3.2.10)、(3.2.11)取全微分，即

$$dv_{BE} = \frac{\partial v_{BE}}{\partial i_B}\bigg|_{v_{CE}=const} di_B + \frac{\partial v_{BE}}{\partial v_{CE}}\bigg|_{i_B=const} dv_{CE} \tag{3.2.12}$$

$$di_C = \frac{\partial i_C}{\partial i_B}\bigg|_{v_{CE}=const} di_B + \frac{\partial i_C}{\partial v_{CE}}\bigg|_{i_B=const} dv_{CE} \tag{3.2.13}$$

式中 dv_{BE} 表示 v_{BE} 中的变化量，如果输入为正弦信号，则 dv_{BE} 即可用 v_{be} 表示。同理，dv_{CE}、di_B、di_C 分别用 v_{ce}、i_b、i_c 表示。于是式(3.2.12)及式(3.2.13)写成下式：

$$v_{be} = h_{ie} i_b + h_{re} v_{ce} \tag{3.2.14}$$

$$i_c = h_{fe} i_b + h_{oe} v_{ce} \tag{3.2.15}$$

式中 h_{ie}、h_{re}、h_{fe}、h_{oe} 称为晶体管共发射极连接时的 H 参数，其中

$h_{ie} = \frac{\partial v_{BE}}{\partial i_B}\big|_{v_{CE}=const}$ 表示晶体管输出端短路（$v_{ce}=0, v_{CE}=V_{CEQ}$）时的输入电阻，亦即小信号作用下基极发射极之间的动态电阻，常用 r_{be} 表示，单位为 Ω，通常阻值为 $1\ k\Omega$ 左右。

$h_{re} = \frac{\partial v_{BE}}{\partial v_{CE}}\big|_{i_B=const}$ 无量纲，表示晶体管的输入端开路时的反向电压传输比，其值很小（10^{-4}）。

$h_{fe} = \frac{\partial i_C}{\partial i_B}\big|_{v_{CE}=const}$ 无量纲，是晶体管输出端短路时的正向电流传输比，即共射极电流放大系数，常用 β 表示，通常 β 为几十到几百。

$h_{oe} = \frac{\partial i_C}{\partial v_{CE}}\big|_{i_B=const}$ 具有电导量纲，单位西门子，简称西(S)。表示晶体管输入端交流开路时的输出电导，也用 $1/r_{ce}$ 表示，r_{ce} 为输出电阻，通常在百千欧姆量级。

以上这四个参数量纲各不相同，所以称它们为混合参数，用 h 或 H 表示。

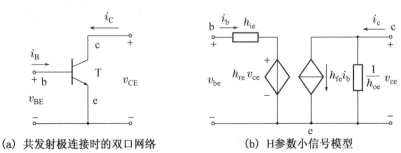

(a) 共发射极连接时的双口网络   (b) H参数小信号模型

图 3.2.20　晶体管的双口网络及 H 参数小信号模型

（2）晶体管 H 参数小信号模型

式(3.2.14)表示输入回路方程，它表明输入电压 v_{be} 是由两个电压相加构成，其中一个是 $h_{ie}i_b$，表示输入电流 i_b 在 h_{ie} 上的压降；另外一个是 $h_{re}v_{ce}$，表示输出电压对输入回路的反作用，它是一个受控电压源。式(3.2.15)表示输出回路方程，它表明输出电流 i_C 由两个并联支路的电流相加；一个由基极电流控制的受控电流源 $h_{fe}i_b$；另一个由输出电压加在输出电阻 $1/h_{oe}$ 上引起的电流 $h_{oe}v_{ce}$。这就得到了晶体管共发射极连接的 H 参数小信号模型，如图 3.2.20(b)所示。

应该强调的是，小信号模型中的电流源 $h_{fe}i_b$ 是受 i_b 控制的，当 $i_b=0$ 时，电流源 $h_{fe}i_b$ 就不存在了，因此称其为受控电流源，它代表晶体管的基极电流对集电极电流的控制作用。电流源的流向由 i_b 的流向决定，如图 3.2.20(b)所示。同理，$h_{re}v_{ce}$ 也是一个受控电压源。还有，小信号模型中所研究的电压、电流都是变化量，因此，不能用小信号模型来求静态工作点 Q。但 H 参数的数值大小是在 Q 点获得的，反映了 Q 附近的工作情况，其数值大小与 Q 点的位置有关，不同的 Q 点位置 H 参数的数值也不同。

（3）小信号模型的简化

晶体管在共发射极连接时，其 H 参数的数量级一般为

$$[h]_e = \begin{bmatrix} h_{ie} & h_{re} \\ h_{fe} & h_{oe} \end{bmatrix} = \begin{bmatrix} 10^3\ \Omega & 10^{-3} \sim 10^{-4} \\ 10^2 & 10^{-5}\ \mathrm{S} \end{bmatrix}$$

从具体数字来看，h_{re} 和 h_{oe} 相对而言是很小的，其原因是基区宽度调制效应的存在，电压 v_{CE} 增加时，会引起 v_{BE} 增加使输入特性曲线右移和 i_C 增加，表现为输出特性曲线上翘，h_{re} 和 h_{oe} 分别体现了 v_{CE} 对 v_{BE} 和 i_C 的影响程度。晶体管工作在放大区时，这些影响均很小(输入特性曲线几乎重合，而输出特性曲线微微上翘几乎与横轴平行)。所以，常常可以把 h_{re} 和 h_{oe} 忽略掉，这在工程计算上不会带来显著的误差。同时采用习惯符号 r_{be} 代替 h_{ie}，β 代替 h_{fe}，可得晶体管的简化小信号模型如图 3.2.21 所示。

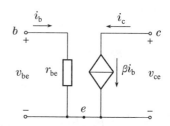

图 3.2.21 晶体管简化小信号模型

如果 $r_{ce} \gg R_L$ 或 $r_{ce} \gg R_c$ 的条件得不到满足，那么，分析电路时还应考虑 r_{ce} 的影响。

（4）H 参数值的确定

必须首先求出晶体管在静态工作点处的 H 参数值，才可应用 H 参数小信号等效模型分析晶体管放大电路。H 参数值可用 H 参数测试仪或晶体管特性图示仪测得。基极与发射极之间的小信号等效电阻(微变等效电阻或交流等效电阻)r_{be} 也可由下面的表达式求得

$$r_{be} = r'_{bb} + (1+\beta)(r_e + r'_e) \tag{3.2.16}$$

式中，r'_{bb} 为晶体管基区的体电阻，如图 3.2.22 所示，对于小功率的三极管，r'_{bb} 约为几十至几百欧姆，甚至更小到可以忽略。r_e 为发射结电阻，根据 PN 结的电流方程，可以推导出 $r_e = V_T / I_{EQ}$，在常温下 $r_e = 26(\mathrm{mV})/I_{EQ}(\mathrm{mA})$。$r'_e$ 是发射区的体电阻。由于发射区掺杂浓度高，使 r'_e 比 r_e 小得多，只有

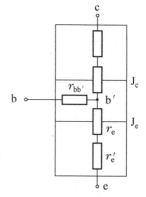

图 3.2.22 晶体管内部小信号
等效电阻示意图

几欧,可以忽略。所以式(3.2.16)可写成

$$r_{be} = r'_{bb} + (1+\beta)r_e \tag{3.2.17}$$

式中 $r_e = \dfrac{V_T}{I_{EQ}}$,于是

$$r_{be} = r'_{bb} + (1+\beta)\frac{V_T}{I_{EQ}} \tag{3.2.18}$$

常温下,$V_T \approx 26\ mV$,对于低频小功率管,$r'_{bb} \approx 200\ \Omega$,所以

$$r_{be} \approx 200\ \Omega + (1+\beta)\frac{26(\text{mV})}{I_{EQ}(\text{mA})} \tag{3.2.19}$$

H 参数小信号模型用于分析晶体管动态性能,其参数是在输入信号幅值比较小的条件下,在静态工作点处求得。当 Q 点处于线性度比较好的放大区域内,用 H 参数等效模型进行分析计算时,误差较小。因此,式(3.2.18)(3.2.19)的适用范围为 $0.1\ mA < I_{EQ} < 5\ mA$。超出此范围时,将会产生较大误差。

此外,PNP 型晶体管与 NPN 型晶体管的等效模型是同样的。

2. 用 H 参数小信号模型分析共发射极基本放大电路

小信号模型分析法分析放大电路的一般步骤是:先计算静态工作电流 I_{CQ},估算 Q 点的微变参数 r_{be};再画出交流通路,在交流通路上定出晶体管的三个电极 b、c 和 e,用 H 参数线性模型表示晶体管,放大电路常用正弦波信号作为输入信号电压,画出小信号模型等效电路,并标出各电压和电流;最后求解电压增益、输入电阻和输出电阻。

下面以图 3.2.23 所示共发射极基本放大电路为例,用小信号模型分析法分析其动态性能指标。

(1) 求静态电流 I_{CQ} 和 r_{be}

将图 3.2.23 中 v_s 短路,可求出 $I_{BQ} = \dfrac{V_{BB} - V_{BE}}{R_b}$,$I_{CQ} = \beta I_{BQ} = \beta \dfrac{V_{BB} - V_{BE}}{R_b}$,$V_{CEQ} = \left(\dfrac{V_{CC} - V_{CEQ}}{R_c} - I_{CQ}\right)R_L > V_{CES}$。根据 $I_{EQ} \approx I_{CQ}$ 代入式(3.2.19),算出 r_{be}。

(2) 画放大电路的小信号等效电路

首先画出晶体管的 H 参数小信号模型(一般用简化模型),然后按照画交流通路的原则(将放大电路中的直流电压源对交流信号视为短路,同时若电路中有耦合电容,也把它视为对交流信号短路),分别画出与晶体管三个电极相连支路的交流通路,并标出各有关电压及电流的假定正方向,就能得到整个放大电路的小信号等效电路,如图 3.2.24 所示。

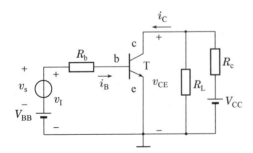

图 3.2.23 共发射极基本放大电路原理图

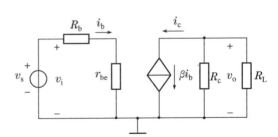

图 3.2.24 图 3.2.23 电路的小信号等效电路

（3）求电压增益 A_v

由图 3.2.24 可知，$v_i=i_b \cdot (R_b+r_{be})$，$i_c=\beta \cdot i_b$，$v_o=-i_c \cdot (R_c /\!/ R_L)=-\beta i_b R_L'$，由电压增益定义得

$$A_v=\frac{v_o}{v_i}=\frac{-i_c \cdot (R_c /\!/ R_L)}{i_b \cdot (R_b+r_{be})}=\frac{-\beta \cdot i_b \cdot (R_c /\!/ R_L)}{i_b \cdot (R_b+r_{be})}=-\frac{\beta \cdot R_L'}{R_b+r_{be}} \tag{3.2.20}$$

式中负号表示共发射极放大电路的输出电压与输入电压相位相反，即输出电压滞后输入电压 180°，同时只要选择适当的电路参数，就会使 $v_o>v_i$，实现电压放大。

（4）求输入电阻 R_i

按图 3.2.24，R_i 应为输入电压 v_i 与输入电流 i_i 的比值

$$R_i=\frac{v_i}{i_i}=\frac{v_i}{i_b}=\frac{i_b(R_b+r_{be})}{i_b}=R_b+r_{be} \tag{3.2.21}$$

r_{be} 在千欧左右，因为 R_b 的影响，R_i 的阻值大了不少。

（5）计算输出电阻 R_o

用本章 3.2.1 节介绍的外加测试电压求输出电阻的方法，可得测量图 3.2.24 电路输出电阻的电路，如图 3.2.25 所示。由该图求得输出电阻

$$R_o=\frac{v_t}{i_t}\bigg|_{v_s=0,R_L=\infty}$$

而

$$i_t=\frac{v_t}{R_c}$$

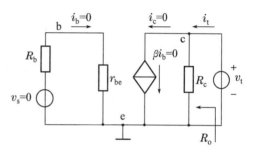

图 3.2.25　共发射极基本放大电路的输出电阻

故

$$R_o \approx R_c \tag{3.2.22}$$

在共发射极放大电路中，R_c 多为几千欧。如果电路中的 R_c 取得很大，式（3.2.22）就会有显著的误差。所以，在 R_c 较大时，应该考虑 $r_{ce}=1/h_{oe}$ 的影响，输出电阻应为 R_c 与 r_{ce} 的并联值，即

$$R_o=R_c /\!/ r_{ce} \tag{3.2.23}$$

不同类型的放大电路对输入、输出电阻的要求是不同的，应由放大电路的具体类型（电压放大、电流放大、互阻放大、互导放大）决定。对于共发射极电压放大器而言，R_i 越大，放大电路从信号源吸取的电流越小，输入端得到的电压 v_i 就越大。而 R_o 越小，负载电阻 R_L 的变化对输出电压 v_o 的影响就越小，放大电路带负载的能力就越强。

【例 3.2.4】　电路如图 3.2.26 所示，设 $V_{CC}=15$ V，$R_{b1}=60$ kΩ、$R_{b2}=20$ kΩ、$R_c=3$ kΩ、$R_e=2$ kΩ，$R_s=600$ Ω，电容 C_1、C_2 和 C_e 都足够大，$\beta=60$，$V_{BE}=0.7$ V，$R_L=3$ kΩ。试计算：

（1）电路的静态工作点；

（2）电路的中频电压放大倍数 A_{vo}、A_v，输入电阻 R_i 和输出电阻 R_o；

（3）若信号源具有 $R_s=600$ Ω 的内阻，求源电压增益 $A_{vs}=v_o/v_s$。

解　（1）求解静态工作点

图 3.2.26 所示电路为分压偏置共发射极基

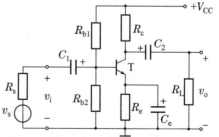

图 3.2.26　分压式偏置共发射极放大电路

本放大电路,其直流通路及采用戴维宁定理变换后的直流通路如图 3.2.27 所示。

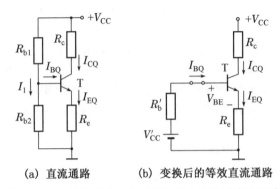

(a) 直流通路　　　　(b) 变换后的等效直流通路

图 3.2.27　分压式偏置共发射极放大电路的直流通路

变换后的开路电压 V'_{CC} 和等效内阻 R'_b 为

$$V'_{CC} = \frac{V_{CC}R_{b2}}{R_{b1}+R_{b2}} = 3.75\text{ V}$$

$$R'_b = \frac{R_{b1}R_{b2}}{R_{b1}+R_{b2}} = 15\text{ k}\Omega$$

根据图 3.2.26(b)列出输入回路方程,可解得基极电流:

$$I_{BQ} = \frac{V'_{CC}-V_{BE}}{R'_b+(1+\beta)R_e} = 22\ \mu\text{A}$$

$$I_{CQ} = \beta I_{BQ} = 1.32\text{ mA}$$

再由输出回路方程 $V_{CC} = I_{CQ}R_c + V_{CEQ} + I_{EQ}R_e$ 解出

$$V_{CEQ} = V_{CC} - I_{CQ}R_c - I_{EQ}R_e = V_{CC} - I_{CQ}(R_c+R_e) = 8.4\text{ V}$$

实际计算中,如果我们忽略 R'_b,采用下式计算:

$$I_{EQ} = \frac{V'_{CC}-V_{BE}}{R_e} \approx I_{CQ} = 1.5\text{ mA}$$

$$I_{BQ} = I_{CQ}/\beta = 25\ \mu\text{A}$$

$$V_{CEQ} = V_{CC} - I_{CQ}(R_c+R_e) = 7.5\text{ V}$$

当 R'_b 比 R_{b2} 小得多时,误差便可以忽略,这样分析计算要简便一些。虽然存在误差,但是实际应用中的电路要经过调试测试再做修正,初期采取近似分析估算快速得到结果也不失为一种捷径。

(2) 求解中频电压放大倍数 A_{vo}、A_v,输入电阻 R_i 和输出电阻 R_o。

电容 C_1 和 C_2 都足够大,对交流信号视为短路。由于 C_e 与 R_e 并联,交流信号被短路,就是交流信号走 R_e 旁边的通路过去了,故 C_e 也称为交流旁路电容。R_e 在小信号模型等效电路中不再出现。于是得到该电路的小信号模型等效电路如图 3.2.28 所示。

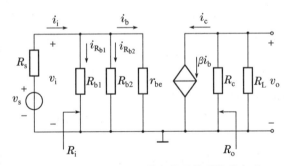

图 3.2.28　图 3.2.26 的小信号模型等效电路

$$r_{be} \approx 200\Omega + (1+\beta)\frac{26(\text{mV})}{I_{EQ}(\text{mA})} = 1\,402\ \Omega \approx 1.4\ \text{k}\Omega$$

当 R_L 断开时,输出电压为 $v_o = -i_c R_c = -\beta i_b R_c$,于是

$$A_{vo} = \frac{v_o}{v_i} = \frac{-\beta \cdot i_b R_c}{i_b r_{be}} = -\frac{\beta \cdot R_c}{r_{be}} = -128.6$$

当 R_L 接入时,输出电压为 $v_o = -i_c(R_c /\!/ R_L) = -\beta i_b(R_c /\!/ R_L)$,于是

$$A_v = \frac{v_o}{v_i} = \frac{-\beta \cdot i_b(R_c /\!/ R_L)}{i_b r_{be}} = -\frac{\beta \cdot (R_c /\!/ R_L)}{r_{be}} = -64.3$$

可见 R_L 接入对电压增益的显著影响,R_L 愈小,电压增益下降愈多。

$$R_i = R_{b1} /\!/ R_{b2} /\!/ r_{be} = 1.28\ \text{k}\Omega$$

$$R_o = R_c = 3\ \text{k}\Omega$$

(3)求源电压增益 A_{vs}

因 $v_i = \dfrac{R_i}{R_s + R_i} v_s$,故 $v_s = v_i \dfrac{R_s + R_i}{R_i}$,从而得

$$A_{vs} = \frac{v_o}{v_s} = \frac{v_o}{v_i \dfrac{R_s + R_i}{R_i}} = A_v \frac{R_i}{R_s + R_i} = -45$$

计算结果表明,信号源内阻愈小,对源电压增益的影响愈小,表明低内阻信号源适合选择共发射极放大器来放大电压信号。

【例 3.2.5】　共射基本放大电路如图 3.2.29(a)所示。图 3.2.29(b)是该放大电路在输出特性曲线上的图解,其中一条是直流负载线,一条是交流负载线。已知 C_1、C_2 和 C_e 的容量足够大,$V_{CC} = 12\ \text{V}$,$V_B = 2.7\ \text{V}$,$R_{b2} = 5.4\ \text{k}\Omega$;晶体管的 $V_{BEQ} = 0.7\ \text{V}$,$\beta = 100$,$r_{bb'} = 200\ \Omega$,在保证要求的静态工作点和动态范围下,回答下列问题:

(1)计算电阻 R_{b1}、R_e、R_c 和 R_L。

(2)画出电路的小信号模型等效电路,计算中频电压放大倍数、输入电阻、输出电阻。

(3)输出不失真情况下,允许的输入信号峰-峰值的最大值是多少?

(4)若不断增加输入信号的幅度,该电路将先出现饱和失真还是截止失真?

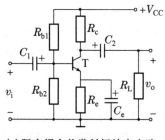 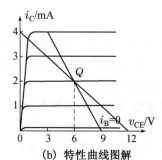

(a)阻容耦合共发射极放大电路　　　　(b)特性曲线图解

图 3.2.29　例 3.2.5 电路与晶体管特性曲线

解　(1)计算电阻 R_{b1}、R_e、R_c 和 R_L

$$V_B = \frac{R_{b2}}{R_{b1} + R_{b2}} V_{CC} = 2.7\ \text{V}$$

将 V_B、R_{b2} 的值代入得

$$R_{b1} = 18.6 \text{ k}\Omega$$

按照图 3.2.29，$I_{CQ} = 2 \text{ mA}$，可得

$$R_e = \frac{V_B - V_{BEQ}}{I_{EQ}} = \frac{V_B - V_{BEQ}}{I_{CQ}} = 1 \text{ k}\Omega$$

根据图中直流负载线与纵轴的交点，得 $V_{CC}/(R_e + R_c) = 4 \text{ mA}$

于是

$$R_e + R_c = 12 \text{ V}/4 \text{ mA} = 3 \text{ k}\Omega$$

$$R_c = 3 \text{ k}\Omega - 1 \text{ k}\Omega = 2 \text{ k}\Omega$$

或者按照输出回路方程得 $V_{CEQ} = V_{CC} - I_{CQ}(R_e + R_c) = 6 \text{ V}$

也可解出 $R_c = \dfrac{V_{CC} - V_{CEQ}}{I_{CQ}} - R_e = 2 \text{ k}\Omega$

由图解知

$$I_{CQ}R_L' = I_{CQ}(R_c /\!/ R_L) = 9 \text{ V} - V_{CEQ} = 3 \text{ V}$$

$$R_L' = 1.5 \text{ k}\Omega$$

可解出

$$R_L = 6 \text{ k}\Omega$$

（2）该电路的小信号等效电路如图 3.2.28 所示。由图 3.2.28 可得

$$r_{be} \approx 200 \ \Omega + (1 + \beta)\frac{26(\text{mV})}{I_{EQ}(\text{mA})} = 1.5 \text{ k}\Omega$$

$$A_v = -\frac{\beta R_L'}{r_{be}} = -100$$

$$R_i = R_{b1} /\!/ R_{b2} /\!/ r_{be} = 1.1 \text{ k}\Omega$$

因为 R_{b1}、R_{b2} 和 r_{be} 并联，使 R_i 减小，一般 $R_{b2} < R_{b1}$，所以 R_{b2} 对 R_i 影响较大。R_{b2} 太大了 V_B 稳定度低，过小了对信号源的分流影响显著，通常是按照 r_{be} 的几倍到十几倍之间选取 R_{b2}。

$$R_o = R_c = 2 \text{ k}\Omega$$

（3）由图 3.2.29 可知，该电路最大不失真输出电压幅度为 3 V，所以输入信号峰-峰值的最大值为

$$V_{ipp} = |3 \text{ V}/A_v| \times 2 = 60 \text{ mV}$$

（4）由图解可知，Q 点的位置在交流负载线的中点的右边，使 Q 点到截止点的水平距离只有 3 V，而距离左边饱和点的水平距离明显大于 3 V。所以，若不断增加输入信号的幅度，该电路将先出现截止失真。

3. 小信号模型分析法的适用范围

当放大电路的输入信号幅度较小时，用小信号模型分析法分析放大电路的动态性能指标（A_v、R_i 和 R_o 等）非常方便，计算结果误差也不大。即使在输入信号频率较高的情况下，晶体管的放大性能也仍然可以通过在其小信号模型中引入某些元件来反映（详见本章频率特性的有关内容），这是图解分析法所无法做到的。在晶体管与放大电路的小信号等效电路中，电压、电流等电量及晶体管的 H 参数均是针对变化量（交流量）的，不能用来分析计算静态工作点，但是，H 参数的值又是在静态工作点上求得的。所以，放大电路的动态性能与静态工作点参数值的大小及稳定性密切相关。

放大电路的图解分析法和小信号模型分析法虽然在形式上是独立的,但实质上它们是互相联系、互相补充的.一般可按下列情况处理:

(1) 用图解分析法确定静态工作点(也可用估算法求 Q 点)。

(2) 当输入电压幅度较小或晶体管基本上在线性范围内工作,特别是放大电路比较复杂时,可用小信号模型来分析,后面各章可看到这个方法的例子。

(3) 当输入电压幅度较大,晶体管的工作点延伸到伏安特性曲线的非线性部分时,就需要采用图解法,如第 6 章的功率放大电路。此外,如果要求分析放大电路输出电压的最大不失真幅值,或者要求合理安排电路工作点和参数,以便得到最大的动态范围等,采用图解分析法比较方便。

3.2.3　放大电路静态工作点的稳定

由上一节的分析可知,静态工作点 Q 是很重要的,它不但决定了放大电路是否会产生非线性失真,而且还影响到电路的动态性能,如电压增益、输入电阻等,所以为了保证电路的性能稳定,必须要求电路的工作点稳定,在设计或调试放大电路时,必须首先设置一个合适而且稳定的工作点。本节将重点讨论环境温度对放大电路工作点的影响以及稳定工作点的偏置电路。

一、温度对静态工作点的影响

实际应用中影响静态工作点稳定的因素有很多,如电源电压的波动、元件参数的分散性及元件的老化、环境温度变化等,都会引起静态工作点的不稳定,影响放大电路的正常工作。在引起工作点不稳定的诸因素中,尤以环境温度变化的影响最大。前面曾讨论过,温度上升时,晶体管的反向电流 I_{CBO}、I_{CEO} 及电流放大系数 β 或 α 都会增大,而发射结正向压降 V_{BE} 会减小。这些参数随温度的变化,都会使放大电路中的集电极静态电流 I_{CQ} 随温度升高而增加($I_{CQ} = \beta I_{BQ} + I_{CEO}$),从而使工作点 Q 沿直流负载线上移,向饱和区变化,而要想使 I_{CQ} 回到原来位置,必须减小基极电流 I_{BQ}。可以想象,当温度降低时,Q 点将沿直流负载线下移,向截止区变化,要想使之基本不变,则必须增大 I_{BQ}。所谓稳定工作点,通常是指在环境温度变化时静态集电极电流 I_{CQ} 和管压降 V_{CEQ} 基本不变,即 Q 点在晶体管输出特性坐标平面中的位置基本不变,这只要在温度升高时电路能自动地适当减小基极电流 I_{BQ} 就可实现。通常用引入直流负反馈或温度补偿的方法使 I_{BQ} 在温度变化时产生与 I_{CQ} 相反的变化来实现 Q 点的自动稳定。

二、分压式射极偏置电路

1. 基极分压式射极偏置电路

由基极电阻 R_{b1}、R_{b2} 和发射极电阻 R_e 组成的分压式射极偏置电路及其直流通路,如图 3.2.30 所示。输入电压接在基极与地之间,输出电压由集电极与地之间取出,发射极是输入回路与输出回路的公共支路,因此也是共发射极放大电路。

(1) 静态工作点的稳定原理

在图 3.2.30(b)所示的直流通路中,可以得到电流方程 $I_1 = I_2 + I_{BQ}$。为了稳定静态工作点,适当选择 R_{b1}、R_{b2} 的阻值,使 $(1+\beta)R_e \geq 10(R_{b1} /\!/ R_{b2})$,可认为 $I_1 \gg I_{BQ}$,因此,$I_1 \approx I_2$,

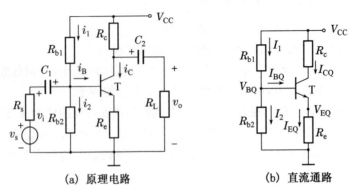

(a) 原理电路   (b) 直流通路

图 3.2.30　基极分压式射极偏置电路

基极直流电位为

$$V_{BQ} \approx \frac{R_{b2}}{R_{b1}+R_{b2}} V_{CC} \tag{3.2.24}$$

可认为 V_{BQ} 基本上为一固定值，与环境温度几乎无关。当温度升高时，静态电流 I_{CQ} 增加时，使发射极直流 I_{EQ} 增加，发射极直流电位 $V_{EQ}=I_{EQ}R_e$ 随之增加。由于 V_{BQ} 基本固定不变，而 $V_{BEQ}=V_{BQ}-V_{EQ}$，因此 V_{BEQ} 将自动减小，使 I_{BQ} 跟着减小，引起 I_{CQ} 也减小。结果，I_{CQ} 增加的部分可以由 I_{BQ} 引起 I_{CQ} 减小的部分抵消，使 I_{CQ} 基本维持不变，达到稳定静态工作点的目的。稳定静态工作点的过程如下：

$$T(℃) \uparrow \rightarrow I_{CQ} \uparrow \rightarrow I_{EQ} \uparrow \rightarrow V_{EQ} \uparrow、V_{BQ} \text{ 不变} \rightarrow V_{BEQ} \downarrow \rightarrow I_{BQ} \downarrow$$
$$I_{CQ} \downarrow \longleftarrow$$

当温度降低时，各电压、电流朝相反方向变化，Q 点也能稳定。

由上述稳定过程可见，电阻 R_e 起着关键作用。当 I_{CQ} 变化时，通过电阻 R_e 将 I_{CQ} 的变化转换为电压形式控制 V_{BEQ}，使 I_{BQ} 向相反方向变化，从而保持 I_{CQ} 基本稳定。这里，I_{CQ} 是输出量，V_{BEQ} 是输入量，R_e 将输出量 I_{CQ} 的变化转换为电压形式反馈到输入回路，使输入量 V_{BEQ} 减小，最终使输出量 I_{CQ} 稳定，这个作用称为负反馈。由于该负反馈是在直流通路中起作用，故称为直流负反馈。

（2）静态工作点的估算

根据图 3.2.24(b)所示的直流通路，可以列出电压电流方程组：

$$\begin{cases} V_{CC}=I_1 R_{b1}+I_2 R_{b2} \\ I_2 R_{b2}=V_{BEQ}+I_{EQ}R_e \\ I_1=I_2+I_{BQ} \\ I_{EQ}=(1+\beta)I_{BQ} \end{cases}$$

联立求解可得

$$I_{BQ}=\frac{\frac{R_{b2}}{R_{b1}+R_{b2}}V_{CC}-V_{BEQ}}{\frac{R_{b1}R_{b2}}{R_{b1}+R_{b2}}+(1+\beta)R_e}=\frac{\frac{R_{b2}}{R_{b1}+R_{b2}}V_{CC}-V_{BEQ}}{R_b+(1+\beta)R_e} \tag{3.2.25}$$

$$I_{EQ}=\dfrac{\dfrac{R_{b2}}{R_{b1}+R_{b2}}V_{CC}-V_{BEQ}}{\dfrac{R_b}{1+\beta}+R_e} \tag{3.2.26}$$

式中 $R_b=\dfrac{R_{b1}R_{b2}}{R_{b1}+R_{b2}}$ 为从基极看供电电源的等效内阻,根据戴维宁定理,等效电源的电压就应当是

$$V_B=\dfrac{R_{b2}}{R_{b1}+R_{b2}}V_{CC} \tag{3.2.27}$$

这和例 3.2.4 中利用图 3.2.27(b)的等效电路法求解是一致的。不过这样求解有点烦琐,往往不及估算简便。在 $(1+\beta)R_e\geqslant10(R_{b1}//R_{b2})$、$I_1\gg I_{BQ}$ 的条件下,忽略式(3.2.25)和式(3.2.26)中的 R_b,则有

$$V_{BQ}\approx V_B=\dfrac{R_{b2}}{R_{b1}+R_{b2}}V_{CC} \tag{3.2.28}$$

$$I_{CQ}\approx I_{EQ}=\dfrac{V_{BQ}-V_{BEQ}}{R_e} \tag{3.2.29}$$

$$V_{CEQ}=V_{CC}-I_{CQ}(R_e+R_c) \tag{3.2.30}$$

$$I_{BQ}=\dfrac{I_{CQ}}{\beta} \tag{3.2.31}$$

很显然,这样简化所带来的误差是不大的,用于估算确实要方便多了。

通常,为使图 3.2.30 所示电路的 Q 点具有良好的稳定性,I_1 愈大于(硅管)I_{BQ}、V_{BQ} 愈大于 V_{BEQ},稳定效果愈好,R_e 也是阻值愈大稳定效果愈好(R_e 过大会使 Q 点接近饱和区或需要提高电源电压),为此需要多方面兼顾综合考虑,常取

$$I_1=(5\sim10)I_{BQ}(\text{硅管})$$
$$I_1=(10\sim20)I_{BQ}(\text{锗管})$$
$$V_{BQ}=(3\sim5)V_{BEQ}(\text{硅管})$$
$$V_{BQ}=(1\sim3)V_{BEQ}(\text{锗管})$$

(3) 动态性能的分析

画出图 3.2.30 电路的小信号等效电路如图 3.2.31 所示。由此图可求得电压增益 A_v、输入电阻 R_i 和输出电阻 R_o。

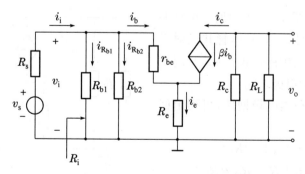

图 3.2.31　图 3.2.30(a)的小信号等效电路

① 求 A_v

因为

$$v_o = -\beta i_b R'_L \text{（式中 } R'_L = R_c /\!/ R_L\text{）}$$

$$v_i = i_b r_{be} + i_e R_e = i_b r_{be} + (1+\beta) i_b R_e$$

所以

$$A_v = \frac{v_o}{v_i} = \frac{-\beta R'_L}{r_{be} + (1+\beta) R_e} \tag{3.2.32}$$

式中负号表示该电路中输出电压与输入电压相位相反。从上式可知，接入电阻 R_e 后，提高了静态工作点的稳定性，但电压增益也下降了，R_e 越大，A_v 下降越多。如果 R_e 与 r_{be} 接近使得 $(1+\beta) R_e \gg r_{be}$，则

$$A_v = \frac{v_o}{v_i} \approx -\frac{R'_L}{R_e} \tag{3.2.33}$$

这样，电压增益就基本上只由 R'_L 和 R_e 的比值决定，十分稳定，但是电压增益下降太多。为了稳定静态工作点同时又不降低电压增益，通常在 R_e 两端并联一只大容量的旁路电容 C，它对一定频率范围内的交流信号可视为短路，因而对交流信号而言，发射极和"地"直接相连，则此时图 3.2.31 的小信号等效电路就应去掉 R_e，改为发射极 e 直接接地（见例 3.2.4 中的图 3.2.28），电压增益也就不会下降。从而有

$$A_{vo} = \frac{-\beta R_c}{r_{be}} \tag{3.2.34}$$

$$A_v = \frac{-\beta R'_L}{r_{be}} \tag{3.2.35}$$

② 求 R_i

因为

$$v_i = i_b [r_{be} + (1+\beta) R_e]$$

$$i_i = i_b + i_{Rb} = \frac{v_i}{r_{be} + (1+\beta) R_e} + \frac{v_i}{R_{b1}} + \frac{v_i}{R_{b2}}$$

所以

$$R_i = \frac{v_i}{i_i} = \frac{1}{\dfrac{1}{r_{be} + (1+\beta) R_e} + \dfrac{1}{R_{b1}} + \dfrac{1}{R_{b2}}}$$

$$= R_{b1} /\!/ R_{b2} /\!/ [r_{be} + (1+\beta) R_e] \tag{3.2.36}$$

③ 求 R_o

图 3.2.32 是求图 3.2.30(a)所示电路的等效电路。为了说明 R_e 对晶体管共发射极输出电阻 r_{ce} 的影响，图中画出了 r_{ce}，并用虚线跨接在集电极和发射极之间。

按照基极回路和集电极回路，可列出回路电压方程

$$i_b (r_{be} + R'_s) + (i_b + i_c) R_e = 0$$

$$(R'_s = R_s /\!/ R_b = R_s /\!/ R_{b1} /\!/ R_{b2})$$

$$v_t - (i_c - \beta i_b) r_{ce} - (i_b + i_c) R_e = 0$$

由前式得

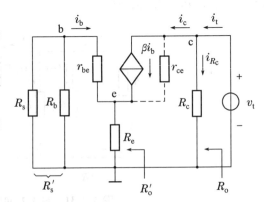

图 3.2.32　计算图 3.2.30(a)电路输出电阻 R_o 的等效电路

$$i_{\mathrm{b}}=-\frac{R_{\mathrm{e}}}{r_{\mathrm{be}}+R_{\mathrm{s}}'+R_{\mathrm{e}}}i_{\mathrm{c}}$$

把 i_{b} 代入后式得

$$v_{\mathrm{t}}=i_{\mathrm{c}}\Big[r_{\mathrm{ce}}+R_{\mathrm{e}}+\frac{R_{\mathrm{e}}}{r_{\mathrm{be}}+R_{\mathrm{s}}'+R_{\mathrm{e}}}(\beta r_{\mathrm{ce}}-R_{\mathrm{e}})\Big]$$

实际上，$r_{\mathrm{ce}}\gg R_{\mathrm{e}}$，所以有

$$R_{\mathrm{o}}'=\frac{v_{\mathrm{t}}}{i_{\mathrm{c}}}=r_{\mathrm{ce}}\Big(1+\frac{\beta R_{\mathrm{e}}}{r_{\mathrm{be}}+R_{\mathrm{s}}'+R_{\mathrm{e}}}\Big)\tag{3.2.37}$$

设晶体管的 $\beta=100$，$r_{\mathrm{ce}}=100\ \mathrm{k\Omega}$，$r_{\mathrm{be}}=1\ \mathrm{k\Omega}$，$R_{\mathrm{e}}=2\ \mathrm{k\Omega}$，$R_{\mathrm{s}}=0.5\ \mathrm{k\Omega}$，$R_{\mathrm{b1}}=40\ \mathrm{k\Omega}$，$R_{\mathrm{b2}}=20\ \mathrm{k\Omega}$，$R_{\mathrm{s}}'=R_{\mathrm{s}}/\!/R_{\mathrm{b1}}/\!/R_{\mathrm{b2}}=0.48\ \mathrm{k\Omega}$，按式(3.2.37)计算出 $R_{\mathrm{o}}'=100[1+100\times2/(1+0.48+2)]\mathrm{k\Omega}=8.16\ \mathrm{M\Omega}$，可见 R_{o}' 是 r_{ce} 好多倍。这表明，分压式射极偏置电路中的电阻 R_{e}，大大提高了晶体管的共发射极电路的输出电阻 r_{ce}，提高了晶体管的恒流特性，这个特性被集成电路设计用来构成微电流源(参见本书 4.2.2 小节)。

于是

$$R_{\mathrm{o}}=\frac{v_{\mathrm{t}}}{i_{\mathrm{t}}}=\frac{v_{\mathrm{t}}}{i_{\mathrm{c}}+i_{R\mathrm{c}}}=R_{\mathrm{o}}'/\!/R_{\mathrm{c}}\tag{3.2.38}$$

因为大多数情况下 $R_{\mathrm{o}}'\gg R_{\mathrm{c}}$，所以 $R_{\mathrm{o}}\approx R_{\mathrm{c}}$。虽然 R_{e} 使晶体管的 R_{o}' 提高了不少倍，实际上由于 R_{c} 的限制，R_{e} 对共发射极电压放大器的输出电阻的影响非常有限，输出电阻 R_{o} 的大小依然是略小于 R_{c}。

【例 3.2.6】 共发射极放大电路如图 3.2.33 所示，其中 $R_{\mathrm{s}}=1\ \mathrm{k\Omega}$，$R_{\mathrm{b1}}=61.5\ \mathrm{k\Omega}$，$R_{\mathrm{b2}}=13.5\ \mathrm{k\Omega}$，$R_{\mathrm{e1}}=100\ \Omega$，$R_{\mathrm{e2}}=1.9\ \mathrm{k\Omega}$，$R_{\mathrm{c}}=R_{\mathrm{L}}=6.5\ \mathrm{k\Omega}$，$r_{\mathrm{bb}}'=200\ \Omega$，$V_{\mathrm{CC}}=15\ \mathrm{V}$，$\beta=100$，$V_{\mathrm{BEQ}}=0.7\ \mathrm{V}$，$C_{\mathrm{b1}}$、$C_{\mathrm{b2}}$、$C_{\mathrm{e}}$ 对交流可视为短路。试完成下列工作：

(1) 计算静态电流 I_{CQ}、I_{BQ} 和电压 V_{CEQ} 的值；

(2) 计算 A_v、$A_{vs}=\dfrac{v_{\mathrm{o}}}{v_{\mathrm{s}}}$、$R_{\mathrm{i}}$ 及 R_{o}；

(3) 分别说明 R_{e1}、R_{e2} 和 C_{e} 的作用。

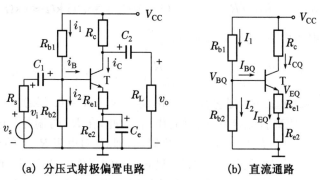

(a) 分压式射极偏置电路　　(b) 直流通路

图 3.2.33　例 3.2.6 电路

解　(1) 计算静态工作点

本电路的直流通路如图 3.2.33(b)所示，发射极电阻为 $R_{\mathrm{e}}=R_{\mathrm{e1}}+R_{\mathrm{e2}}=2\ \mathrm{k\Omega}$，$(1+\beta)R_{\mathrm{e}}=202\ \mathrm{k\Omega}$，本题能够满足估算条件 $(1+\beta)R_{\mathrm{e}}\geqslant10(R_{\mathrm{b1}}/\!/R_{\mathrm{b2}})$ 和 $I_1\gg I_{\mathrm{BQ}}$，可依据式(3.2.28)(3.2.29)(3.2.30)和(3.2.31)得到

$$V_{\mathrm{BQ}}\approx V_{\mathrm{B}}=\frac{R_{\mathrm{b2}}}{R_{\mathrm{b1}}+R_{\mathrm{b2}}}V_{\mathrm{CC}}=\frac{13.5\times15}{13.5+61.5}=2.7\ \mathrm{V}$$

$$I_{CQ} \approx I_{EQ} = \frac{V_{BQ} - V_{BEQ}}{R_e} = \frac{2.7 - 0.7}{R_{e1} + R_{e2}} = 1 \text{ mA}$$

$$V_{CEQ} = V_{CC} - I_{CQ}(R_e + R_c) = V_{CC} - I_{CQ}(R_{e1} + R_{e2} + R_c)$$
$$= 15 - 1 \times (1.9 + 0.1 + 6.5) = 6.5 \text{ V}$$

$$I_{BQ} = \frac{I_{CQ}}{\beta} = 1 \text{ mA}/100 = 0.01 \text{ mA} = 10 \text{ } \mu A$$

（2）计算 A_v、R_i、A_{vs} 及 R_o

画出小信号模型等效电路如图 3.2.34 所示，由于 C_{b1}、C_{b2}、C_e 对交流可视为短路，则 R_{e2} 被 C_e 短路，故 R_{e2} 在小信号交流等效电路中不再出现。

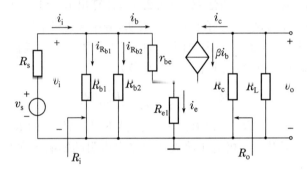

图 3.2.34　例 3.2.6 的小信号模型等效电路

按式(3.2.19)先求 r_{be}

$$r_{be} \approx 200 \text{ } \Omega + (1+\beta)\frac{26(\text{mV})}{I_{EQ}(\text{mA})} = 2\,826 \text{ } \Omega \approx 2.8 \text{ k}\Omega$$

① 根据图 3.2.34 及式(3.2.32)

$$A_v = \frac{v_o}{v_i} = \frac{-\beta R_L'}{r_{be} + (1+\beta)R_{e1}} = 25.2$$

② 由式(3.2.36) $R_i = R_{b1} /\!/ R_{b2} /\!/ [r_{be} + (1+\beta)R_{e1}] = 5.95 \text{ k}\Omega \approx 6 \text{ k}\Omega$

③ A_{vs} 称为源电压增益，其定义式为 $A_{vs} = \dfrac{v_o}{v_s}$

$$A_{vs} = \frac{v_o}{v_s} = \frac{v_o}{v_i} \cdot \frac{v_i}{v_s} = A_v \frac{R_i}{R_s + R_i} = 25.2 \cdot \frac{6}{1+6} = 21.6$$

④ 因 $r_{ce} = 100 \text{ k}\Omega$，$r_{ce} \gg R_c$，把它看作开路，得到 $R_o \approx R_c = 6.5 \text{ k}\Omega$

（3）电容 C_e 具有隔离直流、传送交流的作用，因此，在 R_{e2} 两端并联电容 C_e 后，对静态工作点的值没有影响，对动态工作情况会产生影响，即 C_e 对电阻 R_{e2} 上的交流信号电压有旁路作用，使 R_{e2} 对交流电压增益没有影响；R_{e2} 只起到稳定工作点的作用。而 R_{e1} 阻值较 R_{e2} 小得多，故 R_{e1} 的直流电流负反馈、稳定工作点的作用小到可忽略，不过 R_{e1} 上还有交流电压，其交流电流负反馈作用依然存在，显著地提高了放大器的输入电阻，从而提高了放大电路对 v_s 的利用率。输入电阻提高又使电压增益有所下降，这是不利的一面。但是会给放大电路的性能带来另外一些益处，这些我们将在负反馈放大电路这一章再做详细讨论。

2. 双电源供电的射极偏置电路

采用双电源供电的射极偏置电路图 3.2.35 所示。它们同样是利用电阻 R_e 对 I_{CQ} 的自动调节作用来稳定静态工作点 Q 的。图 3.2.35(a)电路中采用了直接耦合方式，估算静态工作点时,必须考虑信号源内阻 R_s 及负载电阻 R_L 的影响。图 3.2.35(b)采用了阻容耦合方式,由于 C_{b1} 、C_{b2} 和 C_e 的隔直通交作用,所以信号源内阻 R_s 及负载电阻 R_L 对静态工作点 Q 不产生影响,电阻 R_{e2} 上的交流电压被 C_e 旁路,使电压增益不至于下降很多。仿照前面的例子,不难分析出图示两电路的静态和动态工作情况。

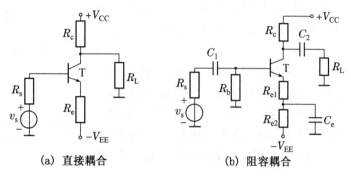

(a) 直接耦合　　　　　(b) 阻容耦合

图 3.2.35　双电源射极偏置电路

三、稳定静态工作点的措施

静态工作点稳定电路的措施归纳起来有三种:一是利用直流负反馈来稳定 Q 点,即利用 I_{CQ} 的变化来设法使基极电流 I_{BQ} 向相反方向变化,控制 I_{CQ} 跟着向反方向变化,以此实现 I_{CQ} 稳定的目的;二是利用温度补偿的方法,即依靠温度敏感器件直接对基极电流产生影响,使之产生与变化相反的变化;三是采用恒流源偏置技术,即利用电流源(参阅本书:5.2 集成运放中的电流源电路)为放大电路提供稳定的偏置电流,已广泛用于模拟集成电路中。

1. 直流负反馈稳定 Q 点

利用直流负反馈稳定 Q 点的电路有二:直流电流负反馈和直流电压负反馈。上面讨论的分压式射极偏置电路就是典型的直流电流负反馈电路,在分立元件电路中应用较多。但是它要兼顾的因素不少,比如偏置电路静态功耗、偏置电阻对输入电阻的有影响等。实用中还有带电流负反馈的偏置电路如图 3.2.36 所示,该电路省掉了下偏置电阻 R_{b2},使偏置电阻 R_b 的阻值比分压式偏置电阻大了好多。其稳定原理是:

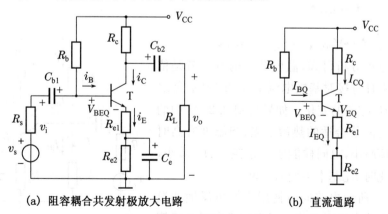

(a) 阻容耦合共发射极放大电路　　　　(b) 直流通路

图 3.2.36　带电流负反馈的 Q 点稳定电路

$$T(℃) \uparrow \rightarrow I_{CQ} \uparrow \rightarrow I_{EQ} \uparrow \rightarrow V_{EQ} \uparrow \rightarrow (V_{CC} - I_b R_b - V_{EQ}) \downarrow = V_{BEQ} \downarrow \rightarrow I_{BQ} \downarrow$$
$$I_{CQ} \downarrow \longleftarrow$$

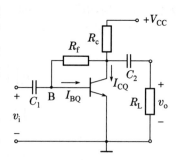

根据需要,图 3.2.36 电路还可以有两种变形:一是将发射极两个电阻合为一个电阻 R_e,去掉 C_e,不仅稳定 Q 点,而且增益也很稳定,但是电压增益下降很多;二是将发射极两个电阻合为一个电阻 R_e 后,C_e 与 R_e 并联,这样电压增益不下降,输入电阻在千欧左右。

图 3.2.37 电路是采用直流电压负反馈稳定 Q 点的电路。该电路的反馈元件 R_f 跨接在集电极和基极之间,基极电位受集电极电位的影响,当集电极电流上升时,集电极电位降低,通过 R_f 使基极电位降低,发射结电压 V_{BEQ} 减小,致使基极电流 I_{BQ} 减小,迫使集电极电流 I_{CQ} 减小,实现了 I_{CQ} 能够维持稳定的目的。

图 3.2.37　直流电压负反馈 Q 点稳定电路

2. 温度补偿法稳定 Q 点

使用温度补偿方法稳定静态工作点时,必须在电路中采用对温度敏感的器件,如二极管、热敏电阻等。在图 3.2.38 所示电路中,电源电压 V_{CC} 远大于晶体管 b‑e 间的导通电压 V_{BEQ},因此 R_b 中的静态电流

$$I_1 = \frac{V_{CC} - V_{BEQ}}{R_b} \approx \frac{V_{CC}}{R_b}$$

节点 B 的电流方程为

$$I_1 = I_{BQ} + I_{RD}$$

I_{RD} 为二极管的反向电流,I_{BQ} 为晶体管的基极静态电流。当温度升高时,一方面 I_C 增大,另一方面 I_{RD} 增大导致 I_B 减小,从而 I_C 随之减小。当参数合适时,I_C 可以基本不变。其过程可简述如下:

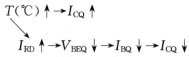

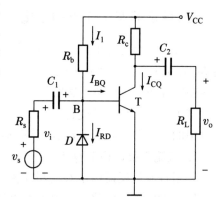

图 3.2.38　用二极管的反向特性进行温度补偿

从控制过程分析可知,温度补偿的方法就是依靠温度敏感器件直接对基极电流 I_B 产生影响,使之产生与 I_C 相反方向的变化。如果将图 3.2.38 中的二极管替换为阻值合适的热敏电阻,当温度升高时热敏电阻阻值减小,也同样能使 V_{BEQ} 减小、I_{BQ} 减小,达到温度变化时 I_{CQ} 基本不变的效果。

图 3.2.39 所示电路同时使用直流负反馈和温度补偿两种方法来稳定 Q 点。设温度升高时二极管内电流基本不变,因此管压降 V_D 必定减小,可知其

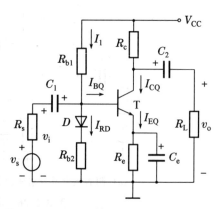

图 3.2.39　用二极管正向特性进行温度补偿

产生如下稳定过程：

$$T(℃)\uparrow \rightarrow I_{CQ}\uparrow \rightarrow V_{EQ}\uparrow$$
$$V_D\downarrow \rightarrow V_B\downarrow \rightarrow V_{BEQ}\downarrow \rightarrow I_{BQ}\downarrow \rightarrow I_{CQ}\downarrow$$

当温度降低时，各个物理量向相反方向变化。

图 3.2.40(a)的电路与图 3.2.39 相比，基极电源为具有二极管正向温度补偿特性的 1.4 V 稳压电源，可以为多个放大器提供偏置，温度补偿性能良好。在能够稳定工作点的情况下，图 3.2.40(b)的电路比电路图 3.2.40(a)要简单些，尤其是几级共用 1.4 V 稳压源时，图(b)比图(a)更具低成本优势。

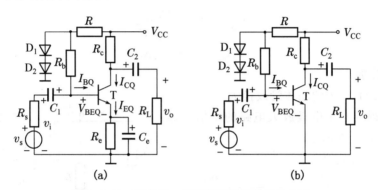

图 3.2.40 两种用二极管进行温度补偿的电路

3.2.4 共集电极放大电路和共基极放大电路

根据输入和输出回路公共端的不同，晶体管组成的基本放大电路有共发射极、共集电极、共基极三种基本接法，即除了前面讨论的共发射极放大电路外，还有以集电极为公共端的共集放大电路和以基极为公共端的共基放大电路。它们的组成原则和分析方法完全相同，但动态参数具有不同的特点，使用时要根据需求合理选用。

一、共集电极放大电路

共集电极放大电路如图 3.2.41(a)所示，图 3.2.41(b)(c)分别是它的直流通路和交流

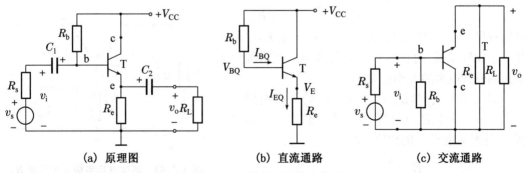

(a) 原理图   (b) 直流通路   (c) 交流通路

图 3.2.41 共集电极放大电路

通路。由交流通路可见,负载电阻 R_{L} 接在晶体管的发射极上,输入电压 v_{i} 加在基极和地即集电极之间,而输出电压 v_{o} 从发射极和集电极之间取出,所以集电极是输入、输出回路的公共端。因为 v_{o} 从发射极输出,所以共集电极电路又称为射极输出器。

1. 静态分析

根据图 3.2.41(b)可知,因为电阻 R_{e} 对静态工作点的自动调节(负反馈)作用,该电路的 Q 点是基本稳定的。由直流通路列出基极回路电压方程:

$$V_{\mathrm{CC}}=I_{\mathrm{BQ}}R_{\mathrm{b}}+V_{\mathrm{BEQ}}+I_{\mathrm{EQ}}R_{\mathrm{e}} \text{ 可得}$$

$$I_{\mathrm{EQ}}=\frac{V_{\mathrm{CC}}-V_{\mathrm{BEQ}}}{\dfrac{R_{\mathrm{b}}}{1+\beta}+R_{\mathrm{e}}}\approx I_{\mathrm{CQ}} \tag{3.2.39}$$

$$I_{\mathrm{BQ}}=\frac{V_{\mathrm{CC}}-V_{\mathrm{BEQ}}}{R_{\mathrm{b}}+(1+\beta)R_{\mathrm{e}}} \tag{3.2.40}$$

$$V_{\mathrm{CEQ}}=V_{\mathrm{CC}}-I_{\mathrm{EQ}}R_{\mathrm{e}} \tag{3.2.41}$$

2. 动态分析

把图 3.2.41(c)中的晶体管改换为 H 参数小信号模型,可得到共集电极放大电路的小信号等效电路,如图 3.2.42 所示。

根据电压增益定义:

$$A_{v}=\frac{v_{\mathrm{o}}}{v_{\mathrm{i}}}=\frac{i_{\mathrm{b}}(1+\beta)R_{\mathrm{L}}'}{i_{\mathrm{b}}[r_{\mathrm{be}}+(1+\beta)R_{\mathrm{L}}']}=\frac{(1+\beta)R_{\mathrm{L}}'}{r_{\mathrm{be}}+(1+\beta)R_{\mathrm{L}}'} \tag{3.2.42}$$

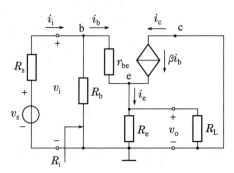

图 3.2.42　共集电极放大电路的小信号等效电路

式中 $R_{\mathrm{L}}'=R_{\mathrm{e}}/\!/R_{\mathrm{L}}=\dfrac{R_{\mathrm{e}}R_{\mathrm{L}}}{R_{\mathrm{e}}+R_{\mathrm{L}}}$。式(3.2.42)表明,共集电极放大电路的电压增益 $A_{v}<1$,没有电压放大作用;输入电压 v_{i} 与输出电压 v_{o} 同相位;大多数情况下,$(1+\beta)R_{\mathrm{L}}'\gg r_{\mathrm{be}}$,故 A_{v} 略小于 1 而很接近 1,常取 $A_{v}\approx1$,即输出电压 v_{i} 约等于输出电压 v_{o},所以共集电极放大电路又称为射极电压跟随器或电压跟随器。

按图 3.2.42 和输入电阻的定义,可得到:

$$R_{\mathrm{i}}=\frac{v_{\mathrm{i}}}{i_{\mathrm{i}}}=\frac{v_{\mathrm{i}}}{\dfrac{v_{\mathrm{i}}}{R_{\mathrm{b}}}+\dfrac{v_{\mathrm{i}}}{r_{\mathrm{be}}+(1+\beta)R_{\mathrm{L}}'}}=R_{\mathrm{b}}/\!/[r_{\mathrm{be}}+(1+\beta)R_{\mathrm{L}}'] \tag{3.2.43}$$

可以看出,共集电极放大电路的输入电阻很大,一般在几十千欧数量级,而且与后面的负载电阻或后级放大电路的输入电阻的大小有关。

图 3.2.43 为测试输出电阻 R_{o} 的等效电路。R_{o} 应为在 $v_{\mathrm{s}}=0$,以测试电源 v_{t} 取代负载 R_{L} 时,测试电压 v_{t} 与测试电流 i_{t} 的比值,即

$$R_{\mathrm{o}}=\frac{v_{\mathrm{t}}}{i_{\mathrm{t}}}\Big|_{v_{\mathrm{s}}=0,R_{\mathrm{L}}=\infty}$$

由于此时相应的测试电流为

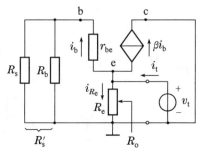

图 3.2.43　测试共集电极放大电路 R_{o} 的等效电路

$$i_t = i_b + \beta i_b + i_{Re} = v_t\left(\frac{1}{R'_s + r_{be}} + \frac{\beta}{R'_s + r_{be}} + \frac{1}{R_e}\right)$$

式中 $R'_s = R_b /\!/ R_s$，所以可以推得

$$R_o = R_e /\!/ \frac{R'_s + r_{be}}{1 + \beta} \tag{3.2.44}$$

式中 $(R'_s + r_{be})/(1+\beta)$ 是基极回路的电阻折合到射极回路时的等效电阻。这就是说，射极电压跟随器的输出电阻为射极电阻 R_e 与基极回路的电阻折合到射极回路时的等效电阻 $(R'_s + r_{be})/(1+\beta)$ 两部分并联组成。一般有

$$R_e \gg \frac{R'_s + r_{be}}{1 + \beta}$$

所以

$$R_o \approx \frac{R'_s + r_{be}}{1 + \beta}$$

由此可知，射极电压跟随器的输出电阻 R_o 与信号源内阻 R_s 或前一级放大电路的输出电阻有关。

信号源内阻 R_s 通常很小，且 $R'_s < R_s$，r_{be} 一般在几百欧至几千欧，而 β 值较大，所以共集电极放大电路的输出电阻很小，一般在几十欧至几百欧范围内。为降低输出电阻，适宜选用 β 值较大的晶体管。

综合以上分析，可以归纳出共集电极放大电路的特点是：

(1) 电压增益小于 1 而接近于 1，输出电压与输入电压同相，输出电压跟随输入电压变化。由于 $i_e = (1+\beta)i_b$，电路具有电流放大作用，仍然有功率增益；

(2) 输入电阻高，可达几十千欧甚至几百千欧，对电压信号源衰减小；

(3) 输出电阻低，在百欧到几十欧以下，带负载能力强。

上述这些特点，使共集电极电路在电子电路中得到了极为广泛的应用。例如，用它作为多级放大电路的输入级，是利用它输入电阻高，从信号源吸取电流小、对电压信号源衰减小的特点。因为它输出电阻小，带负载能力强，常用它作为多级放大电路的输出级。又因为它的输入电阻高、输出电阻低，还可以把它用作多级放大电路的中间级，以避免（也称为隔离）前后级之间的相互牵制相互影响，在电路中发挥阻抗变换的作用，这种情况下也常常称其为缓冲级。

【**例 3.2.7**】　电路如图 3.2.44 所示，已知 C_1、C_2 的容量足够大，晶体管的 $\beta = 100$，$V_{BEQ} = 0.7$ V，$R_s = 1$ kΩ，$R_b = 325$ kΩ，$R_e = R_L = 2.4$ kΩ，$R_c = 1$ kΩ，试求该电路的静态工作点 Q、A_v、R_i、R_o，并说明电路属于何种组态。

解　先画出图 3.2.44 电路的直流通路和小信号模型等效电路分别如图 3.2.45、图 3.2.46 所示。

根据直流通路可得

$$I_{BQ} = \frac{V_{CC} - V_{EBQ}}{R_b + (1+\beta)R_e} = \frac{12 - 0.7}{325 + 101 \times 2.4} = 0.02 \text{ mA}$$

$$I_{CQ} = \beta I_{BQ} = 100 \times 0.02 = 2 \text{ mA}$$

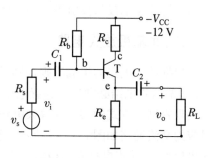

图 3.2.44　例 3.2.7 的电路

$$V_{ECQ} = -V_{CEQ} = V_{CC} - I_{CQ}(R_e + R_c) = 12 - 2 \times 3.4 = 5.2 \text{ V}$$

本题中采用的是 PNP 型晶体管,其直流电压和直流电流的极性都与 NPN 型管的方向相反。

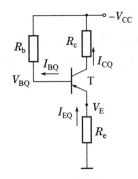

图 3.2.45　例 3.2.7 电路的直流通路

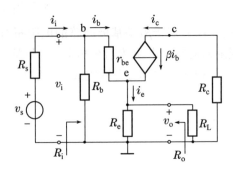

图 3.2.46　图 3.2.44 电路的小信号模型等效电路

晶体管的输入电阻

$$r_{be} \approx 200 \ \Omega + (1+\beta) \frac{26(\text{mV})}{I_{EQ}(\text{mA})} = \left(200 + 101 \times \frac{26}{2}\right) \Omega = 1.5 \text{ k}\Omega$$

由图 3.2.46 可知

$$v_o = i_e(R_e /\!/ R_L) = (1+\beta) i_b (R_e /\!/ R_L)$$
$$v_i = i_b r_{be} + (1+\beta) i_b (R_e /\!/ R_L)$$

所以,

$$A_v = \frac{v_o}{v_i} = \frac{(1+\beta) i_b (R_e /\!/ R_L)}{i_b r_{be} + (1+\beta) i_b (R_e /\!/ R_L)} \approx 0.988$$

$$R_i = R_b /\!/ [r_{be} + (1+\beta) R_L'] \approx 89 \text{ k}\Omega$$

$$R_o = R_e /\!/ \frac{R_s' + r_{be}}{1+\beta} = R_e /\!/ \frac{R_s /\!/ R_b + r_{be}}{1+\beta} \approx 0.025 \text{ k}\Omega = 25 \ \Omega$$

此电路的输入信号 v_i 从晶体管的基极输入,输出信号 v_o 从发射极取出,集电极经过电阻 R_c 接到电源 $-V_{CC}$,虽然没有直接与共同端连接,但集电极与 R_c 既在输入回路中,又在输出回路中,所以仍然是共集电极组态。

电阻 R_c(阻值较小)主要是为了防止调试时不慎将 R_e 短路,造成电源电压 $-V_{CC}$ 全部加到晶体管的集电极与发射极之间,使管子被烧坏而接入的,称为限流电阻或保护电阻。

二、共基极放大电路

根据放大电路的组成原则,晶体管必须工作在放大区,其发射结必须加正向偏置电压且 $V_{BEQ} > V_{th}$,集电结必须反向偏置电压,同时设置合适的静态工作点。图 3.2.47 所示电路是采用阻容耦合方式的共基极放大电路,图中 C_{b1}、C_{b2}、C_b 容量足够大,对交流可视为短路,其对应的交流通路如图 3.2.48 所示。从图中可以看出,输入信号 v_i 加在发射极和基极之间,输出信号 v_o 从集电极和基极之间取出,基极是输入、输出回路的共同端(接地端),所以称之为共基极放大电路。

1. 静态分析

图 3.2.49 是图 3.2.47 所示共基极放大电路的直流通路,它和前面讨论的分压式射极

偏置电路的直流通路是相同的,所以静态工作点的求解方法也是相同的,用式(3.2.28)～(3.2.31)即可求解。

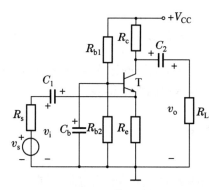

图 3.2.47　共基极放大电路

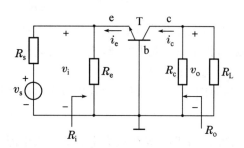

图 3.2.48　共基极放大电路的交流通路

2. 动态分析

用简化的晶体管 H 参数小信号模型替代图 3.2.48 中的晶体管 T,可得如图 3.2.50 所示的共基极小信号模型等效电路。

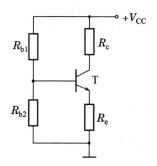

图 3.2.49　共基极放大电路的直流通路

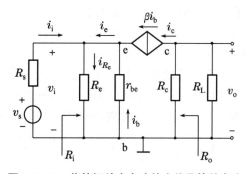

图 3.2.50　共基极放大电路的小信号等效电路

（1）电压增益

根据图 3.2.50 可知

$$v_o = -\beta i_b R'_L$$
$$v_i = -i_b r_{be}$$

于是

$$A_v = \frac{v_o}{v_i} = \frac{\beta R'_L}{r_{be}} \qquad (3.2.45)$$

式中 $R'_L = R_c /\!/ R_L$。

式(3.2.45)中没有负号,表明输入电压与输出电压同相位。如果电路参数选取恰当,共基极放大电路同样也具有电压放大作用。

（2）输入电阻 R_i

因为在图 3.2.50 中

$$i_i = i_{Re} - i_e = i_{Re} - (1+\beta)i_b$$

$$i_{Re} = v_i / R_e$$
$$i_b = -v_i / r_{be}$$

所以

$$R_i = v_i / i_i = v_i / \left[\frac{v_i}{R_e} - (1+\beta)\frac{-v_i}{r_{be}} \right] = R_e \mathbin{/\mkern-6mu/} \frac{r_{be}}{1+\beta} \tag{3.2.46}$$

式中 R_e 常在几百欧以上，r_{be} 在千欧数量级，所以共基极放大电路的输入电阻 R_i 很小，为百欧以下，常常只有几十欧姆，比起共发射极放大电路的输入电阻要小得多。

（3）输出电阻 R_o

按照图 3.2.50 可得，共基极放大电路的输出电阻为

$$R_o \approx R_c \tag{3.2.47}$$

式(3.2.47)表明共基极放大电路的输出电阻与共发射极放大电路的输出电阻相同。

从以上分析，可容易地归纳出共基极放大电路的三个特点：

（1）共基极放大电路的电压增益 $A_v > 1$，具有电压放大能力，且输入信号 v_i 和输出信号 v_o 相位相同。由于 $i_c < i_e$，所以共基极电路没有电流放大能力。

（2）输入电阻非常小，通常为几十欧。

（3）输出电阻较大，与共射基本放大电路的输出电阻相同，都近似等于集电极电阻 R_c。

【例 3.2.8】　共基极放大电路如图 3.2.47 所示，其中 $R_s = 1 \text{ k}\Omega$，$R_{b1} = 24.7 \text{ k}\Omega$，$R_{b2} = 8.1 \text{ k}\Omega$，$R_e = 2 \text{ k}\Omega$，$R_c = 3 \text{ k}\Omega$，$R_L = 3 \text{ k}\Omega$，$r'_{bb} = 200 \ \Omega$，$V_{CC} = 15 \text{ V}$，$\beta = 100$，$V_{BEQ} = 0.7 \text{ V}$，$C_1$、$C_2$、$C_e$ 对交流可视为短路。试求：

（1）该电路的静态工作点 Q 的参数。

（2）电压增益 A_v、输入电阻 R_i 和输出电阻 R_o。

解　（1）求 Q 点的参数：根据图 3.2.49 的直流通路可得

$$V_{BQ} = \frac{R_{b2}}{R_{b1} + R_{b2}} \cdot V_{CC} = \frac{8.1 \text{ k}\Omega}{(8.1 + 24.7)\text{k}\Omega} \times 15 \text{ V} = 3.7 \text{ V}$$

$$I_{CQ} \approx I_{EQ} = \frac{V_{BQ} - V_{BEQ}}{R_e} = \frac{(3.7 - 0.7)\text{V}}{2 \text{ k}\Omega} = 1.5 \text{ mA}$$

$$I_{BQ} = \frac{I_{CQ}}{\beta} = \frac{1.5 \text{ mA}}{100} = 0.015 \text{ mA} = 15 \ \mu\text{A}$$

$$V_{CEQ} = V_{CC} - I_{CQ}R_c - I_{EQ}R_e \approx V_{CC} - I_{CQ}(R_c + R_e) = [15 - 1.5 \times (2+3)]\text{V} = 7.5 \text{ V}$$

（2）求 A_v、R_i 和 R_o：先求出晶体管的输入电阻

$$r_{be} \approx 200 \ \Omega + (1+\beta)\frac{26(\text{mV})}{I_{EQ}(\text{mA})} = \left(200 + 101 \times \frac{26}{1.5} \right)\Omega = 1\,950 \ \Omega = 1.95 \text{ k}\Omega$$

由式(3.2.45)得

$$A_v = \frac{v_o}{v_i} = \frac{\beta R'_L}{r_{be}} = \frac{100 \times (3 \mathbin{/\mkern-6mu/} 3)\text{k}\Omega}{1.95 \text{ k}\Omega} = 76.9$$

由式(3.2.46)得

$$R_i = R_e \mathbin{/\mkern-6mu/} \frac{r_{be}}{1+\beta} \approx 19.1 \ \Omega$$

由式(3.2.47)得

$$R_o \approx R_c = 3\ \text{k}\Omega$$

二、晶体管放大电路三种组态的性能比较

晶体管单管组成放大电路总共有共发射极、共集电极和共基极三种基本连接方法即三种组态,它们是构成电子电路的基本单元电路。

从辨识电路、分析电路性能方面来看,三种放大电路组态的一般判别依据,是看输入信号加在晶体管的哪个电极,输出信号从哪个电极取出,哪个极处于公共回路的接地端。共射极放大电路中,信号由基极输入,从集电极输出,发射极处于公共接地端;共集电极放大电路中,信号由基极输入,从发射极输出,集电极处于公共接地端;共基极电路中,信号由发射极输入,从集电极输出,基极处在接地端。

三种电路组态的接法不同、特点不同,其用途和适用范围也有明显的区别。

共射极放大电路的电压和电流增益都大于1,输入电压与输出电压反相,输入电阻在三种组态中居中,输出电阻与集电极电阻有关。适用于低频情况下,作多级放大电路的中间级。

共集电极放大电路只有电流放大作用,没有电压放大,有电压跟随作用。在三种组态中,输入电阻最高,输出电阻最小,频率特性好。可用于输入级、输出级或缓冲级。

共基极放大电路只有电压放大作用,没有电流放大,有电流跟随作用,输入电阻小,输出电阻与集电极电阻有关。高频特性较好,常用于高频或宽频带低输入阻抗的场合,模拟集成电路中亦兼有电位移动的功能。放大电路三种组态的主要性能如表 3.2.1 所示。

从表中可知,基本放大电路各自的性能特点决定了它的不同的应用用途。在设计实际放大电路时,应当根据实际应用对放大电路性能的要求,合理选择电路并进行恰当组合,取长补短,以使放大电路达到最好的综合性能。

3.3 场效应管放大电路

对于信号非常微弱且内阻很大、只能提供微安级甚至更小的信号电流的信号源,需要输入电阻达到几兆欧、几十兆欧甚至更大的放大电路,才能有效地获取信号电压。这种情况下,晶体管放大电路因输入电阻不够大而显得力不从心,就连输入电阻最大达到几百千欧的共集基本放大电路,也不能很好地满足要求。场效应管的栅源间电阻非常大,可达 $10^7 \sim 10^{15}\ \Omega$,可以认为栅极电流基本为零,因此场效应管放大电路的高输入电阻可适应以上需求。

和晶体三极管的基极 b、发射极 e、集电极 c 相类似,场效应管的栅极 g、源极 s 和漏极 d 与之相对应。它们之间的主要区别在于:场效应管是电压控制型器件,靠栅源电压的变化控制漏极电流的变化,放大作用以跨导 g_m 来体现;晶体管是电流控制型器件,靠基极电流的变化来控制集电极电流的变化,放大作用由电流放大系数 β 来体现。场效应管基本放大电路也有三种组态,即共源组态放大电路、共漏组态放大电路和共栅组态基本放大电路,与双极型晶体管基本放大电路的共射组态放大电路、共集组态放大电路和共基组态基本放大电路相对应。

表 3.2.1　放大电路三种组态的主要性能

项目	共发射极放大电路	共集电极放大电路	共基极放大电路
电路图	（电路图）	（电路图）	（电路图）
静态工作点	$I_{BQ}=\left(\dfrac{R_{b2}}{R_{b1}+R_{b2}}V_{CC}-V_{BEQ}\right)/(1+\beta)R_e$ $I_{CQ}=\beta I_{BQ}$ $V_{CEQ}=V_{CC}-I_{CQ}(R_e+R_c)$	$I_{BQ}=\dfrac{V_{CC}-V_{EBQ}}{R_b+(1+\beta)R_e}$ $I_{CQ}=\beta I_{BQ}$ $V_{CEQ}=V_{CC}-I_{CQ}R_e$	$I_{BQ}=\left(\dfrac{R_{b2}}{R_{b1}+R_{b2}}V_{CC}-V_{BEQ}\right)/(1+\beta)R_e$ $I_{CQ}=\beta I_{BQ}\approx I_{EQ}$ $V_{CEQ}=V_{CC}-I_{CQ}(R_e+R_c)$
电压增益 A_v	$A_v=-\dfrac{\beta(R_c//R_L)}{r_{be}}$（大）	$A_v=\dfrac{(1+\beta)(R_e//R_L)}{r_{be}+(1+\beta)(R_e//R_L)}\approx 1$	$A_v=\dfrac{\beta(R_c//R_L)}{r_{be}}$（大）
v_i 与 v_o 的相位关系	反相	同相	同相
最大电流增益 A_i	$A_i\approx\beta$（大）	$A_i\approx 1+\beta$（大）	$A_i\approx\alpha$
输入电阻 R_i	$R_i=R_{b1}//R_{b2}//r_{be}$（中）	$R_i=R_b//[r_{be}+(1+\beta)(R_e//R_L)]$（大）	$R_i=R_e//\dfrac{r_{be}}{1+\beta}$（小）
输出电阻 R_o	$R_o\approx R_c$（中）	$R_o=R_e//\dfrac{R_b//R_s+r_{be}}{1+\beta}$（小）	$R_o\approx R_c$（中）
用途	多级放大电路的中间级	输入级、中间级、输出级或缓冲级	高频或宽频带电路

3.3.1　场效应管共源放大电路

1. 静态分析

与晶体管放大电路一样,按照放大电路的组成原则,场效应管放大电路也必须设置合适的静态工作点,使管子在信号作用时始终工作在恒流区,电路才能正常放大。场效应管基本放大电路的偏置形式有两种,自给偏压电路和分压偏置电路。

(1) 自给偏压电路

场效应管共源自给偏压基本放大电路如图 3.3.1 所示。自给偏压电路适用于结型场效应管基本放大电路和耗尽型绝缘栅型场效应管。在图 3.3.1 所示场效应管共源自给偏压基本放大电路中,由于静态时栅极电流为零,所以流过电阻 R_g 的电流为零,栅极电位 $V_G = 0\,V$,则栅源为负偏压,即

$$V_{GSQ} = V_G - V_S = -I_{DQ}R \tag{3.3.1}$$

$$I_{DQ} = I_{DSS}\left(1 - \frac{V_{GSQ}}{V_P}\right)^2 \tag{3.3.2}$$

$$V_{DSQ} = V_{DD} - I_{DQ}(R_d + R) \tag{3.3.3}$$

将式(3.3.1)～(3.3.3)联立方程组,可以解出电路的静态工作点 I_{DQ}、V_{DSQ} 和 V_{GSQ}。

N沟道增强型场效应管必须在栅源正偏压的条件下工作,所以这种管子无法采用自给偏压形式供电。

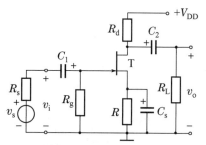 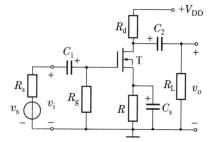

(a) N沟道结型场效应管自给偏压电路　　(b) N沟道耗尽型场效应管自给偏压电路

图 3.3.1　场效应管共源自给偏压电路

(2) 分压偏置电路

场效应管共源分压偏置基本放大电路如图 3.3.2 所示。这种偏置电路适合各种类型的场效应管放大电路。

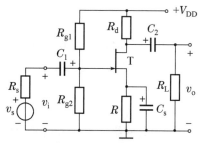 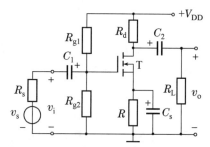

(a) 结型N沟道场效应管分压偏置电路　　(b) 增强型N沟道场效应管分压偏置电路

图 3.3.2　场效应管共源分压偏置电路

将图 3.3.2(a)电路的耦合电容 C_1、C_2 和旁路电容 C_s 断开,就得到其直流通路,如图 3.3.3 所示。图中 R_{g1}、R_{g2} 是栅极偏置电阻,R 是源极电阻,R_d 是漏极负载电阻。根据图 3.3.3 可写出下列方程:

$$V_G = \frac{R_{g2}V_{DD}}{R_{g1}+R_{g2}} \tag{3.3.4}$$

$$V_{GSQ} = V_G - V_S = V_G - I_{DQ}R \tag{3.3.5}$$

$$I_{DQ} = I_{DSS}\left(1 - \frac{V_{GSQ}}{V_P}\right)^2 \tag{3.3.6}$$

$$V_{DSQ} = V_{DD} - I_{DQ}(R_d + R) \tag{3.3.7}$$

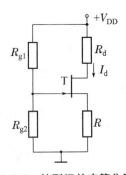

图 3.3.3　结型场效应管分压式
偏置电路的直流通路

将式(3.3.4)~(3.3.7)联立方程组,可以解出静态工作点 I_{DQ}、V_{DSQ} 和 V_{GSQ}。因为式(3.3.6)是二次方程,会有两个解,需要从中确定一个合理的解。一般可根据静态工作点是否合理、栅源电压是否超出了夹断电压、漏源电压是否进入饱和区等情况来确定。

注意式(3.3.6)表示的结型场效应管和耗尽型绝缘栅型场效应管的漏极电流方程,而对于增强型绝缘栅型场效应管,其漏极电流方程为

$$I_{DQ} = I_{DO}\left(\frac{V_{GSQ}}{V_T} - 1\right)^2$$

式中,I_{DO} 是 $v_{GS}=2V_T$ 时所对应的 i_D。

【例 3.3.1】　电路如图 3.3.4 所示,已知场效应管的 $V_P = -1\,\text{V}$,$I_{DSS} = 0.5\,\text{mA}$,其余电路参数如图中标注,试确定 Q 点。

解　将已知条件带入以下方程组

$$\begin{cases} I_{DQ} = I_{DSS}\left(1 - \dfrac{V_{GSQ}}{V_P}\right)^2 \\[2mm] V_{GSQ} = \dfrac{R_{g2}V_{DD}}{R_{g1}+R_{g2}} - I_{DQ}R_s \end{cases}$$

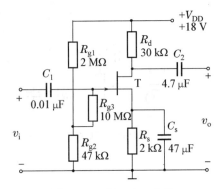

图 3.3.4　例 3.3.1 电路

可得

$$\begin{cases} I_{DQ} = 0.5(1+V_{GSQ})^2\,\text{mA} \\[2mm] V_{GSQ} = \left(\dfrac{47}{2\,000+47} \times 18 - 2I_{DQ}\right)\text{V} \end{cases}$$

将 V_{GSQ} 代入表达式,可解得

$$I_{DQ} \approx (0.95 \pm 0.64)\,\text{mA}$$

而 $I_{DSS} = 0.5\,\text{mA}$,I_{DQ} 不应大于 I_{DSS},所以 $I_{DQ} = (0.95 - 0.64)\,\text{mA} = 0.31\,\text{mA}$
将 I_{DQ} 分别代入 V_{GSQ} 和 V_{DSQ} 的表达式,可解得 $V_{GSQ} \approx 0.22\,\text{V}$,$V_{DSQ} \approx 8.1\,\text{V}$。

2. 动态分析

(1)场效应管的小信号模型

场效应管与晶体三极管一样,可以把它看成一个二端口网络。当输入信号幅值较小时,在静态工作点 Q 附近,可以将场效应管等效成线性模型,即场效应管的小信号模型,等效电路如图 3.3.5 所示。由于场效应管的栅源之间的输入电阻非常大,可以认为栅极电流为零,

输入回路只有栅源电压存在。输出回路是受控源并联输出电阻 r_{ds}，受控源为电压控制电流源，大小为 $g_m v_{GS}$，一般 r_{ds} 为几十千欧到几百千欧，通常可以忽略其影响。因为模型中没有考虑场效应管的极间电容参数，故图 3.3.5 所示模型仅适用于中低频段。

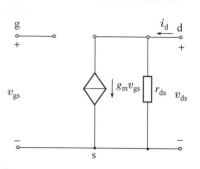

图 3.3.5　场效应管的低频小信号模型

（2）动态分析

图 3.3.2(a)所示 N 沟道结型场效应管共源基本放大电路的小信号等效电路如图 3.3.6 所示，图中忽略了 r_{ds} 的影响。

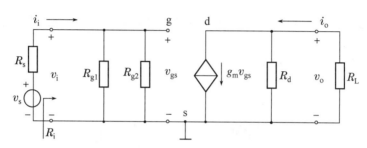

图 3.3.6　图 3.3.2(a)电路的小信号等效电路

① 电压增益

放大倍数放大电路的输出电压为

$$v_o = -g_m v_{gs}(R_d /\!/ R_L)$$

因为 $v_i = v_{gs}$，所以

$$A_v = \frac{v_o}{v_i} = -g_m(R_d /\!/ R_L) = -g_m R_L' \tag{3.3.8}$$

式中 $R_L' = R_d /\!/ R_L$。

若信号源有内阻 R_s，则源电压增益为

$$A_{vs} = \frac{v_o}{v_s} = \frac{v_i}{v_s} \cdot \frac{v_o}{v_i} = -\frac{g_m R_i R_L'}{R_i + R_s} \tag{3.3.9}$$

式中 R_i 是放大电路的输入电阻。

② 输入电阻

$$R_i = \frac{v_i}{i_i} = R_{g1} /\!/ R_{g2} \tag{3.3.10}$$

由式(3.3.10)可知，虽然场效应管具有输入电阻高的特点，但是场效应管放大电路的输入电阻并不一定高。

③ 输出电阻

为计算放大电路的输出电阻，可按 3.1 节输出电阻计算原则，将放大电路的小信号等效电路画成图 3.3.7 的形式。将负载电阻 R_L 开路，并想象在输出端加上一个正弦电压 v_t，将输入电压信号源 v_s 短路，此时受控源相当于开路，然后计算放大电路的输出电阻：

$$R_o = \frac{v_t}{i_t} = R_d \tag{3.3.11}$$

式(3.3.11)忽略了 r_{ds} 的影响,一般情况下不会引起显著的误差。

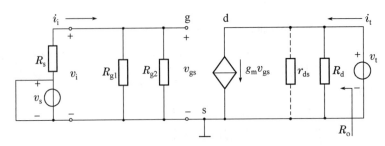

图 3.3.7　求解图 3.3.2(a)电路输出电阻的小信号等效电路

【**例 3.3.2**】　绘出例 3.3.1 电路的小信号等效电路,求出该电路的电压增益、输入电阻和输出电阻。

解　(1) 小信号等效电路(如图 3.3.8 所示)

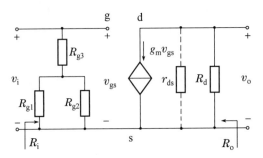

图 3.3.8　例 3.3.1 电路的小信号等效电路

(2) 电压增益

先求 g_m,由式(2.4.19)得

$$g_m=-\frac{2I_{DSS}}{V_P}\left(1-\frac{V_{GS}}{V_P}\right)=-\frac{2\times0.5}{-1}\cdot\left(1-\frac{-0.22}{-1}\right)=0.78\ \text{mS}$$

因而可得

$$A_v=-g_m(R_d/\!/r_{ds})\approx-g_mR_d=-0.78\times10^{-3}\times30\times10^3=-23.4$$

(3) 输入电阻和输出电阻

由图 3.3.8 可知

$$R_i=R_{g3}+R_{g1}/\!/R_{g2}=10.046\times10^6\ \Omega\approx10\ \text{M}\Omega$$
$$R_o=R_d/\!/r_{ds}\approx R_d=30\ \text{k}\Omega$$

3.3.2　场效应管共漏放大电路

场效应管共漏基本放大电路从源极输出,故又称为源极输出器,电路如图 3.3.9 所示。

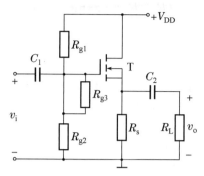

图 3.3.9　共漏极基本放大电路

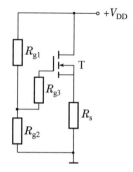

图 3.3.10　图 3.3.9 电路的直流通路

1. 静态分析

图 3.3.9 电路的直流通路如图 3.3.10 所示,由图可得

$$V_{GSQ}=V_G-V_S=\frac{R_{g2}V_{DD}}{R_{g1}+R_{g2}}-I_{DQ}R_s \tag{3.3.12a}$$

需要满足 $V_{GS}>V_T$,否则管子工作在截止区。假设工作在恒流区,即 $V_{DS}>(V_{GS}-V_T)$,有

$$I_{DQ}=K_n\,(V_{GSQ}-V_T)^2 \tag{3.3.12b}$$
$$V_{DS}=V_{DD}-I_D R_s \tag{3.3.12c}$$

式(3.3.12a)、(3.3.12b)、(3.3.12c)联立求解,求出静态工作点 Q,但是要验证是否满足 $V_{DS}>V_{GS}-V_T$,如果不满足,说明假设错误,应当再假设工作在可变电阻区,$V_{DS}<V_{GS}-V_T$,则有

$$I_{DQ}=2K_n(V_{GSQ}-V_T)\,V_{DSQ} \tag{3.3.12b'}$$

联立式(3.3.12a)、(3.3.12b′)和(3.3.12c)解出 I_{DQ}、V_{GSQ} 和 V_{DSQ},注意剔除一组不合理的解。

2. 动态分析

图 3.3.9 共漏放大电路的低频小信号等效电路如图 3.3.11 所示。

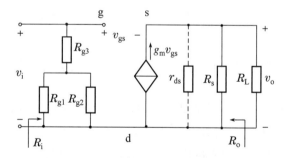

图 3.3.11　共漏极低频小信号等效电路

(1) 电压增益

根据图 3.3.11,输入电压为

$$v_i=v_{gs}+v_o$$

输出电压为

$$v_o = g_m v_{gs}(r_{ds} /\!/ R_s /\!/ R_L) \approx g_m v_{gs}(R_s /\!/ R_L) = g_m R_L'$$

式中 $R_L' = R_s /\!/ R_L$，因此可得电压增益为

$$A_v = \frac{g_m R_L'}{1 + g_m R_L'} \tag{3.3.13}$$

式(3.3.13)表明，当 $g_m R_L' \gg 1$ 时，$A_v \approx 1$，即略小于 1 且接近 1，输出电压与输入电压同相。所以，共漏极放大电路也称作电压跟随器或源极跟随器。

（2）输入电阻

依据图 3.3.11，不难看出，共漏放大电路的输入电阻为

$$R_i \approx R_{g3} + R_{g1} /\!/ R_{g2} \tag{3.3.14}$$

（3）输出电阻

根据输出电阻的定义，可得到求共漏极放大电路 R_o 的等效电路如图 3.3.12 所示。图中，r_s 为信号源的内阻。

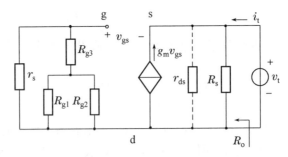

图 3.3.12　共漏极放大电路的输出电阻

因为场效应管栅极无电流，所以在图 3.3.12 中，有

$$v_t = v_{sd} = v_{sg} = -v_{gs}$$

$$i_t = \frac{v_t}{r_{ds}} + \frac{v_t}{R_s} - g_m v_{gs}$$

所以，共漏极放大电路的输出电阻为

$$R_o = \frac{v_t}{i_t} = \frac{1}{\dfrac{1}{r_{ds}} + \dfrac{1}{R_s} + g_m} = r_{ds} /\!/ R_s /\!/ \frac{1}{g_m} \approx R_s /\!/ \frac{1}{g_m} \tag{3.3.15}$$

从这里能够找出场效应管共漏极放大电路与晶体管共集电极放大电路的特点的相似点和区别，读者不妨自己作一比较试试。

【例 3.3.3】 在图 3.3.9 所示的共漏极基本放大电路中，设 $V_{DD} = 24\ \text{V}$，$R_s = 10\ \text{k}\Omega$，$R_{g1} = 3\ \text{M}\Omega$，$R_{g2} = 5\ \text{M}\Omega$，$R_{g3} = 100\ \text{M}\Omega$，负载电阻 $R_L = 10\ \text{k}\Omega$，并且已知场效应管在 Q 处的互导 $g_m = 1.8\ \text{mS}$，试估算放大电路的电压增益、输入电阻和输出电阻。

解　由式(3.3.13)得

$$A_v = \frac{g_m R_L'}{1 + g_m R_L'} = \frac{1.8 \times \dfrac{10 \times 10}{10 + 10}}{1 + 1.8 \times \dfrac{10 \times 10}{10 + 10}} = 0.9$$

按式(3.3.14)得

$$R_{i}\approx R_{g3}+R_{g1}//R_{g2}=\left(100+\frac{5\times3}{5+3}\right)\text{M}\Omega\approx102\text{ M}\Omega$$

再按式(3.3.15)得

$$R_{o}=R_{s}//\frac{1}{g_{m}}=\frac{10\times\frac{1}{1.8}}{10+\frac{1}{1.8}}\text{ k}\Omega\approx0.53\text{ k}\Omega$$

从本例的分析可以看出,场效应管共漏极基本放大电路的输入电阻远大于晶体管共集电极基本放大电路的输入电阻,但其输出电阻比晶体管共集电极电路的大,电压跟随作用比共集电极电路要差一些。

3.3.3　场效应管共栅放大电路

场效应管共栅放大电路如图 3.3.13 所示。

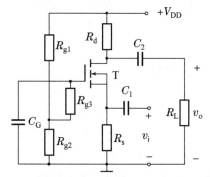

图 3.3.13　N 沟道增强型绝缘栅场效应管共栅极放大电路

1. 静态分析

共栅放大电路中的场效应管也必须工作在恒流区(即放大区),其直流通路与共源极放大电路一样,静态分析亦与之相同,这里不再重述。

2. 动态分析

图 3.3.13 所示的 N 沟道增强型绝缘栅场效应管组成的共栅极基本放大电路的小信号等效电路如图 3.3.14 所示,这里忽略 r_{ds} 的影响。

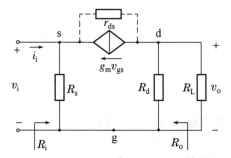

图 3.3.14　图 3.3.13 电路的小信号等效电路

(1)电压增益

$$A_{v}=\frac{v_{o}}{v_{i}}=\frac{-g_{m}v_{gs}(R_{d}//R_{L})}{-v_{gs}}=g_{m}(R_{d}//R_{L})=g_{m}R'_{L} \tag{3.3.16}$$

式中 $R_L' = R_d /\!/ R_L$。

（2）输入电阻

$$R_i = \frac{v_i}{i_i} = \frac{-v_{gs}}{-\frac{v_{gs}}{R_s} - g_m v_{gs}} = \frac{1}{\frac{1}{R_s} + g_m} = R_s /\!/ \frac{1}{g_m} \tag{3.3.17}$$

（3）输出电阻

$$R_o = R_d \tag{3.3.18}$$

场效应管共栅极放大电路的电压增益为正值，说明输入、输出电压同相；输入电阻小，输出电阻大。

3.3.4　场效应管与晶体管放大电路的比较

由于场效应管与晶体三极管在结构原理及生产制造工艺上的差异，它们在器件性能和电路性能两方面存在着诸多相似之处和各自的特点。把场效应管与晶体管器件及其放大电路的性能做比较，读者不难发现，它们各自的特点优势，肯定会给电子电路设计者增加一次更好的设计选择的机会。

1. 场效应管与晶体管的性能比较

（1）场效应管是电压控制器件，输入电阻为 $10^7\ \Omega \sim 10^{15}\ \Omega$，栅极基本不取电流。而晶体管是电流控制器件，输入电阻一般小于 $10^4\ \Omega$（比场效应管输入电阻小千倍以上），基极必须取一定的电流。因此，对于信号源额定电流极小的情况，应选用场效应管。

（2）场效应管具有较好的温度稳定性、抗辐射性和低噪声性。在晶体三极管中，参与导电的载流子既有多数载流子，也有少数载流子，而少数载流子数量受温度和辐射的影响较大，造成管子工作的不稳定。在结型场效应管中只是多数载流子导电，所以工作稳定性较高。MOS 管的导电沟道（反型层）虽然是由衬底的少数载流子构成的，但其数量受到较强的表面电场控制，外界环境温度和辐射的影响相对于表面电场来说较小。因此，对于环境条件变化较大的场合，采用场效应管比较合适。

（3）场效应管除了和晶体管一样可作为放大器件及可控开关外，还可作压控可变线性电阻使用。

（4）场效应管的源极和漏极在结构上是对称的，可以互换使用；耗尽型 MOS 管的栅源电压可正可负。因此，使用场效应管比晶体管（结构不对称）更为灵活。

（5）场效应管制造工艺简单，占用芯片面积比晶体三极管要小得多，故场效应管适合于大规模集成。

（6）场效应管的跨导较小，当组成放大电路时，在相同的负载电阻下，电压增益比晶体三极管低。

2. 场效应管与晶体管基本放大电路的性能比较

场效应管也有共源极、共漏极、共栅极三种基本放大电路，分别与晶体管的共发射极、共集电极、共基极放大电路相对应。场效应管最突出的优点是可以组成高输入电阻的放大电路，连同它的体积小、功耗低、易集成等优点，使之应用愈来愈广泛，特别是已经愈来愈多地占据大规模集成电路的市场份额。表 3.3.1 给出了场效应管与晶体管基本放大电路的性能比较。

表 3.3.1　场效应管与晶体管基本放大电路的性能比较基本放大电路

基本放大电路	电压增益	输入电阻	输出电阻	适用范围
共源极与共发射极放大电路（共源极电路，含 R_{g1}、R_{g2}、R_d、R、R_L、C_1、C_2、C_s、T、$+V_{DD}$）	$A_v=-g_m(R_d/\!/R_L)$	$R_i=R_{g1}/\!/R_{g2}$	$R_o=R_d$	电压增益大，适用于多级放大电路的中间级。
共发射极电路（含 R_{b1}、R_{b2}、R_c、R_e、R_L、C_1、C_2、C_e、T、$+V_{CC}$）	$A_v=\dfrac{-\beta(R_c/\!/R_L)}{r_{be}}$	$R_i=R_{b1}/\!/R_{b2}/\!/r_{be}$	$R_o=R_c$	
共漏极电路（含 R_{g1}、R_{g2}、R_{g3}、R_s、R_L、C_1、C_2、T、$+V_{DD}$）	$A_v=\dfrac{g_m(R_s/\!/R_L)}{1+g_m(R_s/\!/R_L)}$	$R_i=R_{g3}+R_{g1}/\!/R_{g2}$	$R_o=R_s/\!/\dfrac{1}{g_m}$	输入电阻大，输出电阻小，可作阻抗变换，适用于放大电路的输入级、输出级和缓冲电路。
共集电极电路（含 R_b、R_e、R_L、C_1、C_2、T、$+V_{CC}$）	$A_v=\dfrac{(1+\beta)(R_e/\!/R_L)}{r_{be}+(1+\beta)(R_e/\!/R_L)}$	$R_i=R_b/\![r_{be}+(1+\beta)(R_e/\!/R_L)]$	$R_o=R_e/\!/\dfrac{R_b/\!/R_s+r_{be}}{1+\beta}$	

（续表）

基本放大电路	电压增益	输入电阻	输出电阻	适用范围
共栅极与共基极放大电路	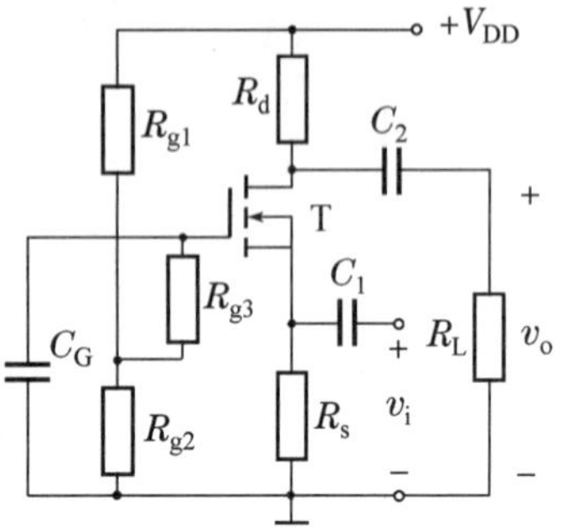 $A_v = g_m(R_d /\!/ R_L)$	$R_i = R_s /\!/ \dfrac{1}{g_m}$	$R_o = R_d$	输入电阻小，输入电容小，适用于高频、宽频带电路。
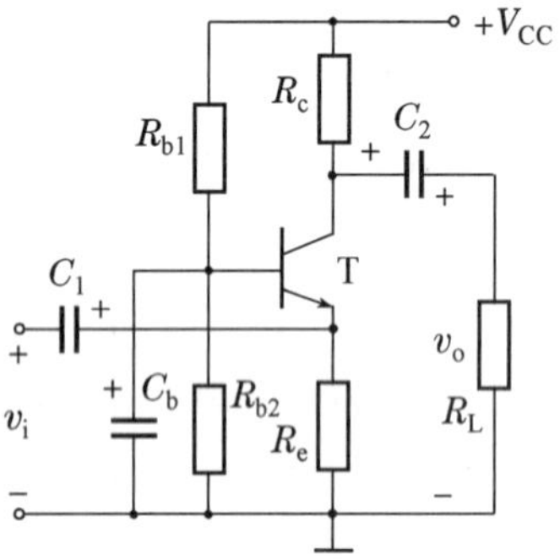	$A_v = \dfrac{\beta(R_c /\!/ R_L)}{r_{be}}$	$R_i = R_e /\!/ \dfrac{r_{be}}{1+\beta}$	$R_o = R_c$	

3.4　多级放大电路

前面所讨论的各种组态的基本放大电路虽然各有其特点，但是无论哪一种，它的性能指标总是有限的，往往不能满足实际应用对放大电路性能的多方面的要求，就是说常常有一项或者多项性能指标达不到要求。比如，要求某放大电路的输入电阻要大于 $100\ \text{k}\Omega$，电压增益大于 $2\,000$，输出电阻小于 $100\ \Omega$ 等等。为了适应实际应用的需求，基本放大电路不能解决的问题，我们可以恰当选择多个基本放大电路并将它们合理连接，构成多级放大电路来解决。

3.4.1　多级放大电路的级间耦合

组成多级放大电路的每一个基本放大电路称为一级，级与级之间的连接称为级间耦合。多级放大电路常见的耦合方式有阻容耦合、直接耦合、变压器耦合和光电耦合，不同的耦合方式各有不同的优缺点，分别适用于不同的应用场合。

1. 阻容耦合

将放大电路前级的输出端通过电容接到后级的输入端，称为阻容耦合方式。图 3.4.1 所示为两级阻容耦合放大电路，其中，第一级为共发射极放大电路，第二级为射极输出器。

两级之间通过电容 C_2 耦合。

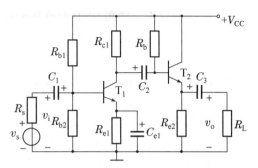

由于电容器对直流电的容抗为无穷大,因而阻容耦合放大电路各级之间的直流通路各不相连,各级的静态工作点相互独立,在求解或实际调试 Q 点时可以按单级处理,所以电路的分析、设计和调试简单易行。而且,只要输入信号频率较高或耦合电容容量足够大,前级的输出信号就可以几乎没有衰减地传送到后级的输入端,因此,在分立元件电路中阻容耦合方式得到了非常广泛的应用。

图 3.4.1　两级阻容耦合放大电路

阻容耦合放大电路的低频特性差,不能放大缓慢变化的信号。这是因为电容对这类信号呈现出很大的容抗,信号的一部分甚至全部都衰减在耦合电容上,而不能向后级传递,再者发射极旁路电容在低频时也因为容抗较大而使电压增益显著下降。另外,在集成电路中制造大容量的电容很困难,甚至不可能,所以阻容耦合方式使电路难于集成。在现代集成电路技术很成熟的条件下,分立元件电路的市场应用份额也已日趋减少。

2. 直接耦合

放大电路前级的输出端直接接到后级的输入端,称为直接耦合方式,如图 3.4.2 所示。由图可见,在这种耦合方式中,信号直接从前级传送到后级,它既可以放大交流信号,也可以放大直流信号和缓慢变化的信号,是集成电路中广泛采用的一种耦合方式。但这种耦合方式存在着需要解决的两个问题:一是级间电平的配置问题;二是零点漂移问题。

(1) 级间电平配置

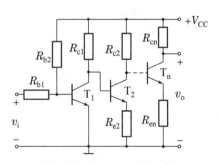

在图 3.4.2 中,前后级的静态工作点是互相牵制的。例如,第一级 T_1 管的集电极静态电位 V_{CEQ1} 就是第二级的静态基极电位 V_{BQ2}。如果把 R_{e2} 短路或者省去电阻 R_{e2},则 $V_{CEQ1}=V_{CQ1}=V_{BQ2}=V_{BE}=0.7\text{ V}$,$T_1$ 管的静态工作点就十分靠近饱和区,这肯定是不合适的。为了解决前、后级之间的电位的合理搭配(即电平配置),可以采取多种方法。图 3.4.2 中在 T_2 的发射极接入电阻 R_{e2},来抬高 T_2 的基极电位,以达到 T_1 管正常放大所需要的集电极静态电

图 3.4.2　直接耦合放大电路

位。而 R_{e2} 的接入又会使第二级的电压增益大大降低从而使整个电路的放大能力受到不利影响。为使增益不致下降,通常用稳压二极管(或正向导通的二极管)代替图 3.4.2 中的各个射极电阻。稳压管(或正向导通的二极管)对直流量和交流量呈现不同的特性,对直流量,它们相当于一个电压源;而对交流量,它们均可等效成一个小电阻。这样,既可以设置合适的静态工作点,又对放大电路的放大能力没有大的影响。

图 3.4.2 所示电路中,为保证各级晶体管都工作在放大区,必然要求各管的集电极静态电位高于其基极电位,而后级管的基极电位又是前级管的集电极电位,因此有:$V_{CQn}>\cdots>V_{CQ2}>V_{CQ1}$。如果都是 NPN 管构成的共发射极电路且级数增多,那么由于集电极电位逐级升高,以致接近电源电压,势必无法保证后级能有合适的静态工作点。所以,直接耦合多级

放大电路常采用 NPN 型和 PNP 型管搭配使用的方法解决上述问题,如图 3.4.3 所示。

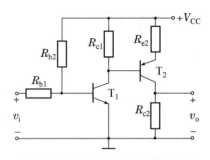

图 3.4.3　NPN 和 PNP 型管配合的两级放大电路

(2) 零点漂移

在放大电路中,任何参数的变化,如电源电压的波动、元件的老化、晶体管参数随温度变化而产生的变化,都将使其静态工作点产生波动,使得在输入信号电压为零时输出电压不为零,输出端仍然有变化的电压输出,这就是零点漂移。在阻容耦合放大电路中,这种缓慢变化的漂移电压都将降落在耦合电容之上,而不会传递到下一级电路进一步放大。但在直接耦合放大电路中,由于前后级直接相连,前一级的漂移电压会和有用信号一起被传送到下一级,而且被逐级放大,级数越多,电压增益越大,输出端的变化电压越大,零点漂移现象越严重。在有输入信号时,在输出端很难区分什么是有用信号、什么是漂移电压,即信号被“淹没”在“干扰”中。因此,如何稳定前级的静态工作点,克服其漂移电压,将成为直接耦合放大电路中至关重要的问题。采用高质量的稳压电源和使用经过老化处理的元件就可以大大减小由此而产生的漂移。由于温度变化所引起晶体管参数的变化是产生零点漂移的主要原因,因而零点漂移通常称为温度漂移,简称温漂。抑制温漂的常见措施如下:

① 在电路中引入直流负反馈,如图 3.4.2 中的发射极电阻所起的作用。

② 采用温度补偿的方法,利用热敏元件来抵消放大管的变化。

③ 利用电路结构对称、晶体管参数对称的特性来抵消温漂,如差分放大电路(本书在 4.3 节再作讨论)。

3. 变压器耦合

将放大电路前级的输出端通过变压器接到后级的输入端或负载电阻上,称为变压器耦合方式。图 3.4.4 所示为变压器耦合共发射极放大电路,其中,R_L 既可以是实际的负载电阻,也可以代表后级放大电路。

由于变压器耦合电路的前、后级靠磁路耦合,所以其各级放大电路的静态工作点相互独立,便于分析、设计和调试。除此之外,其最大的特点是可以实现阻抗变换,在集成功率放大电路产生之前,几乎所有的功率放大电路都采用变压器耦合的方式。在图 3.4.4 中,当认为变压器理想时,其二次侧所接的负载电阻 R_L 折合到一次侧的等效电阻 R_L' 为

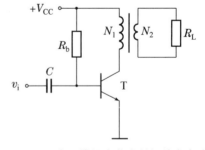

图 3.4.4　变压器耦合共发射极放大电路

$$R_L' = \left(\frac{N_1}{N_2}\right)^2 R_L \qquad (3.4.1)$$

可见,只要改变变压器的电压比 N_1/N_2,即可将负载电阻 R_L 变换成所需的数值,以达到阻抗匹配,从而实现最大功率传输。由于变压器耦合电路的低频特性差,且非常笨重,更难于集成化,所以,目前其应用日益减少。

4. 光电耦合

光电耦合是以光信号为媒介来实现电信号的耦合和传递的,因其抗干扰能力强而得到越来越广泛的应用。

光电耦合器是实现光电耦合的基本器件,它将发光元件(发光二极管 D)与光敏元件(光电三极管 T_1、T_2)相互绝缘地组合在一起,如图 3.4.5 所示。发光元件为输入回路,它将电能转换成光能;光敏元件为输出回路,它将光能再转换成电能,实现了两部分电路的电气隔离,从而可有效地抑制电干扰。在输出回路常采用复合管(也称达林顿结构)形式以提高增益。

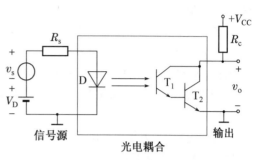

图 3.4.5　光电耦合放大电路

在图 3.4.5 所示的光电耦合放大电路中,信号源部分可以是真实的信号源,也可以是前级放大电路。当动态信号为 0 时,输入回路有静态电流 I_{DQ},输出回路有静态电流 I_{CQ},从而确定出静态管压降 V_{CEQ}。有动态信号时,随着 i_D 的变化,i_C 将产生线性变化,v_{CE} 也将产生相应的变化。由于传输比的数值较小,所以一般情况下,输出电压还需进一步放大。市场上目前已有集成光电耦合放大电路产品,具有较强的放大能力。

在图 3.4.5 所示电路中,如果信号源部分与输出回路部分采用独立电源且分别接不同的"地",则即使是远距离传输信号,也可以避免受到各种电干扰。

3.4.2　多级放大电路的动态分析

多级放大电路的性能指标一般可通过计算每一单级的指标来获得。一个 n 级放大电路的交流等效电路可用图 3.4.6 所示的方框图表示。

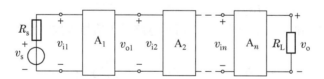

图 3.4.6　多级放大电路方框图

由图可知,多级放大电路中前级的输出电压就是后级的输入电压,即 $v_{o1} = v_{i2}$,$v_{o2} = v_{i3}$,$\cdots$,$v_{o(n-1)} = v_{in}$,所以,多级放大电路的电压增益为

$$A_v = \frac{v_{o1}}{v_{i1}} \cdot \frac{v_{o2}}{v_{i2}} \cdots \frac{v_o}{v_{in}} = A_{v1} A_{v2} \cdots A_{vn} \tag{3.4.2}$$

式(3.4.1)表明,总的电压增益为各级电压增益的乘积。需要强调的是,对于第 1 级到第 $n-1$ 级,每一级的电压增益都应该是后一级的输入电阻作为负载时的电压增益。

根据放大电路输入电阻的定义,多级放大电路的输入电阻就是第一级的输入电阻 R_{i1},即

$$R_i = R_{i1} \tag{3.4.3}$$

当第 1 级是共集电极电路时,计算 R_{i1} 应将第二级的输入电阻作为第一级的负载。

根据放大电路输出电阻的定义,多级放大电路的输出电阻就是最末级的输出电阻 R_{on}。

$$R_o = R_{on} \tag{3.4.4}$$

应当注意,如果输出级是共集电极电路时,其输出电阻与它的信号源内阻即与倒数第 2 级的输出电阻有关。

当多级放大电路的输出波形产生失真时,应首先确定是在哪一级先出现的失真,然后再判断产生了饱和失真,还是截止失真。

【例 3.4.1】 已知图 3.4.1 所示电路中,$R_{b1}=15\ \text{k}\Omega$,$R_{b2}=R_{c1}=5\ \text{k}\Omega$,$R_{e1}=2.3\ \text{k}\Omega$,$R_b=100\ \text{k}\Omega$,$R_{e2}=R_L=5\ \text{k}\Omega$;$V_{CC}=12\ \text{V}$;晶体管的 β 均为 150,$r_{be1}=4\ \text{k}\Omega$,$r_{be2}=2.2\ \text{k}\Omega$,$V_{BEQ1}=V_{BEQ2}=0.7\ \text{V}$。

试估算电路的 Q 点、A_v、R_i 和 R_o。

解 (1) 求解 Q 点:

由于电路采用阻容耦合方式,所以每一级的 Q 点都可以按单管放大电路来求解。

第一级为典型的分压式射级偏置电路,根据参数取值可以认为

$$V_{BQ1} \approx \frac{R_{b2}}{R_{b1}+R_{b2}} \cdot V_{CC} = \frac{5}{15+5} \times 12\ \text{V} = 3\ \text{V}$$

$$I_{EQ1} = \frac{V_{BQ1}-V_{BEQ1}}{R_{e1}} = \frac{3-0.7}{2.3}\text{mA} = 1\ \text{mA}$$

$$I_{BQ1} = \frac{I_{EQ1}}{1+\beta_1} = 0.006\ 7\ \text{mA} = 6.7\ \mu\text{A}$$

$$V_{CEQ1} = V_{CC} - I_{EQ1}(R_{e1}+R_{c1}) = [12-1\times(2.3+5)]\text{V} = 4.7\ \text{V}$$

第二级为共集放大电路,根据其基极回路方程求出 I_{BQ2},便可得到 I_{EQ2} 和 V_{CEQ2}。即

$$I_{BQ2} = \frac{V_{CC}-V_{BEQ2}}{R_b+(1+\beta)R_{e2}} = \frac{12-0.7}{100+151\times5}\text{mA} \approx 0.013\ \text{mA} = 13\ \mu\text{A}$$

$$I_{EQ2} = (1+\beta)I_{BQ2} = (1+150)\times13\ \mu\text{A} = 1\ 963\ \mu\text{A} \approx 2\ \text{mA}$$

$$V_{CEQ2} = V_{CC} - I_{EQ2}R_{e2} = (12-2\times5)\text{V} = 2\ \text{V}$$

(2) 求解 A_v、R_i 和 R_o:画出图 3.4.1 所示电路的小信号等效电路如图 3.4.7 所示。

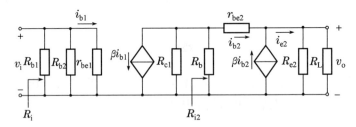

图 3.4.7　图 3.4.1 所示电路的小信号等效电路

为了求出第一级的电压放大倍数 A_{v1},首先应求出其负载电阻,即第二级的输入电阻:

$$R_{i2} = R_b // [r_{be2}+(1+\beta)R_L'] \approx 79.2\ \text{k}\Omega$$

$$A_{v1} = -\frac{\beta_1(R_{c1}//R_{i2})}{r_{be1}} \approx -\frac{150\times\dfrac{5\times79.2}{5+79.2}}{4} = -176.37$$

第二级的电压增益应接近 1,根据图 3.4.1

$$A_{v2} = \frac{(1+\beta)(R_{e2} /\!/ R_L)}{r_{be2} + (1+\beta)(R_{e2} /\!/ R_L)} = \frac{151 \times 2.5}{2.2 + 151 \times 2.5} \approx 0.994\,2$$

所以,整个电路的电压增益为

$$A_v = A_{v1} \cdot A_{v2} \approx -176.37 \times 0.994\,2 \approx -175.35$$

由输入电阻的物理意义,可知

$$R_i = R_{b1} /\!/ R_{b2} /\!/ r_{be1} = \left(\frac{1}{\frac{1}{15} + \frac{1}{5} + \frac{1}{4}}\right) k\Omega \approx 1\,935\ \Omega \approx 1.94\ k\Omega$$

电路的输出电阻 R_o 与前一级(即第一级)的输出电阻 R_{c1} 有关,即

$$R_o = R_{e2} /\!/ \frac{r_{be2} + R_{c1} /\!/ R_L}{1+\beta_2} \approx \frac{r_{be2} + R_{c1}}{1+\beta_2} = \frac{2.2+5}{1+150} k\Omega \approx 0.047\,7\ k\Omega = 47.7\ \Omega$$

3.4.3　组合放大电路

组合放大电路是把两种基本组态电路进行适当组合而构成的一种电路结构,以便充分发挥各自的优点,获得更好的性能。这些组合常用的有共集-共射(CC-CE)电路、共射-共集(CE-CC)电路、共射-共基(CE-CB)电路、共集-共基(CC-CB)电路、共集-共集(CC-CC)电路等。组合放大电路实际上是一种最简单的多级放大电路。下面简要介绍几种常用组合电路的特点。

1. 共射-共集和共集-共射放大电路

共射-共集组合放大电路的前级是共发射极电路,后级是共集电极电路。在共射-共集组合放大电路中,由于共集电极放大电路作为输出级,所以电路具有很低的输出电阻。这样,在实现电压放大时,增强了放大电路的带负载特别是电容性负载的能力,其效果相当于将负载与前级共发射极电路隔离开来。因此,这种组合放大电路的电压增益近似为共发射极电路在负载开路时的电压增益。例 3.4.1 讨论的就是共射-共集放大电路。从例题讨论的结果就可以看出上述特点。

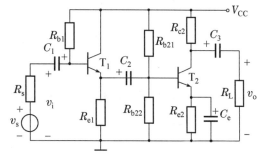

图 3.4.8 所示的电路就是共集-共射放大电路,其前级是共集电极电路,后级是共发射极电路,图 3.4.9 是它的小信号模型等效电路。

图 3.4.8　共集-共射放大电路

根据图 3.4.9 和式(3.4.1)、(3.4.2)及式(3.4.3)可知,电路的电压增益为

$$A_v = \frac{(1+\beta_1)(R_{e1} /\!/ R_{b21} /\!/ R_{b22} /\!/ r_{be2})}{r_{be1} + (1+\beta_1)(R_{e1} /\!/ R_{b21} /\!/ R_{b22} /\!/ r_{be2})} \cdot \frac{-\beta_2(R_{c2} /\!/ R_L)}{r_{be2}} \approx \frac{-\beta_2(R_{c2} /\!/ R_L)}{r_{be2}} \approx A_{vs}$$

输入电阻 $R_i = R_{i1} = R_{b1} /\!/ [r_{be1} + (1+\beta_1)(R_{e1} /\!/ R_{b21} /\!/ R_{b22} /\!/ r_{be2})]$,输出电阻 $R_o \approx R_{c2}$。

由于输入级共集电极电路具有输入电阻大而输出电阻小的特点,故电路输入电阻很高,使得信号源电压几乎全部输送到共发射极电路的输入端。所以,共集-共射组合放大电路的源电压增益近似为后级共发射极放大电路的电压增益。

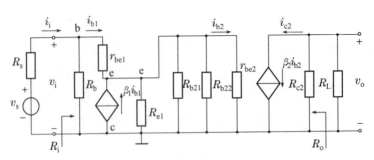

图3.4.9 图3.4.8电路的小信号等效电路

2. 共射-共基放大电路

图3.4.10(a)是共射-共基组合放大电路的原理图,其中 T_1 是共射组态, T_2 是共基组态。由于两管是串联的,故又称为串接放大电路。图3.4.10(b)是图3.4.10(a)的交流通路。

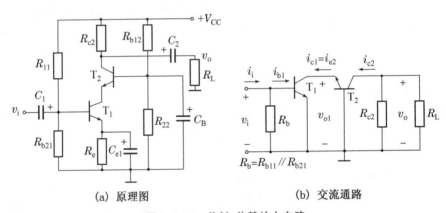

(a) 原理图   (b) 交流通路

图3.4.10 共射-共基放大电路

由交流通路可见,第一级的输出电压就是第二级的输入电压,即 $v_{o1} = v_{i2}$,由此可推导出电压增益的表达式为

$$A_v = \frac{v_o}{v_i} = \frac{v_{o1}}{v_i} \cdot \frac{v_o}{v_{o1}} = A_{v1} \cdot A_{v2}$$

其中

$$A_{v1} = -\frac{\beta_1 R_L'}{r_{be1}} = -\frac{\beta_1 r_{be2}}{r_{be1}(1+\beta_2)}$$

$$A_{v2} = \frac{\beta_2 R_{L2}'}{r_{be2}} = \frac{\beta_2 (R_{c2} /\!/ R_L)}{r_{be2}}$$

所以 $A_v = -\dfrac{\beta_1 r_{be2}}{r_{be1}(1+\beta_2)} \cdot \dfrac{\beta_2 (R_{c2} /\!/ R_L)}{r_{be2}}$

因为 $\beta_2 \gg 1$,因此

$$A_v = -\frac{\beta_1 (R_{c2} /\!/ R_L)}{r_{be1}} \tag{3.4.5}$$

式(3.4.5)表明,共射-共基组合放大电路的电压增益与单管共射极放大电路的电压增

益接近。

共射-共基组合放大电路的重要优点是高频特性好,具有较宽的频带(见 3.5 节)。

3. 共集-共基放大电路

图 3.4.11 所示为共集-共基放大电路的交流通路,它以 T_1 管组成的共集电路作为输入端,故输入电阻较大;以 T_2 管组成的共基电路作为输出端,故具有一定电压放大能力;由于共集电路和共基电路均有较高的上限截止频率,故电路具有很好的宽频带特性。

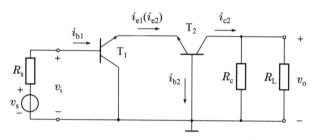

图 3.4.11　共集-共基放大电路的交流通路

4. 共集-共集放大电路

共集-共集组合放大电路的原理图如图 3.4.12(a)所示,图 3.4.12(b)是它的交流通路。图中 T_2 的基极接到 T_1 管的发射极,信号从 T_1 基极输入,从 T_2 发射极输出,两管的集电极一起接地。T_1、T_2 两只管子组合成一只复合管。

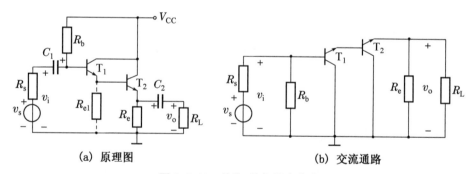

(a) 原理图　　　　　　　　　(b) 交流通路

图 3.4.12　共集-共集放大电路

(1) 复合管的主要特性

在实际应用中,常常把两只或多只晶体管(或晶体管、场效应晶体管)按照一定规则连接起来所构成的三端器件称为复合管,也称为达林顿(Darlinton)管,来取代基本电路中的一只晶体管,用以进一步改善放大电路的性能。

① 复合管的组成及类型

晶体管组成复合管的原则是:同一种导电类型(NPN 或 PNP)的晶体管构成复合管时,应将前一只管子的发射极接至后一只管子的基极;不同导电类型(NPN 与 PNP)的晶体管构成复合管时,应将前一只管子的集电极接至后一只管子的基极,以实现两次电流放大作用;必须保证两只晶体管都工作在放大状态。图 3.4.13 就是按上述原则构成的复合管原理图。其中图 3.4.13(a)和 3.4.13(b)为同类型的两只晶体管组成的复合管,而图 3.4.13(c)和 3.4.13(d)是不同类型的两只晶体管组成的复合管。由各图中所标电流的实际方向可以确定,两管复合后可等效为一只晶体管,其导电类型与前一只管于相同。

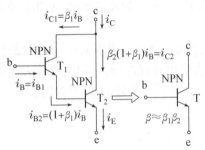　　　　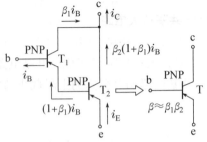

(a) 两只NPN型晶体管组成的复合管　　　　(b) 两只PNP型晶体管组成的复合管

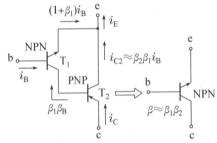　　　　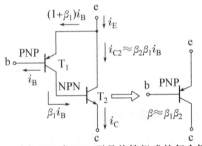

(c) NPN与PNP型晶体管组成的复合管　　　　(d) PNP与NPN型晶体管组成的复合管

图 3.4.13　复合管

② 复合管的主要参数

A. 电流放大系数

以图 3.4.13(a)为例,由图可知,复合管的集电极电流

$$i_C = i_{C1} + i_{C2} = \beta_1 i_{B1} + \beta_2 i_{B2} = \beta_1 i_B + \beta_2 (1+\beta_1) i_B$$

所以复合管的电流放大系数

$$\beta = \beta_1 + \beta_2 + \beta_1 \beta_2$$

一般有 $\beta_1 \gg 1, \beta_2 \gg 1, \beta_1 \beta_2 \gg \beta_1 + \beta_2$ 所以

$$\beta \approx \beta_1 \beta_2 \tag{3.4.6}$$

即复合管的电流放大系数等于各个组成管电流放大系数的乘积。此结论同样适合于其他类型的复合管。

B. 输入电阻 r_{be}

从图 3.4.13(a)(b)可以看出,对于同类型的两只晶体管构成的复合管而言,其输入电阻为

$$r_{be} = r_{be1} + (1+\beta_1) r_{be2} \tag{3.4.7}$$

由图 3.4.13(c)(d)可见,对于由不同类型的两只晶体管构成的复合管而言,其输入电阻为

$$r_{be} = r_{be1} \tag{3.4.8}$$

式(3.4.7)(3.4.8)说明,复合管的输入电阻与组成管 T_1、T_2 的接法有关。

综上所述,复合管具有很高的电流放大系数,再者,若用同类型的晶体管构成复合管时,其输入电阻会增加。因而,与单管共集电极放大电路相比,图 3.4.12 所示共集-共集放大电路的动态性能会更好。

（2）共集-共集放大电路的 A_v、R_i、R_o。

$$A_v = \frac{v_o}{v_i} = \frac{(1+\beta)R_L'}{r_{be}+(1+\beta)R_L'} \tag{3.4.9}$$

式中 $\beta \approx \beta_1\beta_2$，$r_{be} = r_{be1}+(1+\beta_1)r_{be2}$，$R_L' = R_e /\!/ R_L$。

$$R_i = R_b /\!/ [r_{be}+(1+\beta)R_L'] \tag{3.4.10}$$

$$R_o = R_e /\!/ \frac{R_s /\!/ R_b + r_{be}}{1+\beta} \tag{3.4.11}$$

从式（3.4.9）（3.4.10）（3.4.11）可知，由于采用了复合管，使共集-共集放大电路比单管共集电极电路的电压跟随特性更好，即 A_v 更接近 1，输入电阻更大，而输出电阻 R_o 更小。

值得注意的是，在图 3.4.12（a）中，由于 T_1、T_2 两管的工作电流不同，即有 $I_{C2} \gg I_{C1}$（$I_{C2} = \beta_2 I_{B2}$，$I_{B2} \approx I_{C1}$），T_1 管的工作电流小，因而 β_1 的数值较小。为克服这一缺点，在 T_1 管的发射极与公共端之间接上一只几千欧到几十千欧的电阻 R_{e1}，如图 3.4.12（a）中的虚线所示，以调整 T_1 管的静态工作点 Q，改善电路的性能。在集成电路中，通常用电流源来代替电阻 R_{e1}。

【例 3.4.2】　两级放大电路如图 3.4.14 所示。已知三极管的 $V_{BE} = 0.7$ V，$\beta_1 = \beta_2 = 50$。

（1）计算各级的静态工作点（I_{CQ1}、V_{CEQ1}、I_{CQ2}、V_{CEQ2}）。

（2）画出小信号等效电路，计算电路的 R_i、R_o 及中频电压增益 A_v。

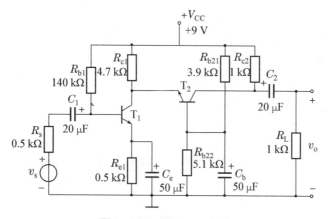

图 3.4.14　例 3.4.2 电路

解　从图 3.4.14 可见，T_1 和 T_2 组成共射-共基组合放大电路，级间为直接耦合方式，各级静态工作点相互影响，故不能独立计算。

（1）计算各级的静态工作点。

$$I_{CQ1} = \beta_1 I_{BQ1} = \beta_1 \frac{V_{CC}-V_{BE}}{R_{b1}+(1+\beta)R_{e1}} = 50 \times \frac{(9-0.7)\text{V}}{(140+51\times0.5)\text{k}\Omega} = 2.5 \text{ mA}$$

$$V_{B2} \approx \frac{R_{b22}V_{CC}}{R_{b21}+R_{b22}} = \frac{9\text{ V} \times 5.1\text{ k}\Omega}{(5.1+3.9)\text{k}\Omega} = 5.1 \text{ V}$$

$$V_{C1} = V_{B2}-V_{BE2} = (5.1-0.7)\text{V} = 4.4 \text{ V}$$

$$I_{R_{C1}} = \frac{(V_{CC}-V_{C1})}{R_{c1}} = \frac{(9-4.4)\text{V}}{4.7\text{ k}\Omega} = 0.98 \text{ mA}$$

因为
$$I_{R_{C1}} + I_{EQ2} = I_{CQ1}$$

所以
$$I_{CQ2} \approx I_{CQ1} - I_{CQ1} = (2.5 - 0.98)\text{mA} = 1.52 \text{ mA}$$
$$V_{CEQ1} = V_{C1} - I_{CQ1}R_{e1} = 4.4 \text{ V} - 2.5 \text{ mA} \times 0.5 \text{ k}\Omega = 3.15 \text{ V}$$
$$V_{CEQ2} = V_{CC} - I_{CQ2}R_{c2} - V_{C1} = 9 \text{ V} - 1.52 \text{ mA} \times 1 \text{ k}\Omega - 4.4 \text{ V} = 3.08 \text{ V}$$

（2）画小信号等效电路，并求出 A_v、R_i 和 R_o。

小信号等效电路如图 3.4.15 所示。先计算 T_1、T_2 的 r_{be}。

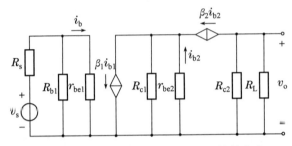

图 3.4.15　图 3.4.14 电路的小信号等效电路

$$r_{be1} = 200 \ \Omega + (1+\beta_1)\frac{26(\text{mV})}{I_{EQ1}(\text{mA})} = 200 \ \Omega + 51 \times \frac{26 \text{ mV}}{2.5 \text{ mA}} = 730.4 \ \Omega = 0.73 \text{ k}\Omega$$

$$r_{be2} = 200 \ \Omega + (1+\beta_2)\frac{26(\text{mV})}{I_{EQ2}(\text{mA})} = 200 \ \Omega + 51 \times \frac{26 \text{ mV}}{1.52 \text{ mA}} = 1 \ 072 \ \Omega = 1.07 \text{ k}\Omega$$

根据图 3.4.15 可得
$$R_i = R_{b1} \ /\!/ \ r_{be1} \approx r_{be1} = 0.73 \text{ k}\Omega$$
$$R_o \approx R_{c2} = 1 \text{ k}\Omega$$
$$A_v = \frac{v_o}{v_i} = \frac{v_o}{v_{o1}} \cdot \frac{v_{o1}}{v_i} \cdot \frac{v_i}{v_s} = A_{v1} \cdot A_v \cdot \frac{R_i}{R_i + R_s}$$
$$= \frac{-\beta_1(R_{c1} \ /\!/ \ R_{i2})}{r_{be1}} \cdot \frac{\beta_2(R_{c2} \ /\!/ \ R_L)}{r_{be2}} \cdot \frac{R_i}{R_i + R_s}$$

而
$$R_{i2} = \frac{r_{be2}}{1+\beta} = \frac{1.07 \text{ k}\Omega}{1+50} \approx 0.02 \text{ k}\Omega$$

所以
$$A_v = \frac{-50 \times \frac{4.7 \times 0.02}{4.7 + 0.02} \text{ k}\Omega}{0.73 \text{ k}\Omega} \cdot \frac{50 \times \frac{1 \times 1}{1+1} \text{ k}\Omega}{1.07 \text{ k}\Omega} \cdot \frac{0.73 \text{ k}\Omega}{(0.73 + 0.5)\text{k}\Omega}$$
$$\approx -1.4 \times 23.4 \times 0.59 = -19.3$$

3.5　放大电路的频率响应

　　在以上的分析讨论中，我们都假设放大电路的输入信号为单一频率的正弦波信号，而实际的输入信号大多是含有许多频率成分的复杂信号，如广播电视中的语言及音乐信号和图像信号等。由于放大电路中存在着电抗性元件（如耦合电容、旁路电容）及晶体管的极间电容,它们的电抗随信号频率变化而变化,因此,放大电路对不同频率的信号具有不同的放大能力,其增益的大小和相移均会随信号频率而变化,其增益可表示为频率的复函数

$$\dot{A}_v(\mathrm{j}\omega) = \frac{\dot{V}_o(\mathrm{j}\omega)}{\dot{V}_i(\mathrm{j}\omega)} = |\dot{A}_v(\mathrm{j}\omega)| e^{\mathrm{j}\varphi(\omega)} \tag{3.5.1}$$

或

$$\dot{A}_v = A_v(\omega) \angle \varphi(\omega) \tag{3.5.2}$$

式中,ω 为信号的角频率,$|\dot{A}_v(\mathrm{j}\omega)|$ 或 $A_v(\omega)$ 为电压增益的模(绝对值),$\varphi(\omega)$ 为电压增益的相角。

式(3.5.1)或(3.5.2)表示放大电路的**频率响应**,其中 $|\dot{A}_v(\mathrm{j}\omega)|$ 为**幅度频率特性**,简称**幅频特性**,是描述输入信号幅度固定,输出信号的幅度随频率变化而变化的规律;$\varphi(\omega)$ 为**相位频率特性**,简称**相频特性**,是描述输出信号与输入信号之间相位差随信号频率变化而变化的规律。

图 3.5.1 是某一阻容耦合单级共射放大电路的频率响应曲线,图中上半部是幅频响应曲线,下半部是相频响应曲线。通常,电路中的每只电容只对频谱的一段影响大,因此,在分析放大电路的频率响应时,可将信号频率划分为三个区域:低频区、中频区和高频区。在中频区(f_L 和 f_H 之间的通带内),耦合电容和旁路电容可视为对交流信号短路,而晶体管的极间电容和电路中的分布电容可视为开路,此时的增益基本上为常数,输出与输入信号间的相位差也为常数。在 $f < f_L$ 的低频区,耦合电容和旁路电容的

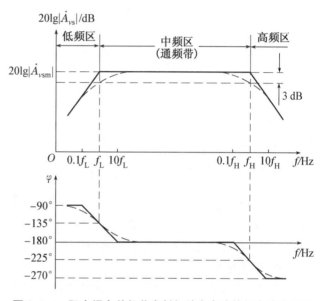

图 3.5.1　阻容耦合单级共发射极放大电路的频率响应曲线

容抗逐渐增大到不能再被视为对交流信号短路,此时的增益随信号频率的降低而减小,相位逐渐超前,总相移减小。在 $f > f_H$ 的高频区,晶体管的极间电容和电路中的分布电容的容抗逐渐减小到不能视为对交流信号开路,此时的增益随信号频率的增加而减小,相位逐渐滞后且相移增大。在 $f = f_L$ 和 $f = f_H$ 处,增益下降为中频增益的 $1/\sqrt{2}$ 倍(0.707 倍),即比中频增益下降了 3 dB。

许多非正弦信号的频谱范围理论上都延伸到无穷大,而实际放大电路的带宽却是有限的,并且相频响应也不能保持为常数。例如,图 3.5.2 中输入信号由基波和二次谐波组成,如果受放大电路带宽所限制,基波增益较大,而二次谐波增益较小,对基波和二次谐波的放大倍数不同而造成输出电压波形失真,这种失真称为幅度失真;同样,放大电路对基波和二次谐波的相移不同也会造成输出电压波形失真,称为相位失真。幅度失真和相位失真总称为频率失真,它们都是由于线性电抗元件所引起的,所以又称为线性失真。幅度失真和相位

失真几乎是同时发生的,分开讨论这两种失真,只是为了方便读者理解。比较幅度失真和相位失真对波形形状的影响,相位失真对波形形状的影响更大一些。

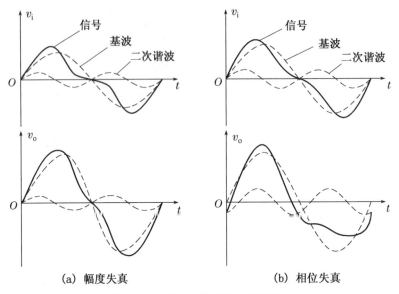

(a) 幅度失真　　　　　　　　(b) 相位失真

图 3.5.2　放大电路的输入输出波形

　　为将信号的频率失真限制在容许的范围内,要求设计放大电路时正确估算信号的有效带宽,以使放大电路带宽与信号带宽相匹配。

3.5.1　简单 RC 电路的频率响应

　　简单 RC 电路是指由一个电阻和一个电容组成的或者最终可以简化成一个电阻和一个电容组成的电路,它有两种类型,即 RC 高通电路和 RC 低通电路。它们的频率响应可分别用来模拟放大电路的高频响应和低频响应。

1. RC 高通电路

　　RC 高通电路如图 3.5.3 所示。利用复变量 s,可得到图示电路的电压传递函数为

$$\dot{A}_{vL}(s)=\frac{\dot{V}_o(s)}{\dot{V}_i(s)}=\frac{R}{R+1/sC}=\frac{s}{s+1/RC}\quad(3.5.3)$$

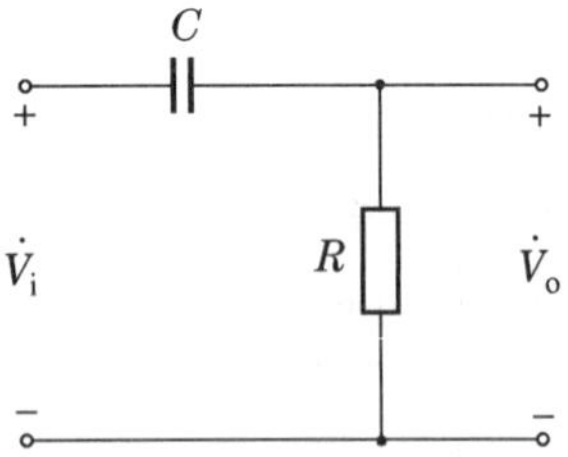

对于实际频率,$s=j\omega=j2\pi f$,并令

$$f_L=\frac{1}{2\pi RC}\quad(3.5.4)$$

图 3.5.3　RC 高通电路

则式(3.5.3)变为

$$\dot{A}_{vL}(s)=\frac{\dot{V}_o(s)}{\dot{V}_i(s)}=\frac{1}{1-j(f_L/f)}\quad(3.5.5)$$

式(3.5.5)$\dot{A}_{vL}$为低频电压传输系数,其幅频响应和相频响应的表达式分别为

$$|\dot{A}_{vL}(s)|=\left|\frac{\dot{V}_o(s)}{\dot{V}_i(s)}\right|=\frac{1}{\sqrt{1+(f_L/f)^2}} \tag{3.5.6}$$

$$\varphi_L=\arctan(f_L/f) \tag{3.5.7}$$

式中 f_L 是高通电路的下限截止频率(或称下限转折频率)。对照式(3.5.3)和式(3.5.4)也可知，f_L 是 $A_{vL}(s)$ 的极点频率。

（1）幅频响应

幅频响应波特图可由式(3.5.6)按下列步骤绘出：

① 当 $f\gg f_L$ 时

$$|\dot{A}_{vL}|=1/\sqrt{1+(f_L/f)^2}\approx1$$

用分贝(dB)表示则有

$$20\lg|\dot{A}_{vL}|\approx20\lg1=0\ dB$$

这是一条与横轴平行的零分贝线。

② 当 $f\ll f_L$ 时

$$|\dot{A}_{vL}|=1/\sqrt{1+(f_L/f)^2}\approx f/f_L$$

用分贝表示，则有

$$20\lg|\dot{A}_{vL}|\approx20\lg(f/f_L)$$

这是一条斜率为 -20 dB/十倍频程的直线，与零分贝线在 $f=f_L$ 处相交。由以上两条直线构成的折线，就是近似的幅频响应，如图 3.5.4(a)所示。f_L 对应于两条直线的交点，所

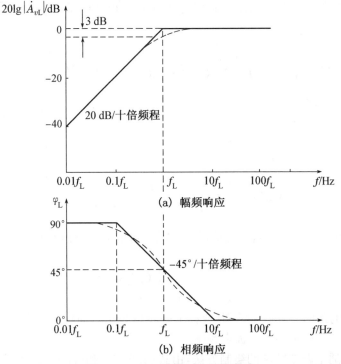

(a) 幅频响应

(b) 相频响应

图 3.5.4　*RC* 高通电路的波特图

以 f_L 称为转折频率。由式(3.5.6)可知,当 $f=f_L$ 时,$|\dot{A}_{vL}|=1/\sqrt{2}=0.707$,即在 f_L 处,电压传输系数下降为中频值的 0.707 倍,用分贝表示时,下降了 3 dB,所以 f_L 又称为下限截止频率,简称为下限频率。

这种用折线表示的幅频响应与实际的幅频响应曲线存在一定误差,如图 3.5.4(a)中的虚线所示。作为工程近似方法,实际上是简便可行的。

(2) 相频响应

根据式(3.5.7)可作出相频响应曲线,它可用三条直线来近似描述:

① 当 $f\gg f_L$ 时,$\varphi_L\to 0°$,得到一条 $\varphi_L=0°$ 的直线。

② 当 $f\ll f_L$ 时,$\varphi_L\to+90°$,得到一条 $\varphi_L=+90°$ 的直线。

③ 当 $f=f_L$ 时,$\varphi_L=+45°$。

由于当 $f_L/f=10$ 和 $f_L/f=0.1$ 时,相应地可近似得 $\varphi_L=0°$ 和 $\varphi_L=+90°$,故在 $0.1f_L$ 和 $10f_L$ 之间,可用一条斜率为 $-45°$/十倍频程的直线来表示,于是可画得相频响应曲线如图 3.5.4(b)所示。图中亦用虚线画出了实际的相频响应。相频特性折线近似也可以允许存在一定的相位误差。

由上述分析可知,当输入信号的频率 $f>f_L$ 时,RC 高通电路的电压传输系数的幅值 A_{vL} 最大,而且不随信号频率而变化,即高频信号能够不衰减地传输到输出端,也不产生相移。$f=f_L$ 时,A_{vL} 下降 3 dB,且产生 $+45°$ 的相移。$f<f_L$ 后,随着 f 的增加,A_{vL} 按一定的规律衰减,且相移增大,最终趋于 $+90°$(这里的正号表示输出电压超前于输入电压)。掌握 RC 高通电路的频率响应,将有助于对放大电路低频响应的分析与理解。

2. RC 低通电路

RC 低通电路如图 3.5.5 所示。利用复变量 s,可得到图示电路的电压传递函数为

$$\dot{A}_{vH}(s)=\frac{\dot{V}_o(s)}{\dot{V}_i(s)}=\frac{1/sC}{R+1/sC}=\frac{1}{1+sRC} \quad (3.5.8)$$

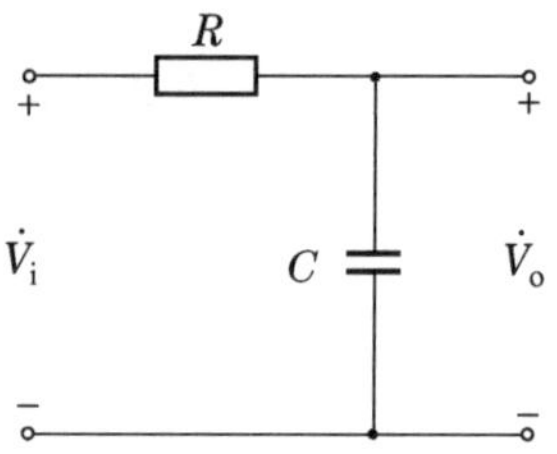

对于实际频率,$s=j\omega=j2\pi f$,令

$$f_H=\frac{1}{2\pi RC} \quad (3.5.9)$$

则式(3.5.3)变为

图 3.5.5　RC 低通电路

$$\dot{A}_{vH}(s)=\frac{\dot{V}_o(s)}{\dot{V}_i(s)}=\frac{1/sC}{R+1/sC}=\frac{1}{1+j(f/f_H)} \quad (3.5.10)$$

式中 $\dot{A}_{vH}$ 为高频电压传输系数,其幅值(模)$|\dot{A}_{vH}|$ 和相角 φ_H 分别为

$$|\dot{A}_{vH}|=\frac{1}{\sqrt{1+(f/f_H)^2}} \quad (3.5.11)$$

$$\varphi_H=-\arctan(f/f_H) \quad (3.5.12)$$

式中 f_H 是低通电路的上限截止频率(或称上限转折频率),简称上限频率。对照式(3.5.8)和(3.5.9)可知,f_H 是 $A_{vH}(s)$ 的极点频率。

仿照 RC 高通电路波特图的绘制方法,由式(3.5.11)和(3.5.12)可绘出 RC 低通电路的波特图如图 3.5.6 所示。

由 RC 低通电路的波特图可知,当输入信号的频率 $f \ll f_H$ 时,RC 低通电路的电压传输系数的幅值最大为 $|\dot{A}_{vH}| = 1/\sqrt{1+(f/f_H)^2} \approx 1$,用分贝 (dB) 表示就是 $20\lg|\dot{A}_{vH}| \approx 20\lg 1 = 0\ \text{dB}$,是图中的水平的零分贝线,表明 $A_{vH}(s)$ 不随信号频率变化而变化,也不产生相移。

在 $f = f_H$ 时,$|\dot{A}_{vH}| = 1/\sqrt{2} = 0.707$,即在 f_H 处,电压传输系数下降为中频值的 0.707 倍,用分贝表示时就是 $A_{vH}(s)$ 下降了 3 dB,且产生 $-45°$ 的相移(这里的负号表示输出电压的相位滞后于输入电压)。当 $f > f_H$ 以后,随着 f 的升高,$|\dot{A}_{vH}|$ 近似按照每十倍频程下降 20 dB 的线性规律衰减,而且相移增大,最终趋于 $-90°$。

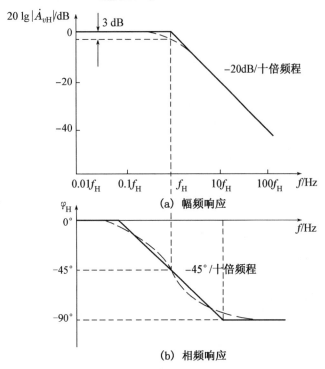

图 3.5.6　RC 低通电路的波特图

通过对 RC 高通和低通电路频率响应的分析,可以得到以下具有实际应用价值的结论:

(1) 电路的截止频率决定于相关电容所在回路的时间常数,$\tau = RC$(这里的 R 和 C 分别是相关回路的等效电阻和等效电容),见式(3.5.4)和式(3.5.9)。

(2) 当输入信号的频率等于上限频率 f_H 或下限频率 f_L 时,放大电路的增益比通带增益下降 3 dB,或下降为通带增益的 0.707 倍,且在通带相移的基础上产生 $-45°$ 或 $+45°$ 的相移。

(3) 工程上常用折线化的近似波特图表示放大电路的频率响应。

3.5.2　晶体管的高频小信号模型

前面 3.2 节中根据晶体管的特性方程导出了 H 参数小信号模型,没有考虑晶体管极间电容的影响。晶体管的高频小信号模型是从晶体管内部各 PN 结的电容和电阻的物理模型出发推导出的电路模型,也称为混合 Π 型模型,如图 3.5.6 所示。其电路参数在很宽的频率范围与频率无关,所以,它适用于在较宽频率范围内分析放大电路低、中、高各频率区的放大性能。

1. 晶体管的高频小信号模型

晶体管的结构示意图如图 3.5.7(a)所示,图 3.5.7(b)是高频小信号等效电路。b' 点是基区内的一个等效基极,是为了分析方便引出来的,晶体管的发射结和集电结用 PN 结的高频等效电路表示,考虑到晶体管发射区、集电区的体电阻 r_e 和 r_c 都很小,图 3.5.7(b)中忽略

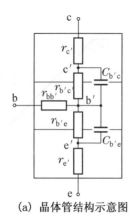
(a) 晶体管结构示意图

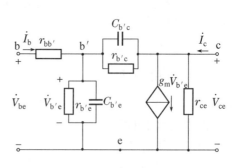
(b) 混合Ⅱ型高频小信号等效电路

图 3.5.7　晶体管的高频小信号模型

了它们的影响。

基区体电阻 $r_{bb'}$　　$r_{bb'}$ 表示基区体电阻。不同类型的晶体管，$r_{bb'}$ 值相差很大，器件手册常给出的值大约在几十欧至几百欧之间。

电阻 $r_{b'e}$ 和电容 $C_{b'e}$　　$r_{b'e}$ 是发射结正偏电阻 r_e（考虑到晶体管发射区电阻 $r_{e'}$ 很小，忽略其影响）折算到基极回路的等效电阻，即 $r_{b'e}=(1+\beta)r_e=(1+\beta)\dfrac{V_T}{I_{EQ}}$。$C_{b'e}$ 是发射结电容，对于小功率管，$C_{b'e}$ 约在几十皮法至几百皮法范围。

集电结电阻 $r_{b'c}$ 和电容 $C_{b'c}$　　在放大区内集电结处于反向偏置，因而 $r_{b'c}$ 的值很大，一般在 $100\ \text{k}\Omega\sim10\ \text{M}\Omega$ 范围，$C_{b'c}$ 约在 $2\sim10\ \text{pF}$ 范围内。

受控电流源 $g_m\dot{V}_{b'e}$　　由图 3.5.7(b)可见，由于结电容的影响，晶体管中受控电流源不再完全受控于基极电流 $\dot{I}_b$，因而不能再用 $\beta\dot{I}_b$ 表示，改用 $g_m\dot{V}_{b'e}$ 表示，即受控电流源受控于发射结上所加的电压 $\dot{V}_{b'e}$，这里的 g_m 称为**互导**或**跨导**，它表明发射结电压对受控电流的控制能力，定义为

$$g_m=\frac{\partial i_C}{\partial v_{B'E}}\bigg|_{v_{CE}}=\frac{\Delta i_C}{\Delta v_{B'E}}\bigg|_{v_{CE}} \tag{3.5.13}$$

g_m 的量纲为电导，对于高频小功率管，其值约为几十毫西门子。由上述各元件的参数可知，$r_{b'c}$ 的数值很大，在高频时远大于 $1/j\omega C_{b'c}$，与 $C_{b'c}$ 并联可视为开路；另外，r_{ce} 与负载电阻 R_L 相比，一般有 $r_{ce}\gg R_L$，因此 r_{ce} 也可忽略，这样便可得到图 3.5.8 所示的简化模型。由于其形状像字母 Ⅱ，各元件参数具有不同的量纲，故常又称之为混合 Ⅱ 型高频小信号模型。

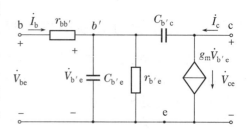
图 3.5.8　混合 Ⅱ 型高频小信号简化模型

2. 晶体管高频小信号模型中的元件参数

因晶体管高频小信号模型中电阻等元件的参数值在很宽的频率范围内（$f<f_T/3$，f_T 是晶体管的特征频率，稍后再作介绍）与频率无关，而且在低频情况下，电容 $C_{b'e}$ 和 $C_{b'c}$ 可视

为开路,于是图 3.5.8 所示的简化模型可变为图 3.5.9(a)的形式,它与图 3.5.9(b)所示的 H 参数低频小信号模型一样,所以可以由 H 参数低频小信号模型计算混合 Π 型小信号模型中的一些参数值。

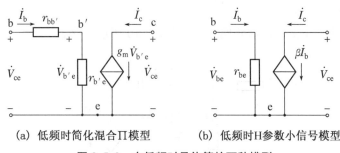

(a) 低频时简化混合Π模型　　　　　(b) 低频时H参数小信号模型

图 3.5.9　在低频时晶体管的两种模型

比较图 3.5.9(a)和图 3.5.9(b)所示的两个模型,可得以下关系:

输入回路有

$$r_{be} = r_{bb'} + r_{b'e}$$

$$r_{be} = r_{bb'} + (1+\beta)r_e = r_{bb'} + (1+\beta)\frac{V_T}{I_{EQ}}$$

$$r_{b'e} = (1+\beta_0)\frac{V_T}{I_{EQ}}$$

(3.5.14)

上式中 β_0 是指低频情况下的电流放大系数,半导体器件手册中通常所给的 β 就是 β_0。

输出回路有 $\qquad g_m \dot{V}_{b'e} = \beta_0 \dot{I}_b$

即 $\qquad g_m \dot{I}_b r_{b'e} = \beta_0 \dot{I}_b$

所以 $\qquad g_m = \dfrac{\beta_0}{r_{b'e}} = \dfrac{\beta_0}{(1+\beta_0)\dfrac{V_T}{I_{EQ}}} \approx \dfrac{I_{EQ}}{V_T}$ (3.5.15)

由式(3.5.14)、(3.5.15)可知,晶体管高频小信号模型中也要采用 Q 点上的参数。高频小信号模型中的电容 $C_{b'c}$ 一般在 $2\sim10$ pF 范围内,在近似估算时,可用器件手册中提供的 C_{ob} 代替。C_{ob} 是晶体管接成共基极形式并且发射极断开时,集电极-基极间的结电容。电容 $C_{b'e}$ 可由下式计算

$$C_{b'e} \approx \frac{g_m}{2\pi f_T}$$

(3.5.16)

式(3.5.16)将在后面加以分析,式中特征频率 f_T 可从器件手册中查到。

3. 晶体管的频率参数

晶体管的频率参数从混合 Π 型等效电路中可以看出,由于电容 $C_{b'e}$ 和 $C_{b'c}$ 的影响,当信号频率较高时,$\dot{I}_c$ 不再与 $\dot{I}_b$ 成正比,从而使 β 值下降,而且 $\dot{I}_c$ 与 $\dot{I}_b$ 之间产生相位差。因此,电流放大系数 β 是频率的函数,用 $\dot{\beta}$ 表示。晶体管的频率参数就是描述晶体管的 β 对不同频率信号适应能力的指标。常用的频率参数有共射极截止频率 f_β、特征频率 f_T 和共基极截止频率 f_α。下面分别做简要介绍。

（1）共发射极截止频率 f_β

根据电流放大系数的定义

$$\dot\beta=\frac{\dot I_{\mathrm c}}{\dot I_{\mathrm b}}\bigg|_{\dot V_{\mathrm{ce}}=0}$$

将混合 Π 型等效电路 c、e 输出端短路，则得图 3.5.10 所示电路。

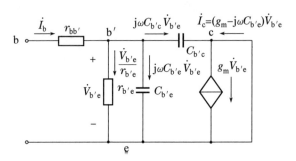

图 3.5.10　计算 $\dot\beta=\dot I_{\mathrm c}/\dot I_{\mathrm b}$ 的电路模型

根据图 3.5.10，集电极短路电流为

$$\dot I_{\mathrm c}=g_{\mathrm m}\dot V_{\mathrm{b'e}}-\frac{\dot V_{\mathrm{b'e}}}{1/\mathrm j\omega C_{\mathrm{b'c}}}=(g_{\mathrm m}-\mathrm j\omega C_{\mathrm{b'c}})\dot V_{\mathrm{b'e}} \tag{3.5.17}$$

基极电流 $\dot I_{\mathrm b}$ 与 $\dot V_{\mathrm{b'e}}$ 之间的关系可以利用 $\dot I_{\mathrm b}$ 去乘 b′、e 之间的阻抗来获得：

$$\dot V_{\mathrm{b'e}}=\dot I_{\mathrm b}[r_{\mathrm{b'e}}\mathbin{/\mkern-5mu/}(1/\mathrm j\omega C_{\mathrm{b'e}})\mathbin{/\mkern-5mu/}(1/\mathrm j\omega C_{\mathrm{b'c}})] \tag{3.5.18}$$

由式(3.5.17)和式(3.5.18)可得 $\dot\beta$ 的表达式

$$\dot\beta=\frac{\dot I_{\mathrm c}}{\dot I_{\mathrm b}}=\frac{g_{\mathrm m}-\mathrm j\omega C_{\mathrm{b'c}}}{1/r_{\mathrm{b'e}}+\mathrm j\omega(C_{\mathrm{b'e}}+C_{\mathrm{b'c}})} \tag{3.5.19}$$

考虑到 $C_{\mathrm{b'c}}$ 约在 2～10 pF 范围内，在我们讨论的频率范围一般有 $g_{\mathrm m}\gg\omega C_{\mathrm{b'c}}$，并由式 (3.5.15)可令 $\beta_0=g_{\mathrm m}r_{\mathrm{b'e}}$，则得

$$\dot\beta\approx\frac{g_{\mathrm m}r_{\mathrm{b'e}}}{1+\mathrm j\omega(C_{\mathrm{b'e}}+C_{\mathrm{b'c}})r_{\mathrm{b'e}}}=\frac{\beta_0}{1+\mathrm j\omega(C_{\mathrm{b'e}}+C_{\mathrm{b'c}})r_{\mathrm{b'e}}} \tag{3.5.20}$$

令

$$f_\beta=\frac{1}{2\pi(C_{\mathrm{b'e}}+C_{\mathrm{b'c}})r_{\mathrm{b'e}}} \tag{3.5.21}$$

则 $\dot\beta$ 的频率响应表达为

$$\dot\beta=\frac{\beta_0}{1+\mathrm j\dfrac{f}{f_\beta}} \tag{3.5.22}$$

其幅频特性和相频特性的表达式为

$$|\dot\beta|=\frac{\beta_0}{\sqrt{1+(f/f_\beta)^2}} \tag{3.5.23}$$

$$\varphi=-\arctan\frac{f}{f_\beta} \tag{3.5.24}$$

式中 f_β 称为**共发射极截止频率**,是 $|\dot\beta|$ 下降
到 $\beta_0/\sqrt2$(或 $0.707\beta_0$)时信号的频率,其值主
要由管子的内部结构决定。

图 3.5.11 是 $\dot\beta$ 的波特图。当信号频率
较低时,$\dot\beta=\beta_0$,是个实数;信号频率 $f>f_\beta$
后,$\dot\beta$ 的幅值以 20 dB/10 倍频程的速率减
小,同时相移也增大,最终接近 $-90°$。这说
明共发射极截止频率 f_β 就是 $\dot\beta$ 频率响应的
上限频率。

(2) 特征频率

在图 3.5.11 中,当 $\dot\beta$ 的幅值下降到
0 dB 时的频率 f_T,称为晶体管的**特征频率**,
此时 $|\dot\beta|=1$。由式(3.5.23)可得

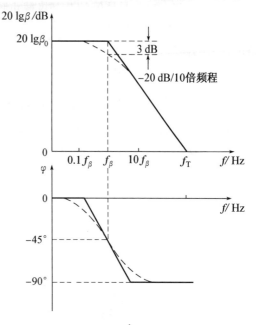

图 3.5.11　$\dot\beta$ 的波特图

$$|\dot\beta|=\frac{\beta_0}{\sqrt{1+(f/f_\beta)^2}}=1$$

由于 $f_T\gg f_\beta$,所以

$$f_T\approx\beta_0 f_\beta \tag{3.5.25}$$

将 $\beta_0=g_m r_{b'e}$ 及式(3.5.21)带入上式,则

$$f_T=\beta_0 f_\beta=\frac{\beta_0}{2\pi(C_{b'e}+C_{b'c})r_{b'e}}=\frac{g_m}{2\pi(C_{b'e}+C_{b'c})} \tag{3.5.26}$$

通常 $C_{b'e}\gg C_{b'c}$,所以有

$$f_T\approx\frac{g_m}{2\pi C_{b'e}} \tag{3.5.27}$$

特征频率 f_T 是晶体管的重要参数,与晶体管的制造工艺有关,其值在器件手册中可以
查到,一般高频小功率管的 f_T 约在 $200\sim1\,000$ MHz。采用先进工艺,可高达几个
GHz(1 GHz$=1\,000$ MHz)。

(3) 共基极截止频率 f_α

晶体管的共基极电流放大系数 $\dot\alpha$ 下降为 $\sqrt2\alpha$(或 0.707α)时的频率称为晶体管的**共基极
截止频率**。

利用式(3.5.22)及 $\dot\alpha$ 和 $\dot\beta$ 的关系,可以求出晶体管的共基极截止频率 f_α。

$$\dot\alpha=\frac{\dot\beta}{1+\dot\beta}=\frac{\dfrac{\beta_0}{1+j\dfrac{f}{f_\beta}}}{1+\dfrac{\beta_0}{1+j\dfrac{f}{f_\beta}}}=\frac{\beta_0}{1+\beta_0+j\dfrac{f}{f_\beta}}=\frac{\dfrac{\beta_0}{1+\beta_0}}{1+j\dfrac{f}{(1+\beta_0)f_\beta}}=\frac{\alpha_0}{1+j\dfrac{f}{f_\alpha}} \tag{3.5.28}$$

由式(3.5.27)和式(3.5.28)可得

$$f_\alpha=(1+\beta_0)f_\beta\approx f_\beta+f_T \tag{3.5.29}$$

式(3.5.29)说明,晶体管的共基极截止频率 f_α 远大于共发射极截止频率 f_β,且比特征频率 f_T 还高,即晶体管的三个频率参数的数量关系为 $f_\beta \ll f_T < f_\alpha$。这三个频率参数在评价晶体管的高频性能上是等价的,但用得最多的是 f_T。f_T 越高,表明晶体管的高频性能越好,由它构成的放大电路的上限频率就越高。

3.5.3　单级共射极放大电路的频率响应

单级共发射极放大电路如图 3.5.12(a)所示,图 3.5.12(b)是它的高频小信号等效电路,其中晶体管用简化的混合 Π 模型代替。

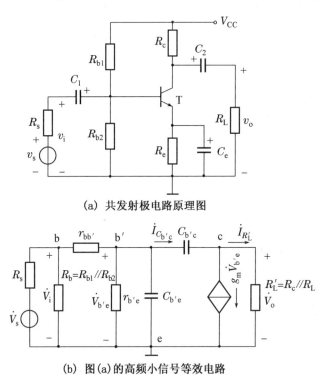

(a)　共发射极电路原理图

(b)　图(a)的高频小信号等效电路

图 3.5.12　共发射极电路及其高频小信号等效电路

根据放大电路的微变等效电路,在频域(ω 域)或复频域(s 域)中可推导出输出电压 $\dot{V}_o$ 与输入电压 $\dot{V}_i$ 的关系式,进而画出 $\dot{A}_v$ 的波特图。但是,这一过程比较麻烦。实际上,耦合电容 C_1、C_2 一般为几十 μF,而三极管极间电容 $C_{b'c}$ 和 $C_{b'e}$ 一般只有几 pF~几十 pF,两者在数值相差 3~4 个数量级,因此这两类电容在电路中起的作用是不同的。所以,在研究放大电路的频率响应时,可以采用分频段的方法。

一般将输入信号的频率范围分为中频、低频和高频 3 个频段。根据各频段的特点对图 3.5.12(b)所示等效电路进行简化,从而得到各频段的放大倍数。

1. 中频源电压增益

在中频电压信号 $\dot{V}_s$ 作用于电路时,由于耦合电容的容量选得比较大,有 $1/\omega C_2 \ll R'_L$、$1/\omega C_1 \ll (r_{bb'} + r_{b'e})$,可以认为 C_1 和 C_2 交流短路;另一方面极间电容 $C_{b'c}$ 和 $C_{b'e}$ 都很小,其容

抗比其并联支路的其他电阻值大很多,有 $1/\omega C_{b'c}>1/\omega C_{b'e}\gg r_{b'e}$,可视为交流开路。于是可得到单级共发射极电路的中频等效电路,如图 3.5.13 所示。

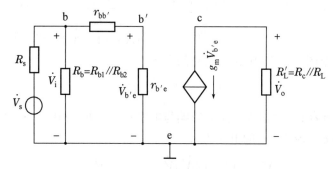

图 3.5.13　单级共发射极电路的中频等效电路

一般有 $R_b\gg(r_{bb'}+r_{b'e})$,可忽略 R_b 的影响,则中频源电压增益表达式为

$$\dot{A}_{vsM}=\frac{\dot{V}_o}{\dot{V}_s}=\frac{-g_m\dot{V}_{b'e}(R_c/\!/R_L)}{\dot{V}_{b'e}\dfrac{R_s+r_{bb'}+r_{b'e}}{r_{b'e}}}=-\frac{g_m\dot{V}_{b'e}(R_c/\!/R_L)}{R_s+r_{bb'}+r_{b'e}} \tag{3.5.30}$$

考虑到 $r_{bb'}+r_{b'e}=r_{be}$ 和 $\beta=g_m r_{b'e}$,代入上式可得

$$\dot{A}_{vsM}=\frac{\dot{V}_o}{\dot{V}_s}=-\frac{\beta(R_c/\!/R_L)}{R_s+r_{be}} \tag{3.5.31}$$

可见,式(3.5.30)与前面利用 H 参数小信号等效电路的结果是一致的。显然,在中频区,电压增益与信号频率无关。

2. 高频响应

在高频范围内,图 3.5.12(a)所示放大电路中的耦合电容、旁路电容的容抗比中频时更小,更可视为对交流信号短路,这时的高频小信号等效电路就是图 3.5.12(b)所示的混合 Π 等效电路,极间电容 $C_{b'c}$ 和 $C_{b'e}$ 的作用已不可忽略。

(1) 求密勒电容

由于电容 $C_{b'c}$ 跨接在输入和输出回路之间,使电路分析较为复杂,为了方便起见,可将 $C_{b'c}$ 进行单向化处理,即将 $C_{b'c}$ 等效变换到输入回路(b'‒ e 之间)和输出回路(c ‒ e 之间)中,如图 3.5.14 所示。其变换过程如下:

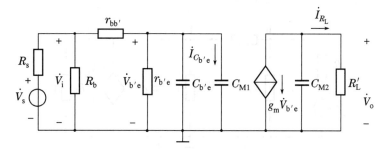

图 3.5.14　图 3.5.12(b)的密勒等效电路

在图 3.5.12(b)中,设 $\dot{A}'_v=\dot{V}_o/\dot{V}_{b'e}$,则由 b′点流入电容 $C_{b'c}$ 的电流为

$$\dot{I}_{C_{b'c}}=\frac{\dot{V}_{b'e}-\dot{V}_o}{\frac{1}{j\omega C_{b'c}}}=\frac{(1-\dot{A}'_v)\dot{V}_{b'e}}{\frac{1}{j\omega C_{b'c}}}=\frac{\dot{V}_{b'e}}{\frac{1}{j\omega C_{b'c}(1-\dot{A}'_v)}}=\frac{\dot{V}_{b'e}}{\frac{1}{j\omega C_{M1}}} \tag{3.5.32a}$$

由此式可知,只要令图 3.5.13 中输入回路的电容

$$C_{M1}=(1-\dot{A}'_v)C_{b'c} \tag{3.5.32b}$$

使 $\dot{I}_{C_{M1}}=\dot{I}_{C_{b'c}}$,则电容 $C_{b'c}$ 对输入回路的影响与电容 C_{M1} 的作用相同。同理,在图 3.5.12(b) 的输出回路中,由 c 点流入 $C_{b'c}$ 的电流为

$$\dot{I}'_{C_{b'c}}=\frac{\dot{V}_o-\dot{V}_{b'e}}{\frac{1}{j\omega C_{b'c}}}=\frac{(1-1/\dot{A}'_v)\dot{V}_o}{\frac{1}{j\omega C_{b'c}}}=\frac{\dot{V}_o}{\frac{1}{j\omega C_{b'c}(1-1/\dot{A}'_v)}}=\frac{\dot{V}_o}{\frac{1}{j\omega C_{M2}}} \tag{3.5.33a}$$

令

$$C_{M2}=(1-1/\dot{A}'_v)C_{b'c} \tag{3.5.33b}$$

使 $\dot{I}_{C_{M2}}=\dot{I}'_{C_{b'c}}$,则电容 $C_{b'c}$ 对输出回路的影响与电容 C_{M2} 的作用相同。

上述各式中的 $\dot{A}'_v$ 是图 3.5.12(b)所示电路的 $\dot{V}_o$ 对 $\dot{V}_{b'e}$ 的增益,一般有 $|\dot{A}'_v|\gg1$,由此图 可求得 $\dot{A}'_v$ 的表达式如下:

$$\dot{A}'_v=\frac{\dot{V}_o}{\dot{V}_{b'e}}=\frac{(\dot{I}_{C_{b'c}}-g_m\dot{V}_{b'e})R'_L}{\dot{V}_{b'e}}=\frac{[j\omega C_{b'c}(1-\dot{A}'_v)\dot{V}_{b'e}-g_m\dot{V}_{b'e}]R'_L}{\dot{V}_{b'e}}$$

$$\approx-j\omega C_{b'c}\dot{A}'_v R'_L-g_m R'_L$$

即

$$\dot{A}'_v=\frac{-g_m R'_L}{1+j\omega C_{b'c}R'_L} \tag{3.5.34a}$$

因为 $C_{b'c}$ 很小,通常有 $R'_L\ll\frac{1}{\omega C_{b'c}}$,所以得

$$\dot{A}'_v\approx-g_m R'_L \tag{3.5.34b}$$

将上式带入式(3.5.32b)和式(3.5.33b),即可得 $C_{b'c}$ 的密勒等效电容 C_{M1} 和 C_{M2}。显然 有 $C_{M1}\gg C_{b'c}$,$C_{M2}\approx C_{b'c}$,C_{M2} 的影响可以忽略,于是图 3.5.14 可以简化成图 3.5.15 的形式, 其中 $C=C_{b'e}+C_{M1}=C_{b'e}+(1+g_m R'_L)C_{b'c}$。

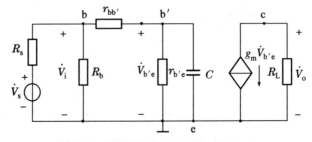

图 3.5.15　图 3.5.14 的简化电路

（2）高频响应和上限频率

利用戴维宁定理将图 3.5.15 所示的电路进一步变换为图 3.5.16 所示的形式，其中

$$\dot{V}'_s = \frac{r_{b'e}}{r_{bb'}+r_{b'e}}\dot{V}_i = \frac{r_{b'e}}{r_{be}}\cdot\frac{R_b /\!/ r_{be}}{R_s+R_b /\!/ r_{be}}\dot{V}_s,$$

$$R = r_{b'e} /\!/ (r_{bb'}+R_b /\!/ R_s), \quad r_{be} = r_{bb'}+r_{b'e}$$

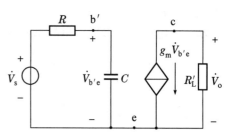

图 3.5.16　图 3.5.15 的等效电路

这样只有输入回路含有电容元件，它与图 3.5.5 所示的 RC 低通电路相似。由此图及 $\dot{V}'_o$ 与 $\dot{V}_o$ 的关系，可得图 3.5.12(a) 所示放大电路的高频源电压增益的表达式为

$$\dot{A}_{vsH}=\frac{\dot{V}_o}{\dot{V}_s}=\frac{\dot{V}_o}{\dot{V}_{b'e}}\cdot\frac{\dot{V}_{b'e}}{\dot{V}'_s}\cdot\frac{\dot{V}'_s}{\dot{V}_s}=\frac{-g_m\dot{V}_{b'e}R'_L}{\dot{V}_{b'e}}\cdot\frac{\frac{1}{j\omega C}}{R+\frac{1}{j\omega C}}\cdot\frac{r_{b'e}}{r_{be}}\cdot\frac{R_b /\!/ r_{be}}{R_s+R_b /\!/ r_{be}}$$

$$\approx\dot{A}_{vsM}\cdot\frac{1}{1+j\omega RC}=\frac{\dot{A}_{vsM}}{1+j(f/f_H)} \tag{3.5.35}$$

式中　　$\dot{A}_{vsM}=-g_mR'_L\cdot\dfrac{r_{b'e}}{r_{be}}\cdot\dfrac{R_b /\!/ r_{be}}{R_s+R_b /\!/ r_{be}}=-\dfrac{\beta_0 R'_L}{r_{b'e}}\cdot\dfrac{r_{b'e}}{r_{be}}\cdot\dfrac{R_b /\!/ r_{be}}{R_s+R_b /\!/ r_{be}}$

$$=-\frac{\beta_0 R'_L}{r_{be}}\cdot\frac{R_b /\!/ r_{be}}{R_s+R_b /\!/ r_{be}}\text{（中频即通带源电压增益）} \tag{3.5.36}$$

$$f_H=\frac{1}{2\pi RC}\text{（上限频率）} \tag{3.5.37}$$

$\dot{A}_{vsM}$ 的对数幅频特性和相频特性的表达式为

$$20\lg|\dot{A}_{vsH}|=20\lg|\dot{A}_{vsM}|-20\lg\sqrt{1+(f/f_H)^2} \tag{3.5.38a}$$

$$\varphi=-180°-\arctan(f/f_H) \tag{3.5.38b}$$

式（3.5.38b）中的 $-180°$，表示中频范围内共射极放大电路的 $\dot{V}_o$ 与 $\dot{V}_s$ 反相，而 $-\arctan(f/f_H)$ 是等效电容 C 在高频范围内引起的相移，称为附加相移，一般用 $\Delta\varphi$ 表示，这里的最大附加相移为 $-90°$，当 $f=f_H$ 时，附加相移 $\Delta\varphi=-45°$。

由式（3.5.38）可画出图 3.5.12(a) 所示共发射极电路的高频响应波特图，如图 3.5.17 所示。

【例 3.5.1】　设图 3.5.12(a) 所示电路在室温（300 K）下运行，且晶体管的 $V_{BEQ}=0.6$ V，$r_{bb'}=100$ Ω，$\beta_0=100$，$C_{b'e}=0.5$ pF，$f_T=400$ MHz；$V_{CC}=$

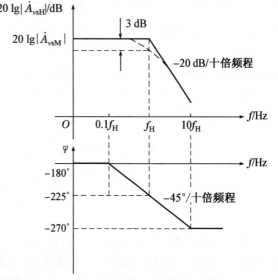

图 3.5.17　图 3.5.12(a) 电路的高频响应波特图

$12\ \text{V}$，$R_{b1}=100\ \text{k}\Omega$，$R_{b2}=16\ \text{k}\Omega$，$R_e=1\ \text{k}\Omega$，$R_c=R_L=5.1\ \text{k}\Omega$，$R_s=1\ \text{k}\Omega$，试计算该电路的中频源电压增益及上限频率。

解 由电路元件参数求得静态电流为

$$I_{CQ}\approx I_{EQ}=\frac{V_{BQ}-V_{BEQ}}{R_e}=\frac{\dfrac{R_{b2}}{R_{b1}+R_{b2}}V_{CC}-V_{BEQ}}{R_e}=1\ \text{mA}$$

由式(3.5.13)求得 $g_m\approx\dfrac{I_{EQ}}{V_T}=1\ \text{mA}/26\ \text{mV}\approx0.038\ \text{S}$

由式(3.5.14)求得 $r_{b'e}=(1+\beta_0)\dfrac{V_T}{I_{EQ}}=(1+100)\times26\ \text{mV}/1\ \text{mA}\approx2.63\ \text{k}\Omega$

由式(3.5.16)求得 $C_{b'e}\approx\dfrac{g_m}{2\pi f_T}=\dfrac{0.038\ \text{S}}{2\times3\times400\times10^6\ \text{Hz}}\approx15.1\ \text{pF}$

由式(3.5.32b)及(3.5.33b)求得密勒等效电容为

$$C_{M1}=(1+g_mR_L')C_{b'c}\approx49\ \text{pF}$$

由式(3.5.36)求得中频源电压增益为

$$\dot{A}_{vsM}=-\frac{\beta_0R_L'}{r_{be}}\cdot\frac{R_b/\!\!/r_{be}}{R_s+R_b/\!\!/r_{be}}\approx-66$$

图3.5.15所示等效电路中，输入回路的等效电阻和等效电容分别为

$$R=r_{b'e}/\!\!/(r_{bb'}+R_b/\!\!/R_s)\approx0.69\ \text{k}\Omega$$
$$C=C_{b'e}+C_{M1}=(15.1+49)=64.1\ \text{pF}$$

由式(3.5.37)求得上限频率

$$f_H=\frac{1}{2\pi RC}=\frac{1}{2\times3.14\times0.69\times10^3\ \Omega\times64.1\times10^{-12}\text{F}}\approx3.6\ \text{MHz}$$

(3) 增益-带宽积

由上述分析可以看出，影响共射极放大电路上限频率的主要元件及参数是 R_s、$r_{bb'}$、$C_{b'e}$和 $C_{M1}=(1+g_mR_L')C_{b'c}$。因此要提高 f_H，需选择 $r_{bb'}$、$C_{b'e}$ 小而 f_T 高（$C_{b'c}$ 小）的晶体管，同时应选用内阻 R_s 小的信号源。此外，还必须减小 g_mR_L'，以减小 $C_{b'c}$ 的密勒效应。然而，由式(3.5.36)知，减小 g_mR_L' 必然会使 $\dot{A}_{vsM}$ 减小。可见 f_H 的提高与 $\dot{A}_{vsM}$ 的增大是相互矛盾的。对于大多数放大电路而言，都有 $f_H\gg f_L$ 即通频带 $BW=f_H-f_L\approx f_H$，因此可以说带宽与增益是互相制约的。为综合考虑这两方面的性能，引出增益-带宽积这一参数，定义为中频增益与带宽的乘积。对于图3.5.12(a)所示电路，其增益-带宽积可由式(3.5.36)和(3.5.37)相乘获得，

$$|\dot{A}_{vsM}\cdot f_H|=g_mR_L'\cdot\frac{r_{b'e}}{r_{be}}\cdot\frac{R_b/\!\!/r_{be}}{R_s+R_b/\!\!/r_{be}}\cdot\frac{1}{2\pi RC}$$

$$=g_mR_L'\cdot\frac{r_{b'e}}{r_{be}}\cdot\frac{R_b/\!\!/r_{be}}{R_s+R_b/\!\!/r_{be}}\cdot\frac{1}{2\pi[r_{b'e}/\!\!/(r_{bb'}+R_b/\!\!/R_s)][C_{b'e}+(1+g_mR_L')C_{b'c}]}$$

$$(3.5.39)$$

当晶体管电路参数如例3.5.1所设时，图3.5.12(a)所示电路的 $|\dot{A}_{vsM}\cdot f_H|=66\times3.6\ \text{MHz}=237.6\ \text{MHz}$。式(3.5.39)说明，在晶体管及电路参数都选定后，增益-带宽积基本上是个常数，即通带增益要增大多少倍，其带宽就要变窄多少倍。因而选择电路参数时，

例如负载电阻 R_L，必须兼顾 $|\dot{A}_{usM}|$ 和 f_H 的要求。

3. 低频响应

在低频时，晶体管的极间电容可视为开路，但是电路中的耦合电容、旁路电容的容抗增大，不能再视其为短路。据此可画出图 3.5.12(a)电路的低频小信号等效电路，如图 3.5.18 所示。由此等效电路直接求低频区的电压增益表达式比较麻烦，因此需要做一些合理的近似。首先假设 $R_b=(R_{b1} // R_{b2})$ 远大于此放大电路的输入阻抗，以致 R_b 的影响可以忽略；其次假设 C_e 的值足够大，以至在低频范围内，它的容抗 Xc_e 远小于 R_e 的值，即

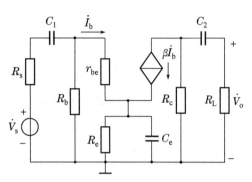

图 3.5.18　图 3.5.12(a)电路的低频小信号电路

$$\frac{1}{\omega C_e}\ll R_e \text{ 或 } R_e\omega C_e\gg 1 \tag{3.5.40}$$

于是得到图 3.5.19 所示的简化等效电路。然后再将电容 C_e 折合到基极回路，用 C_e' 表示，其容抗为

$$X_{C_e'}=\frac{1}{\omega C_e'}=(1+\beta)\frac{1}{\omega C_e}$$

则折算后的电容为

$$C_e'=C_e/(1+\beta)$$

它与耦合电容 C_1 串联连接，所以基极回路的总电容为

$$C_1'=\frac{C_1 C_e}{(1+\beta)C_1+C_e} \tag{3.5.41}$$

C_e 对输出回路基本上不存在折算问题，因为 $\dot{I}_e\approx\dot{I}_c$，而且一般有 $C_e\gg C_{b2}$，因而 C_e 对输出回路的作用可忽略（作短路处理），这样就可得图 3.5.20 所示的简化电路，图中还把受控电流源 $\beta\dot{I}_b$ 与 R_c 的并联回路转换成了等效的电压源形式。

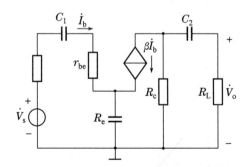

图 3.5.19　图 3.5.18 的简化等效电路

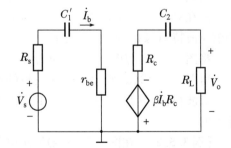

图 3.5.20　图 3.5.19 的简化电路

图 3.5.20 的输入回路和输出回路都与图 3.5.3 所示的高通电路相似。由图 3.5.20 可得

$$\dot{V}_o=-\frac{R_L}{R_c+R_L+\frac{1}{j\omega C_{b2}}}\beta\dot{I}_b R_c=-\frac{\beta R_L'\dot{I}_b}{1-j/\omega C_2(R_c+R_L)}$$

$$\dot{V}_s=(R_s+r_{be}-1/j\omega C_1')\dot{I}_b=(R_s+r_{be})[1-1/j\omega C_1(R_s+r_{be})]\dot{I}_b$$

则低频源电压增益为

$$\dot{A}_{vsL}=\frac{\dot{V}_o}{\dot{V}_s}=-\frac{\beta R_L'}{R_s+r_{be}}\cdot\frac{1}{1-1/j\omega C_1'(R_s+r_{be})}\cdot\frac{1}{1-1/j\omega C_2(R_c+R_L)}$$

$$=\dot{A}_{vsM}\cdot\frac{1}{1-j(f_{L1}/f)}\cdot\frac{1}{1-j(f_{L2}/f)} \tag{3.5.42}$$

式中 $\dot{A}_{vsM}=-\dfrac{\beta R_L'}{R_s+r_{be}}$ 是忽略基极偏置电阻 R_b 时的中频（即通带）源电压增益。

$$f_{L1}=\frac{1}{2\pi C_1'(R_s+r_{be})} \tag{3.5.43}$$

$$f_{L2}=\frac{1}{2\pi C_2(R_c+R_L)} \tag{3.5.44}$$

由此可见,图 3.5.12(a)所示的 RC 耦合单级共发射极放大电路在满足式(3.5.40)的条件下,它的低频响应具有 f_{L1} 和 f_{L2} 两个转折频率,如果二者间的比值在四倍以上,则取值大的那个作为放大电路的下限频率。

需要指出的是,C_e 在发射极电路里,流过它的电流 $\dot{I}_e$ 是基极电流 $\dot{I}_b$ 的 $(1+\beta)$ 倍,它的大小对电压增益的影响较大,因此 C_e 是影响低频响应的主要因素。

当 C_2 很大时,可只考虑 C_1、C_e 对低频特性的影响,此时式(3.5.42)简化为

$$\dot{A}_{vsL}=\dot{A}_{vsM}\cdot\frac{1}{1-j(f_{L1}/f)} \tag{3.5.45}$$

其对数幅频特性和相频特性的表达式为

$$20\lg|\dot{A}_{vsL}|=20\lg|\dot{A}_{vsM}|-20\lg\sqrt{1+(f_{L1}/f)^2} \tag{3.5.46a}$$

$$\varphi=-180°-\arctan(-f_{L1}/f)=-180°+\arctan(f_{L1}/f) \tag{3.5.46b}$$

式(3.5.46b)中 $+\arctan(f_{L1}/f)$ 是输入回路中,等效电容 C_1' 在低频范围内引起的附加相移 $\Delta\varphi$,其最大值为 $+90°$。当 $f=f_{L1}$ 时,$\Delta\varphi=+45°$。

由式(3.5.46)可画出图 3.5.12(a)所示电路在只考虑电容 C_1 和 C_e 影响时的低频响应波特图,如图 3.5.21 所示。

将图 3.5.20 与图 3.5.16 组合在一起即可得图 3.5.12(a)所示电路的完整的频率响应波特图,其形式与图 3.5.1 是极其相似的。

【例 3.5.2】 在图 3.5.12(a)所示电路中,设晶体管的 $\beta=100$,$r_{be}=2.02$ kΩ,$V_{CC}=15$ V,$R_s=50$ Ω,$R_{b1}=117$ kΩ,$R_{b2}=33$ kΩ,$R_c=4$ kΩ,$R_L=2.7$ kΩ,$R_e=1.8$ kΩ,$C_1=30$ μF,$C_2=1$ μF,$C_e=50$ μF,试估算该电路的下限频率。

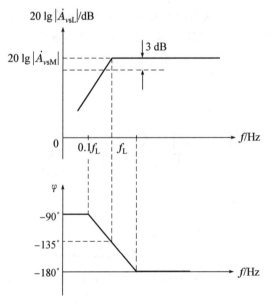

图 3.5.21　只考虑电容 C_1、C_e 影响时图 3.5.12(a) 电路的低频响应

解 由式(3.5.41)求得输入回路等效电容

$$C_1' = \frac{C_1 C_e}{(1+\beta)C_1 + C_e} \approx 0.49\ \mu F$$

由式(3.5.43)和式(3.5.44)分别求得

$$f_{L1} = \frac{1}{2\pi C_1'(R_s + r_{be})} = \frac{1}{2 \times 3.14 \times 0.49 \times 10^{-6} \times (50 + 2\,020)}\ Hz = 157\ Hz$$

$$f_{L2} = \frac{1}{2\pi C_2(R_c + R_L)} = \frac{1}{2 \times 3.14 \times 1 \times 10^{-6} \times (4 + 2.7) \times 10^3}\ Hz \approx 23.8\ Hz$$

f_{L1} 与 f_{L2} 的比值大于 4,因此下限频率为 $f_L \approx f_{L1} \approx 157\ Hz$。

在以上的讨论中,曾假设 $1/j\omega C_e \ll R_e$,如果这个条件不满足,则上面 C_e 对低频响应的影响的分析计算将存在较大误差。由此可知,为了改善放大电路的低频特性,需要加大耦合电容及其相应回路的等效电阻,以增大回路时间常数,从而降低下限频率。但这种改善是很有限的,大容量的电容器代价大而且器件体积也大,这种情况下阻容耦合电路就不是很可取的电路形式了。因此在信号频率很低的使用场合,采用直接耦合方式的就是很好的选择。

3.5.4 单级共基极和共集电极放大电路的频率响应

密勒效应的影响使共发射极放大电路的通频带较窄,而共基极和共集电极放大电路中不存在密勒效应。共基极放大电路是理想的电流接续器(跟随器),能够在很宽的频率范围内($f < f_\alpha$)将输入电流接续到输出端;共集电极放大电路为理想的电压跟随器,也就是反馈系数是百分之百的电压串联负反馈(参阅本书 5.2.2 节)放大电路。因此,它们的上限截止频率都远远高于共射极放大电路的上限截止频率。下面分别对共基极和共集电极放大电路的高频响应及上限截止频率进行分析。

1. 共基极放大电路的高频响应

从 3.2.4 节的分析已知,共基极放大电路具有低输入阻抗、高输出阻抗和接近于 1 的电流增益。这里着重分析它的高频响应。图 3.5.22(a)是图 3.2.47 所示共基极放大电路的交流通路,其中 $R_L' = R_c // R_L$,图 3.5.22(b)是它的高频小信号等效电路。

在很宽的频率范围内 $\dot{I}_b$ 比 $\dot{I}_c$ 和 $\dot{I}_e$ 小得多,而且 $r_{bb'}$ 的数值也很小,因此 b′点的交流电位可以忽略,即 $\dot{V}_{b'} \approx 0$,这样简化后的等效电路如图 3.5.22(c)所示。由此图可见,集电结电容 $C_{b'c}$ 基本上接在输出端口,因而不存在密勒效应。由图 3.5.22(c)可写出

$$\begin{aligned}
\dot{I}_e &= \dot{V}_{b'e}\left(\frac{1}{r_{b'e}} + g_m + j\omega C_{b'e}\right)\\
&= \dot{V}_{b'e}\left[\frac{1}{(1+\beta)r_e} + \frac{1}{r_e} + j\omega C_{b'e}\right]\\
&= \dot{V}_{b'e}\left(\frac{1}{r_e} + j\omega C_{b'e}\right)
\end{aligned} \tag{3.5.47}$$

由式(3.5.47)可得从晶体管发射极看进去的输入导纳为

$$\frac{\dot{I}_e}{\dot{V}_{b'e}} = \frac{1}{r_e} + j\omega C_{b'e} \tag{3.5.48}$$

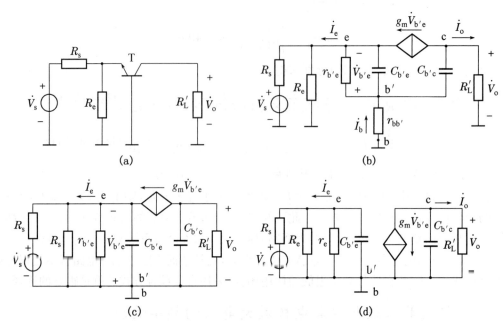

图 3.5.22　共基极放大电路

于是得到图 3.5.22(c) 的等效电路，如图 3.5.22(d) 所示，由图 d 可得共基极放大电路的高频电压增益为

$$\dot{A}_{vsH} = \frac{\dot{A}_{vsM}}{\left(1 + j\dfrac{f}{f_{H1}}\right)\left(1 + j\dfrac{f}{f_{H2}}\right)} \tag{3.5.49a}$$

式中

$$f_{H1} = \frac{1}{2\pi(R_s /\!/ R_e /\!/ r_e)C_{b'e}} \tag{3.5.49b}$$

$$f_{H2} = \frac{1}{2\pi R'_L C_{b'c}} \tag{3.5.49c}$$

$$\dot{A}_{vsM} = g_m R'_L \frac{r_e /\!/ R_e}{R_s + r_e /\!/ R_e} \tag{3.5.49d}$$

上述结果表明，共基极放大电路中不存在密勒电容效应，而且晶体管的输入电阻（即发射结的正向电阻）r_e 很小，因此 f_{H1} 很高。由于 $C_{b'c}$ 很小，f_{H2} 也很高。所以共基极放大电路具有比较好的高频响应特性。不过，当输出端接有大的负载电容时，f_{H2} 会下降。

【例 3.5.3】　设图 3.2.47 所示共基极放大电路中元器件参数的取值均与例 3.5.1 相同，试求该电路的上限频率。

解　由例 3.5.1 求得的 $r_{b'e} = 2.63\ \text{k}\Omega$ 可得 $r_e = r_{b'e}/(1+\beta_0) \approx 26\ \Omega$。将已知的相关参数代入式 (3.5.49b) 和 (3.5.49c)，分别求得 $f_{H1} = 426.7\ \text{MHz}$，$f_{H2} = 124.83\ \text{MHz}$。$f_{H1}$ 与 f_{H2} 的比值约为 3.4 倍，取该电路的 $f_H \approx f_{H2} \approx 124.83\ \text{MHz}$。虽然有些误差，但仍然能够说明与共发射极放大电路相比，共基极放大电路的上限频率要高得多，这主要是因为共基极放大电路中没有密勒效应，而且输入电阻很小。

2. 共集电极放大电路的高频响应

图 3.5.23 是图 3.2.41(a) 所示共集放大电路的高频小信号等效电路，其中 $R'_L = R_c /\!/$

R_L。显然电容 $C_{b'c}$ 只接在输入回路中,它不会产生密勒效应。另外,信号源及电阻 R_b 可用戴维宁等效电路代替,如图 3.5.24 所示,其中 $\dot{V}'_s = R_b\dot{V}_s/(R_s+R_b)$,$R'_s = R_b \mathbin{/\!/} R_s$。一般有 $R_b \gg R_s$,故 $\dot{V}'_s \approx \dot{V}_s$,$R'_s \approx R_s$。

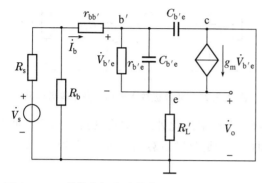

图 3.5.23 共集电极电路的高频小信号等效电路图

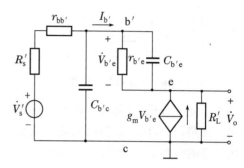

图 3.5.24 图 3.5.23 的简化电路

由图 3.5.24 可知,电阻 $r_{b'e}$ 和电容 $C_{b'e}$ 跨接在输入端 b′ 和输出端 e 之间,因而它们会产生密勒效应。参照式(3.5.32)和(3.5.33),可分别将 $C_{b'e}$ 和 $r_{b'e}$ 进行单向化处理。但因共集放大电路的射极跟随作用,在一定的频率范围内,有 $\dot{A}_v \approx 1$,因而密勒效应很小,所以共集电极电路的高频响应特性也较好,上限截止频率也很高。

3.5.5 场效应管放大电路的频率响应

1. 场效应管的高频小信号模型

由于场效应管各极之间存在极间电容,其高频小信号模型与晶体管类似。根据场效应管的结构,参照双极型晶体管的混合 Π 型高频小信号模型,可得到图 3.5.25 所示场效应管高频小信号模型。它是在低频小信号模型的基础上增加了三个极间电容,其中栅源电容 C_{gs}、栅漏电容 C_{gd} 一般在 10 pF 以内,漏源电容 C_{ds} 一般

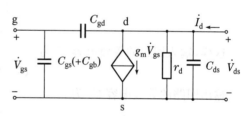

图 3.5.25 场效应管的高频小信号模型

不到 1 pF。在 MOS 管中,衬底 B 与源极 s 相连,所以栅极和衬底间的电容 C_{gb} 可以归纳到 C_{gs} 中。

场效应管放大电路的频率响应与晶体管放大电路的频率响应的分析方法和结果基本相似,下面介绍共源放大电路的频率响应。

2. 场效应管共源放大电路的频率响应

将图 3.5.26 所示共源极放大电路中的场效应管用高频小信号模型替换,忽略 r_{ds} 的影响,并将耦合电容、旁路电容仍然视为短路,就得到场效应管共源极放大电路的高频等效电路,如图 3.5.27 所示。

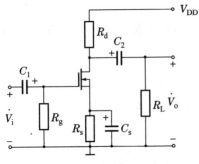

图 3.5.26　共源极放大电路

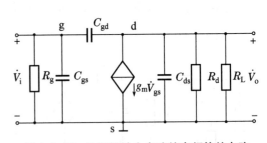

图 3.5.27　共源极放大电路的高频等效电路

为了便于分析,将跨接在栅漏之间的电容 C_{gd} 进行单向化处理,即将其折合到输入回路和输出回路,只要保证折算前后的电流相等即可。于是分别折算为输入回路的电容 C_{M1} 和输出回路的电容 C_{M2},如图 3.5.28 所示。

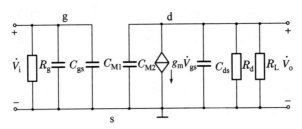

图 3.5.28　图 3.5.27 电路的简化高频等效电路

其中

$$C_{M1}=C_{gd}[1+g_m(R_d /\!/ R_L)] \tag{3.5.50}$$

$$C_{M2}\approx C_{gd} \tag{3.5.51}$$

这样,输入回路的等效电容 C_i 为

$$C_i=C_{gs}+C_{M1} \tag{3.5.52}$$

输出回路的等效电容 C_o 为

$$C_o=C_{ds}+C_{M2} \tag{3.5.53}$$

因 C_o 远小于 C_i,故可以忽略 C_o 的影响,得到如图 3.5.29 所示的共源极放大电路的高频简化电路。

根据图 3.5.29,可得电路的电压增益为

$$\dot{A}_{vsh}=\frac{\dot{A}_{vsm}}{1+\mathrm{j}\dfrac{f}{f_H}} \tag{3.5.54}$$

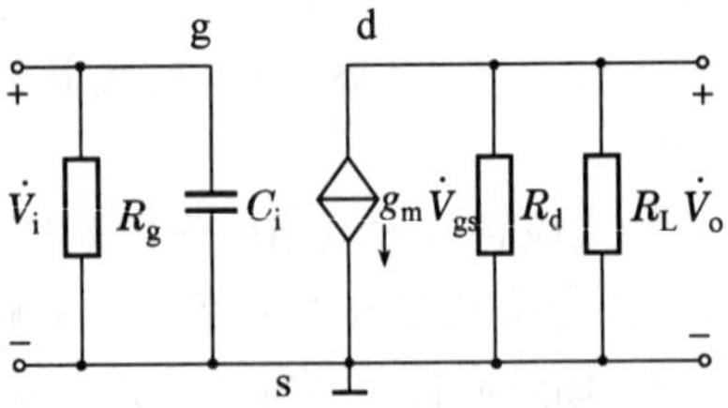

图 3.5.29　图 3.5.28 电路的高频简化电路

式中 $\dot{A}_{vsm}=-g_m(R_d /\!/ R_L)=-g_m R_L'$。

所以,上限截止频率为

$$f=\frac{1}{2\pi R_g C_i} \tag{3.5.55}$$

在低频段,场效应管的极间电容都可以视为开路,这时须考虑电路中耦合电容、旁路电容的影响,具体分析方法参见 3.5.3 节单级共射极放大电路的频率响应中的"低频响应"部分。

场效应管共源极放大电路的幅频特性曲线和相频特性曲线如图 3.5.30 所示。

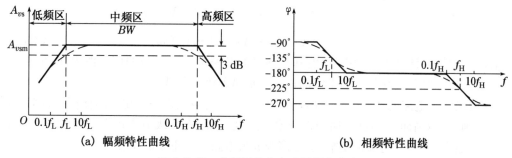

(a) 幅频特性曲线　　　　　　(b) 相频特性曲线

图 3.5.30　共源极放大电路的频率响应

3.5.6　多级放大电路的频率响应

根据 3.4 节的分析,多级放大电路的电压增益 A_v 为各级电压增益的乘积。因为各级放大电路的电压增益是频率的函数,所以多级放大电路的电压增益 A_v 也必然是频率的函数。

为了简明起见,假设有一个两级放大电路,由两个通带电压增益相同,频率响应相同的单管共发射极放大电路构成,级间采用 RC 耦合方式,由于耦合环节具有隔离直流、传送交流的作用,两级的静态工作情况互不影响,而信号则可顺利通过。下面来定性分析其幅频响应,研究它与所含单级放大电路的频率响应的关系

设每级的通带电压增益为 A_{vM1},则每级的上限频率 f_{H1} 和下限频率 f_{L1} 处对应的电压增益为 $A_{vM1}/\sqrt{2}=0.707A_{vM1}$,两级电压放大电路的通带电压增益为 A_{vM1}^2。显然,这个两级放大电路的上、下限频率不可能是 f_{H1} 和 f_{L1},因为对应于这两个频率的电压增益是 $(0.707A_{vM1})^2=0.5A_{vM1}^2$,根据放大电路通频带的定义,当该电路的电压增益为 $0.707A_{vM1}^2$ 时,对应的低端频率为下限频率 f_L,高端频率为上限频率 f_H,如图 3.5.31 所示。

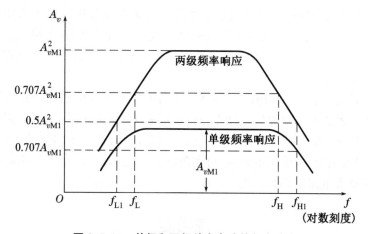

图 3.5.31　单级和两级放大电路的频率响应

显然,$f_L > f_{L1}$,$f_H < f_{H1}$,即两级放大电路的通频带变窄了。依此推广到 n 级放大电路,其总电压增益为各单级放大电路电压增益的乘积,即

$$\dot{A}_v(j\omega) = \frac{\dot{V}_o(j\omega)}{\dot{V}_i(j\omega)} = \frac{\dot{V}_{o1}(j\omega)}{\dot{V}_i(j\omega)} \cdot \frac{\dot{V}_{o2}(j\omega)}{\dot{V}_{o1}(j\omega)} \cdots \frac{\dot{V}_{on}(j\omega)}{\dot{V}_{o(n-1)}(j\omega)}$$

或 $$\dot{A}_v(j\omega) = \dot{A}_{v1}(j\omega) \cdot \dot{A}_{v2}(j\omega) \cdots \dot{A}_{vn}(j\omega) \tag{3.5.56}$$

应当注意的是,在计算各级的电压增益时,前级的开路电压是下级的信号源电压;前级的输出阻抗是下级的信号源阻抗,而下级的输入阻抗是前级的负载。

从两级放大电路的通频带可推出,多级放大电路的通频带一定比它的任何一级都窄,级数愈多,则 f_L 越高而 f_H 越低,通频带越窄。这就是说,将几级放大电路串联起来后,总电压增益虽然提高了,但通频带变窄,这是多级放大电路一个重要的特征。

本章小结

1. 放大电路是最基本的模拟信号处理电路。用输入电阻 R_i、输出电阻 R_o 和受控电压源或受控电流源等基本元件,可建立起电压放大、电流放大、互阻放大和互导放大四种放大电路模型,用于对放大电路基本特性的分析及实现四种放大模型之间的相互转换。增益、输入电阻、输出电阻、非线性失真和通频带等主要性能指标是衡量放大电路品质优劣的标准,也是设计放大电路的依据。可对放大电路分析、计算或对实际电路的测量来确定这些性能指标。

2. 晶体管在放大电路中有共射、共集和共基三种组态,按照相应的电路输出量与输入量之间的大小与相位的关系,分别将它们称为反相电压放大器、电压跟随器和电流跟随器。

3. 放大电路的图解分析方法承认电子器件的非线性,在晶体管的输入、输出特性曲线上用作图的方法求 Q 点、分析放大电路的工作情况。而小信号模型分析法则是将非线性特性的局部线性化,用分析线性电路的方法来求解电路的电压增益、输入电阻和输出电阻。

4. 放大电路静态工作点不稳定的原因主要是由于受温度的影响。常采用基极分压式射极偏置电路,利用发射极接电阻引入串联负反馈来实现静态工作点的稳定。

5. 场效应管放大电路的直流偏置通常采用自给偏置和分压式偏置两种方式。分压式偏置电路适用于各种类型的场效应管组成的放大电路,而自给偏置电路只适用于 JFET 和耗尽型 MOS 管。直流分析有图解法和计算法,用于求解管子的静态工作点 $Q(V_{GSQ}、I_{DQ}、V_{DSQ})$ 是否工作在恒流区。

6. 场效应管放大电路的共源极、共漏极、共栅极三种基本组态,与晶体管的共发射极、共集极、共基极三种组态分别对应。动态分析也可采用图解法和小信号模型等效电路法,用于计算电路的 A_v、R_i、R_o。共源极放大电路电压增益最高,适用于多级放大电路的中间级;共漏放大电路输入电阻高,输出电阻低,可作阻抗变换,适用于放大电路的输出级、缓冲级或输入级;共栅极放大电路的高频特性好。

练习题

【微信扫码】
自我检测

1. 电路如图题 3.1 所示,三极管的 $V_{BEQ} = 0.7\ \text{V}$,$\beta = 200$,求该电路的 I_{BQ}、I_{CQ} 和 V_{CEQ}。

2. 电路如图题 3.2 所示,晶体管的 $V_{BEQ}=0.6\,V$,$\beta=100$,试求当 $V_{CEQ}=V_{CC}/2$ 时,该电路的 I_{BQ}、I_{CQ}、I_{EQ} 和 V_{CEQ}。

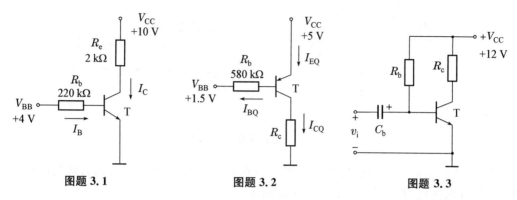

图题 3.1　　　　　　　图题 3.2　　　　　　　图题 3.3

3. 共发射极电路如图题 3.3 所示,晶体管的 $V_{BEQ}=0.7\,V$,$\beta=100$,试确定电阻 R_b 和 R_c 阻值,使得静态工作点 $I_{CQ}=1\,mA$、$V_{CEQ}=6\,V$。

4. 画出图题 3.4 所示各放大电路的直流通路和交流通路。设各电容的容抗对交流信号可视为短路。

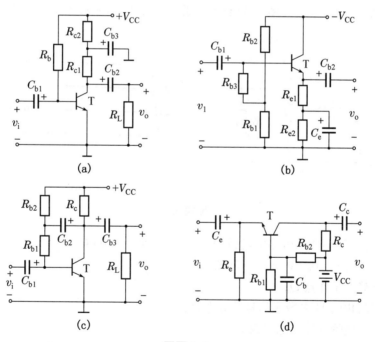

(a)　　　　　　　　　　(b)

(c)　　　　　　　　　　(d)

图题 3.4

5. 放大电路如图题 3.5(a)所示,晶体管的输出特性曲线和交、直流负载线如图题 3.5(b)所示,设晶体管的 $V_{CEQ}=0.7\,V$,试确定电阻 R_b 和 R_c 的阻值。

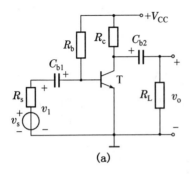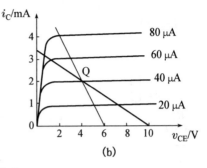

图题 3.5

6. 图题 3.5(a)所示的放大电路,当参数分别发生下列变化时,试分析直流负载线和 Q 点会发生什么变化,并在输出特性曲线上画出示意图。

(1) 当 R_b 减小;

(2) 当 R_c 减小;

(3) 当 V_{CC} 增加。

7. 电路如图题 3.7(a)所示,图题 3.7(b)是其输出特性曲线,设晶体管的 $V_{BEQ}=0.7\,V$。利用图解法分别求出 $R_L=\infty$ 和 $R_L=3\,k\Omega$ 时的静态工作点,以及最大不失真输出电压。

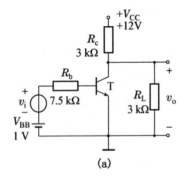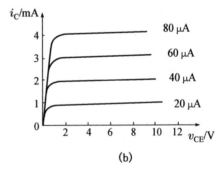

图题 3.7

8. 在图题 3.5(a)所示电路中,已知 $V_{CC}=12\,V$, $R_b=510\,k\Omega$, $R_s=2\,k\Omega$, $R_c=3\,k\Omega$, $R_L=3\,k\Omega$,晶体管的 $V_{BEQ}=0.7\,V$, $r_{bb'}=150\,\Omega$, $\beta=80$。

(1) 估算静态工作点 Q;

(2) 画出简化的 H 参数小信号等效电路;

(3) 估算三极管的输入电阻 R_i;

(4) 计算电压增益 A_v、对信号源的电压增益 $A_{vs}(=V_o/V_s)$、输入电阻 R_i 和输出电阻 R_o。

9. 一个固定偏流放大电路,没有接负载电阻 R_L 时的电压增益 $A_v=-120$,静态电流 $I_{CQ}=2\,mA$, $V_{CC}=12\,V$ 并且三极管的 $r_{bb'}=200\,\Omega$, $\beta=50$, V_{BEQ} 可以忽略,求 R_b 和 R_c 的阻值,并计算 V_{CEQ}。

10. 电路如图题 3.10 所示,晶体管的 $r_{bb'}=100\,\Omega$, $\beta=50$, $V_{BEQ}=0.7\,V$。分别计算 $R_L=\infty$ 和 $R_L=5.1\,k\Omega$ 时的静态工作点、电压增益 A_v、输入电阻 R_i 和输出电阻 R_o。

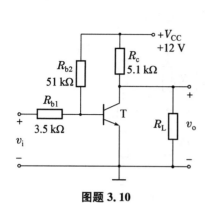

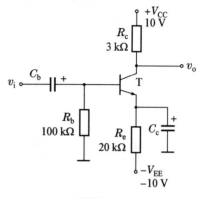

图题 3.10　　　　　　　　　　　图题 3.11

11. 电路如图题 3.11 所示,设晶体管的 $V_{BEQ}=0.7\,V$, $r_{bb'}=0$, $\beta=100$, 电容的容抗对交流信号可视为短路。

(1) 估算静态工作点;

(2) 计算电压增益 A_v、输入电阻 R_i 和输出电阻 R_o。

12. 电路如图题 3.12 所示,静态工作电流 $I_{EQ}=0.8\,mA$, $R_L=4\,k\Omega$, 晶体管的 $V_{BEQ}=0.7\,V$, $r_{bb'}=0$, $\beta=65$, 电容的容抗对交流信号可视为短路。

(1) 试确定电阻 R_b 和 R_c 的阻值,使得基极和集电极的直流电位分别为 0.3 V 和 -3 V;

(2) 计算电压增益 A_v。

13. 固定偏流电路如图题 3.5(a)所示,在室温条件下,静态电压 $V_{CEQ}=5\,V$,当温度升高时,V_{CEQ} 将如何变化? 如何改变电路可以减小温度对 V_{CEQ} 的影响?

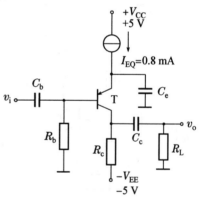

图题 3.12

14. 由于固定偏流电路的集电极电流 I_C 将随温度升高而增加,图题 3.14 所示电路是利用二极管的反向特性进行温度补偿,试分析其稳定静态工作点的过程。(提示:二极管反向电流 I_s 随温度升高而增加)

15. 图题 3.15 所示电路是利用二极管的正向特性进行温度补偿,试分析其稳定静态工作点的过程。(提示:温度升高时,二极管的正向压降将减小)

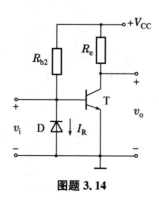

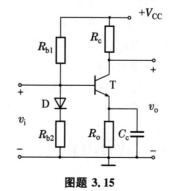

图题 3.14　　　　　　　　　　　图题 3.15

16. 图 3.16 所示的偏置电路中,热敏电阻 R_t 具有正温度系数,问能否起到稳定静态工作点的作用? 如果不能,应换成具有怎样温度系数的热敏电阻?

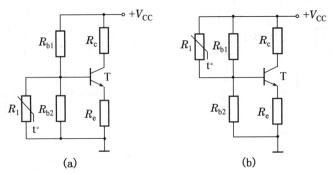

(a)　　　　　　　　(b)

图题 3.16

17. 电路如图题 3.17 所示,晶体管的 $V_{BEQ}=0.7$ V,$r_{bb'}=200$ Ω,$\beta=50$,设各电容的容抗对交流信号可视为短路。

(1) 估算静态工作点 Q;

(2) 计算电压增益 A_v、输入电阻 R_i 和输出电阻 R_o。

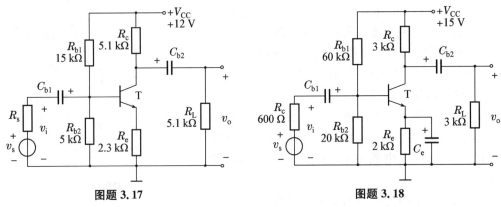

图题 3.17　　　　　　　　图题 3.18

18. 电路如图 3.18 所示,晶体管的 $V_{BEQ}=0.7$ V,$r_{bb'}=200$ Q,$\beta=60$,设各电容的容抗对交流信号可视为短路。

(1) 估算静态工作点 Q;

(2) 计算源电压增益 A_{vs}、输入电阻 R_i 和输出电阻 R_o;

(3) 当 R_e 增大时,A_v 将如何变化?

19. 电路如图题 3.19 所示,晶体管的 $V_{BEQ}=0.6$ V,$r_{bb'}=300$ Ω,$\beta=50$,设各电容的容抗对交流信号可视为短路。

(1) 若使静态电流 $I_{CQ}=1$ mA,计算 R_{e2};

(2) 计算电压增益 A_v、输入电阻 R_i 和输出电阻 R_o;

(3) 当 $V_s=10$ mV 时,计算 V_o。

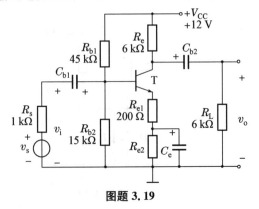

图题 3.19

20. 电路如图题 3.4(d)所示,设各电容的容抗对交流信号可视为短路。

(1) 试写出静态工作点的表达式;

(2) 试写出电压增益 A_v、输入电阻 R_i 和输出电阻 R_o 的表达式;

(3) 若将电容 C_e 开路,对电路会产生什么影响?

21. 共集电极电路如图题 3.21 所示,晶体管的 $V_{BEQ}=0.7$ V,$r_{bb'}=0$,$\beta=100$,电容的容抗对交流信号可视为短路。

(1) 估算静态工作点 Q;

(2) 画出简化的 H 参数小信号等效电路;

(3) 计算电压增益 A_v、输入电阻 R_i 和输出电阻 R_o。

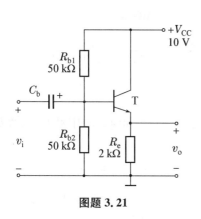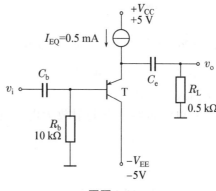

图题 3.21　　　　　　　　　　　图题 3.22

22. 电路如图题 3.22 所示,晶体管的 $V_{BEQ}=0.7$ V,$r_{bb'}=100$ Ω,$\beta=80$,电容的容抗对交流信号可视为短路。

(1) 计算基极和发射极的直流电位;

(2) 计算电压增益 A_v、输入电阻 R_i 和输出电阻 R_o。

23. 电路如图题 3.23 所示,晶体管的 $V_{BEQ}=0.7$ V,$r_{bb'}=200$ Ω,$\beta=100$,试计算

(1) 静态工作点 Q;

(2) 计算电压增益 $A_{vs1}=v_{o1}/v_s$,$A_{vs2}=v_{o2}/v_s$;

(3) 输入电阻 R_i、输出电阻 R_{o1} 和 R_{o2}。

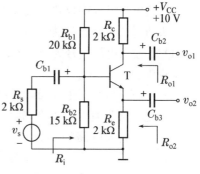

图题 3.23

24. 电路如图题 3.24 所示。设两管的 $\beta=100$,$V_{BEQ}=0.7$ V,试求

(1) I_{CQ1}、V_{CEQ1}、I_{CQ2}、V_{CEQ2};

(2) A_{v1}、A_{v2}、A_v、R_i 和 R_o。

25. 电路如图题 3.25 所示。设两管的 $\beta=100$,$V_{BEQ}=0.7$ V,试求

(1) 估算两管的 Q 点(设 $I_{BQ2}\ll I_{CQ1}$);

(2) 求 A_v、R_i 和 R_o。

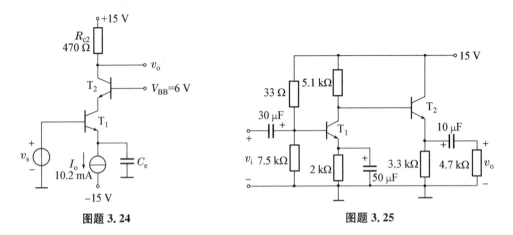

图题 3.24 　　　　　　　　　　　　　　　图题 3.25

26. 某放大电路的电压增益的复数表达式为 $\dot{A}_{vs} \approx \dfrac{-100\mathrm{j}f}{(1+\mathrm{j}f/10)(1+\mathrm{j}f/10^4)(1+\mathrm{j}f/10^5)}$。

(1) 画出该放大电路的波特图;

(2) 由波特图确定 f_H、f_L 和 A_{vs} 各为多少?

27. 一单级阻容耦合共射放大电路的通频带是 50 Hz～50 kHz,中频电压增益为 $|\dot{A}_{vM}|=40$ dB,最大不失真输出电压范围为 -3 V～$+3$ V。

(1) 若输入一个 $v_i=10\sin(4\pi\times10^3\,t)$mV 的正弦信号,输出波形是否会产生频率失真和非线性失真? 若不失真,则输出电压的峰值是多大? $\dot{V}_o$ 与 $\dot{V}_i$ 间的相位差是多少?

(2) 若 $v_i=40\sin(4\pi\times25\times10^3 t)$mV,重复回答(1)中的问题。

(3) 若 $v_i=10\sin(4\pi\times50\times10^3 t)$mV,输出波形是否会失真?

28. 某单级阻容耦合共射放大电路的中频电压增益为 40 dB,通频带是 20 Hz～20 kHz,最大不失真输出电压范围为 -3 V～$+3$ V。

(1) 若输入电压信号为 $v_i=20\sin(2\pi\times10^3 t)$mV,输出电压的峰值是多少? 输出波形是否会出现失真?

(2) 若输入为非正弦波,其谐波频率范围为 1 kHz～30 kHz,最大幅值为 50 mV。试问输出信号是否会失真? 若失真,属什么失真?

29. 单级放大电路如图题 3.29 所示。已知 $I_C=2.5$ mA,$\beta=100$,$C_{b'e}=4$ pF,$f_T=500$ MHz,$r_{bb'}=50$ Ω。试画出小信号等效电路图;并求放大电路的上限频率 f_H 和下限频率 f_L。

30. 在图题 3.30 所示电路中,设 $\beta=30$,$V_{BE}=0.2$ V,$r_{be}=1$ kΩ,试估算 A_{vsM} 和 f_L。

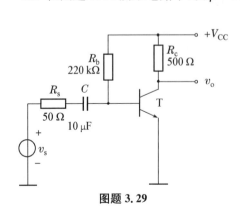

图题 3.29

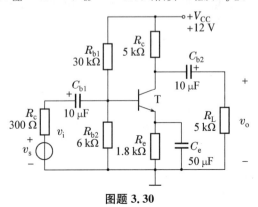

图题 3.30

31. 电路如图题 3.31 所示,已知 $R_{g1}=300$ kΩ,$R_{g2}=200$ kΩ,$R_d=5$ kΩ,$V_{DD}=5$ V,$V_T=1$ V,$K_n=0.5$ mA/V^2,试计算电路的漏极电流 I_D 和漏源电压 V_{DS},并判断该场效应管工作在哪个区。

32. P 沟道增强型 MOS 管共源极电路如图题 3.32 所示,已知 $R_{g1}=R_{g2}=100$ kΩ,$R_d=5.5$ kΩ,$V_{DD}=5$ V,$V_T=-0.8$ V,$K_p=0.2$ mA/V^2,试计算电路的漏极电流 I_D 和漏源电压 V_{DS},并判断该场效应管工作在哪个区。

33. N 沟道增强型 MOS 管电路如图题 3.33 所示,已知 $R=10$ kΩ,$V_{DD}=10$ V,$V_T=2$ V,$K_n=0.2$ mA/V^2。试计算电路的漏极电流 I_D、漏源电压 V_{DS} 和电压 V_o 的值。

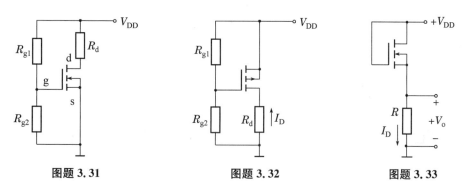

图题 3.31　　　　　　　　图题 3.32　　　　　　　　图题 3.33

34. 电路如图题 3.34 所示,设 MOS 管的参数为 $V_T=1$ V,$I_{DO}=500$ μA。电路参数为 $V_{DD}=5$ V,$-V_{SS}=-5$ V,$R_d=10$ kΩ,$R=0.5$ kΩ,$I_{DQ}=0.5$ mA。若流过 R_{g1}、R_{g2} 的电流是 I_{DQ} 的 1/10,试确定 R_{g1} 和 R_{g2} 的值。

35. 电路如图题 3.34 所示,已知 $R_d=10$ kΩ,$R_s=R=0.5$ kΩ,$R_{g1}=165$ kΩ,$R_{g2}=35$ kΩ,$V_T=1$ V,$I_{DQ}=1$ mA,电路静态工作点处 $V_{GS}=1.5$ V。试求共源极电路的小信号电压增益 A_v 和源电压增益 A_{vs}。

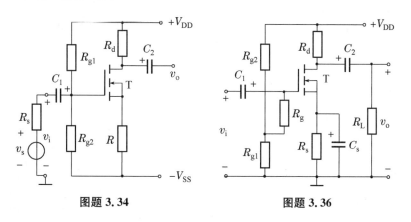

图题 3.34　　　　　　　　　　　图题 3.36

36. 电路如图题 3.36,场效应管的 $r_{ds} \gg R_d$,要求:

(1) 画出该放大电路的中频小信号等效电路;

(2) 写出 A_v、R_i 和 R_o 的表达式;

(3) 定性说明当 R_s 增大时,A_v、R_i 和 R_o 是否变化,如何变化?

(4) 若 C_s 开路,A_v、R_i 和 R_o 是否变化? 如何变化? 写出变换后的表达式。

37. N 沟道增强型 MOS 管电路如图题 3.37 所示,已知 $V_{DD} = 15$ V,$R_s = 1$ kΩ,$R = 1$ kΩ,$R_g = 10$ MΩ,$R_d = R_L = 5$ kΩ,$g_m = 2$ mA/V,r_{ds} 很大,试求:

(1) 电路没接负载时的电压增益 A_v;

(2) 接负载后对信号源电压增益 A_{vs};

(3) 输入电阻 R_i 和输出电阻 R_o。

38. N 沟道结型场效应管电路如图题 3.38 所示,已知 $V_{DD} = 40$ V,$R_g = 10$ MΩ,$R_d = 12$ kΩ,$R_1 = R_2 = 1$ kΩ,场效应管参数 $g_m = 2$ mA/V,r_{ds} 很大,试计算 $A_{v1} = v_{o1}/v_i$、$A_{v2} = v_{o2}/v_i$、输出电阻 R_{o1} 和 R_{o2}。

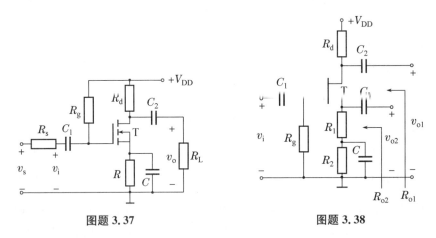

图题 3.37   图题 3.38

39. 两级放大电路如图题 3.39 所示,已知 N 沟道耗尽型 MOS 管 T_1 的参数 $g_m = 1$ mA/V,$r_{ds} = 200$ kΩ,晶体管的 $\beta = 50$,$r_{be} = 1$ kΩ。试计算电路的电压增益、输入电阻和输出电阻。

40. 电路如图题 3.40 所示。

(1) 试判断 T_1、T_2 的组态;

(2) 画出小信号模型等效电路,推导出电压增益、输入电阻和输出电阻的表达式。

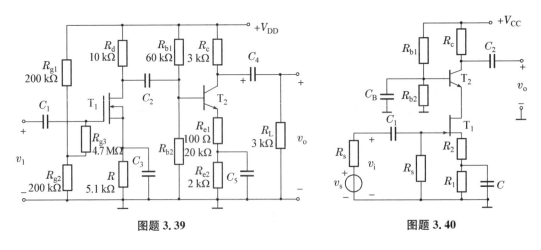

图题 3.39   图题 3.40

第4章 集成运算放大电路

本章学习目的和要求

1. 了解集成运算放大器的工作特点和基本组成；
2. 熟悉各种电流源电路的结构以及工作原理；
3. 熟悉差分式放大电路放大差模信号、抑制共模信号的原理；
4. 熟练掌握计算差分式放大电路的四种接法的差模放大倍数、差模输入电阻、差模输出电阻、共模放大倍数、共模输入电阻、共模输出电阻以及共模抑制比的方法；
5. 了解常见的集成运算放大器的各部分结构的工作原理，掌握其电压传输特性。

集成电路(Integrated Circuits,简称 IC)是把整个电路中的元器件制作在一块硅基片上,以实现特定功能的电子电路,具有体积小、重量轻等优点。从功能上分,集成电路有模拟集成电路和数字集成电路两类。运算放大器是模拟集成电路中的一种典型电路。

本章首先讨论了各种电流源结构以及工作原理,而电流源除了作为模拟集成电路中普遍使用的直流偏置以外,还可以作为放大电路的有源负载,以改善放大电路的性能。其次,本章的重点是讨论模拟集成运放中的另一组成部分,即差分式放大电路,讨论了其抑制温度漂移的原理以及主要技术指标的计算。最后,简要分析了集成运放的实际电路,介绍了集成运放的技术指标。

4.1 集成运放的特点与基本组成

【微信扫码】
扩展阅读

集成电路是相对分立电路而言的。由所需各单个元器件连接而成的电子电路,称为分立电路。一个电路的元器件及其有关的连接线制作在同一块半导体硅片上,并能完成特定功能的电子电路则称为集成电路。集成电路在体积、重量以及功耗等方面均比前者更小、更轻、更低,而且由于缩短了元器件相互之间的连接距离,免去了焊接点,从而提高了工作的可靠性,降低了成本。这些突出优点,决定了分立电路将逐渐被集成电路所取代。按集成电路的集成度可分小规模、中规模、大规模和超大规模集成电路;按电路功能可分模拟集成电路和数字集成电路。模拟集成电路又有集成运算放大器(简称集成运放)、集成功率放大器和集成稳压电源等多种。

4.1.1 集成运放电路的结构特点

模拟集成电路包括线性集成电路和非线性集成电路。所谓线性集成电路,就是输入和输出的信号呈线性关系的电路,其晶体管一般工作在放大状态,而非线性集成电路中的晶体管通常工作在开关状态。模拟集成电路包括运算放大器、功率放大器、模拟乘法器、直流稳

压器和其他专用集成电路等。本章所介绍的集成运算放大器属于线性集成电路，主要作为
信号放大器使用。

　　由于集成电路要将很多元器件做在一个很小的硅片上，其电路中的元器件种类、参数、
性能和电路结构设计都将受到集成电路制作工艺的限制，具有以下显著特点。

　　（1）元器件参数准确度不高，但具有良好的一致性和同向偏差，因而特别有利于实现需
要对称结构的电路，如差分放大电路。

　　（2）集成电路的芯片面积小，集成度高，因此功耗很小，一般在毫瓦级以下。

　　（3）不易制造大电阻。因为在集成电路中制作大电阻需要占用较大的芯片面积，而且
电阻的精度和稳定性都不高。所以，在电路中需要大电阻时，往往使用有源器件的等效电阻
替代或外接。

　　（4）在集成电路中制作电容器是比较困难的，一般只能制作几十皮法（pF）以下的小电
容。因此，集成放大器内部一般都采用直接耦合方式。如需大电容，只能外接。

　　（5）不能制作电感，如一定要用电感，也只能外接。

4.1.2　集成运放电路的基本组成

　　集成运算放大器实质上是一个高增益的多级直接耦合放大电路，其型号很多，内部电路
也各不相同，但电路的基本结构大体相同，可分为输入级、中间级、输出级和偏置电路四个组
成部分，其结构框图如图 4.1.1 所示。外部接线端子主要有三个信号端，两个电源端和一个
公共端。特殊运放还有调零端和相位补偿端。

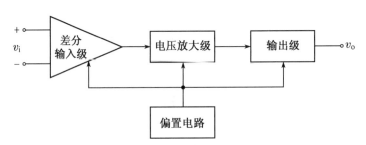

图 4.1.1　集成运放内部结构框图

　　下面分别对集成运算放大器的各部分电路特性做一个具体的说明。

1. 输入级

　　集成运放的输入级又称为前置级，是一个由双极型三极管或场效应三极管组成的双端
输入的差分放大电路。它与输出端形成了一个同相端和反相端的相位关系。对输入级的基
本要求是要有很高的输入电阻、较大的差模电压放大倍数、很强的共模信号抑制能力、很小
的静态电流和失调偏差。输入级的性能好坏直接影响集成运放的很多性能参数，如输入电
阻、共模抑制比、零漂等。因此，在集成运放的改进中，输入级的变化最大。

2. 中间级

　　中间级的主要作用是提供足够大的电压放大倍数，因此也称为电压放大级，是整个电路
的主要放大电路。从这个意义出发，不仅要求中间级具有较高的电压增益，还应具有较高的
输入电阻。另外，中间级还应向输出级提供较大的推动电流，能按需要实现单端输入到差分

输出,或差分输入到单端输出的方式转换。因此,通常中间级多采用共发射极(或共源极)放大电路,同时经常采用复合管结构,并以恒流源作集电极负载,以提高电压放大倍数,其放大倍数可达到几千倍以上。

3. 输出级

集成运放输出级的主要作用是提供足够大的输出功率,以满足负载的需要。同时还应具有较小的输出电阻,以增强带负载的能力,以及非线性失真小等特点。此外,输出级应有过载保护措施,以防负载意外短路而毁坏功率管。因此,一般集成运放的输出级多采用互补对称输出电路。

4. 偏置电路

偏置电路用于向集成运放的各级放大电路提供合适的偏置电流,确定各级静态工作点。与分立元件电路不同的是,由于集成电路工艺的特殊性,集成运放通常采用电流源电路为各级放大电路提供合适的集电极(或发射极、漏极)静态电流,从而确定静态工作点,同时将电流源电路作为放大电路的有源负载。偏置电路对集成运放的某些性能如功耗和精度有着非常重要的影响。

4.2　集成运放中的电流源电路

集成运算放大器中的偏置电路一般采用电流源偏置,这样可以保证当电源电压在一定范围内波动时放大电路的静态工作点基本稳定,增强电路的电源电压适用性。集成运算放大电路内部偏置电路中常用的电流源电路包括基本镜像电流源电路、微电流源电路、多路镜像电流源等几种结构。

4.2.1　镜像电流源电路

镜像电流源又称电流镜,是集成运放中应用十分广泛的一种偏置电路。这种电路实际上是在同一硅片上制造两个相邻的晶体管。由于它们的工艺、参数等一致,而且两管的基极和发射极分别接在一起,故可以认为两管中的电流相等,如同"镜像"一般。于是,我们可以通过改变其中一个管子的电流来控制另一个管子的电流,以调节放大电路的偏置电流,确定静态工作点。

图 4.2.1 所示为基本镜像电流源电路。图中,T_1 和 T_2 是制作在同一硅片上的两个性能一致的晶体三极管。其中 T_1 的基极与集电极相连接成二极管,通过 R 连接到电源 V_{CC},则电阻 R 上的电流为 I_{REF}。

由于 T_1 和 T_2 性能相同,且发射结并联,即 $V_{BE1}=V_{BE2}=V_{BE}$。T_1 虽然集电结零偏,但是在小电流的情况下,仍然工作在线性放大状态,设 $\beta_1=\beta_2=\beta$,则在忽略基区宽度调制效应的条件下,有

$$I_{C1}=I_{C2} \tag{4.2.1}$$

$$I_R=\frac{V_{CC}-V_{BE}}{R} \tag{4.2.2}$$

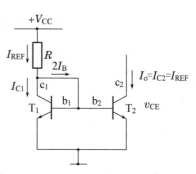

图 4.2.1　基本镜像电流源电路

$$I_{\mathrm{o}}=I_{\mathrm{C2}}=I_{\mathrm{C1}}=I_R-2I_B=I_R-\frac{2\,I_{\mathrm{C1}}}{\beta}=I_R-\frac{2I_{\mathrm{o}}}{\beta} \tag{4.2.3}$$

$$I_{\mathrm{o}}=\frac{I_R}{1+\dfrac{2}{\beta}}\approx I_R\left(1-\frac{2}{\beta}\right)=\frac{V_{\mathrm{CC}}-V_{\mathrm{BE}}}{R}\left(1-\frac{2}{\beta}\right) \tag{4.2.4}$$

当 $\beta\gg2$ 且 $V_{\mathrm{CC}}\gg V_{\mathrm{BE}}$ 时,从上式可以得出 $I_{\mathrm{o}}\approx I_R$。可见,当电源电压和电阻值确定以后,$I_R$ 也就确定了,电流源的电流 I_{o} 始终与 I_R 一致,就像是 I_R 的镜像,所以这个电路被称为基本镜像电流源电路。

这种电路结构简单,并且具有一定的温度补偿作用,但是也存在以下不足之处:

(1) 受电源的影响大。当 V_{CC} 变化时,I_R 几乎也同样随之变化,因此,它不适应电源电压在大幅度变动的情况下运行。

(2) 由于恒流特性不够理想,管子 c-e 极间电压变化时,I_{C} 也作相应变化,即电流源的输出电阻还不够大。

(3) 图 4.2.1 电路中输出电流 I_{C2} 与基准电流仅仅近似相等,特别是当 β 值不够大时,两者之间误差更大。

4.2.2　微电流源电路

由于在集成电路中制造大电阻特别困难,因此在镜像电流源电路中的输出电流一般是毫安级的,如果需要得到微安级甚至更小的电流,用图 4.2.1 的电路是不合适的。

图 4.2.2 是模拟集成电路中常用的一种电流源。与图 4.2.1 相比,在镜像电流源电路 T_2 管的发射极上加接电阻 R_e。当 I_R 一定时,I_{C2} 可确定如下:

因为 $\qquad V_{\mathrm{BE1}}-V_{\mathrm{BE2}}=\Delta V_{\mathrm{BE}}=I_{\mathrm{E2}}R_e \tag{4.2.5}$

所以 $\qquad I_{\mathrm{C2}}\approx I_{\mathrm{E2}}=\dfrac{\Delta V_{\mathrm{BE}}}{R_e} \tag{4.2.6}$

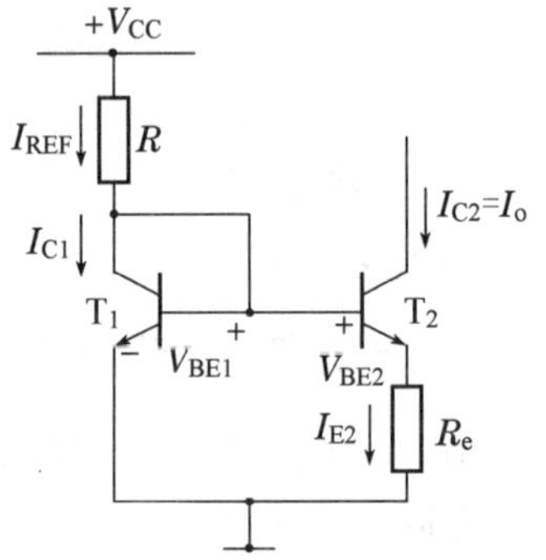

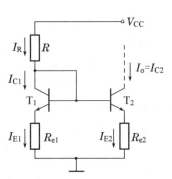

图 4.2.2　微电流源电路

由上式可知,利用两个管子的基极-射极电压差 ΔV_{BE} 可以控制输出电流 I_{C2}。由于 ΔV_{BE} 的数值非常小,所以 R_e 不需要很大就可以得到微小的工作电流,我们称之为微电流源。

4.2.3　比例式电流源电路

在集成运算放大器的电流源偏置电路中,有时需要提供与基准电流 I_R 成特定比例关系的偏置电流 I_{o}。如图 4.2.3 所示的电路就具有这样的功能。

由图 4.2.3 可见,

$$V_{\mathrm{BE1}}+I_{\mathrm{E1}}R_{e1}=V_{\mathrm{BE2}}+I_{\mathrm{E2}}R_{e2} \tag{4.2.7}$$

设 β 足够大,则 $I_E\approx I_C$,即 $V_{\mathrm{BE1}}+I_{\mathrm{C1}}R_{e1}=V_{\mathrm{BE2}}+I_{\mathrm{C2}}R_{e2}$,因此有

图 4.2.3　比例式电流源电路

$$I_{C2}R_{e2} = I_{C1}R_{e1} + (V_{BE1} - V_{BE2}) = I_{C1}R_{e1} + V_T \ln \frac{I_{E1}}{I_{S1}} - V_T \ln \frac{I_{E2}}{I_{S2}} \tag{4.2.8}$$

可以解得

$$I_o = I_{C2} = I_{C1}\frac{R_{e1}}{R_{e2}} + \frac{V_T}{R_{e2}}\ln\frac{I_{E1}}{I_{E2}}\frac{I_{S2}}{I_{S1}} = I_R\frac{R_{e1}}{R_{e2}} + \frac{V_T}{R_{e2}}\ln\frac{I_{E1}}{I_{E2}}\frac{I_{S2}}{I_{S1}} \tag{4.2.9}$$

由于两个晶体管对称, $I_{S1} \approx I_{S2}$, 则可以得到输出电流表示为

$$I_o = I_R\frac{R_{e1}}{R_{e2}} + \frac{V_T}{R_{e2}}\ln\frac{I_{E1}}{I_{E2}} \tag{4.2.10}$$

此时即使两个晶体管的电流差别很大, 如 $\frac{I_{E1}}{I_{E2}} = 100$, 由于 $V_T = 26 \text{ mV}$, 上式的后一项等于 $\frac{120 \text{ mV}}{R_{e2}}$, 也还是较小的量。所以在 $I_R R_{e1} \gg 120 \text{ mV}$ 的条件下, 有

$$I_o \approx I_R\frac{R_{e1}}{R_{e2}} \tag{4.2.11}$$

即电流源的电流比等于电阻比的倒数。通过改变电阻可以很方便地得到需要的工作电流值。

4.2.4 多路电流源电路

在一个集成电路中有多个晶体管需要提供一定比例关系的多个偏置电流, 如多级放大电路中后级的偏置电流就要比前级的偏置电流大一些。图 4.2.4 是一种可以提供多路成一定比例关系的电流源偏置电路, 其分析方法与比例式镜像电流源类似, 不再赘述。

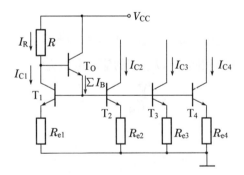

图 4.2.4 多路电流源电路

4.2.5 电流源为负载的放大电路

在集成电路设计中, 为了改善放大器的性能以及集成电路工艺的需要, 通常用电流源代替放大器的负载电阻, 称为放大器的有源负载(Active Load)。图 4.2.5 就是采用有源负载的共源放大器和共射放大器。

图 4.2.5(a)中的 T_2、T_3 构成镜像电流源, $I_{D2} = I_{REF}$, 而 I_{D2} 也就是 T_1 的静态工作电流。下面对图 4.2.5(a)电路进行交流小信号分析, 以确定它的电压增益。

图 4.2.6 是在不考虑后级的负载电阻情况下的有源负载共源极放大器的交流小信号等效电路。由于 T_2 仅提供直流静态工作点, 其等效模型中的受控电流源对于交流信号而言等

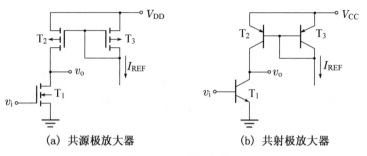

(a) 共源极放大器　　　　　　　(b) 共射极放大器

图 4.2.5　有源负载

于开路，所以它对于 T_1 的影响只是它的输出电阻 r_{ds2}。

根据图 4.2.6 可以写出此放大器的交流小信号电压增益如(4.2.12)式。由于我们只关心增益的大小，式中忽略了表示相位的负号。

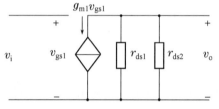

图 4.2.6　有源负载共源极放大器的交流小信号等效电路

$$A_v = g_{m1}(r_{ds1} /\!/ r_{ds2}) \qquad (4.2.12)$$

上述结果也可以推广到共射极放大器，只要将其中的 r_{ds} 换成 r_{ce} 即可。由于在一般情况下晶体管的输出电阻比较大，所以采用有源负载的放大器可以获得很高的增益。

【例 4.2.1】　图 4.2.5(a)中，T_1 的工作参数为 $K_n = 5$ mA/V^2，$I_{DQ} = 0.1$ mA，厄尔利[①]电压(Early Voltage)为 $V_{A1} = 100$ V，T_2 的厄尔利电压为 $V_{A2} = 100$ V，求放大器的增益。

解　T_1 的跨导为

$$g_m = 2K_n(V_{GSQ} - V_T) = 2\sqrt{K_n I_{DQ}}$$

由于 T_1 和 T_2 的工作电流相同，所以它们的输出电阻为

$$r_{ds1} = \frac{V_{A1}}{I_{DQ}}, \quad r_{ds2} = \frac{V_{A2}}{I_{DQ}}$$

所以该电路的增益为

$$A_v = -g_{m1}(r_{ds1} /\!/ r_{ds2}) = -2\sqrt{\frac{K_n}{I_{DQ}}} \cdot \frac{1}{\dfrac{1}{V_{A1}} + \dfrac{1}{V_{A2}}}$$

代入题中的数据，我们可以得到放大器的增益为 $A_v = -707(57$ dB)。

为了进行比较，假设在图 4.2.5 中采用电阻负载，而电阻负载的电压增益为 $A_v = g_m(r_{ds} /\!/ R_L)$，所以若要达到 57 dB 的增益，需要的电阻负载将高达 1 MΩ。由于流过此电阻的静态电流为 $I_{DQ} = 0.1$ mA，所以电源电压在此电阻上的压降将达到 100 V。这在集成电阻中几乎是不可想象的。

通过上述分析讨论，我们可以知道采用有源负载的放大器的一些重要特点：

————————

①　晶体管输出特性曲线的反向延长线与横轴交点的横坐标 V_A，称为厄尔利电压，其大小决定输出特性曲线的上翘程度。详见书末参考文献[2]，P68~P69。

（1）有源负载放大器一般具有很高的电压增益，其数值主要取决于晶体管的输出阻抗，输出阻抗越高，电压增益越大。在多级放大电路中运用有源负载放大器可以减少放大器的级数，从而提高放大器的稳定性。同时也应该注意到，为了保持有源负载放大器的高增益，后级电路应该具有很高的输入阻抗。

（2）在保证晶体管进入正常放大状态（BJT 在放大区，FET 在饱和区）的前提下，有源负载放大器的增益与电源电压无关，这为放大器的低电压应用提供了十分有利的条件。这与采用电阻负载的放大器很不相同。在采用电阻负载的放大器中，电压增益正比于负载电阻。要提高放大器的电压增益就必须提高负载电阻，从而提高负载电阻上的压降，同时还必须保证晶体管工作在正常放大状态，所以最终结果是提高电源电压。

（3）有源负载放大器在集成电路生产中不需要大电阻，可以大大节约芯片面积。

4.3　差分式放大电路

人们在实验中发现，在直接耦合的多级放大电路中，即使将输入端短路，用灵敏的直流表测量输出端，也会有变化缓慢的输出电压。这种输入电压为零，而输出电压的变化不为零的现象称为零点漂移。

在放大电路中，任何元件参数的变化，如电源电压的波动、元件的老化、半导体器件参数随温度的变化而产生的变化，都将导致输出电压的漂移。尤其在直接耦合的多级放大电路中，由于前后级直接相连，前一级的漂移电压会和有用信号一起被送到下一级，而且逐级放大，以致有时在输出端很难区分什么是有用信号，什么是漂移电压，最终导致放大电路不能正常工作。

采用高质量的稳压电源和使用经过老化实验的元件就可以大大减小零点漂移现象的产生。这样，由温度引起的半导体器件参数的变化就成为产生零点漂移现象的主要原因。因此，零点漂移也被称为温度漂移，简称温漂。

在前面的章节中曾经讲到稳定静态工作点的方法，这些方法也是抑制温度漂移的方法。因为在一定意义上，零点漂移就是静态工作点的漂移，所以，抑制温度漂移的方法如下：

（1）在电路中引入直流负反馈，如典型的静态工作点稳定电路图中的发射极电阻R_e所起的作用。

（2）采用温度补偿的方法，利用热敏元件来抵消放大管的变化。

（3）采用特性相同的管子，使它们的温漂相互抵消，构成差分放大电路。

其中的差分放大电路在性能上有许多优点，是模拟集成电路的一个重要组成单元。本节主要介绍差分电路的一般结构以及动态和静态分析方法。

4.3.1　基本差分放大电路

基本形式的差分放大电路如图 4.3.1 所示。

1. 电路组成

将两个电路结构、参数均相同的共射极放大电路组合在一起，就构成差分放大电路的基本形式，如图 4.3.1 所示。输入电压 v_{i1} 和 v_{i2} 分别加在两管的基极，输出电压等于两管的集电极电压之差。

在理想情况下,电路中左右两部分三极管的特性和电阻的参数均完全相同,则当输入电压等于零时,$V_{CQ1}=V_{CQ2}$,故输出电压 $V_O=0$。如果温度升高使 I_{CQ1} 增大,V_{CQ1} 减小,则 I_{CQ2} 也将增大,V_{CQ2} 也将减小,而且两管变化的幅度相等,结果 T_1 和 T_2 输出端的零点漂移将互相抵消。

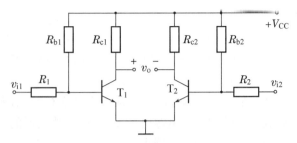

图 4.3.1　差分放大器的基本电路形式

2. 两种输入方式——差模输入和共模输入方式

差分放大电路有两个输入端,可以分别加上两个输入电压 v_{i1} 和 v_{i2}。如果两个输入电压大小相等,而且极性相反,这样的输入方式称为差模输入,如图 4.3.2 所示。差模输入电压用符号 v_{id} 表示。

如果两个输入信号不仅大小相等,而且极性也相同,这样的输入方式称为共模输入,如图 4.3.3 所示。共模输入电压用符号 v_{ic} 表示。

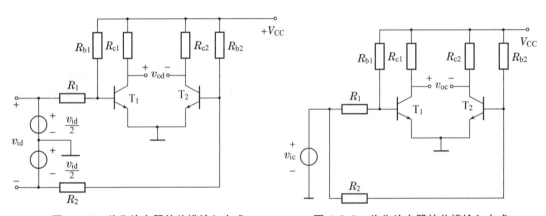

图 4.3.2　差分放大器的差模输入方式　　　图 4.3.3　差分放大器的共模输入方式

实际上,在差分放大电路的两个输入端加上的任意大小、任意极性的输入电压 v_{i1} 和 v_{i2},都可以被认为是差模输入电压与共模输入电压的组合,其中差模输入电压 v_{id} 和共模输入电压 v_{ic} 的值分别为

$$v_{id}=v_{i1}-v_{i2} \tag{4.3.1}$$

$$v_{ic}=\frac{1}{2}(v_{i1}+v_{i2}) \tag{4.3.2}$$

因此,只要分析清楚差分放大电路对差模输入信号和共模输入信号的响应,利用叠加定理即可完整地描述差分放大电路对所有各种输入信号的响应。

通常情况下,认为差模输入电压反映了有效的信号,而共模输入电压则能反映了由于温度变化而产生的漂移信号,或者是随着有效信号一起进入放大电路的某种干扰信号。

3. 差模电压放大倍数、共模电压放大倍数和共模抑制比

放大电路对差模输入电压的放大倍数称为差模电压放大倍数,用 A_{vd} 表示,即

$$A_{vd}=\frac{v_{od}}{v_{id}} \tag{4.3.3}$$

而放大电路对共模输入电压的放大倍数称为共模电压放大倍数，用A_{vc}表示，即

$$A_{vc} = \frac{v_{oc}}{v_{ic}} \tag{4.3.4}$$

通常希望差分放大电路的差模电压放大倍数越大越好，而共模电压放大倍数越小越好。差分放大电路的共模抑制比用符号K_{CMR}表示，它定义为差模电压放大倍数与共模电压放大倍数之比，一般用对数表示，单位为 dB，即

$$K_{CMR} = 20 \lg \left| \frac{A_{vd}}{A_{vc}} \right| \tag{4.3.5}$$

共模抑制比能够描述差分放大电路对零漂的抑制能力。K_{CMR}越大，说明抑制零漂的能力越强。

在图 4.3.1 中，如为理想情况，即差分放大电路左右两部分的参数完全对称，则加上共模输入信号时，T_1和T_2的集电极电压完全相等，输出电压等于 0，则共模电压放大倍数A_{vc}＝0，共模抑制比$K_{CMR} = \infty$。

实际上，由于电路内部参数不可能绝对匹配，因此加上共模输入电压时，存在一定的输出电压，共模电压放大倍数$A_{vc} \neq 0$。对于这种基本形式的差分放大电路来说，从每个三极管的集电极对地电压来看，其温度漂移与单管放大电路相同，丝毫没有改善。因此在实际工作中一般不采用这种基本形式的差分放大电路。

4. 长尾式差分放大器

常用的差动放大电路如图 4.3.4 所示，由于射极电阻R_e好像电路的一个尾巴，所以被称为长尾式差分放大电路。

在长尾式差动电路中 T_1和 T_2特性、参数一致，即β、V_{BE}、I_{CEO}完全相同，两边元件也对称。电路有两个输入端、两个输出端。当$v_{i1} = v_{i2}$时，两边输入信号完全相同，称为共模信号，用v_{ic}表示。当$v_{i1} = -v_{i2}$时，两边输入信号大小相同，极性相反，称为差模信号，v_{i1}和v_{i2}分别用v_{id1}和v_{id2}表示，v_i用v_{id}表示，由于两边对称，显然有

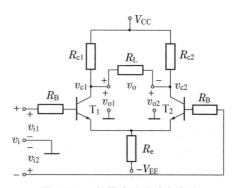

图 4.3.4　长尾式差分放大电路

$$v_{id} = 2v_{i1} = -2v_{i2} \tag{4.3.6}$$

当$v_{i1} \neq v_{i2}$时，称为任意信号。任意信号可以分解为差模信号和共模信号之和，即

$$v_{i1} = v_{ic} + v_{id1} = v_{ic} + \frac{1}{2}v_{id} \tag{4.3.7}$$

$$v_{i2} = v_{ic} + v_{id2} = v_{ic} - \frac{1}{2}v_{id} \tag{4.3.8}$$

因此有

$$v_{ic} = \frac{1}{2}(v_{i1} + v_{i2}) \tag{4.3.9}$$

$$v_{id} = v_{i1} - v_{i2} \tag{4.3.10}$$

（1）差动放大电路的静态分析

令图 4.3.4 中的$v_{i1} = v_{i2} = 0$，即得直流通路。在直流通路中，由于电路两边完全对称，

因此有

$$I_{BQ}R_B + V_{BEQ} + 2(1+\beta)I_{BQ}R_e = V_{EE} \tag{4.3.11}$$

$$I_{BQ} = \frac{V_{EE} - V_{BEQ}}{R_B + 2(1+\beta)R_e} \tag{4.3.12}$$

$$I_{CQ} = \beta I_{BQ} \tag{4.3.13}$$

$$V_{CEQ} = V_{CC} - (-V_{EE}) - I_{CQ}R_c - 2I_{EQ}R_e \tag{4.3.14}$$

取 $V_{CC} = V_{EE}$，又 $I_{CQ} \approx I_{EQ}$，因此可得

$$V_{CEQ} \approx 2V_{CC} - I_{CQ}(R_c + 2R_e) \tag{4.3.15}$$

（2）差动放大电路的动态分析

① 双端输入、双端输出的动态分析

A. 差模信号的动态分析。当 v_{i1} 和 v_{i2} 取不同的值，输出信号取自不同的端子，可以组成四种基本电路，分别为双端输入、双端输出方式，单端输入、双端输出方式，双端输入、单端输出方式，单端输入、单端输出方式。限于篇幅，本文只对双端输入、双端输出（简称双入双出）及双入单出的电路进行分析。双入、双出方式的差分放大电路如图4.3.5 所示。

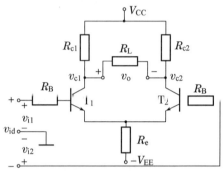

图 4.3.5　双入、双出方式的差分放大电路

在图 4.3.5 中，由于 $v_{id1} = -v_{id2} = \frac{1}{2}v_{id}$，所以 $v_{od1} = -v_{od2}$，放大器的差模放大倍数为

$$A_{vd} = \frac{v_{od}}{v_{id}} = \frac{v_{od1} - v_{od2}}{v_{id}} = \frac{2}{2}\frac{v_{od1}}{v_{id1}} = A_{v1} \tag{4.3.16}$$

式（4.3.16）说明任何双入双出的差动电路的电压放大倍数 A_{vd} 均等于单管（边）的电压放大倍数 A_v，故只要求出单管（边）的动态通路（即交流通路）就可以按 3.4 节的方法，求得 A_{vd} 和其他指标。

在图 4.3.5 电路中，由于电路对称，又由 $v_{i1} = -v_{i2}$ 可知，$i_{e1} = -i_{e2}$，即 $i_{Re} = 0$，$v_{od1} = -v_{od2}$，所以，就差模信号而言，R_L 的中点及 R_e 上端相当于动态接地，由此可得单管（边）的动态通路如图 4.3.6 所示。

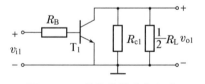

图 4.3.6　单管差模动态电路

由图 4.3.6 可以很容易得出双入、双出方式的各项动态指标

$$A_{vd} = A_{v1} = -\frac{\beta\left(R_c /\!/ \frac{1}{2}R_L\right)}{R_B + r_{be}} \tag{4.3.17}$$

$$R_{id} = \frac{v_{id}}{i_b} = \frac{2v_{id1}}{i_b} = 2(R_B + r_{be}) \tag{4.3.18}$$

$$R_{od} = 2R_c \tag{4.3.19}$$

B. 共模信号的动态分析。共模信号如从 v_o 输出称为双入双出，如从 v_{c1} 或 v_{c2} 输出则称为双入单出，如图 4.3.7 所示。

在双入双出的情况下，由电路的对称性可得

$$v_o = v_{oc} = v_{c1} - v_{c2} = 0$$

$$A_{vc} = \frac{v_{oc}}{v_{ic}} = 0 \tag{4.3.20}$$

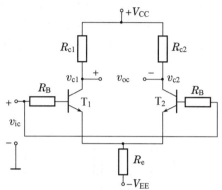

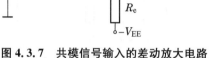

图 4.3.7　共模信号输入的差动放大电路

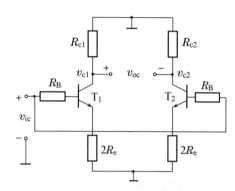

图 4.3.8　共模信号的动态通路

由于 $i_{e1} = i_{e2} = i_c$，$i_{R_e} = 2i_c$，根据电路的等效原理，可以得到共模信号输入的动态电路如图（4.3.8）所示。

由动态通路可知：

$$R_{ic} = \frac{v_{ic}}{i_c} = \frac{v_{ic}}{2i_{b1}} = \frac{1}{2}\left[R_B + r_{be} + (1+\beta) \cdot 2R_e\right] \tag{4.3.21}$$

$$R_{oc} = 2R_c \tag{4.3.22}$$

C. 共模抑制比。显然对双入、双出的差动电路来说，在理想情况下，K_{CMR} 为无穷大。共模抑制比愈大，说明抑制零漂的能力愈强。

② 双端输入、单端输出的动态分析

A. 差模信号的动态分析。双入、单出的差动放大电路如图（4.3.9）所示。由于 $v_{id1} = -v_{id2} = \frac{1}{2}v_{id}$，$R_e$ 上仍然没有电流通过，因此其上端仍然动态接地，由此可得差模电压放大倍数为

$$A_{vd} = \frac{v_{od}}{v_{id}} = \frac{v_{od1}}{2v_{id1}} = \frac{1}{2}A_{v1} = -\frac{\beta(R_c /\!/ R_L)}{2(R_B + r_{be})} \tag{4.3.23}$$

差模输入电阻为

$$R_{id} = 2(R_B + r_{be}) \tag{4.3.24}$$

图 4.3.9　双入单出的差动放大电路

差模输出电阻为

$$R_{od} = R_c \tag{4.3.25}$$

B. 共模信号的动态分析。由于 $v_{i1} = v_{i2} = v_{ic}$，$i_{R_e} = 2i_{e1}$，R_e 上的压降为 $2i_{e1}R_e$，据此可得到单管（边）的共模通路仍如图 4.3.8 所示，只要注意到单端输出 R_L 接在 T_1 的集电极对地，因此可以得到共模电压放大倍数为

$$A_{vc} = \frac{v_{oc1}}{v_{ic}} = -\frac{\beta(R_c /\!/ R_L)}{R_B + r_{be} + 2(1+\beta)R_e} \tag{4.3.26}$$

C. 共模抑制比。

$$K_{CMR} = \left| \frac{A_{vd}}{A_{vc}} \right| = \frac{R_B + r_{be} + 2(1+\beta)R_e}{2(R_B + r_{be})} \qquad (4.3.27)$$

由式(4.3.26)和(4.3.27)可见，R_e 愈大，A_{vc} 的值愈小，K_{CMR} 愈大，电路抑制零漂的能力就愈强，因此，增大 R_e 是提高电路性能的基本措施；又由式(4.3.12)可知，R_e 愈大，则静态电流愈小，欲维持静态电流，则必须加大 V_{EE} 的数值，因此，简单地加大 R_e 的方案并不可取，用三极管恒流源电路取代 R_e 是兼顾两者的最佳措施。

4.3.2　具有恒流源的差分放大电路

恒流源式差分放大电路如图 4.3.10 所示。由图可见，恒流管 T_3 的基极电位由电阻 R_{b1} 和 R_{b2} 分压后得到，可以认为基本不受温度变化的影响，则当温度变化时，T_3 的发射极电位和发射极电流也基本保持稳定，而两个三极管的集电极电流 i_{c1} 和 i_{c2} 之和近似等于 i_{c3}，所以 i_{c1} 和 i_{c2} 将不会因温度的变化而同时增大或减小。可见，接入恒流三极管后，抑制了共模信号的变化。

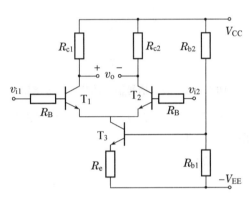

图 4.3.10　恒流源式差分放大电路

估算恒流源式差分放大电路的静态工作点时，通常可从计算恒流三极管的电流开始。由图 4.3.10 可知，当忽略 T_3 的基极电流时，R_{b1} 上的电压为

$$V_{BQ3} = \frac{R_{b1}}{R_{b1} + R_{b2}}(V_{CC} + V_{EE}) \qquad (4.3.28)$$

则恒流管 T_3 的静态电流为

$$I_{CQ3} \approx I_{EQ3} = \frac{V_{BQ3} - V_{BEQ3}}{R_e} \qquad (4.3.29)$$

于是得到两个三极管的静态电流和电压分别为

$$I_{CQ1} = I_{CQ2} = \frac{1}{2}I_{CQ3} \qquad (4.3.30)$$

$$I_{BQ1} = I_{BQ2} = \frac{1}{\beta}I_{CQ1} \qquad (4.3.31)$$

$$V_{CQ1} = V_{CQ2} = V_{CC} - I_{CQ1}R_c \qquad (4.3.32)$$

$$V_{BQ1} = V_{BQ2} = -I_{BQ1}R_1 \qquad (4.3.33)$$

由于恒流三极管相当于一个阻值很大的长尾电阻，它的作用也相当于引入一个共模负反馈，对差模电压放大倍数没有影响，所以恒流源式差分放大电路的小信号等效电路与长尾式差分电路的相同。因此，二者的差模电压放大倍数 A_{vd}、差模输入电阻 R_{id} 和输出电阻 R_{od} 均相同，读者可自行分析。

有时为了简化起见，常常不把恒流源式差分放大电路的恒流管 T_3 的具体电路画出，而采用一个简化的恒流符号来表示，如图 4.3.11 所示。

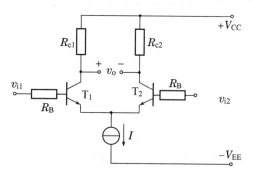

图 4.3.11　恒流源式差分放大电路的简化表示法

4.3.3　差分放大电路的四种接法

差分放大电路有两个三极管,它们的基极和集电极可以分别成为放大电路的两个输入端和两个输出端。差分放大电路的输入、输出端可以有四种不同的接法,即双端输入、双端输出,双端输入、单端输出,单端输入、双端输出,单端输入、单端输出,如图 4.3.12 所示。当输入、输出端的接法不同时,放大电路的某些性能指标和电路的特点也有差别,下面分别进行介绍。

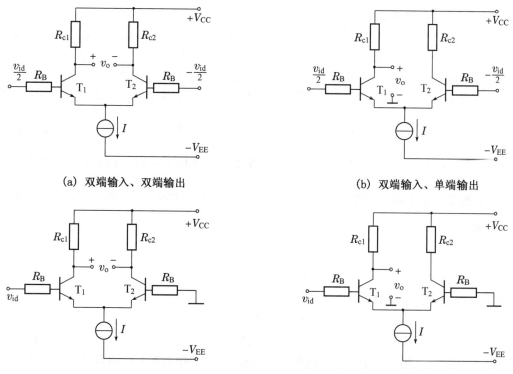

图 4.3.12　差分放大电路的四种接法

1. 双端输入、双端输出

电路如图 4.3.12(a)所示。放大电路的差模电压放大倍数、输入电阻和输出电阻分

别为

$$A_{vd}=A_{v1}=-\frac{\beta(R_c /\!\!/ \frac{1}{2}R_L)}{R_1+r_{be}} \tag{4.3.34}$$

$$R_{id}=\frac{v_{id}}{i_b}=\frac{2v_{id1}}{i_b}=2(R_B+r_{be}) \tag{4.3.35}$$

$$R_o=2R_c \tag{4.3.36}$$

由前面的分析还可知,由于差分放大电路中两个三极管的集电极电压的温度漂移互相抵消,因而其抑制温漂的能力很强,理想情况下共模抑制比 K_{CMR} 为无穷大。

2. 双端输入、单端输出

电路如图 4.3.12(b)所示。由于只从一个三极管的集电极输出,而另一个三极管的集电极电压变化没有输出,因而 v_o 约为双端输出时的一半,所以差模电压放大倍数为

$$A_{vd}=A_{v1}=-\frac{1}{2}\frac{\beta(R_c /\!\!/ R_L)}{R_1+r_{be}} \tag{4.3.37}$$

差模输入电阻和输出电阻为

$$R_{id}=2(R_B+r_{be}) \tag{4.3.38}$$

$$R_o=R_c \tag{4.3.39}$$

这种接法常用于将差分信号转换为单端信号,以便与后面的放大级实现共地。

3. 单端输入、双端输出

在单端输入情况下,输入电压只加在某一个三极管的基极与公共端之间,另一管的基极接地,如图 4.3.12(c)所示。现在来分析一下单端输入时两个三极管的工作情况。

由前面的分析可知,在差分放大电路的两个输入端加上的输入电压 v_{i1} 和 v_{i2},都可以被认为是差模输入电压与共模输入电压的组合,其中差模输入电压 v_{id} 和共模输入电压 v_{ic} 的值分别为 $v_{id}=v_{i1}-v_{i2}$ 和 $v_{ic}=\frac{v_{i1}+v_{i2}}{2}$。对于从 v_{i1} 输入信号、v_{i2} 接地的情况,$v_{id}=v_{i1}$,$v_{ic}=\frac{v_{i1}}{2}$,即 $v_{i1}=v_{ic}+\frac{v_{id}}{2}$,$v_{i2}=v_{ic}-\frac{v_{id}}{2}$。由于差分放大电路已知共模信号,所以可认为 $v_{i1}=\frac{v_{id}}{2}$ 和 $v_{i2}=-\frac{v_{id}}{2}$,仍然相当于分别从两端输入一对差模信号。所以,单端输入、双端输出时的差模电压放大倍数为

$$A_{vd}=-\frac{\beta\left(R_c /\!\!/ \frac{1}{2}R_L\right)}{R_1+r_{be}} \tag{4.3.40}$$

差模输入电阻和输出电阻为

$$R_{id}=2(R_B+r_{be}) \tag{4.3.41}$$

$$R_o=2R_c \tag{4.3.42}$$

这种接法主要用于将单端信号转换为双端输出,以便作为下一级的差分输入信号。

4. 单端输入、单端输出

电路如图 4.3.12(d)所示。由于从单端输出,所以其差模电压放大倍数约为双端输出时的一半,即

$$A_{vd}=A_{v1}=-\frac{1}{2}\frac{\beta(R_c /\!\!/ R_L)}{R_1+r_{be}} \tag{4.3.43}$$

差模输入电阻和输出电阻为

$$R_{id}=2(R_B+r_{be})　　　　　　　　(4.3.44)$$
$$R_o=R_c　　　　　　　　　　　　(4.3.45)$$

　　这种接法的特点是在单端输入和单端输出的情况下,比一般的单管放大电路具有更强的抑制零漂的能力。另外,通道从不同的三极管集电极输出,可使输出电压与输入电压成为反相或同相关系。

　　将四种连接方式的动态特性进行汇总,如表 4.3.1。

表 4.3.1　差分放大电路的四种接法比较

接法	双入、双出	双入、单出	单入、双出	单入、单出
A_d	$-\dfrac{\beta\left(R_c/\!/\frac{1}{2}R_L\right)}{R_B+r_{be}}$	$-\dfrac{1}{2}\dfrac{\beta(R_c/\!/R_L)}{R_B+r_{be}}$	$-\dfrac{\beta\left(R_c/\!/\frac{1}{2}R_L\right)}{R_B+r_{be}}$	$-\dfrac{1}{2}\dfrac{\beta(R_c/\!/R_L)}{R_B+r_{be}}$
K_{CMR}	∞	$\approx\dfrac{\beta R_e}{R_B+r_{be}}$（长尾式）	∞	$\approx\dfrac{\beta R_e}{R_B+r_{be}}$（长尾式）
R_{id}	$2(R_B+r_{be})$	$2(R_B+r_{be})$	$\approx 2(R_B+r_{be})$	$\approx 2(R_B+r_{be})$
R_o	$2R_c$	R_c	$2R_c$	R_c
特点	• A_d与单管放大电路基本相同 • 适用于差动输入、双端输出、输入信号及负载两端均不接地的情况	• A_d约为单管放大电路的一半 • 适用于将双端输入变为单端输出及负载接地的情况	• A_d与单管放大电路基本相同 • 适用于将单端输入变为双端输出及负载接地的情况	• A_d约为单管放大电路的一半 • 适用于输入、输出以及负载均要求接地的情况

　　总之,根据以上对差分放大电路输入、输出端四种不同接法的分析,可以得出以下几点结论:

　　(1) 双端输出时,差模电压放大倍数基本上与单管放大电路的电压放大倍数相同;单端输出时,A_{vd}约为双端输出时的一半。

　　(2) 双端输出时,输出电阻 $R_o=2R_c$;单端输出时,$R_o=R_c$。

　　(3) 双端输出时,因为两管集电极电压的温漂互相抵消,所以在理想情况下共模抑制比 $K_{CMR}=\infty$;单端输出时,由于通过长尾电阻或恒流源三极管引入了很强的共模负反馈,因此仍能得到较高的共模抑制比,当然不如双端输出时高。

　　(4) 单端输出时,可以选择从不同的三极管输出,从而使得输出电压与输入电压反相或同相。

　　(5) 单端输入时,由于引入了很强的共模负反馈,两个三极管仍基本上工作在差分状态。

　　(6) 单端输入时,从一个三极管到公共端之间的差模输入电阻 $R_{id}\approx 2(R_B+r_{be})$

4.4　集成运算放大电路

4.4.1　集成运算放大器典型产品简介

　　集成运放产品到现在已经发展到第四代。第一代产品具备中等精确的技术指标,以国

外 μA709 为代表,其开环增益为 45 000 倍,许多指标已经标准化,因而得到了广泛的应用。主要缺点是内部缺乏过电流保护,输出短路容易损坏。1986 年制造了 μA741 型高增益运放(10 万倍左右),内部采用有源负载,又有过载保护,大大改善了运放的性能,成为流行至今的第二代产品。第二代集成运放虽然有较高的增益,但输入失调参数和共模抑制比指标不理想。20 世纪 70 年代末出现的新型第二代产品,采用高 β 管(β=1 000~5 000)且工作电流很低,从而使输入失调电流及温漂大大减小,输入电阻大大提高。典型产品有国产的 4E325、国外的 AD508 等。第三代产品的抑制零漂思路仍跳不出双极型管电路参数的相互补偿的老框框。第四代产品出现于 20 世纪 80 年代,将场效应管、双极型三极管和自稳零放大技术兼容在一块硅片上,得到了极佳的抑制零漂效果。其产品有国外的 HA29000、国产的 5G7650 等。它们属于高阻、高精度、低漂移型的集成运放,性能已接近理想的运算放大电路,现被广泛应用于精密仪表中的微弱信号测量以及自动控制系统。近代集成运放产品可以说已相当逼近理想参数的要求。下面就典型的通用型集成运放产品 μA741(5G24、F007)作简单介绍。

电路组成和工作原理:图 4.4.1 是 μA741 集成运放的内部原理电路。

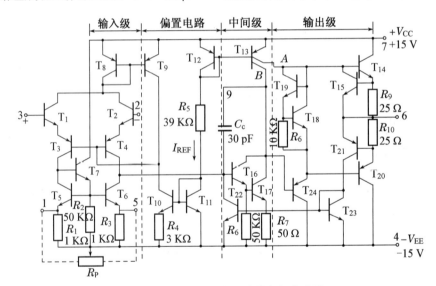

图 4.4.1　μA741 集成运放的内部电路图

1. 输入级

由 T_1~T_4 组成共集-共基差分放大电路,以便有较高的输入阻抗和电压增益。T_8、T_9组成镜像电流源,代替电阻 R_e,并提供恒定直流工作电流。T_5、T_6、T_7(射极输出器)也组成镜像电流源,作为输入级差分电路的有源负载,在提高电压增益的同时把双端输入转化为单端输出到中间级。

输入级有 5 个管脚。2 为反相输入端(v_i 与 v_o 反相),3 为同相输入端(v_i 与 v_o 同相);管脚 1、5 和 4 接入电位器 R_P,作为外接调零电位器,使静态时 v_i=0,v_o=0。

2. 偏置电路

电源经 T_{12} 和 T_{11}(均接成二极管)及 R_5 到负电源 V_{EE} 构成基准电流源 I_{REF}。同时,T_{10}及 T_{11} 又构成微电流源,使 T_{10} 提供的工作电流 I_{C10} 符合电路要求。$I_{C10}=I_{C9}+I_{B3,B4}$,因此,

工作电流 I_{C3}、I_{C4} 和 I_{C9}、I_{C10} 都相当稳定,提高了输入级抑制零漂的能力。T_{12} 与 T_{13} 也构成镜像电流源,为中间级的 T_{16}、T_{17} 管提供集电极有源负载。

3. 中间放大级

由 T_{16}、T_{17} 两个三极管组成共射接法复合管,其电流放大倍数 $\beta = \beta_{16} \times \beta_{17}$ 相当高,加上集电极又采用了有源负载,故中间级的电压放大倍数很大,保证了整个集成运放的开环电压放大倍数达到几万倍。图中复合管的集电极与基极之间所加的电容 C(30 pF),用来增加放大电路的工作稳定性,消除可能出现的自激振荡。

4. 输出级

一般集成运放要求一定的输出功率和较小的输出电阻,故输出管 T_{14} 和 T_{20} 都接成射极输出器。不过这里采用的是 NPN(T_{14}) 和 PNP(T_{20}) 管组成的互补功率输出电路。

在图 4.4.1 中,T_{18} 和 T_{19} 为输出级的偏置电路,恒流源 T_{13} 的另一路向他们提供工作电流。T_{18} 和 T_{19} 的管压降因此相当稳定,加在 T_{14} 和 T_{20} 两管的基极之间,可以克服它们的死区电压,避免了输出交流电压经过零点附近的截止失真-交越失真。为了防止输出管 T_{14} 和 T_{20} 在 R_L 短路或短时的过载,或输入电流过大时的过电流而损坏,在 μA741 运放中,由 T_{15}、T_{21}、T_{22}、T_{23} 和电阻 R_9、R_{10} 组成过载保护电路。发生过电流式过载时,R_9、R_{10} 两端压降都会增大,促使 T_{15} 或 T_{21} 由截止变为导通,将 T_{14} 或 T_{20} 的基极电流分流掉,从而限制了两管的电流,保护了输出管 T_{14} 和 T_{20}。集成运放的 6 脚为输出端,7 脚为正电源端,4 脚为负电源端。

4.4.2　集成运算放大器的表示符号

从信号传输的角度出发,组成运放的信号端有三个,其电路符号如图 4.4.2 所示。图中所标电压均以公共"地"端为参考电位点。其中图 4.1.2(a) 是国家标准规定的符号,图 4.1.2(b) 是国内外流行的符号。本书采用国内外流行符号。三角形符号"▷"表示信号从左向右的单向传输方向,即两个输入端在左边,一个输出端在右边。两个输入端中,一个与输出端呈反相关系,另一个呈同相关系,称为反相输入端和同相输入端,简称反相端与同相端,分别用符号"−"和"+"标明。图中的 v_P、v_N 和 v_O 分别表示同相输入端、反相输入端和输出端的信号电压。反相输入端和同相输入端的定义如下:当信号从同相输入端加入(反相端相对固定)时,则输出端信号 v_O 的相位与同相端输入的信号 v_P 的相位变化相同,当信号从反相输入端加入(同相端相对固定)时,输出端信号 v_O 的相位与反相端输入的信号 v_N 的相位变化相反,即 v_O 与 v_P 同相变化,而与 v_N 反相变化。

(a) 国家标准规定的符号　　　　　　(b) 国内外流行的符号

图 4.4.2　集成运放的电路符号

4.4.3 集成运算放大器的分类及主要技术指标

1. 集成运算放大器的分类

集成电路种类繁多,按照其集成度,可分为小规模集成电路(SSI)、中规模集成电路(MSI)、大规模集成电路(LSI)和超大规模集成电路(VLSI);按照处理信号的对象,可分为模拟集成电路、数字集成电路和混合型集成电路;按照芯片的制造工艺,可分为薄膜集成电路、厚膜集成电路和混合型集成电路;按照内部有源器件的种类,可分为双极型集成电路(集成的晶体管为 BJT)和单极型集成电路(集成的晶体管为 MOSFET 或 JFET);按照其晶体管的工作状态,可分为线性集成电路和非线性集成电路。数字集成电路属于非线性集成电路,将在数字电子技术中介绍。

2. 集成运算放大器的主要技术指标

要用好集成运放,了解其性能参数是非常必要的,限于篇幅,下面仅介绍集成运放的一些重要参数。

(1) 输入失调电压 V_{IO}

一个理想的运放,当输入电压为零时,输出电压也应该为零。但是一般情况下,由于集成运放内部差动放大部分的器件性能不可能完全对称,当输入电压为零时输出电压不为零。在标准室温(25 ℃)及标准电源电压条件下,输入电压为零时,为了使输出电压也为零而在输入端加入补偿电压的大小称为输入失调电压 V_{IO}。实际上,输入失调电压是当 $v_i = 0$ 时,输出电压折算到输入端电压的负值,即 $V_{IO} = -(v_o|_{v_i=0})/A_{vo}$,$V_{IO}$ 的大小反映了运放电路内部的对称性,V_{IO} 越大,内部差动放大器的对称性越差,一般运放 V_{IO} 为 $\pm(1 \sim 10)\,\text{mV}$,超低失调电压的运放 V_{IO} 在 μV 级。

(2) 输入偏置电流 I_{IB}

由双极型晶体管集成的运算放大器两个输入端是差分对管的基极,正常工作时总是需要静态偏置电流的,该电流分别用 I_{BN}(反相端偏置电流)和 I_{BP}(同相端偏置电流)来表示,如图 4.4.3 所示。输入偏置电流 I_{IB} 是指输入电压为零时,两个输入端静态电流的平均值,即

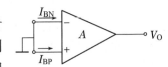

图 4.4.3 集成运放输入偏置电流示意图

$$I_{IB} = (I_{BN} + I_{BP})/2 \qquad (4.4.1)$$

输入偏置电流的大小主要与内部电路结构和制作工艺有关。从使用的角度来看,I_{IB} 越小,对信号源的影响就越小,因此是运放的一个非常重要的指标。一般情况下,输入级为双极型晶体管的运放,I_{IB} 为 $10\,\text{nA} \sim 1\,\mu\text{A}$;输入级为场效应管的运放(如 TL082),$I_{IB}$ 为 pA 级。

(3) 输入失调电流 I_{IO}

在三极管集成运放中,输入失调电流 I_{IO} 是指当输入电压为零时,运放两个输入端静态偏置电流之差,即

$$I_{IO} = |I_{BP} - I_{BN}|_{v_i=0} \qquad (4.4.2)$$

在实际使用中,由于信号源内阻和运放输入端外接电阻的存在,I_{IO} 会在输入端产生附加的差模输入电压,从而破坏放大器的平衡,使输入电压为零时输出电压不为零。因此,希望 I_{IO} 越小越好,一般为 $1\,\text{nA} \sim 0.1\,\mu\text{A}$。

(4) 温度漂移

半导体器件具有温度敏感特性,通常将温度每变化 1 ℃在输出端引起的漂移折合到输入端的大小作为温度漂移指标。温度漂移是集成运算放大器漂移的主要来源,与内部差动放大部分的对称性有关,又与输入失调电压 V_{IO} 和输入失调电流 I_{IO} 密切相关,故以如下形式表示。

① 输入失调电压温漂 $\Delta V_{IO}/\Delta T$

它是指在规定温度范围内 V_{IO} 的温度系数,该系数是衡量器件温度稳定性的重要指标,而且无法用外接调零电位器来补偿。高质量的放大电路常选用低温度漂移的器件来组成,一般运放的温度漂移为 $\pm(10\sim20)\ \mu V/℃$,低于 $2\ \mu V/℃$ 的产品称为精密型运放,如 OP - 117。

② 输入失调电流温漂 $\Delta I_{IO}/\Delta T$

它是指在规定的温度范围内 I_{IO} 的温度系数,也是衡量运放温度稳定性的主要指标,同样不能用外接调零的方式进行补偿。高质量的运放输入失调电流温漂每度只有几个 pA,如 OP - 117 的 $\dfrac{\Delta I_{IO}}{\Delta T}=1.5\ pA/℃$。

以上参数是在标称电源电压、室温及零共模输入电压条件下定义的。

(5) 最大差模输入电压 V_{idmax}

V_{idmax} 是指集成运放的同相输入端和反相输入端之间能承受的最大电压。集成运放的输入级为差分对管,当输入电压很大时,会出现一个晶体管发射结正偏,而另一个发射结反偏的现象。当输入电压超过 V_{idmax} 时,差分对管反偏的发射结有可能产生击穿,造成运放性能显著下降或永久性损坏。一般利用平面工艺制造的 NPN 三极管发射结反向击穿电压为 $5\sim8\ V$,采用横向 BJT 的发射结反向击穿电压可达 30 V。

(6) 最大共模输入电压 V_{icmax}

V_{icmax} 是指运放输入端所能承受的对地最大电压,超出 V_{icmax} 可能影响集成电路内部的静态偏置,共模抑制比显著下降或导致电路损坏。一般指运放在作为电压跟随器应用时,致使输出电压产生 1% 的跟随误差时对应的共模输入电压。对于 CMOS 集成运放,V_{icmax} 可达正、负电源电压,但输入电压绝对不可以超出正、负电源电压范围。

(7) 最大输出电流 I_{omax}

I_{omax} 是指运放输出端所能提供的最大正向或负向峰值电流。一般情况下,由于集成运放输出级内部带过电流限制,I_{omax} 通常给出的是输出端短路电流。实际上,当 I_o 接近 I_{omax} 时,虽然不会损坏器件,但内部的保护电路开始动作,会造成放大器误差大甚至完全无法工作的现象。

(8) 开环差模电压增益 A_{vo}

A_{vo} 是指集成运放工作在线性区,接入规定的负载,无反馈情况下的直流差模电压增益。A_{vo} 与输出电压 V_o 大小有关,通常是在规定的输出电压(如 $V_o=10\ V$)条件下测得的值。另外,A_{vo} 又是频率的函数,当频率高于 f_H 时,随频率升高,A_{vo} 下降。一般运放的 A_{vo} 为 $80\sim130\ dB$,大多数集成运放的 A_{vo} 还与其工作电源电压大小有关。

(9) 开环带宽 $BW(f_H)$

开环带宽 BW 又称为 $-3\ dB$ 带宽,由于下限频率 $f_L=0$,因此,$BW=f_H$。F007 的开环上限频率 $f_H\approx7\ Hz$,主要是由电路内部集成的补偿电容决定的。

4.5　集成运算放大电路的模型

4.5.1　集成运算放大器的电压传输特性

集成运算放大器输出和输入之间的特性,称为集成运放的传输特性。以反相比例电路为例,如图 4.5.1 所示。

1. 集成运放工作在线性区

工作在线性区的运放作为一个线性放大器件,输出和输入的关系应满足如下关系:

$$v_o = A_{vo}(v_P - v_N) \tag{4.5.1}$$

但在开环状态下工作的运放,由于极高的开环电压放大倍数,即使只有毫伏级以下的电压加在输入端,就足以使输出电压 v_o 达到饱和,如 F007 输入信号变化范围仅为 $\pm 0.1\ \text{mV}$,大于此值,运放进入非线性工作区,输出为 v_{OH} 或 v_{OL} 两值,v_{OH}、v_{OL} 分别表示正向和负向饱和电压值,如图 4.5.2 所示。

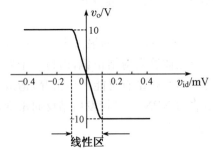

图 4.5.1　集成运放的电压传输特性

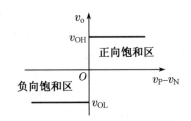

图 4.5.2　理想运放的开环传输特性

为此,必须要扩大运放线性区工作范围,作为运放才有实用意义。因此,必须引入深度负反馈,使运放在闭环状态下工作,其输出电压 v_o 才由 $v_P - v_N$ 的净输入加以控制。

例如,F007 开环时 $A_{vo} = 10^5$,输入信号的变化范围仅有 $\pm 0.1\ \text{mV}$。组成反相比例电路,引入负反馈后其闭环增益 $A_{vf} = 100$,则反馈深度为 $|1 + A_{vo}F| = \dfrac{A_{vo}}{A_{vf}} = 1\ 000$,考虑

$$A_{vo} = \frac{v_o}{v_{id}},\ A_{vf} = \frac{v_o}{v_{if}}$$

则有

$$v_{if} = 1\ 000 v_{id}$$

即将输入信号的变化范围扩大了 1 000 倍,可在 $0.1\ \text{V} \sim -0.1\ \text{V}$ 范围内均工作在线性区。负反馈扩大线性区,用传输特性表示,如图 4.5.3 中虚线所示。

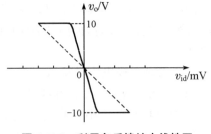

图 4.5.3　利用负反馈扩大线性区

2. 集成运放工作在非线性区

为了使集成运放工作在非线性区,集成运放均开环运用或者加正反馈。非线性工作时放大关系不再存在,即

$$v_o \neq A_{vo}(v_P - v_N)$$

由于 $A_{vo} \approx \infty$,所以输入端有微小变化量,输出电压就会是正向或负向饱和电压,其值接近正负电源电压,所以当 $v_P > v_N$ 时,$v_o = v_{OH}$;当 $v_P < v_N$ 时,$v_o = v_{OL}$。

如图 4.5.2 所示,$v_P = v_N$ 为两种状态的转折点。

4.5.2　理想集成运算放大器的模型

所谓理想集成运放是将实际运放理想化,这是由于实际运放的一些主要技术参数接近理想化的缘故。用理想运放代替实际运放进行分析,使分析过程大为简化,而这种近似分析所引入的误差又在工程允许的范围之内,这就是运放理想化的目的。

1. 集成运放理想化条件

(1) 开环差模电压放大倍数 $A_{vo} = \infty$;

(2) 输入电阻 $r_{id} = \infty$,$r_{ic} = \infty$;

(3) 输出电阻 $r_{od} = 0$;

(4) 共模抑制比 $K_{CMR} = \infty$;

(5) 输入偏置电流 $I_{BN} = I_{BP} = 0$;

(6) 失调电压 V_{IO}、失调电流 I_{IO} 以及它们的温度系数均为零;

(7) $-3\,dB$ 带宽 $f_{-3\,dB} = \infty$;

(8) 无干扰、无噪声。

实际运放的上述技术指标可近似认为符合理想远放的条件,尤其是高精度、低漂移的集成运放。

图 4.5.4 是理想运放在电路中的图形符号及简化等效电路。两个输入端用"＋"和"－"分别表示同相和反相输入端,相应的输入用 v_+、v_- 表示(对地电位)。输出端用 v_o 和"＋"表示,表明输出电压 v_o 与同相输入端的电压 v_+ 同相(同极性)。框内的 ∞ 表示开环差模电压放大倍数为理想化条件。图形上一般不标正向和负向电源,但在实际使用中必须正确施加电源电压。

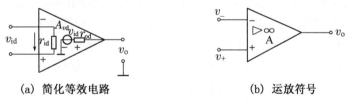

(a) 简化等效电路　　　　　　　　(b) 运放符号

图 4.5.4　理想运放图形符号及简化等效电路

2. 理想集成运放的重要特性

(1) 理想集成运放作为电路中的元件而言,它是一个两输入的电压控制电压源。输出电压 v_o 受控于两个输入端的电位差,即 $v_o = A_{vo}(v_P - v_N)$。当运算放大器工作电源电压为一定值时,输出电压必为有限值,又由于 $A_{vo} = \infty$,则有 $v_P = v_N$,称其为**虚短**,即两个输入端相当于短路。若同相输入接地,则反相端电位也相当于接地,称其为**虚地**,即虽为地电位,但又不真正接地。

(2) 由于输入电阻 $r_{id} = \infty$,$r_{ic} = \infty$,则 $I_P = I_N = 0$,称其为**虚断**。

运用这两个特性,将大大地简化集成运放应用电路的分析。

综上所述,分析理想运放工作在线性放大状态时的特点可归纳如下:$v_P = v_N$(虚短),$I_P = I_N = 0$(虚断)适合所有线性工作电路;$v_P = v_N = 0$(虚地)适合反相输入("+"端接地)。

实际的集成运放不可能达到上述理想化的程度,但是以下几点可以说明选择理想化处理的必要性和可行性。

① 运用理想运放的概念,有利于抓住事物的本质,忽略次要因素,大大简化应用电路的分析过程。

② 随着新技术的不断出现,集成运放的指标也越来越接近理想值,误差也越来越少。

③ 在一般的工程设计中,这些误差是允许的,且可以通过现场调试加以解决。

④ 只有在进行误差分析时,才考虑非理想化指标带来的影响,并加以校正。

在随后各章节的分析中,如无特殊的说明,均视集成运算放大器为理想运放。

本章小结

1. 集成电路是将一个具有特定功能电子电路中的全部或绝大部分元器件制作在硅片上,做成一个独立的器件封装。与分立元件的电子电路相比,集成电路具有体积小、成本低、可靠性高等优点,集成电路的出现是现代电子技术飞跃的起点。

2. 电流源电路是模拟集成电路中的基本单元,它的直流电阻小、动态电阻大,并具有温度补偿特性。在集成电路中,用电流源提供各级放大器的偏置电流,可以保证在较大的电源电压范围内放大器静态工作点的稳定性与关联性,使放大器工作在最佳状态。

3. 集成运算放大电路是具有高增益、直接耦合的多级放大电路,它的内部结构包括输入级、中间级、输出级和偏置电路四个部分。为了提高共模抑制比和抑制零点漂移能力,输入级都采用差分放大电路;中间级采用高增益的单级共射极/共源极放大电路,具有简单的频率特性是集成运放闭环工作稳定的基本要求;采用互补对称电压跟随器作为输出级可降低输出阻抗,提高电路的带负载能力。

4. 集成运放是模拟集成电路的典型组件,对于它的内部电路的工作原理和分析方法只要求作定性了解,目的在于掌握它的主要性能指标、使用方法和器件的选用。

5. 实际集成运放的参数与理想运放是有差距的。例如差模电压放大倍数、输入电阻以及共模抑制比都是有限的,不可能做到无穷大,输出电阻也不为零。但是,在满足一定的使用条件时,并不妨碍理想运放分析方法的应用。

练习题

【微信扫码】
自我检测

1. 电流源电路在模拟集成电路中可起什么作用? 为什么用它作为放大器的有源负载? 常见电流源有哪几种?

2. 定性分析图题 4.2 所示电路,说明电路中 T_1、T_2 的作用。

3. 某集成运放的一个偏置电路如图题 4.3 所示,设 T_1、T_2 管的参数完全相同。问:

(1) T_1、T_2 和 R_{REF} 组成什么电路?

(2) I_{C2} 与 I_{REF} 有什么关系? 写出 I_{C2} 的表达式。

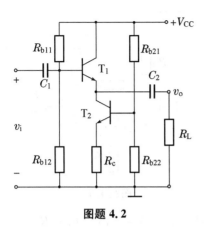

图题 4.2

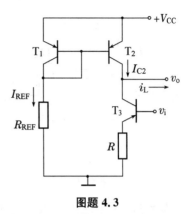

图题 4.3

4. 图题 4.4 是集成运放 BG305 偏置电路的示意图。假设 $V_{CC}=V_{EE}=15$ V，外接电阻 $R=100$ kΩ，其他电阻的阻值为 $R_1=R_2=R_3=1$ kΩ，$R_4=2$ kΩ。设三极管 β 足够大，试估算基准电流 I_{REF} 以及各路偏置电流 I_{C13}、I_{C15} 和 I_{C16}。

5. 图题 4.5 是集成运放 FC3 原理电路的一部分。已知 $I_{C10}=1.16$ mA，若要求 $I_{C1}=I_{C2}=18.5$ μA，试估算电阻 R_{11} 应为多大。设三极管的 β 均足够大。

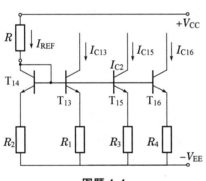

图题 4.4

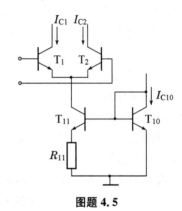

图题 4.5

6. 图题 4.6 中的电路是一种传输精度更高的镜像电流源，称为威尔逊电流源。设 $I_{C1}=I_{C2}=I_C$，$\beta_1=\beta_2=\beta_3=\beta$，试证明 $I_{C3}=I_{REF}\left(1-\dfrac{2}{\beta^2+2\beta+2}\right)$。

7. 图题 4.7 中，假设三极管的 $\beta=40$，$r_{be}=8.2$ kΩ，$V_{CC}=V_{EE}=15$ V，$R_{c1}=R_{c2}=75$ kΩ，$R_e=56$ kΩ，$R_1=R_2=1.8$ kΩ，$R_W=1$ kΩ，R_W 的滑动端处于中点，负载电阻 $R_L=30$ kΩ。试求：

（1）静态工作点；

（2）差模电压放大倍数；

（3）差模输入电阻。

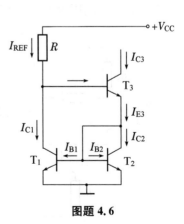

图题 4.6

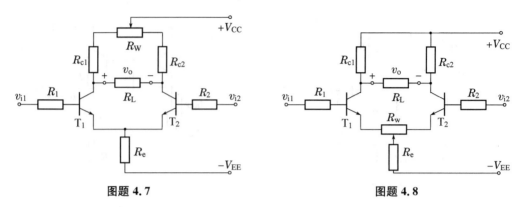

图题 4.7　　　　　　　　　　　　　　　　　　　图题 4.8

8. 在图题 4.8 中,已知三极管的 $\beta=100$,$r_{be}=10.3$ kΩ,$V_{CC}=V_{EE}=15$ V,$R_{c1}=R_{c2}=36$ kΩ,$R_e=27$ kΩ,$R_1=R_2=2.7$ kΩ,$R_w=100$ Ω,R_w 的滑动端处于中点,$R_L=18$ kΩ,试估算:

(1) 静态工作点,

(2) 差模电压放大倍数;

(3) 差模输入电阻。

9. 为了实现差分放大电路的调零,通常采取在集电极回路加电位器(见图题 4.7)或在发射极回路加电位器(见图题 4.8)的办法,试比较两者的优缺点。

10. 在图题 4.10 所示的放大电路中,已知 $V_{CC}=V_{EE}=9$ V,$R_{c1}=R_{c2}=47$ kΩ,$R_e=13$ kΩ,$R_{b1}=3.6$ kΩ,$R_{b2}=16$ kΩ,$R_1=R_2=10$ kΩ,负载电阻 $R_L=20$ kΩ,各三极管的 $\beta=30$,$V_{BEQ}=0.7$ V。试估算:

(1) 静态工作点;

(2) 差模电压放大倍数。

11. 设图题 4.11 电路中差分放大三极管的 $\beta=70$,$r_{be}=12$ kΩ,$V_{CC}=V_{EE}=12$ V,$R_{c2}=20$ kΩ,$R_e=11$ kΩ,$R_b=750$ Ω,$R=2$ kΩ,稳压管的稳压值为 4 V,负载电阻 $R_L=20$ kΩ,试问:

(1) 静态时 I_{CQ1},I_{CQ2} 等于多少(R_L 开路时)?

(2) 差模电压放大倍数 A_d 为多少?

(3) 若电源电压由 ±12 V 变为 ±18 V,I_{CQ1} 和 I_{CQ2} 是否变化?

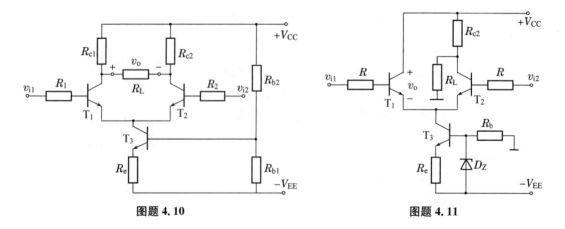

图题 4.10　　　　　　　　　　　　　　　　　　　图题 4.11

12. 图题 4.12 是集成运放 F004 的电路原理图,试问:

(1) 电路中共有几个放大级,各级由哪些管子组成,分别构成何种放大电路?

(2) 在两个三极管 T_1 和 T_2 的基极中,哪个是反相输入端,哪个是同相输入端?

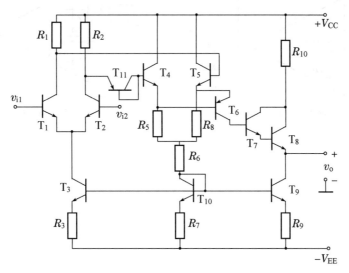

图题 4.12

13. 图题 4.13 所示为简化的高精度运放电路原理图,试分析:

(1) 两个输入端中哪个是同相输入端,哪个是反相输入端;

(2) T_3 与 T_4 的作用;

(3) 电流源 I_3 的作用;

(4) D_2 与 D_3 的作用。

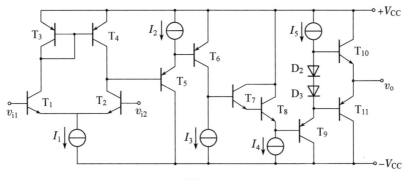

图题 4.13

14. 采用图题 4.14 所示电路对输入失调电压进行测试。若测得 $v_o = 0.1$ V,当闭环电压增益 $|A_{vf}| = 10\,000$ 时,输入失调电压值是多少?

15. 采用图题 4.15 所示电路,对输入偏置电流进行间接近似测试。若测得 $v_o = 0.2$ V,输入偏置电流值是多少?

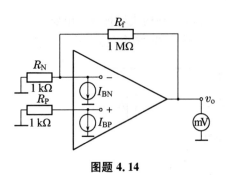

图题 4.14

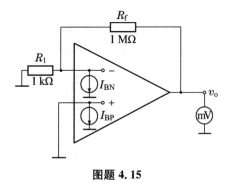

图题 4.15

第5章 负反馈放大电路

本章学习目的和要求

1. 理解反馈的概念,会判别各种类型的反馈;
2. 掌握闭环放大电路的增益计算方法,理解反馈深度的概念;
3. 掌握四种类型负反馈放大电路的性能参数的计算;
4. 理解负反馈对放大电路性能的影响,会在开环放大电路中引入符合要求的负反馈;
5. 熟练掌握深度负反馈条件下的放大电路性能的近似估算,形象理解"虚短"和"虚断"等概念;
6. 理解并掌握负反馈放大电路产生自激振荡的条件,了解几种常见的消除自激振荡的方法。

自负反馈放大器 1928 年被发明并用于稳定放大器的增益以来,反馈理论在许多领域得到了越来越广泛的应用。在电子电路中,反馈是非常普遍的。按照反馈的极性,可分为正反馈和负反馈两类,它们在电子电路中具有不同的作用:负反馈用于所有使用的放大电路中,以改善放大电路的性能;正反馈会造成放大电路工作不稳定,但是在波形发生电路中则需要引入正反馈,使得构成自激振荡。

本章以接有发射极电阻 R_e 的单管放大电路为例,引出反馈的基本概念。然后介绍反馈的分类,并从负反馈的四种基本组态出发,归纳出反馈的一般表达式,并由此来讨论负反馈对放大电路性能的影响。对于反馈放大电路的分析方法,本章主要介绍比较实用的深度负反馈放大电路电压放大倍数的近似估算。在本章的最后,分析了负反馈放大电路产生自激振荡的条件及常用的补偿措施。

5.1 反馈的基本概念

在放大电路中,为了提高电路放大的精度、稳定性以及其他方面的性能,往往引入各种形式的反馈,以达到实际工作中的技术指标。同时,反馈不仅能改善放大电路的性能,也是电子技术和自动调节原理中的基本概念。

5.1.1 反馈的概念

何谓电子电路中的反馈? 在图 5.1.1 中,共射极基本放大电路中三极管的发射极接入了射极偏置电阻 R_e,其两端的电压反映输出回路中电流的大小和变化。当外电路的情况发生变化时,如外界条件因素导致三极管的集电极电流 i_C 增大,电路将在射极偏置电阻 R_e 的作用下,形成如下的稳定过程:

$$i_C \uparrow \rightarrow i_E \uparrow \rightarrow v_E(=i_E R_e) \uparrow \rightarrow v_{BE}(=v_B - v_E) \downarrow \rightarrow i_B \downarrow \rightarrow i_C(i_E) \downarrow$$

可见，i_C 和 i_E 基本上不受外界因素的影响，因而比较稳定。在这里，电阻 R_e 起到了引入负反馈的作用。

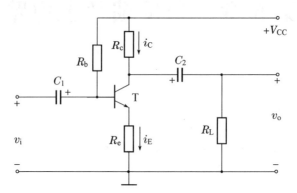

图 5.1.1　带发射极电阻的单管放大电路

借助上面的例子，我们可以建立反馈的概念。所谓放大电路中的反馈，通常是指将放大电路的输出量(输出电压或输出电流)或输出量的一部分，通过一定的方式，返送到放大电路的输入回路中去，参与输入量对放大电路的控制的过程。

通常，如欲稳定放大电路中的某一个电量，则应该采取措施将此电量反馈回去。如果由于某些因素引起该电量发生变化时，这种变化将反映到放大电路的输入回路中，从而牵制原来的电量，使之基本保持稳定。

5.1.2　反馈的形式与判别

根据不同的分辨标准，我们可以将反馈分成如下的几种类别。

1. 正反馈与负反馈

根据反馈的极性不同，可以将反馈分成正反馈和负反馈两种。如果引入反馈以后，使得放大电路的输入量变大，或者输出量变大，则该反馈为正反馈；反之，如果引入的反馈使得放大电路的输入量变小，或者输出量变小，则该反馈为负反馈。

判断反馈的极性是正反馈还是负反馈的方法称为"瞬时极性法"，即事先假定输入信号为某一个瞬时极性，然后逐级推出电路其他有关各点瞬时信号的相位变化，最后判断反馈到输入端信号的瞬时极性是增强还是削弱了原来的输入信号，而分析的过程中假定信号的传输遵循先放大后反馈的原则。

在图 5.1.2(a)中，输入信号电压 v_i 加在集成运放的反相输入端，假设它的瞬时极性为正，在电路中用符号"⊕"表示，代表 v_i 的瞬时变化为增加，则经过集成运放的反相放大以后，其输出端的极性为负，在电路中用符号"⊖"表示，代表输出信号电压 v_o 的瞬时变化为减小，而反馈电压由输出端通过电阻 R_1、R_3 分压后得到，因此，反馈电压的极性为"⊖"，导致了运放的净输入电压比 v_i 大，使得放大器的输出电压变大，从而提高了电压放大倍数，所以是正反馈。在图 5.1.2(b)中，输入电压加在集成运放的同相输入端且设瞬时极性为"⊕"，则输出电压的瞬时极性也为"⊕"，而反馈电压由输出端通过电阻 R_3、R_4 分压后反馈电压的瞬时极性为"⊕"，集成运放的差模输入电压等于输入电压与反馈电压之差，反馈电压引回到集成运放的反相输入端，此反馈信号起削弱外加输入信号的作用，使放大倍数降低，所以是负反馈。

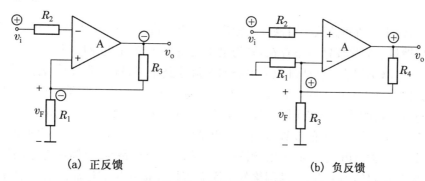

(a) 正反馈　　　　　　　　　　　(b) 负反馈

图 5.1.2　正反馈与负反馈

在放大电路中引入一定的正反馈,将会提高放大电路的增益,但是正反馈较强时将会在电路中形成自激振荡;反之,采用负反馈时,放大电路的增益将产生明显的下降,但是能改善电路的其他各项性能指标。因此,在放大电路中经常采用的是负反馈,而本章重点讨论各种负反馈放大电路。

2. 直流反馈和交流反馈

根据反馈量本身的交、直流性质,可以将反馈分为直流反馈和交流反馈。

如果反馈量只包含直流分量,则称为直流反馈;若反馈量中只有交流分量,则称为交流反馈。如果反馈量中既有直流分量又有交流分量,则称为交、直流反馈。

在图 5.1.3(a)所示的放大电路中,电阻 R_2、R_f 以及电容 C_f 构成反馈网络,反馈的交流信号成分被电容 C_f 短路,因此在电阻 R_2 中只有直流信号成分,该反馈为直流反馈;图 5.1.3(b)所示的放大电路中,电阻 R_f 和电容 C_f 构成反馈网络,该网络中电容 C_f 的存在只允许交流成分通过,因此该反馈为交流反馈。

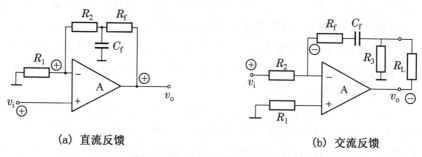

(a) 直流反馈　　　　　　　　　　(b) 交流反馈

图 5.1.3　直流反馈与交流反馈

直流负反馈能够稳定放大电路的静态工作点,而对于放大电路的动态参数(如放大倍数、通频带、输入及输出电阻等)没有影响;而交流负反馈对放大电路的动态参数会产生各种不同的影响,是改善电路技术指标的主要手段,也是本章要讨论的主要内容。

3. 电压反馈和电流反馈

根据反馈量是取自放大电路输出端的电压或电流,可以将反馈分为电压反馈和电流反馈。

如果反馈量取自输出电压,称为电压反馈;如果反馈量取自输出电流,则称为电流反馈。

为了判断放大电路中引入的反馈是电压反馈还是电流反馈,可通过如下两种简易的方法来判别:

方法一,输出交流短路法。可假设将输出端交流短路(即令输出电压等于零),观察此时是否仍有反馈量。如果反馈量不存在,则为电压反馈;否则就是电流反馈。

方法二,电路结构法。在闭环放大电路的交流通路中,从输出端口看,若反馈网络的采样端与放大器的输出端接于同一放大器件的同一电极上,则为电压反馈;反之,若反馈网络的采样端与放大器的输出端接于同一放大器件的不同电极上,则该反馈为电流反馈。

在图 5.1.3(a)中,R_1 上的反馈电压为输出电压 v_o 经过 R_2、R_f、C_f 的串并联网络分压后得到,即反馈量与输出电压 v_o 成正比,当输出电压 v_o 交流短路时,反馈量为零,因此该反馈为电压反馈;从电路结构上看,反馈网络的采样端直接连接在集成运放的输出端,因此为电压反馈。在图 5.1.3(b)中,R_f、C_f 串联反馈网络中的电流取自负载电阻 R_L 中的输出电流,当输出端交流短路,也就是负载电阻 R_L 被交流短路时,反馈网络中仍然有反馈量的存在,因此该反馈为电流反馈,从电路结构上看,反馈网络的采样端与放大器的输出端没有直接相连,而是经过了负载电阻 R_L,因此该反馈为电流反馈。

在放大电路中引入电压负反馈,将使输出电压保持稳定,同时降低了放大电路的输出电阻;而电流负反馈将使输出电流保持稳定,同时将提高放大电路的输出电阻。

4. 串联反馈和并联反馈

根据反馈量与输入量在放大电路输入回路中的叠加方式为电压量求和还是电流量求和,可以将反馈分为串联反馈和并联反馈。

如果反馈量与输入量在输入回路中以电压形式求和(即反馈量与输入量串联),则称为串联反馈;如果二者以电流形式求和(即反馈量与输入量并联),则称为并联反馈。

关于引入的反馈是串联还是并联负反馈,可以通过如下两种简便的方法来判别:

方法一,反馈节点短路法。假设将反馈节点对地短接,若输入信号可以进入放大器中,则为串联反馈;反之,若反馈节点对地短接后使得输入信号直接接地,则该反馈为并联反馈。

方法二,电路结构判断法。对于交流信号分量,若信号源的输出端与反馈网络的比较端接于同一个放大器件的同一个电极上,或者接于同一运放的相同输入端,则为并联负反馈;反之,若信号源的输出端与反馈网络的比较端接于同一个放大器件的不同电极上,或者接于同一运放的不同输入端,则为串联负反馈。

在图 5.1.3(a)中,反馈网络的比较端连接的是集成运放的同相输入端,而输入信号连接的是反相输入端,当比较端交流接地时,输入信号仍然能够进入运算放大器,因此该反馈为串联反馈;在图 5.1.3(b)中,反馈网络的比较端和输入信号连接的都是运放的反相输入端,当比较端交流接地时,输入信号将经过电阻 R_2 后直接接地,不再流入运算放大器,因此为并联反馈。

以上给出了几种基本的反馈分类方法。下面将给出各种基本反馈所构成的四种负反馈组态。结合负反馈放大电路的闭环增益的通用表达式,分析各种组态负反馈的性能参数。

5.2 负反馈放大电路

5.2.1 负反馈放大电路的闭环增益表达式

1. 负反馈放大电路的方框图

根据上面对反馈的概念以及反馈的各种分类,可以知道所有的负反馈放大电路都可以用图 5.2.1 的方框图来表示。它由基本放大电路和反馈网络组成。近似分析时可以认为方框图中基本放大电路只有单方向的信号正向传输通路(忽略反馈网络),反馈网络仅有单方向的信号反向传输通路(忽略放大电路的内部寄生反馈)。

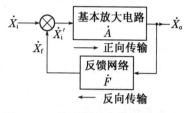

图 5.2.1 负反馈放大电路的方框图

在图 5.2.1 中,箭头方向表示分析负反馈放大电路时信号的传输方向,符号 $\otimes$ 表示信号的叠加,$\dot{X}_i$ 表示负反馈放大电路的输入信号,$\dot{X}_f$ 表示反馈网络的反馈信号,$\dot{X}_i'$ 表示基本放大电路 $\dot{A}$ 所获得的净输入信号,$\dot{X}_o$ 表示负反馈放大电路的输出信号,而 $\dot{X}$ 可能表示电压,也可能表示电流,视反馈的类型而定。根据信号传输方向的近似约定,我们也将存在负反馈的放大电路称为闭环放大电路,将基本放大电路称为开环放大电路。

2. 负反馈放大电路增益的一般表达式

(1) 闭环放大倍数的一般表达式

在图 5.2.1 的方框图中,我们可以定义基本放大电路的增益为

$$\dot{A} = \frac{\dot{X}_o}{\dot{X}_i'} \tag{5.2.1}$$

反馈系数为

$$\dot{F} = \frac{\dot{X}_f}{\dot{X}_o} \tag{5.2.2}$$

负反馈放大电路的放大倍数(即闭环放大倍数)为

$$\dot{A}_f = \frac{\dot{X}_o}{\dot{X}_i} \tag{5.2.3}$$

由图 5.2.1 所示的一般方框图可知,各信号量之间关系为

$$\dot{X}_o = \dot{A}\dot{X}_i' \tag{5.2.4}$$

$$\dot{X}_i' = \dot{X}_i - \dot{X}_f \tag{5.2.5}$$

$$\dot{X}_f = \dot{F}\dot{X}_o \tag{5.2.6}$$

根据式(5.2.4)至式(5.2.6),可得放大电路的放大倍数(闭环放大倍数)的一般表达式为

$$\dot{A}_f = \frac{\dot{A}}{1 + \dot{A}\dot{F}} \tag{5.2.7}$$

(2) 反馈深度

由式(5.2.7)可知,放大电路引入反馈后,其放大倍数改变了。闭环放大倍数 $\dot{A}_f$ 的大小与 $|1 + \dot{A}\dot{F}|$ 这一因数有关。在一般情况下,$\dot{A}$ 和 $\dot{F}$ 都是频率的函数,它们的数值和相位角

均随频率的改变而改变。以下分三种情况讨论。

① 若 $|1+\dot{A}\dot{F}|>1$,则 $|\dot{A}_f|<|\dot{A}|$,即引入反馈后,放大倍数减小了,这种反馈为负反馈。负反馈放大电路的 $|1+\dot{A}\dot{F}|$ 越大,则放大倍数减小愈多。

② 若 $|1+\dot{A}\dot{F}|<1$,则 $|\dot{A}_f|>|\dot{A}|$,即引入反馈后,放大倍数增加了,这种反馈称为正反馈。正反馈虽然可以增加放大倍数,但使放大电路的性能不稳定。放大电路中一般很少引入正反馈,正反馈多用于信号波形产生电路。

③ 若 $|1+\dot{A}\dot{F}|=0$,则 $|\dot{A}_f|\to\infty$。这就是说,放大电路在没有输入信号时,也有输出信号,这时,放大电路处于自激振荡状态。

从上面的讨论可知,$|1+\dot{A}\dot{F}|$ 与放大电路的工作状态和性能直接相关。对负反馈放大电路,$|1+\dot{A}\dot{F}|$ 越大,其闭环放大倍数减小愈多,因此,$|1+\dot{A}\dot{F}|$ 的值是衡量负反馈程度的一个重要指标,称为**反馈深度**。

(3) 环路增益

将图 5.2.1 所示的反馈环在其一点处断开,例如在求和环节与基本放大电路输入端之间断开,即可得图 5.2.2 所示的开环方框图。

净输入信号 $\dot{X}'_i$ 经过基本放大电路和反馈网络闭环一周所具有的增益称为**环路增益**,即

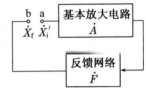

图 5.2.2　环路增益的图解

$$\dot{A}\dot{F}=\frac{\dot{X}_f}{\dot{X}'_i} \tag{5.2.8}$$

反馈深度与环路增益都是描述反馈放大电路性能的重要指标。

3. 四种组态的负反馈放大电路的方框图

常用的负反馈放大电路有四种组态,它们分别是电压串联负反馈、电压并联负反馈、电流串联负反馈以及电流并联负反馈。根据负反馈放大电路的一般框图以及各种反馈类型的判别方式,将负反馈放大电路中开环放大电路与反馈网络均视为二端网络,则不同反馈组态中两个网络的连接方式不同。四种反馈组态电路的方框图如图 5.2.3 所示。

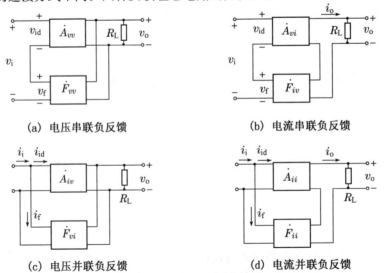

(a) 电压串联负反馈　　　　　　　　　　(b) 电流串联负反馈

(c) 电压并联负反馈　　　　　　　　　　(d) 电流并联负反馈

图 5.2.3　四种反馈组态电路的方框图

　　下面分别对这四种组态的负反馈放大电路的典型电路进行分析。

5.2.2　电压串联负反馈放大电路

1. 反馈组态的判断

　　图 5.2.4 所示为电压串联负反馈放大电路,其中图(a)为由三极管组成的放大电路中引入电压串联负反馈,图(b)为由集成运算放大器组成的放大电路中引入电压串联负反馈。

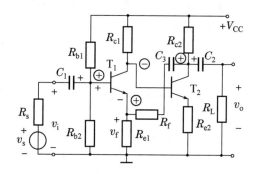 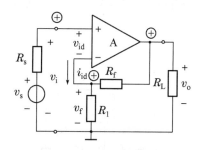

(a) 由三极管组成的电压串联负反馈放大器　　　(b) 由运放组成的电压串联负反馈放大器

图 5.2.4　电压串联负反馈放大电路

　　首先,根据"瞬时极性法",可以判别出 5.2.4(a)(b)两图中引入的反馈为负反馈。在图 5.2.4(a)中,反馈网络由 R_f 和 C_3 组成,从输出端看,当负载电阻 R_L 两端交流短路时,反馈网络中不再有反馈信号的存在,因此反馈网络从输出端采样的是电压信号,为电压负反馈;从输入端看,反馈网络连接的是三极管 T_1 的发射极,输入信号连接的是 T_1 的基极,两者连接的是 T_1 不同的电极,因此为串联负反馈,合起来就是反馈网络引入的是电压串联负反馈。在图 5.2.4(b)中,反馈网络为 R_f 和 R_1 组成的分压电路,其与放大器的输出端直接连接在一起,当负载电阻 R_L 两端交流短路时,反馈网络将采样不到输出信号,因此为电压负反馈;在输入端,输入信号连接的是运放的同相输入端,反馈网络的比较端连接的是运放的反相输入端,当比较端交流接地时,输入信号仍然可以流入放大器,因此该反馈为串联负反馈,合起来就是由 R_f 和 R_1 构成的反馈网络引入的是电压串联负反馈。

　　电压负反馈具有稳定输出电压的作用,在图 5.2.4(a)中,假设输入信号不变,即 v_i 恒定,由于某种原因(如 R_L 变大),使得输出电压 v_o 变大,则电路存在如下的反馈过程使得输出电压稳定:

$$R_L \uparrow \to v_o \uparrow \to v_{e1} \uparrow \to v_{be1} \downarrow \to i_{b1} \downarrow \to i_{c2} \downarrow \to v_o \downarrow$$

　　可见,引入电压负反馈后,通过反馈的自动调节,当电路参数发生变化时,保证输出电压基本稳定不变。

2. 增益类型的确定

　　电压串联负反馈的反馈网络在输出端采样的是输出电压信号,在输入端以电压形式与输入信号电压相比较,可以简称为电压一电压放大器,因此可以得出如下的关系:

$$X_i = v_i, X_o = v_o, X_f = v_f, X_i' = v_i'$$

开环增益为开环电压放大倍数,即

$$A = A_v = \frac{X_o}{X_i'} = \frac{v_o}{v_i'} \tag{5.2.9}$$

闭环增益为闭环电压放大倍数,即

$$A_f = A_{vf} = \frac{X_o}{X_i} = \frac{v_o}{v_i} \tag{5.2.10}$$

5.2.3 电压并联负反馈放大电路

1. 反馈组态的判断

图 5.2.5 所示为电压并联负反馈,其中图(a)为由集成运算放大器组成的放大电路中引入电压并联负反馈,图(b)为由三极管组成的放大电路中引入电压并联负反馈。

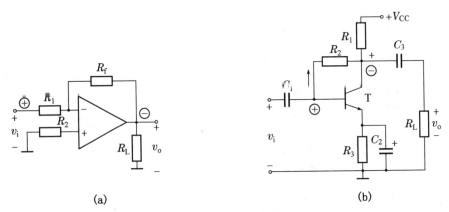

(a)   (b)

图 5.2.5 电压并联负反馈放大电路

图 5.2.5(a)中,电阻 R_f 构成反馈网络,利用"瞬时极性法"可以判别其为负反馈。当输出端交流短路时(即 R_L 两端短路),反馈网络 R_f 的右端直接接地,无法从输出端采用输出信号,因此为电压反馈;在输入端,输入信号与反馈网络的比较端全部接在运放的反相输入端,因此为并联反馈,总结起来就是由电阻 R_f 构成反馈网络引入的是电压并联负反馈。图 5.2.5(b)中,电阻 R_2 构成反馈网络,利用"瞬时极性法"可以判别其为负反馈。在输出端,反馈网络和输出端全部接在三极管的集电极,因此为电压反馈;在输入端,反馈网络与输入信号全部接在三极管的基极,因此为并联反馈,即电阻 R_2 构成反馈网络引入了电压并联负反馈。

2. 增益类型的确定

电压并联负反馈的反馈网络在输出端采样的是输出电压信号,在输入端以节点电流形式与输入信号的电流相比较,可以简称为电流—电压放大器,因此可以得出如下的关系:

$$X_i = i_i, X_o = v_o, X_f = i_f, X_i' = i_i'$$

开环增益为开环互阻放大倍数,即

$$A = A_r = \frac{X_o}{X_i'} = \frac{v_o}{i_i'} \tag{5.2.11}$$

闭环增益为闭环互阻放大倍数,即

$$A_f = A_{rf} = \frac{X_o}{X_i} = \frac{v_o}{i_i} \tag{5.2.12}$$

5.2.4　电流串联负反馈放大电路

1. 反馈类型的判别

图 5.2.6 所示为电流串联负反馈放大电路。

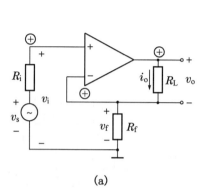
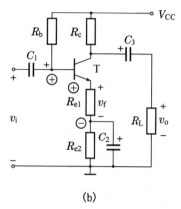

(a)　　　　　　　　　　　　　(b)

图 5.2.6　电流串联负反馈放大电路

图 5.2.6(a)中，电阻 R_f 构成反馈网络，利用"瞬时极性法"可以判别出该网络引入的是负反馈。R_f 的上端连接的是负载电阻 R_L 的下端，当输出交流短路时，即 R_L 两端交流短路，R_f 上仍然有输出电流流过，因此反馈网络从输出端采样的是电流信号，是电流负反馈；从输入端看，反馈网络的比较端连接的是运放的反相输入端，而输入信号是从运放的同相输入端输入，当反馈网络的比较端交流接地时，输入信号仍然能够流入运算放大器，因此是串联反馈，总结起来就是电阻 R_f 在图中引入了电流串联负反馈。图 5.2.6(b)中，R_{e1} 构成交流反馈网络，对于交流信号，由于电容 C_2 的隔直通交作用，电阻 R_{e2} 被交流短路，R_{e1} 的下端交流接地。由于输出信号是从三极管的集电极输出，当 R_L 两端交流短路时，流过 R_{e1} 的电流与输出电流近似相等，因此它采样的是输出电流信号，是电流负反馈；在输入端，R_{e1} 接于三极管的发射极，而输入信号接入三极管的基极，当反馈网络的比较端即 R_{e1} 的上端交流接地时，输入信号仍然能够流入放大电路，因此该反馈为串联反馈，即电阻 R_{e1} 引入了交流电流串联负反馈。

电流负反馈具有稳定输出电流的作用，在图 5.2.6(a)中，假设输入信号不变，即 v_i 恒定，由于某种原因(如 R_L 变大)，使得输出电流 i_o 变小，则电路存在如下的反馈过程使得输出电压稳定：

$$R_L \uparrow \rightarrow i_o \downarrow \rightarrow v_f \downarrow \rightarrow v_{id} \uparrow \rightarrow v_o \uparrow \rightarrow i_o \uparrow$$

可见，引入电流负反馈后，通过反馈的自动调节，当电路参数发生变化时，保证输出电流基本稳定不变。

2. 增益类型的确定

电流串联负反馈的反馈网络在输出端采样的是输出电流信号，在输入端以回路电压形式与输入信号的电压相比较，可以简称为电压—电流放大器，因此可以得出如下的关系：

$$X_i = v_i, X_o = i_o, X_f = v_f, X_i' = v_i'$$

开环增益为开环互导放大倍数，即

$$A = A_g = \frac{X_o}{X_i'} = \frac{i_o}{v_i'} \qquad (5.2.13)$$

闭环增益为闭环互导放大倍数,即

$$A_f = A_{gf} = \frac{X_o}{X_i} = \frac{i_o}{v_i} \qquad (5.2.14)$$

5.2.5 电流并联负反馈放大电路

1. 反馈类型的判别

图 5.2.7 所示为电流并联负反馈放大电路。

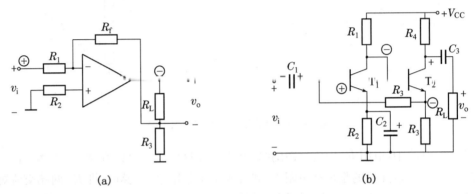

图 5.2.7 电流并联负反馈放大电路

图 5.2.7(a)中,电阻 R_f 构成反馈网络,利用"瞬时极性法"可以判别出该网络引入的是负反馈。当输出交流短路时,即 R_L 两端交流短路,R_f 上仍然有输出电流流过,因此反馈网络从输出端采样的是电流信号,是电流负反馈;在输入端,反馈网络的比较端与输入信号全部连接在运放的反相输入端,当反馈网络的比较端交流接地时,输入信号经过电阻 R_1 直接接地,因此该反馈为并联负反馈,即电阻 R_f 构成的反馈网络引入电流并联负反馈。图 5.2.7(b)中,R_3 构成反馈网络,其在输出端接的是三极管 T_2 的发射极,而输出信号是从三极管 T_2 的集电极输出,当集电极对地交流短路时,流过 R_3 的电流与输出电流成一定的比例关系,因此其从输出端采样的对象是电流信号,是电流负反馈;同样在输入端,R_3 的左端即反馈网络的比较端与输入信号同时接入三极管 T_1 的基极,是并联负反馈,因此,R_3 构成的反馈网络引入电流并联负反馈。

2. 增益类型的确定

电流并联负反馈的反馈网络在输出端采样的是输出电流信号,在输入端以节点电流形式与输入信号的电流相比较,可以简称为电流—电流放大器,因此可以得出如下的关系:

$$X_i = i_i, X_o = i_o, X_f = i_f, X_i' = i_i'$$

开环增益为开环电流放大倍数,即

$$A = A_i = \frac{X_o}{X_i'} = \frac{i_o}{i_i'} \qquad (5.2.15)$$

闭环增益为闭环电流放大倍数,即

$$A_f = A_{if} = \frac{X_o}{X_i} = \frac{i_o}{i_i} \qquad (5.2.16)$$

应当注意,无论采用什么组态的负反馈,反馈效果都受信号源内阻 R_s 制约。当采用串联负反馈时,为充分发挥负反馈的作用,应采用 R_s 小的信号源,以使输入电压保持稳定;当采用并联负反馈时,R_s 愈大,输入电流越稳定,并联负反馈效果越显著,所以应采用 R_s 大的信号源。

5.3 负反馈对放大电路性能的影响

放大电路中引入负反馈后,虽然放大倍数有所下降,但是能从多方面改善放大电路的性能,下面进行分述。

5.3.1 稳定电压增益

放大电路引入负反馈以后得到的最直接、最显著的效果就是提高放大倍数的稳定性。例如,当输入信号(v_i 或 i_i)一定时,电压负反馈能使输出电压基本维持稳定,电流负反馈能使输出电流基本维持稳定,总的来说,就是能维持放大倍数的稳定。现分析引入负反馈后稳定放大倍数的原理。

由式(5.2.7)可知,当 $|1+\dot{A}\dot{F}| \gg 1$ 时,放大电路引入的负反馈比较深,称为深度负反馈,此时放大电路的闭环放大倍数为

$$|\dot{A}_f| = \frac{|\dot{A}|}{|1+\dot{A}\dot{F}|} \approx \frac{|\dot{A}|}{|\dot{A}\dot{F}|} = \frac{1}{|\dot{F}|} \tag{5.3.1}$$

这表明,引入深度负反馈后,放大电路的闭环放大倍数只取决于反馈网络,而与基本放大电路无关。反馈网络一般是由一些性能比较稳定的无源线性元件(如 R、L 和 C)所组成,因此,引入负反馈后放大倍数是比较稳定的。

如果放大电路工作在中频范围,且反馈网络为纯电阻性,则 $\dot{A}$ 和 $\dot{F}$ 均为实数,式(5.2.7)可表示为

$$A_f = \frac{A}{1+AF} \tag{5.3.2}$$

将上式左右两边对变量 A 求导得

$$\frac{dA_f}{dA} = \frac{1}{1+AF} - \frac{AF}{(1+AF)^2} = \frac{1}{(1+AF)^2} \tag{5.3.3}$$

式子(5.3.3)可以变换为

$$\frac{dA_f}{A_f} = \frac{1}{1+AF}\frac{dA}{A} \tag{5.3.4}$$

式(5.3.4)表明,负反馈放大电路的闭环放大倍数 A_f 的相对变化量等于无反馈时开环放大倍数 A 相对变化量的 $\frac{1}{1+AF}$。换句话说,引入负反馈后,放大倍数下降为原来的 $\frac{1}{1+AF}$,但放大倍数的稳定性提高为原来的 $(1+AF)$ 倍。

【例 5.3.1】 在图 5.2.4(b)所示的电压串联负反馈放大电路中,集成运算放大器的开环电压放大倍数 $A=5\times10^4$,$R_1=4\ \text{k}\Omega$,$R_f=16\ \text{k}\Omega$。

(1) 试估算反馈系数 F 和反馈深度 $(1+AF)$;

（2）试估算放大电路的闭环电压放大倍数 A_f；

（3）如果集成远放的开环差模电压放大倍数的相对变化量为 $\pm 10\%$，此时闭环电压放大倍数 A_f 的相对变化量等于多少？

解 反馈系数为

$$F = \frac{v_f}{v_o} = \frac{R_1}{R_1 + R_f} = \frac{4}{4+16} = 0.2$$

反馈深度为

$$1 + AF = 1 + 5 \times 10^4 \times 0.2 \approx 10^4$$

闭环电压放大倍数为

$$A_f = \frac{A}{1+AF} = \frac{5 \times 10^4}{10^4} = 5$$

A_f 的相对变化量为

$$\frac{\mathrm{d}A_f}{A_f} = \frac{1}{1+AF}\frac{\mathrm{d}A}{A} = \frac{\pm 10\%}{10^4} = \pm 0.0001\%$$

结果表明,当开环差模电压放大倍数变化 $\pm 10\%$,闭环电压放大倍数的相对变化量只有 $\pm 0.0001\%$,约为十万分之一。这说明,引入反馈深度约为 10^4 量级的负反馈以后,放大倍数的稳定性提高了约 10^4 倍,即提高了一万倍。

5.3.2 减小非线性失真

由于放大器件特性曲线的非线性,当输入信号为正弦波时,输出信号的波形可能不再是一个真正的正弦波,而将产生一定的非线性失真。当信号幅度比较大时,非线性失真更为严重。引入负反馈后,可使这种非线性失真减小。例如,电压放大电路的开环传输特性曲线和闭环传输特性曲线,如图 5.3.1 所示。

图 5.3.1 中曲线 1 是电压放大电路的一种典型的开环电压传输特性曲线,该曲线的斜率可表示为

$$A = \frac{\mathrm{d}v_o}{\mathrm{d}v_i} \qquad (5.3.5)$$

上式表明,斜率的变化反映放大倍数随输入信号的大小而改变。v_o 与 v_i 之间的这种非线性关系,是放大电路产生非线性失真的来源。

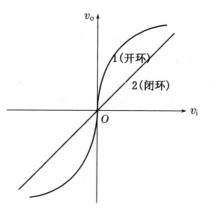

图 5.3.1 开环和闭环放大电路的电压传输特性

图 5.3.1 中曲线 2 是深度负反馈条件下,反馈放大电路的闭环放大倍数,即

$$A_f \approx \frac{1}{F} \qquad (5.3.6)$$

这表明,在反馈放大电路中,闭环放大倍数与开环放大倍数无关。因此,电压放大电路的闭环传输特性曲线近似为一条直线。在同样的输出电压幅度下,虽然曲线 2 的斜率比曲线 1 小,但放大倍数因输入信号的大小而改变的程度却大大减小。这说明,v_o 与 v_i 之间几乎为线性关系,也就是说,减小了非线性失真。

在这里需要强调的是,负反馈减少非线性失真是指反馈环内的失真。如果是输入信号

波形本身的失真,即使引入了负反馈,也不能减小失真。

5.3.3　改变输入电阻和输出电阻

放大电路引入不同组态的负反馈后,对输入电阻和输出电阻将产生不同的影响。

1. 负反馈对输入电阻的影响

在不同组态的负反馈放大电路中,负反馈对输入电阻的影响是不同的。串联负反馈将增大输入电阻,而并联负反馈将减小输入电阻。

(1) 串联负反馈增大输入电阻

图 5.3.2 是一个串联负反馈放大电路的示意图。由图可见,$V_i = V_{id} + V_f$,即反馈信号与外加输入信号以电压形式求和,而且反馈电压 V_f 起削弱输入电压 V_i 的作用,使开环放大电路的输入电压 V_{id} 减小。可见,在同样的外加输入电压之下,输入电流将比无反馈时小,因此输入电阻将增大。

在图 5.3.2 中,无反馈时的输入电阻为

$$R_i = \frac{V_{id}}{I_i}$$

引入串联负反馈后的输入电阻为

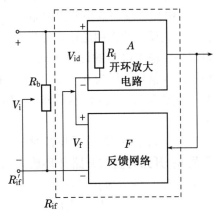

图 5.3.2　串联负反馈对输入电阻的影响

$$R_{if} = \frac{V_i}{I_i} = \frac{V_{id} + V_f}{I_i} = \frac{V_{id} + AFV_{id}}{I_i}$$

$$= (1+AF)\frac{V_{id}}{I_i} = (1+AF)R_i \tag{5.3.7}$$

可见,引入串联负反馈后,放大电路的输入电阻为无反馈时输入电阻的 $(1+AF)$ 倍,无论是电压串联负反馈还是电流串联负反馈均如此。

注意的是,引入串联负反馈后,只是将反馈环路内的输入电阻增大 $(1+AF)$ 倍。而在图 5.3.2 中,R_b 并不包括在反馈环路内,因此不受影响。引入负反馈后,该电路总的输入电阻为

$$R'_{if} = R_{if} /\!/ R_b$$

式中,只有 R_{if} 增加了 $(1+AF)$ 倍,如果 R_b 阻值不够大,即使 R_{if} 增大很多,总的 R'_{if} 将不会有太大的变化。

(2) 并联负反馈减小输入电阻

图 5.3.3 是并联负反馈放大电路的方框图,无反馈时的输入电阻为

$$R_i = \frac{V_i}{I_{id}}$$

引入并联负反馈后,反馈信号与外加输入信号以电流形式求和,即开环放大电路的输入电流为

$$I_{id} = I_i - I_f$$

则闭环输入电阻为

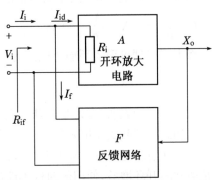

图 5.3.3　并联负反馈放大电路的方框图

$$R_{if}=\frac{V_i}{I_i}=\frac{V_i}{I_{id}+I_f}=\frac{V_i}{I_{id}+AFI_{id}}=\frac{1}{1+AF}\frac{V_i}{I_{id}}=\frac{1}{1+AF}R_i \tag{5.3.8}$$

由此说明，引入并联负反馈后，放大电路的输入电阻为无反馈时的 $\frac{1}{1+AF}$，无论是电压并联负反馈还是电流并联负反馈均如此。

2. 负反馈对输出电阻的影响

输出电阻是从放大电路输出端看进去的等效电阻。电压负反馈与电流负反馈对输出电阻的影响是不同的。电压负反馈将减小输出电阻，而电流负反馈将增大输出电阻。

（1）电压负反馈减小输出电阻

电压负反馈的作用是稳定输出电压，使其输出电阻减小。输出电阻的计算方法是令电压负反馈电路的输入信号电压为 0，并在电路的输出端加电压 V_o，如图 5.3.4 所示，然后求出相应的输出电流 I_o。

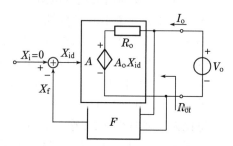

在图 5.3.4 中，R_o 是无反馈时的输出电阻，A_o 为负载 R_L 开路时候的开路开环放大倍数，若略去反馈网络对 I_o 的分流作用，有

图 5.3.4　电压负反馈对输出电阻的影响

$$V_o=I_oR_o+A_oX_{id}=I_oR_o-A_oX_f=I_oR_o-A_oFV_o$$

对上式整理后，可得具有电压负反馈的放大器的输出电阻为

$$R_{of}=\frac{V_o}{I_o}=\frac{1}{1+A_oF}R_o \tag{5.3.9}$$

式（5.3.9）表明，无论是串联反馈还是并联反馈，只要是电压负反馈，都使得闭环输出电阻减小到开环时候的 $1/(1+A_oF)$。

（2）电流负反馈增大输出电阻

电流负反馈的作用是稳定输出电流，使输出电阻增加。输出电阻的计算方法同上，令电流负反馈电路的输入信号电压为 0，并在电路的输出端加电压 V_o，如图 5.3.5 所示。设 A_o 为负载 R_L 短路时候的短路开环放大倍数。

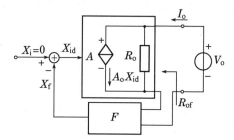

若略去输出电流在反馈网络上的压降，有

$$I_o=\frac{V_o}{R_o}+A_oX_{id}=\frac{V_o}{R_o}-A_oX_f=\frac{V_o}{R_o}-A_oFI_o$$

图 5.3.5　电流负反馈对输出电阻的影响

将上式整理可得闭环输出电阻为

$$R_{of}=\frac{V_o}{I_o}=(1+A_oF)R_o \tag{5.3.10}$$

式（5.3.10）表明，无论是串联反馈还是并联反馈，只要是电流负反馈，都使得闭环输出电阻增加到开环时输出电阻的 $(1+A_oF)$ 倍。

需要注意的是，式（5.3.9）和（5.3.10）中的 $A_o \neq A$，为开路或者短路开环放大系数，而不是通常的开环增益，使用的时候不能混淆。

5.3.4　扩展通频带

既然负反馈具有稳定闭环增益的作用,那么,当引入负反馈后,由于各种原因引起的增益的变化都将减小,包括信号频率的变化引起的增益的变化也将减小,即扩展了通频带。由于负反馈可以提高放大倍数的稳定性,所以在低频率区和高频率区放大倍数的下降程度将减小,从而使通频带展宽。

由于在低频区和高频区,旁路电容、耦合电容、分布电容和晶体管的结电容的影响不能同时忽略,所以公式中的各个量均为复数;即

$$\dot{A}_f = \frac{\dot{A}}{1+\dot{A}\dot{F}}$$

$$A_{Hf} = \frac{\dot{A}}{1+\dot{A}\dot{F}} = \frac{A_m(1+jf/f_H)}{1+F[A_m(1+jf/f_H)]} = \frac{A_m}{1+A_mF+jf/f_H}$$

$$= \frac{\dfrac{A_m}{1+A_mF}}{1+j[f/(1+A_mF)f_H]} = \frac{A_{mf}}{1+j[f/(1+A_mF)f_H]} \tag{5.3.11}$$

上式中,A_m 和 A_{mf} 分别为无负反馈放大电路的中频增益和有负反馈放大电路的中频增益。

当反馈系数 $\dot{F}$ 不随频率变化时(如反馈网络为纯电阻时),引入负反馈后电路的上限频率为 $f_{Hf} = (1+A_mF)f_H$。

同理,可以求得有负反馈时的下限频率为

$$f_{Lf} = \frac{1}{1+A_mF}f_L \tag{5.3.12}$$

无负反馈和有负反馈时放大电路的频带宽度分别为

$$BW = f_H - f_L$$
$$BW_f = f_{Hf} - f_{Lf}$$

当 $f_H \gg f_L$ 时,$BW = f_H - f_L \approx f_H$,

$$BW_f = f_{Hf} - f_{Lf} \approx f_{Hf} = (1+A_mF)f_H \approx (1+A_mF)BW \tag{5.3.13}$$

上式表明,引入负反馈后,可使通频带展宽约 $(1+A_mF)$ 倍。严格来讲,这个结论只适用于单一时间常数(或一个时间常数起主导作用)的电路。当然这是以牺牲中频放大倍数为代价的,而且在后面将会知道,加上负反馈后,放大器有可能产生自激振荡,需要采用适当的补偿措施。

5.3.5　抑制干扰和噪声

将放大电路的输入端对地短路,用示波器可以观察到输出端出现不规则的电压波形,这是由于放大电路中存在干扰电压和噪声电压。如果放大电路附近有强磁场或者强电场变化,则放大电路内部将产生感应电压。如果放大电路的电源发生波动,则电路的内部也将引进相应的电压波动。所有这些不规则的电压都是干扰电压。噪声电压则是由于电路中的元器件内部载流子不规则运动所引起的,通常可达到微安级。干扰和噪声使得测量产生误差,声音、图像等不清晰,必须设法加以抑制。

　　衡量噪声对有用信号的影响程度是信噪比。它定义为有用信号电压有效值 S 与噪声电压有效值 N 之比,常用分贝数表示,即

$$\frac{S}{N}(\mathrm{dB})=20\lg\frac{S}{N} \tag{5.3.14}$$

一般要求信噪比要大于 20 dB,即有用信号比噪声大 10 倍以上。

　　引入负反馈可以抑制放大电路内的噪声和干扰。作为一种分析方法,干扰和噪声可以等效为由于器件的非线性产生的高次谐波。而负反馈使得有效信号和干扰及噪声一同减小。放大电路内的噪声及干扰电压是一定的,而有效信号可以人为地提高到开环时的水平,即 $S_\mathrm{f}=S$。因此,

$$\frac{S_\mathrm{f}}{N_\mathrm{f}}=\frac{S}{N/(1+AF)}=(1+AF)\frac{S}{N} \tag{5.3.15}$$

即闭环信噪比增加到开环信噪比的 $(1+AF)$ 倍。

　　同减小非线性失真一样,负反馈只能抑制反馈环内的干扰和噪声,对于反馈环外,则无济于事。

5.4　深度负反馈放大电路的分析方法

　　反馈放大电路的性能分析是一个比较复杂的问题,这里仅针对深度负反馈,讨论其电路的估算方法。

　　在深度负反馈的条件下,即 $|1+\dot{A}\dot{F}|\gg1$ 时,负反馈放大电路的闭环放大倍数可简化为

$$A_\mathrm{f}=\frac{A}{1+AF}\approx\frac{A}{AF}=\frac{1}{F} \tag{5.4.1}$$

　　上式表明,深度负反馈放大电路的闭环放大倍数近似等于反馈系数的倒数,只要知道了反馈系数就可以直接求闭环增益 A_f。需要说明的是,对于不同的反馈类型,反馈系数的物理意义不同,也就是量纲不同,相应的闭环放大倍数 A_f 是广义放大倍数,其具体的物理意义见 5.2 节的分析。只有电压串联反馈时,才可以利用上式直接估算电压放大倍数。

　　对于其他类型的反馈,可以用下面的方法估算电压放大倍数。

因为 $A_\mathrm{f}=\dfrac{X_\mathrm{o}}{X_\mathrm{i}}$,$F=\dfrac{X_\mathrm{f}}{X_\mathrm{o}}$,同时在深度负反馈条件下有 $A_\mathrm{f}\approx\dfrac{1}{F}$,因此有

$$\frac{X_\mathrm{o}}{X_\mathrm{i}}\approx\frac{X_\mathrm{o}}{X_\mathrm{f}} \tag{5.4.2}$$

所以

$$X_\mathrm{i}\approx X_\mathrm{f} \tag{5.4.3}$$

即净输入信号 $X_\mathrm{i}'=X_\mathrm{i}-X_\mathrm{f}\approx0$。

　　当电路中引入的负反馈是串联负反馈时,反馈网络与放大器在输入端口相互比较的是电压,因此式(5.4.3)可以变换为 $V_\mathrm{i}\approx V_\mathrm{f}$,即放大电路本身获得的净输入电压信号为 0,称为"虚短";当电路中引入的负反馈是并联负反馈时,反馈网络与放大器在输入端口相互比较的是电流,因此式(5.4.3)可以变换为 $I_\mathrm{i}\approx I_\mathrm{f}$,即放大电路本身获得的净输入电流信号为 0,称为"虚断"。这里的"虚短"和"虚断",与 4.5.2 小节所说的是一致的。

图 5.4.1 中显示的是电压串联负反馈电路。反馈电压 $V_f=\dfrac{R_1}{R_1+R_2}V_o$，根据前面对于反馈系数以及闭环增益的定义，可以得到

$$F_v=\frac{V_f}{V_o}=\frac{R_1}{R_1+R_2}$$

$$A_{vf}=\frac{V_o}{V_i}\approx\frac{V_o}{V_f}=\frac{1}{F}=1+\frac{R_2}{R_1}$$

式中，A_{vf} 与负载电阻 R_L 无关，表明引入深度电压负反馈后，电路的输出可近似为受控恒压源。

图 5.4.2 所示的是电流串联负反馈电路。反馈电压 $V_f=I_oR_e$，因此可以得到互阻反馈系数为

$$F_r=\frac{V_f}{I_o}=R_e$$

闭环电压放大倍数为

$$A_{vf}=\frac{V_o}{V_i}\approx\frac{-I_oR_c}{V_f}=-\frac{R_c}{F_r}=-\frac{R_c}{R_e}$$

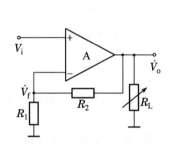 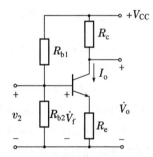

图 5.4.1 电压串联负反馈电路　　图 5.4.2 电流串联负反馈电路

在前面第 3 章的分析中可以知道，发射极带有偏置电阻 R_e 的基本共射极放大电路的电压放大倍数为

$$A_v=-\frac{\beta R_c}{r_{be}+(1+\beta)R_e}$$

当 R_e 较大时，即反馈较深时，r_{be} 可以忽略，有 $A_{vf}\approx-\dfrac{R_c}{R_e}$，这与上面的结论是一致的。

在图 5.4.3 中显示的是电压并联负反馈电路。在图中所示的参考方向下，根据集成运放的"虚短"和"虚断"，有 $I_f=\dfrac{V_{(-)}-V_o}{R_f}\approx\dfrac{0-V_o}{R_f}=-\dfrac{V_o}{R_f}$，可以得出互导反馈系数为

$$F_g=\frac{I_f}{V_o}=-\frac{1}{R_f}$$

闭环电压放大倍数为

$$A_{vf}=\frac{V_o}{V_i}=\frac{V_o}{I_iR_1}\approx\frac{V_o}{I_fR_1}=\frac{1}{F_gR_1}=-\frac{R_f}{R_1}$$

在图 5.4.4 中显示的是电流并联负反馈电路。反馈的电流信号 I_f 为输出电流 I_o 在电阻 R_1 上的分流，在图中所示的参考方向下，同样根据集成运放的"虚短"和"虚断"，可以

得出

$$I_f = -\frac{R_2}{R_1 + R_2} I_o$$

因此电流反馈系数为

$$F_i = \frac{I_f}{I_o} = -\frac{R_2}{R_1 + R_2}$$

闭环压放大倍数为

$$A_{vf} = \frac{V_o}{V_i} = \frac{I_o R_L}{I_i R_s} \approx \frac{I_o R_L}{I_f R_s} = \frac{1}{F_i} \frac{R_L}{R_s} = -\left(1 + \frac{R_1}{R_2}\right)\frac{R_L}{R_s}$$

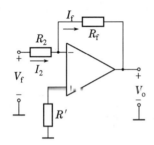

图 5.4.3　电压并联负反馈电路

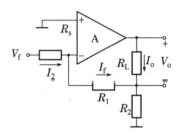

图 5.4.4　电流并联负反馈电路

综上所述,求解深度负反馈放大电路放大倍数的一般步骤如下:

(1) 判断反馈类型;

(2) 确定广义放大倍数和反馈系数;

(3) 当电路引入串联负反馈时,$V_i \approx V_f$,当电路引入并联负反馈时,$I_i \approx I_f$,利用电路特性,找出 A_{vf} 与广义放大倍数的关系,并最终求得结果。

利用"虚短"和"虚断"的概念得到的上述近似计算,可以很方便地计算出深度负反馈条件下任意一种反馈组态的闭环电压放大倍数,但是在计算负反馈放大电路的输入电阻以及输出电阻方面将产生一些问题,这是这种近似估算方法的一个重要缺陷。

5.5　负反馈放大电路的稳定性

负反馈可以改善放大电路的性能指标,但是如果引入不当,则会引起放大电路自激,使得电路工作不正常。负反馈对放大电路的改善程度与反馈深度有关,反馈深度越深,改善效果越明显。但是反馈引入过深,会使放大电路产生自激振荡,即在不加输入信号的前提下,输出端也会产生一定频率和幅度的波形。为了使放大电路正常工作,放大电路在设计时应尽量避免产生自激振荡。

5.5.1　负反馈放大电路产生自激振荡的原因和条件

根据反馈的基本方程,可知当 $|1 + \dot{A}\dot{F}| = 0$ 时,闭环放大倍数趋向于无穷大。此时不需要信号输入,放大电路也会有信号输出,即放大电路产生了自激。将 $|1 + \dot{A}\dot{F}| = 0$ 改写为

$$\dot{A}\dot{F} = -1 \tag{5.5.1}$$

上式可以分解成负反馈放大器产生自激振荡的幅度条件和相位条件如下:

幅度条件 $|\dot{A}\dot{F}|=1$ 　　　　　　　　　　　　　　　　　(5.5.2)

相位条件 $\varphi_{AF}=\varphi_A+\varphi_F=\pm(2n+1)\pi(n=0,1,2\cdots)$ 　　　(5.5.3)

φ_{AF} 是放大电路和反馈电路的总附加相移。如果在中频条件下,放大电路设计为负反馈电路,在高频或低频情况下,由于基本放大器的放大倍数 $\dot{A}$ 和反馈系数 $\dot{F}$ 会随信号频率发生变化,因此电路会出现附加相移 φ_{AF}。如果 φ_{AF} 达到 $\pm180°$,这样原来负反馈时满足 $\dot{X}_{id}=\dot{X}_i-\dot{X}_f$,而附加相移会使 $-\dot{X}_f$ 变成 $\dot{X}_f$,即 $\dot{X}_{id}=\dot{X}_i+\dot{X}_f$,这样就使负反馈变为正反馈。如果幅度条件满足要求,放大电路就会产生自激。

一般地,自激条件中的相位条件比较重要,如果相位条件满足,只要 $|\dot{A}\dot{F}|\geqslant1$ 就会产生自激振荡。因为 $|\dot{A}\dot{F}|>1$ 时,信号经过放大和反馈,其幅度会越来越大,直至饱和,不再增大。

在许多情况下,反馈电路是由电阻构成的,所以 $\varphi_F=0°$,$\varphi_{AF}=\varphi_A+\varphi_F=\varphi_A$。这时附加相移主要是基本放大电路引入的,因此,基本放大电路的频率特性是产生自激振荡的主要原因。一般来讲,单级负反馈放大电路是稳定的,不会产生自激振荡,因为单级放大电路最大的附加相移不超过 $90°$。两级负反馈放大电路一般也是稳定的,因为两级基本放大电路的最大附加相移达到 $\pm180°$ 时,其幅值 $|\dot{A}\dot{F}|<1$,仍不满足自激条件。而三级反馈放大电路则存在自激的可能,因为三级基本放大电路的最大附加相移可以达到 $270°$,达到 $\pm180°$ 附加相移时的幅值可以满足 $|\dot{A}\dot{F}|>1$,也就是满足自激条件。因此,三级及三级以上的负反馈放大电路在深度负反馈条件下必须采取措施避免自激的发生。

5.5.2　负反馈放大电路稳定性的判断

1. 稳定性的判别方法

一个负反馈放大电路,如果在整个频段范围内,都不能同时满足幅值平衡条件和相位平衡条件,则这个负反馈放大电路是稳定的。通常是用负反馈放大电路的环路放大倍数的波特图来判断是否稳定。

由于集成运放的普遍应用,直接耦合放大电路具有典型意义。图 5.5.1 所示为两个具有低通特性的直接耦合放大电路的频率特性,以此为例说明负反馈放大电路稳定性的判别方法。图中 f_c 表示满足幅值平衡条件(5.5.2)的频率,f_0 表示满足相位平衡条件(5.5.3)的频率。

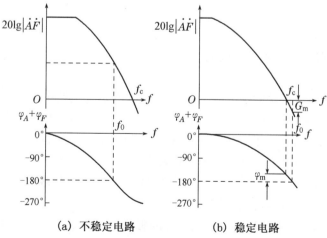

(a) 不稳定电路　　　　　　　(b) 稳定电路

图 5.5.1　负反馈放大电路的稳定性的判别

在图 5.5.1(a)中,当 $f=f_0$,即 $\varphi_{AF}=\varphi_A+\varphi_F=-180°$ 时,有 $20\lg|\dot{A}\dot{F}|>0$,即 $|\dot{A}\dot{F}|>$ 1,说明满足了起振条件,因此,此频率特性所代表的负反馈放大电路是不稳定的。

在图 5.5.1(b)中,$f=f_c$,即 $|\dot{A}\dot{F}|=1$ 时,有 $\varphi_{AF}<180°$,这时相位平衡条件(5.5.3)不满足;当 $f=f_0$ 时,有 $|\dot{A}\dot{F}|<1$,幅值平衡条件(5.5.2)不满足。因此,此频率特性所代表的负反馈放大电路是稳定的。

综上所述,根据环路放大倍数的频率特性判别负反馈放大电路稳定性的方法如下:

(1) 若在整个频率范围内,不存在 f_0,即附加相移 $\varphi_{AF}=\varphi_A+\varphi_F$ 不会达到 $180°$,则此放大电路是稳定的;

(2) 若存在 f_0,且 $f_0>f_c$,则放大电路是稳定的;

(3) 若存在 f_0,且 $f_0<f_c$,则放大电路是不稳定的。

2. 稳定裕度

在实际应用中,由于环境温度、电源电压、电路元器件参数及外界电磁场干扰等因素的影响,放大电路的工作状态会发生变化,为了让放大电路具有足够的可靠性,总是希望放大电路远离自激振荡的平衡条件。因此,规定负反馈放大电路应具有一定的稳定裕度。

(1) 幅值裕度 G_m

定义 $f=f_0$ 时所对应的 $20\lg|\dot{A}\dot{F}|$ 的值为幅值裕度 G_m,如图 5.5.1 所示,G_m 的表达式为

$$G_m=20\lg|\dot{A}\dot{F}|_{f=f_0} \tag{5.5.4}$$

稳定的负反馈放大电路的 $G_m<0$,而且 $|G_m|$ 越大,电路越稳定,一般规定 $G_m\leqslant-10\,dB$。

(2) 相位裕度 φ_m

定义 $f=f_c$ 时的 $|\varphi_{AF}|$ 与 $180°$ 的差值为相位裕度 φ_m,如图 5.5.1 所示,φ_m 的表述式为

$$\varphi_m=180°-|\varphi_{AF}|_{f=f_c} \tag{5.5.5}$$

稳定的负反馈放大电路的 $\varphi_m>0°$,而且 φ_m 越大,电路愈稳定,一般规定 $\varphi_m\geqslant45°$。

5.5.3 负反馈放大电路自激振荡的消除方法

为了消除负反馈放大电路的自激,一般采取的措施就是破坏自激的幅度条件或相位条件。

破坏幅度条件就是减小环路增益 $|\dot{A}\dot{F}|$,当 $\varphi_{AF}=180°$ 时,使 $|\dot{A}\dot{F}|<1$。但是这种处理方法会导致反馈深度下降,不利于放大电路性能的改善,所以常用的消除自激的方法是采用相位补偿法。

对于可能产生自激振荡的反馈放大电路,通常是在放大电路中加入 RC 相位补偿网络,改善放大电路的频率特性,使放大电路具有足够的幅度裕度 G_m 和相位裕度 φ_m。

图 5.5.2 所示是消除自激振荡的几种电路。其中图 5.5.2(a)接入的电容 C 相当于并联在前一级的负载上,在中低频时,电容容抗较大,电容基本不起作用;高频时,容抗减小,使前一级的放大倍数降低,以减小高频时的环路增益 $|\dot{A}\dot{F}|$。该电路的本质是将放大电路的通频带变窄,同时也要求电容的容量要大。图 5.5.2(b)采用 RC 校正网络,可以适当改善通频带变窄的情况,同时对高频电压放大倍数的影响较小。图 5.5.2(c)中的电容根据密勒定理,电容的作用将增大 $(1+A)$ 倍,可以用小电容进行相位补偿。

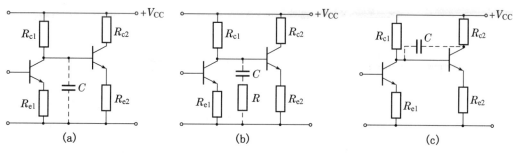

图 5.5.2 消除自激振荡的几种措施

本章小结

1. 当放大电路的输出回路通过一个网络与其输入回路联系起来时,就构成了反馈。反馈有正反馈和负反馈之分,若反馈信号削弱了输入信号的作用,就构成了负反馈;反之,则构成了正反馈。利用瞬时极性法可以判别反馈是正反馈还是负反馈。

2. 负反馈放大电路的四种类型可以通过反馈网络在输出端的取样方式和反馈信号在输入端的叠加方式来区分。常用负载短路法来判别电压、电流反馈:假定负载短路时,如果反馈信号不存在,表明反馈信号正比于输出电压,为电压负反馈;否则,就是电流负反馈。电压负反馈能稳定输出电压,减小输出电阻;电流负反馈能稳定输出电流,增加输出电阻。

如果反馈信号与输入信号串联后作用于放大电路的净输入端,则为串联反馈;当反馈信号与输入信号并联后作用于放大电路的净输入端,则为并联反馈。串联负反馈使得闭环输入电阻增大,而并联负反馈使得闭环输入电阻减小。

3. 负反馈以减小放大倍数为代价,换来了放大倍数稳定性的提高、频带展宽、非线性失真减小、环内的干扰和噪声得到抑制等许多好处,所以广泛应用于各种电子电路中。

4. 当负反馈放大电路满足了深度负反馈条件时,闭环增益近似等于反馈系数的倒数,这也意味着反馈信号近似等于输入信号,从而引出了"虚短""虚断"等概念。利用这些关系,可以很方便地近似计算深度负反馈放大电路的闭环增益。

5. 由于放大电路存在附加相移,它将有可能使得按照负反馈设计的放大电路变成正反馈,这种正反馈满足一定条件时,就会产生自激振荡。利用相位补偿法可以破坏自激振荡的条件,使放大电路稳定工作。

练习题

1. 在图题 5.1 所示的各电路中,设电容 C 对信号均视作短路。试指出哪些元件构成了反馈通路,并确定是负反馈还是正反馈,是交流反馈还是直流反馈,若是交流反馈,判别其类型。

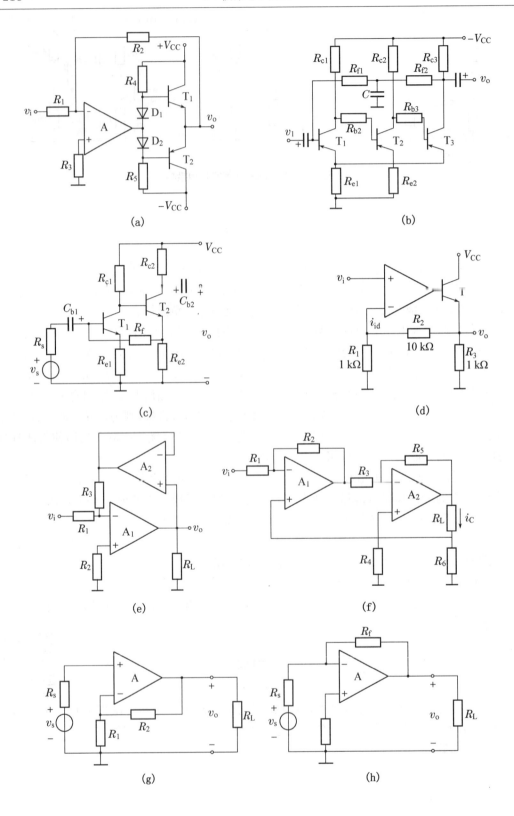

(a)

(b)

(c)

(d)

(e)

(f)

(g)

(h)

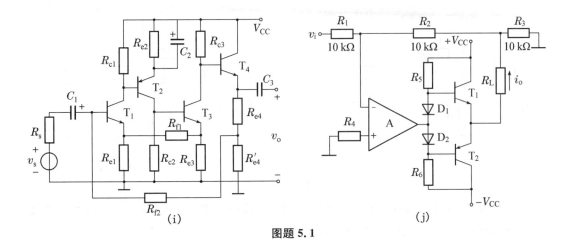

图题 5.1

2. 一个串联电压负反馈放大器,已知其开环电压增益 $A_v = 2\,000$,电压反馈系数 $F_v = 0.049\,5$。若要求输出电压 $v_o = 2\,\text{V}$,试求输入电压、反馈电压及净输入电压的值。

3. 一并联电压负反馈放大器的开环互阻增益 A_r 的相对变化量为 20%,若要求闭环后的相对变化量不超过 1%,而且闭环互阻增益 $A_{rf} = 100\,\Omega$。试问 A_r 及互导反馈系 F_g 应分别选多大?

4. 一反馈放大器的组成框图如图题 5.4 所示,试求总的闭环增益 A_f。

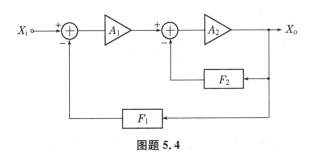

图题 5.4

5. 现有中频增益 $A_1 = 1\,000$,上限频率 $f_{H1} = 20\,\text{kHz}$ 的单级放大器若干个,将该单级放大器施加负反馈后再级联成一个多级放大电路,要求其增益 $A \geqslant 1\,000$,上限频率 $f_{H1} \geqslant 0.5\,\text{MHz}$。试问至少需要几级这样的单级负反馈放大器才能实现上述要求? 每一级负反馈放大器的闭环增益及反馈系数是多少?

6. 某一负载开路的串联电压负反馈放大器,已知开环电压放大倍数 $A_v = 100$,$R_i = 2\,\text{k}\Omega$,$R_o = 3\,\text{k}\Omega$,电压反馈系数 $F_v = 0.1$,信号源内阻 $R_s = 3\,\text{k}\Omega$。

(1) 试求闭环参数 R_{if}、R_{of} 和源电压放大倍数 A_{vsf}。

(2) 若负载端接上 $R_L = 3\,\text{k}\Omega$ 电阻,再求 A_{vsf}。

7. 图题 5.7(a)(b) 分别给出两个电路。已知两电路中对应的电阻 R_{f1} 和 R_{f2} 相同。

(1) 试判断两电路各引入了何种反馈。

(2) 试比较两路的性能特点。若满足深度负反馈条件,估算其增益。

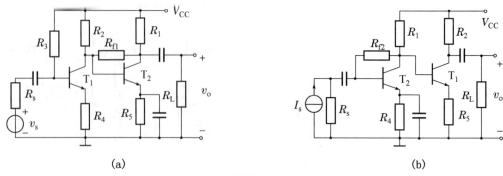

图题 5.7

8. 多级放大器如图题 5.8 所示。若分别对放大器提出如下要求,应引入何种类型的反馈? 并标出用 R_f、C_f 串联组成的反馈支路。

（1）要求放大器从信号源吸收的电流小。

（2）要求改善由负载电容 C_L 引起的频率失真。

（3）要求放大器输出电流稳定。

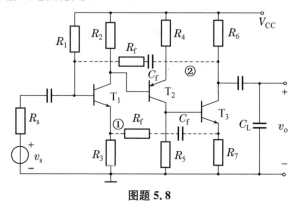

图题 5.8

9. 在图题 5.9 所示的电路中,①②是两个允许接信号源的输入端。现对放大器分别提出如下要求,试将信号源 v_s 和 R_f、C_f 串联支路接入该电路,构成所需的两级反馈放大器。

（1）具有稳定的输出电压而信号源内阻 R_s 很大,近似电流源。

（2）具有稳定的互导增益。

（3）具有低的输入电阻和稳定的输出电流。

（4）具有高的输入电阻和较强的带容性负载的能力。

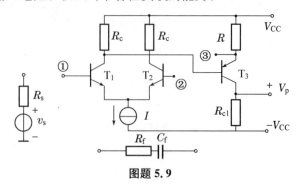

图题 5.9

10. 电路如图题 5.10 所示。

(1) 试通过电阻引入合适的交流负反馈,使输入电压 v_i 转换成稳定的输出电流 i_L。

(2) 若 $v_i = 0 \sim 5\,V$ 时 $i_L = 0 \sim 10\,mA$,则反馈电阻 R_f 应取多少?

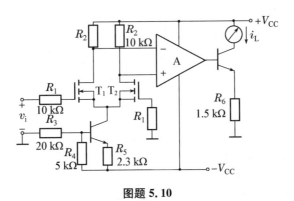

图题 5.10

11. 图题 5.11(a)所示放大电路的波特图如图题 5.11(b)所示。

(1) 判断该电路是否会产生自激振荡,并简述理由。

(2) 若电路产生了自激振荡,则应采取什么措施消振? 要求在图(a)中画出来。

(3) 若仅有一个 50 pF 电容,分别接在 3 个三极管的基极和地之间均未能消振,则将其接在何处有可能消振? 为什么?

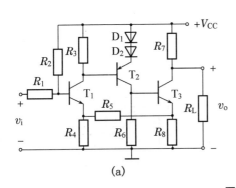

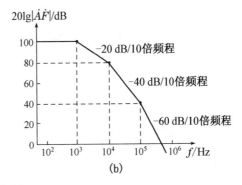

(a)　　　　　　　　　　　(b)

图题 5.11

12. 在图题 5.12 所示电路中,已知 $\beta_1 = \beta_2 = \beta_3 = 100$, $r_{be1} = r_{be2} = 10.8\,k\Omega$, $V_{BE1} = V_{BE2} = -V_{BE3} = 0.7\,V$。试求:

(1) 未接入 T_3 时,计算静态时 T_1 管的 V_{CQ} 与 V_{EQ} (均对地);

(2) 计算当 $v_i = 5\,mV$ 时,V_{C1} 和 V_{C2} 之值;

(3) 若接入 T_3,且 c_3 端经 R_f 反馈至 b_2 端,试说明 b_3 端应与 c_1 端还是 c_2 端相连才能实现负反馈,并以深度负反馈计算 A_{vf} 的大小;

(4) 若接入 T_3,且 c_3 端经 R_f 反馈至 b_1 端,试说明 b_3 端应与 c_1 端还是 c_2 端相连才能实现负反馈,并以深度负反馈计算 A_{vf} 的大小。

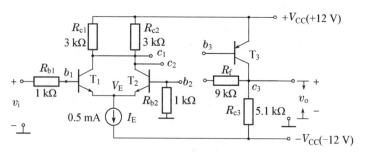

图题 **5.12**

13. 设图题 5.13 中的运放具有理想特性,试分析增益可变放大电路为何种极性和类型的反馈,并计算电压放大倍数 A_v。

14. 运放组成的反馈电路如图题 5.14 所示,中略满足深度负反馈的条件,试判断电路的反馈类型,并计算电路的闭环电压放大倍数 $\dot{A}_{vf}$。

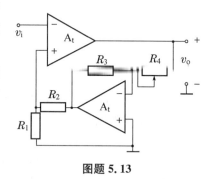

图题 **5.13**

15. 负反馈电路如图题 5.15 所示。

(1)电路中的反馈是直流反馈还是交流反馈?

(2)判断电路的反馈类型;

(3)计算其闭环电压放大倍数 $\dot{A}_{vf} = \dfrac{v_o}{v_i}$;

(4)估算输入电阻 R_{if} 和输出电阻 R_{of}。

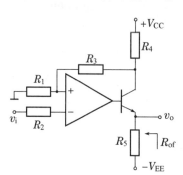

图题 **5.14**

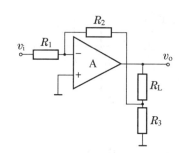

图题 **5.15**

第6章 功率放大电路

本章学习目的和要求

1. 了解功率放大电路的工作特点；
2. 理解甲类、乙类和甲乙类三种功率放大电路的工作特点；
3. 理解乙类功率放大电路中交越失真产生的原因以及解决的方法；
4. 熟练掌握甲类、乙类功率放大器的输出功率、电源提供功率、晶体管消耗功率、效率等参数的计算；
5. 了解常见的集成功率放大电路的各部分结构的工作原理，了解集成功放电路的应用。

由单元电路构成的多级放大电路，可以分为输入级、中间级和输出级三部分。输入级要考虑如何从信号源获取更多的有效信号；中间级则要考虑提高信号的电压放大倍数；输出级考虑的是在提升信号电流的同时，还要把信号尽可能多地输送到负载上。对于负载而言，需要的不仅仅是输出电压或者电流的大小，而是有一定的功率输出。这类用于向负载输出功率的放大电路称为功率放大电路。实际上，无论哪种放大电路，在负载上都同时存在输出电流、输出电压和功率，对于不同的功能级采用不同的称呼，是为了强调电路在处理电压或电流等输出量时的不同特点。

本章以功率放大电路的输出功率、效率和非线性失真之间的关系为主线，逐步讨论这些特点，提出不同形式的电路，并以互补对称功率放大电路为重点内容进行分析和计算，最后介绍了集成功率放大电路的实例。

6.1 功率放大电路的特殊问题

一般的电压放大器，输出电压最大为十几伏，输出电流约几毫安，输出功率一般在几百毫瓦以下。而在电子系统中，模拟信号经过放大以后，往往要去推动大功率负载，输出功率可能达到几十瓦，甚至几百瓦以上。这样大的功率输出是一般的电压放大器无法胜任的。因此，需要针对功率输出的特点，研究功率放大器的新问题。

6.1.1 功率放大电路的特点与要求

（1）功率放大器的主要作用就是向负载输出大功率的信号，晶体管既要输出大电压，又要输出大电流，接近于工作在极限状态，其重要的技术指标是最大输出功率。

（2）电压放大器的输出功率一般为毫瓦数量级，输出效率较低。由于输出功率小，其输出效率的高低，我们并不十分关心。而功率放大器的输出功率要比电压放大器的输出功率大若干倍，其输出效率就成为一个必须考虑的重要问题。

输出效率 η 的定义为

$$\eta = \frac{P_o}{P_E} \tag{6.1.1}$$

这里，P_o 为输出功率，P_E 为电源提供的功率。

（3）功率放大器运行在大信号状态下，晶体管接近于极限工作状态，不可避免地会出现非线性失真。在不同的功率放大系统中，对非线性失真的要求也不同。失真程度的大小可以用式（3.1.18）定义的非线性失真系数 THD 来衡量，或者

$$THD = \sqrt{\left(\frac{V_{O2}}{V_{O1}}\right)^2 + \left(\frac{V_{O3}}{V_{O1}}\right)^2 + \cdots} \tag{6.1.2}$$

式中，V_{O1}、V_{O2}、$V_{O3}\cdots$ 分别为输出信号中基波分量和各次谐波分量的幅度。

（4）功率放大器中的晶体管工作在大信号状态下，因此，对于功率放大器的分析，不能再用交流小信号的分析方法，而应使用大信号分析方法，如图解法等。

（5）由于晶体管本身消耗的功率很大，因此，在功率放大器的设计和使用过程中，必须注意晶体管的散热和保护问题。

6.1.2 甲类功率放大电路的效率分析

1. 晶体管的工作状态

如前所述，在通常的电压放大器中，作为放大器件的晶体管均工作于线性放大状态。也就是说，在正弦信号的整个周期内，都有电流流过晶体管，集电极电流 i_C 的波形如图 6.1.1(c)所示。电路的静态工作点设置在图 6.1.1(d) 的 Q_1 点。这种情况下的晶体管称为工作在甲类放大状态。还有一种工作状态，电路的静态工作点设置在图 6.1.1(d) 的 Q_3 点，使得晶体管的集电极静态电流为 0。在正弦信号的半个周期内，有电流流过晶体管，而另外半个周期，晶体管截止。集电极电流波形如图 6.1.1(a)所示。这种工作状态称为乙类放大状态。晶体管的第三种工作状态，处于前两种状态之间。电路的静态工作点设置在图 6.1.1(d) 中靠近晶体管截止区的 Q_2 点。在正弦信号的大半个周期内，有电流流过晶体管，而另外小半个周期，晶体管截止。这种工作状态称为甲乙类放大状态，如图 6.1.1(b) 的波形所示。总的来讲，甲类功放管的导通角为 2π，乙类功放管的导通角为 π，甲乙类功放管的导通角介于 π 与 2π 之间。下面以基本的共发射极放大电路为例，讨论甲类放大器的功率计算问题。

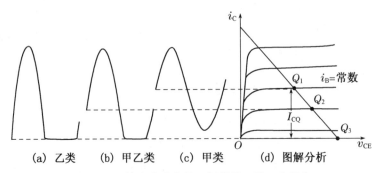

(a) 乙类　(b) 甲乙类　(c) 甲类　(d) 图解分析

图 6.1.1　放大电路中的三极管的三种工作状态

2. 甲类功率放大器的静态功耗

基本的共发射极放大电路如图 6.1.2 所示。在这个电路中,负载电阻 R_L 直接接在集电极回路中。为了取得最大的动态范围,必须将电路的静态工作点设置在直流负载线的中点。此时,晶体管的静态电压 $V_{CEQ} \approx \dfrac{V_{CC}}{2}$,集电极静态电流 $I_{CQ} \approx \dfrac{V_{CC}}{2R_L}$。忽略基极支路的功耗,则电源 V_{CC} 提供的平均功率为

$$P_E = V_{CC} I_{CQ} \tag{6.1.3}$$

晶体管与负载电阻 R_L 的静态功耗都是 $\dfrac{1}{2} V_{CC} I_{CQ}$,即 $V_{CEQ} I_{CQ}$。

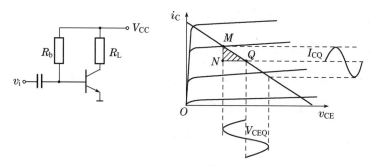

图 6.1.2　甲类单管放大器

3. 甲类功率放大器的动态功耗

在正弦输入信号 v_i 的驱动下,晶体管的集电极电流中将出现一个交流分量,集电极电压 v_{CE} 中也将出现一个交流分量,两个量分别为

$$v_{CE} = V_{CEQ} - V_{cem} \sin \omega t \tag{6.1.4}$$

$$i_C = I_{CQ} + I_{cm} \sin \omega t \tag{6.1.5}$$

这里,$V_{CEQ} \approx V_{cem}$,$I_{CQ} \approx I_{cm}$,这时,晶体管的功耗为

$$P_T = \frac{1}{2\pi} \int_0^{2\pi} v_{CE} i_C \, \mathrm{d}(\omega t) = \frac{1}{2\pi} \int_0^{2\pi} (V_{CEQ} - V_{cem} \sin \omega t)(I_{CQ} + I_{cm} \sin \omega t) \, \mathrm{d}(\omega t)$$

$$= V_{CEQ} I_{CQ} - \frac{1}{2} V_{cem} I_{cm} \tag{6.1.6}$$

负载 R_L 上的功耗为

$$P_R = \frac{1}{2\pi} \int_0^{2\pi} (V_{CC} - v_{CE}) i_C \, \mathrm{d}(\omega t) \approx \frac{1}{2\pi} \int_0^{2\pi} (2V_{CEQ} - v_{CE}) i_C \, \mathrm{d}(\omega t)$$

$$= \frac{1}{2\pi} \int_0^{2\pi} (V_{CEQ} + V_{cem} \sin \omega t)(I_{CQ} + I_{cm} \sin \omega t) \, \mathrm{d}(\omega t)$$

$$= V_{CEQ} I_{CQ} + \frac{1}{2} V_{cem} I_{cm} \tag{6.1.7}$$

电源提供的功率为

$$P_E = \frac{1}{2\pi} \int_0^{2\pi} V_{CC} i_C \, \mathrm{d}(\omega t) = \frac{1}{2\pi} \int_0^{2\pi} V_{CC} (I_{CQ} + I_{cm} \sin \omega t) \, \mathrm{d}(\omega t)$$

$$= V_{CC} I_{CQ} \tag{6.1.8}$$

由上面三个式子可知,加上正弦交流信号后,电源提供的功率与静态相同。晶体管消耗

的功率为原来的静态功耗减去 $\frac{1}{2}V_{cem}I_{cm}$，R_L 上的功耗为原来的静态功耗加上 $\frac{1}{2}V_{cem}I_{cm}$。也就是说，晶体管的动态功耗送到了负载电阻 R_L 上，其值的大小为 $\frac{1}{2}V_{cem}I_{cm}$。负载电阻 R_L 上的动态功耗是经过放大后的动态功耗，定义为输出功率 P_o，P_o 为

$$P_o = \frac{1}{2}V_{cem}I_{cm} \tag{6.1.9}$$

可见，输出功率 P_o 的大小是与输出电压的幅度密切相关的。在图 6.1.2(b)中，输出功率 P_o 可以用△MNQ 的面积来表示。

6.1.3　提高功率放大电路效率的主要途径

1. 甲类功率放大器的效率

在甲类功率放大器中，当输出幅度达到最大值时，$V_{cem} \approx \frac{V_{CC}}{2}$，$I_{cm} \approx I_{CQ}$。此时，忽略了晶体管的饱和压降 V_{CES} 和穿透电流 I_{CEO}，此时功率放大器的效率为

$$\eta = \frac{P_o}{P_E} = \frac{\frac{1}{2}\left(\frac{1}{2}V_{CC}\right)I_{cm}}{V_{CC}I_{cm}} = 0.25 \tag{6.1.10}$$

由此可见，甲类放大器的功率转换效率很低，当输出电压幅度达到最大时，输出效率最高只能达到 0.25。

2. 提高功率放大电路效率的主要途径

甲类功率放大器效率低下的原因主要有以下两个：

(1) 输出功率小。此处对电路的要求是输出电压或输出功率达到最大。这个要求决定了负载电阻的大小，也就决定了输出功率三角形面积的大小。如果既要求输出功率最大，又要求输出效率最高，那就必须改变输出功率三角形两条直角边的比例，这显然与负载电阻大小有关。满足这一条件的电阻称为最佳负载电阻。一般功率放大器中，负载电阻的大小都是固定不变的，如扬声器的线圈电阻、某种仪表显示驱动部分的电阻等。这些电阻往往都较小，而且不满足最佳负载电阻的要求。要满足最佳负载电阻的要求，就必须在功放级和负载电阻之间接入变压器，进行阻抗变换。但是，变压器的体积大，重量大，高频响应差，电磁干扰多，会给电路带来很多不利影响，目前已经很少使用。

(2) 静态功耗大。电源 V_{CC} 所提供的总功率中，有 50% 以上作为直流功耗消耗在晶体管和负载电阻上了。甲类功率放大器由于不允许信号在一个周期内出现截止失真，所以必须取 $I_{CQ} > I_{cm}$，这显然是造成较大管耗和负载损耗的根源。即使满足最佳负载电阻的条件，理论上的输出效率最多也只能达到 50%。因此，要提高输出效率，必须设法降低静态功耗。

6.2　乙类互补对称功率放大电路(OCL 电路)

通过前面的分析可知，甲类功率放大器的效率低，主要原因在于静态功耗太大。因此，可以设想，为了提高功率输出级的效率，可以将晶体管的静态工作点降低，使集电极静态电流为 0，晶体管工作于乙类工作状态，但输出波形将出现严重的截止失真。此时，如果用两

个互补对称的管子,使电路能在保证两个晶体管工作在乙类放大状态的前提下,一个管子在输入信号的正半周工作,另一个管子在输入信号的负半周工作,从而在负载上得到一个完整的波形,这样就能解决效率与失真的矛盾。互补对称的概念正是在这一思想下提出的。

目前广泛使用的乙类功率放大器为无输出电容的互补对称功率放大电路(OCL)。本节将对该类电路的组成、工作原理、最大输出功率和效率进行分析计算,并对功率放大电路中晶体三极管的选择等问题展开讨论,以完成对功率放大电路的全面解构。

6.2.1　电路组成和工作原理

图 6.2.1 所示电路中 T_1 和 T_2 分别为 NPN 型管和 PNP 型管,两管的基极和发射极相互连接在一起,信号从基极输入,从发射极输出,R_L 为负载,整个电路采用正、负对称双电源供电。

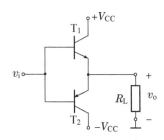

图 6.2.1　乙类 OCL 功率放大电路

静态时,由于电路中无偏置电压且电路上下对称,因此两个三极管的发射结偏置电压均为零,基极和集电极电流也为零。因此,此时没有电流流过负载,负载两端的输出电压为零。动态时,假定电路中的两个三极管均为理想三极管,即不考虑三极管的发射结正向导通电压,则在输入信号的上半周期 T_1 导通、T_2 截止,流过负载的电流是 i_{E1};而到了输入信号的负半周期,T_1 截止、T_2 导通,流过负载的电流是 i_{E2}。可见,两个三极管在输入信号的正、负半个周期内轮流导通,组成互补推挽式电路,使负载得到一个完整的波形。这样既保证了三极管工作在乙类状态,又保证了输出得到完整的不失真波形。因为该电路没有采用输出电容,所以这种电路通常称为无输出电容互补对称功率放大电路,简称为 OCL(output capacitorless)功率放大电路。

6.2.2　分析计算

为了便于分析,将 T_2 的输出特性曲线倒置在 T_1 的右下方。由于两只管子的静态电流为零,所以静态工作点均在横轴上,若令二者在 Q 点,即 $v_{CE}=V_{CC}$ 处重合,则 T_1 和 T_2 的合成输出特性曲线如图 6.2.2 所示。图中负载线是通过 $(V_{CC},0)$ 点、斜率为 $1/R_L$ 的斜线,I_{cm} 表示集电极电流的峰值,集电极与发射极间电压的峰值,也就是输出电压的峰值等于电源电压减去三极管的饱和压降,即 $V_{cem}=V_{om}=V_{CC}-V_{CES}$,若忽略三极管的饱和压降 V_{CES},则电路的最大输出电压 $V_{omax}=V_{CC}$。

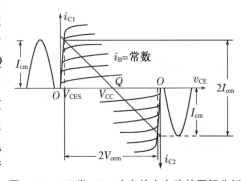

图 6.2.2　乙类 OCL 功率放大电路的图解分析

根据以上分析,下面来求该电路的输出功率、直流电源供给的功率、功放管的功耗及电路的转换效率等性能指标。

1. 输出功率

根据前面对输出功率的定义,我们可以得到乙类功率放大器的输出功率为

$$P_o = \frac{V_{om}}{\sqrt{2}} \times \frac{I_{om}}{\sqrt{2}} = \frac{1}{2} V_{om} I_{om} = \frac{1}{2} \frac{V_{om}^2}{R_L} \tag{6.2.1}$$

由前面的分析,可以得知电路的最大输出电压为 $V_{omax} = V_{CC}$,因此 OCL 电路的最大输出功率为

$$P_{omax} = \frac{1}{2} \frac{V_{CC}^2}{R_L} \tag{6.2.2}$$

2. 直流电源的供给功率

由前面对于直流电源的供给功率的定义,可以得出 OCL 功率放大器中两个直流电源的输出功率为

$$P_E = 2 \cdot \frac{1}{2\pi} \int_0^\pi V_{CC} i_C \mathrm{d}(\omega t) = \frac{1}{\pi} \int_0^\pi V_{CC} \frac{v_o}{R_L} \mathrm{d}(\omega t)$$

$$= \frac{1}{\pi R_L} \int_0^\pi V_{CC} V_{om} \sin \omega t \, \mathrm{d}(\omega t) = \frac{2}{\pi R_L} V_{CC} V_{om} \tag{6.2.3}$$

直流电源供给的最大功率为

$$P_{Emax} = \frac{2}{\pi} \frac{V_{CC}^2}{R_L} \tag{6.2.4}$$

3. 管耗

考虑到 T_1 和 T_2 在一个信号周期内分别导通半个周期,同时由于电路对称,所以两个三极管的集电极电流和集电极与发射极之间的电压在数值上是相等的。根据三极管管耗的定义式可知,电路中两个三极管的管耗一样。因此,只需要求出一个管子的管耗,即可得到电路的总管耗。设输出电压为 $v_o = V_{om} \sin \omega t$,则 T_1 的管耗为

$$P_{T1} = \frac{1}{2\pi} \int_0^{2\pi} v_{CE} i_C \mathrm{d}(\omega t) = \frac{1}{2\pi} \int_0^\pi (V_{CC} - v_o) \frac{v_o}{R_L} \mathrm{d}(\omega t)$$

$$= \frac{1}{2\pi R_L} \int_0^\pi (V_{CC} - V_{om} \sin \omega t) V_{om} \sin \omega t \, \mathrm{d}(\omega t)$$

$$= \frac{1}{R_L} \left(\frac{V_{CC} V_{om}}{\pi} - \frac{V_{om}^2}{4} \right) \tag{6.2.5}$$

电路的总管耗为

$$P_T = 2P_{T1} = \frac{2}{R_L} \left(\frac{V_{CC} V_{om}}{\pi} - \frac{V_{om}^2}{4} \right) \tag{6.2.6}$$

4. 效率

根据功率放大器中有关效率的定义,可以得到 OCL 乙类功放的效率为

$$\eta = \frac{P_o}{P_E} \times 100\% = \frac{\pi}{4} \frac{V_{om}}{V_{CC}} \tag{6.2.7}$$

可见,电路的输出效率与输出电压的大小有关,当输出电压达到最大 V_{omax} 时,则

$$\eta_{max} = \frac{\pi}{4} = 78.5\% \tag{6.2.8}$$

这个结论是假设电路互补对称,三极管处于理想状态,忽略了管子的饱和压降 V_{CES},同时输入信号足够大,输出电压能够达到最大值的情况下得出的,实际的功率放大电路的效率是低于这一数值的。

6.2.3 功率管的选择原则

在功率放大电路中,为了使输出功率尽可能大,基本要求三极管工作在极限工作状态,即三极管集电极电流最大时接近集电极最大允许电流 I_{CM},集电极和发射极之间能承受的管压降最大时接近集电极和发射极之间的最大允许反向电压 $V_{(BR)CEO}$,集电极耗散功率最大时接近集电极最大允许耗散功率 P_{CM}。因此,在功率放大电路中选择功放管时,要特别注意功放管的这些极限参数的限制,要根据电路中三极管所承受的集电极最大电流、集电极和发射极之间的最大管压降和最大功耗来选择三极管,保证三极管工作在安全区内,三极管受极限参数限制的安全工作区如图 6.2.3 所示。如果再考虑到给这些参数留有 50% 的余地,则功率放大电路中功放管的安全工作区会更小。

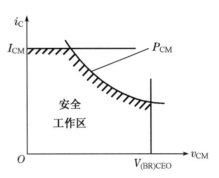

图 6.2.3 由三极管极限参数限制的安全工作区

1. 集电极最大允许电流 I_{CM}

通过前面对图 6.2.1 所示的乙类 OCL 功率放大电路的分析知道,流过三极管的发射极电流即为负载电流,即 $i_O = i_E = i_C$。负载电阻上的最大电压为 $V_{CC} - V_{CES1}$,所以集电极电流的最大值为

$$i_{Cmax} = (V_{CC} - V_{CES1})/R_L \tag{6.2.9}$$

若忽略 V_{CES1} 的影响,集电极电流的最大值一般取

$$i_{Cmax} = V_{CC}/R_L \tag{6.2.10}$$

因此在选择功放三极管时应保证其集电极的最大允许电流 I_{CM} 应满足

$$I_{CM} \geqslant V_{CC}/R_L \tag{6.2.11}$$

2. 集电极和发射极之间的最大允许反向电压 $V_{(BR)CEO}$

在图 6.2.1 所示的乙类 OCL 功率放大电路中,当功放管处于截止状态时其集电极和发射极之间要承受一定的反向压降。如在输入电压的正半周,T_1 导通,T_2 截止,这时 T_1 的集电极和发射极之间承受的反向压降为

$$v_{EC2} = v_E - (-V_{CC}) = v_E + V_{CC} \tag{6.2.12}$$

在输入信号电压从零逐渐增大到峰值的过程中,T_1 由导通最后进入了饱和导通状态,T_2 始终处于截止状态,两管的发射极电位 v_E 从零增大到 $V_{CC} - V_{CES1}$。所以,在输入信号电压达到正的峰值时,T_2 管承受的反向管压降达到最大为

$$v_{EC2max} = v_{Emax} + V_{CC} = V_{CC} - V_{CES1} + V_{CC} = 2V_{CC} - V_{CES1} \tag{6.2.13}$$

同理,当输入信号电压为负峰值时,T_1 管承受的最大反向管压降为 $2V_{CC} - V_{CES1}$。如果忽略 V_{CES1} 的影响,则管子要承受的最大反向管压降为 $2V_{CC}$。因此在选择功放三极管时应保证其集电极和发射极之间的最大允许反向电压 $V_{(BR)CEO}$ 满足

$$|V_{(BR)CEO}| > 2V_{CC} \tag{6.2.14}$$

3. 集电极最大允许耗散功率 P_{CM}

在图 6.2.1 所示的乙类 OCL 功率放大电路中,电源提供的功率,除了转换成输出功率外,其余部分主要消耗在三极管上。电路处于静态,即当输入电压 $v_i = 0$ 时,输出电压也等

于零,所以静态时输出功率为零。同时由于电路在静态时,管子集电极电流为零,所以静态时管子的损耗也很小;当输入电压增大时,输出以及管子集电极电流也随之增大,因此输出功率和管子的损耗也将增大;当输入电压最大时,输出功率达到最大,但由于此时导通的管子管压降很小(等于管子的饱和压降),管子的损耗就很小。由此可见,管耗最大既不是发生在输出电压最小时,也不是发生在输出电压最大时,那么在什么情况下管子的损耗会达到最大呢?

由式(6.2.5)可知,管耗是输出电压峰值的函数,因此可用求极值的方式寻找二者之间的关系。对式(6.2.5)求导可得

$$dP_{T1}/dV_{om} = \frac{1}{R_L}\left(\frac{V_{CC}}{\pi} - \frac{V_{om}}{2}\right) \tag{6.2.15}$$

令 $dP_{T1}/dV_{om} = 0$,得 $\frac{V_{CC}}{\pi} - \frac{V_{om}}{2} = 0$,因此有

$$V_{om} = 2\frac{V_{CC}}{\pi} \approx 0.6V_{CC}$$

由此可见,当 $V_{om} \approx 0.6V_{CC}$ 时,管耗达到最大,为

$$P_{T1max} = \frac{1}{R_L}\left(\frac{V_{CC}V_{om}}{\pi} - \frac{V_{om}^2}{4}\right) = \frac{1}{R_L}\frac{V_{CC}^2}{\pi^2} \approx 0.2P_{omax} \tag{6.2.16}$$

三极管集电极最大管耗发生在 $V_{om} \approx 0.6V_{CC}$ 时,且最大管耗只有最大输出功率的1/5。

综合以上各个方面的因素,在选择功率放大电路中的功率放大管时,应从以上三方面进行考虑,即所选功率放大电路中的功放管的极限参数必须满足:管子集电极最大允许电流 I_{CM} 不能低于 V_{CC}/R_L;管子要承受的集电极和发射极之间的最大允许反向电压 $V_{(BR)CEO}$ 要大于 $2V_{CC}$;每只管子的最大允许管耗必须大于功率放大电路的最大输出功率的1/5。

当然,上面的分析计算是在理想情况下进行的,实际上在选择管子的额定功耗时,还需要留有充分的余地。

6.3 甲乙类互补对称功率放大电路

1. 乙类功率放大电路存在的问题——交越失真

乙类功率放大电路可以减小三极管的静态损耗、提高效率,但负载上得到的输出波形却不是一个理想的正弦波。因为图6.2.1中负载上得到一个理想正弦波的前提条件是没有考虑三极管基级、射级之间的门槛电压(NPN型的硅管的门槛电压约为0.6 V)。实际情况是,如果考虑了门槛电压,则当输入电压较小(低于三极管的门槛电压)时,两个三极管均处于截止状态,三极管的集电极电流就基本上等于零,负载上无电流流过,此种情况下,负载两端的输出电压波形如图6.3.1所示。这种在两个三极管交替导通的时间段,由于输入电压太小,而导致两个三极管均处于截止状态,从而使负载上无输出电压而引起的输出波形的失真现象称为交越失真。

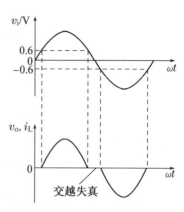

图6.3.1 乙类功率放大电路中的交越失真

2. 交越失真的解决方法——甲乙类功率放大电路

根据交越失真的产生原因分析可知,消除交越失真的方法在于给电路设置合适的静态工作点,使两只三极管静态时均工作在临界导通或者微导通状态,这样当输入信号比较小,即使是小于门槛电压时,也能保证三极管立即进入导通状态,使负载 R_L 上有电流流过,从而得到不失真的输出波形,此时,两个三极管全部工作于甲乙类工作状态。

6.3.1　OCL 甲乙类互补对称功率放大电路

OCL 甲乙类互补对称功率放大电路如图 6.3.2 所示。图中 T_3 是一级前置放大(图中未画出 T_3 的前置电路)。T_1 和 T_2 组成互补输出级。静态时,二极管 D_1、D_2 上产生的压降为 T_1 和 T_2 两管的基极与射极之间提供了一个适当的偏置电压,此电压略大于 T_1 管发射结和 T_2 管发射结门槛电压之和,从而保证了两只管子在静态时均处于微导通状态,即都有一个微小的基极电流。

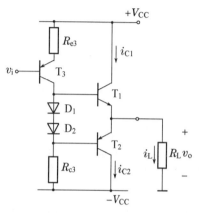

图 6.3.2　甲乙类 OCL 功率放大电路

当输入信号 v_i 以正弦规律变化时,由于两管基极之间电位差基本是一恒定值(为两个二极管的导通电压),两个基极的电位随输入信号 v_i 产生相同变化。这样,当 $v_i < 0$,且逐渐减小时,v_{BE1} 逐渐增大,T_1 管基极电流随之增大,发射极电流也必然增大,负载电阻上得到正方向的电流;与此同时,v_i 的减小使得 v_{EB2} 减小,当减小到一定数值时,T_2 管才会截止,也就是在输入信号 $v_i < 0$ 的初始阶段,T_2 是导通的。同样道理,当 $v_i > 0$ 且逐渐增大时,使 v_{EB2} 逐渐增大,T_2 管的基极电流也随之增大,发射极电流 i_{C2} 也必然增大,负载电阻上得到负方向的电流;与此同时,v_i 的增大,使 v_{BE1} 减小,当减小到一定数值时,T_1 管才会截止,也就是在输入信号 $v_i > 0$ 的初始阶段,T_1 是导通的。

由此可见,该电路在输入信号的正半周主要是 T_1 管发射极驱动负载,而负半周主要是 T_2 管发射极驱动负载,但两管的导通时间都比输入信号的半个周期长,即在信号电压 v_i 很小时,两只管子同时导通,因此该电路中的三极管是工作在甲乙类状态的。电路克服了乙类 OCL 功率放大电路中的交越失真,最终得到的负载电流和电压波形更接近理想的正弦波。这种电路由于三极管工作在甲乙类状态,所以被称为甲乙类 OCL 功率放大电路。

6.3.2　OTL 甲乙类互补对称功率放大电路

OCL 功率放大电路是双电源供电的,下面再来讨论一类由单电源供电的功率放大电路。在这类电路中输出信号要通过电容与负载耦合,而不采用双电源供电的直接耦合方式,也不采用输出变压器耦合方式,所以这种电路通常称为无输出变压器互补对称功率放大电路,简称为 OTL(output transformerless)功率放大电路。

图 6.3.3 是甲乙类 OTL 功率放大电路。图中 T_3 组成前置放大级,T_1 和 T_2 组成互补对称功率输出级。静态时,调节 R_1 和 R_2,使 K 点电位 $V_K = V_{CC}/2$。这样,大电容 C 上面的静态电压为 $V_{CC}/2$,D_1、D_2 上产生的压降为 T_1 和 T_2 两管的基极与射极之间提供了一个适

当的偏置电压,使两只管子静态时处于微导
通状态,保证整个电路工作在甲乙类放大状
态。图中 K 点电位通过 R_1 和 R_2 分压后为
T_3 组成的前置放大级提供偏置电压。

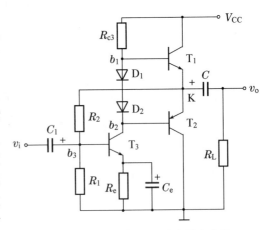

图 6.3.3　甲乙类 OTL 功率放大电路

　　当加入输入信号 v_i 时,在 v_i 的负半周
T_1 导通,信号电流流过负载 R_L,并向电容 C
充电,R_L 上形成输出信号的正半周;到了 v_i
的正半周期 T_2 导通,电容 C 通过负载 R_L 放
电,并在 R_L 上形成输出信号的负半周。此
时,已充电的电容 C 就起到了双电源功率放
大电路中的 $-V_{CC}$ 的作用。只要选择时间常
数 $R_L C > (5 \sim 10)/2\pi f_L$($f_L$ 是输入信号的下
限频率),就可以认为电容 C 两端电压近似不变,为 $V_{CC}/2$。这样用电容 C 和一个电源 V_{CC} 就代替
了 OCL 电路中的两个电源的作用,只是 T_1 和 T_2 的供电电压均为 $V_{CC}/2$ 而不再是 V_{CC}。

　　在 OTL 功率放大器中的有关分析计算及三极管的选择时,由于每只管子的工作电压
不再是双电源时的 V_{CC},而是 $V_{CC}/2$,因此,单电源供电的功率放大电路输出电压峰值在理想
状态时,最大就只能达到约 $V_{CC}/2$,而不是双电源供电的功率放大电路的 V_{CC}。但因为电路
的工作过程和工作原理未变,所以,在分析计算单电源 OTL 功率放大电路的输出功率、效
率和选择电路中的三极管等时,可以直接运用 OCL 双电源功放电路的计算公式,只是注意
将原公式中的 V_{CC} 替换成 $V_{CC}/2$ 即可。

6.4　集成功率放大电路

6.4.1　集成功率放大电路的分析

　　目前生产的集成功率放大电路内部电路的组成基本与集成运算放大电路相似,一般由
前置级、中间级、输出级和偏置电路等组成。利用集成电路工艺可以生产出不同类型的集成
功率放大电路,集成功率放大电路和分立元件功率放大电路相比,具有体积小、重量轻、调试
简单、效率高、失真小和使用方便等优点,因此得到迅猛发展。

　　集成功率放大电路的种类很多,以用途区分,可分为通用型功放和专用型功放;以芯片
内部的构成区分,可分为单通道功放和双通道功放;以输出功率区分,可分为小功率功放和
大功率功放等。

　　集成功放使用时不能超过规定的极限参数,主要有功耗和最大允许电源电压。另外,集
成功放还要有足够大的散热器,以保证在额定功耗下温度不超过允许值。本节以集成音频
功率放大电路 TDA2030A 为例,介绍其内部电路组成和典型应用。

6.4.2　集成功率放大电路的主要性能指标

　　集成功率放大电路的主要性能指标除最大输出功率外,还有电源电压范围、电源静态电
流、电压增益、频带宽度、输入阻抗、输入偏置电流、总谐波失真等。部分指标前面已经说明,

这里解释以下指标。

（1）输入偏置电流：集成功放输入电压为零时，两个输入端静态电流的平均值定义为输入偏置电流。

（2）总谐波失真：是指有用信号源输入时，输出信号（谐波及其倍频成分）比输入信号多出的额外谐波成分，通常用百分数来表示。一般说来，1 kHz 频率处的总谐波失真最小，因此不少产品均以该频率的失真作为它的指标。

6.4.3　集成音频功率放大电路 TDA2030A 及其应用

1. TDA2030A 集成功率放大器简介

TDA2030A 是美国国家半导体公司 20 世纪 90 年代初推出的一款音频功率放大集成电路，其采用超小型封装（TO－220），外围元件少，但是性能优越，具有失真小、外围元件少、装配简单、功率大、保真度高、频率响应宽和速度快等优点。

一般集成功放内部电路原理和前面 5.4 节介绍的集成运算放大器相似，TDA2030A 也不例外，内部包含输入级、中间电压放大级、恒流源偏置电路、甲乙类准互补对称功率放大电路及短路和过载保护。

它的主要参数包括：输入阻抗 $R_i = 5$ MΩ，开环增益 $A_m = 90$ dB。电源电压双电源 ±6 V～±18 V。负载电阻 $R_L = 4$ Ω，输出功率为 15 W；负载电阻 $R_L = 8$ Ω 时，输出功率为 10 W。

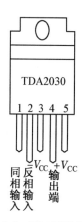

图 6.4.1　TDA2030A 外形和管脚示意图

它的外形和管脚如图 6.4.1 所示，有 5 个引脚：1 脚为同相输入端、2 脚为反相输入端、3 脚为负电源端、4 脚为输出端、5 脚为正电源端。背面的金属板圆孔用于安装散热片。

2. TDA2030A 集成功放的典型应用

（1）双电源应用电路

OCL 功放的形式是采用双电源，无输出耦合电容，如图 6.4.2 所示，由于无输出耦合电容低频响应得到改善，属于高保真电路。双电源采用初级线圈中间点接地、上下电压对称相等的变压器，经过整流滤波后构成 ±18 V 的双电源，输出功率为 20 W。输出端的 RC 串联网络为高频校正网络，用来抑制高频自激振荡；两个二极管 D_1、D_2 为外接保护电路，用来泄放负载 R_L 上的自感电压；电源接入口所连接的并联电容组合用于消除电源的高频干扰。整个功放的电压放大倍数为

$$A_v = 1 + \frac{22}{0.68} = 33.4$$

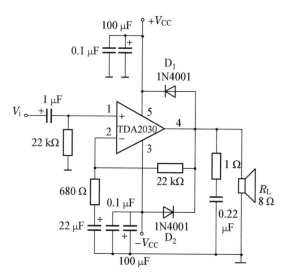

图 6.4.2　TDA2030 双电源功放电路

（2）单电源应用电路

OTL功放的形式：采用单电源，有输出耦合电容。如图 6.4.3 所示，电路中的 R_5（150 kΩ）与 R_4（4.7 kΩ）电阻决定放大器闭环增益，R_4 电阻越小，增益越大，但增益太大也容易导致信号失真。由于采用单电源，故用 R_1、R_2、R_3 三个 100 kΩ 使同相输入端为 $V_{CC}/2$ 的中点电位，向输入级提供直流偏置。其他的电路元件功能与双电源电路中相同。其电压放大倍数为

$$A_v = 1 + \frac{150}{4.7} = 32.9$$

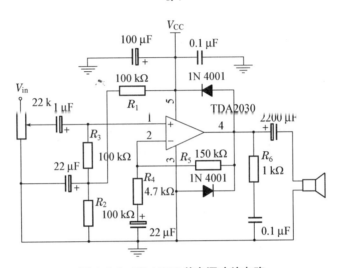

图 6.4.3　TDA2030 单电源功放电路

本章小结

1. 功率放大电路在大信号条件下工作，通常采用图解法进行分析。研究的重点是如何在非线性失真允许的范围内，尽可能提高输出功率和效率。

2. 互补对称功率放大电路是本章重点。与以前学过的甲类放大电路相比，乙类功率放大电路的主要优点是效率高，理想情况下，最高可达 78.5%。但由于三极管的输入特性存在门槛电压，工作在乙类的互补对称电路将出现交越失真，克服交越失真的方法是采用甲乙类互补对称电路。

3. 在单电源互补对称电路中，计算输出功率、效率、管耗和电源供给的功率时，可借用双电源互补对称电路的计算公式，其中，只需要用 $V_{CC}/2$ 代替原公式中的 V_{CC}。

4. 集成功率放大电路主要由输入级、中间级和输出级组成，此外，还有偏置电路、负反馈、自举等措施。由于集成功率放大电路具有体积小、重量轻、安装调试简单及使用方便的特点，所以在电子设备、家用电器、微机接口、测量仪表和控制电路中得到了广泛应用。

5. 功率放大电路中功放管的散热与保护也是一个不容忽视的重要问题。

【微信扫码】
自我检测

练习题

1. 在甲类、乙类和甲乙类放大电路中,放大管的导通角分别等于多少? 它们中哪一类放大电路效率最高?

2. 在图题 6.2 所示的互补对称电路中,已知 $V_{CC}=9\text{ V},R_L=8\text{ }\Omega$,假设三极管的饱和管压降 $V_{CES}=1\text{ V}$。试估算:

(1) 电路的最大输出功率 P_{om};

(2) 电路中直流电源消耗的功率 P_v 和效率 η。

3. 在图题 6.2 所示电路中,

(1) 三极管的最大功耗等于多少?

(2) 流过三极管的最大集电极电流等于多少?

(3) 三极管集电极和发射极之间承受的最大电压等于多少?

(4) 为了在负载上得到最大功率 P_{om},输入端应加上的正弦波电压有效值大约等于多少?

4. 在图题 6.4 所示的互补对称电路中,已知 $V_{CC}=9\text{ V},R_L=8\text{ }\Omega$,设三极管的 $V_{CES}=1\text{ V}$。试估算:

(1) 电路的最大输出功率 P_{om};

(2) 电路中直流电源消耗的功率 P_v 和效率 η。

将本题的估算结果与第 2 题进行比较。

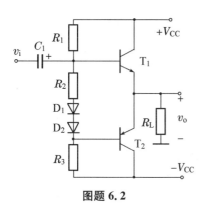

图题 6.2

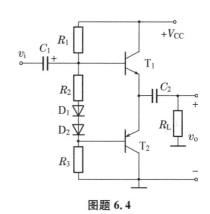

图题 6.4

5. 在图题 6.4 所示电路中,

(1) 三极管的最大功耗等于多少?

(2) 流过三极管的最大集电极电流等于多少?

(3) 三极管集电极和发射极之间承受的最大电压等于多少?

(4) 为了在负载上得到最大功率 P_{om},输入端应加上的正弦波电压有效值大约等于多少?

将本题的估算结果与练习题 3 进行比较。

6. 在图题 6.2 和图题 6.4 所示的两个互补对称电路中,已知负载电阻 $R_L=8\text{ }\Omega$,假设三

极管的饱和管压降 V_{CES} 均为 1 V,如果要求得到最大输出功率 $P_{\text{om}}=3$ W,则两个电路的直流电源 V_{CC} 分别应为多大?

7. 分析图题 6.7 中的 OTL 电路原理,已知 $V_{\text{CC}}=10$ V,$R_3=1.2$ kΩ,$R_{\text{L}}=16$ Ω,电容 C_1、C_2 足够大,试回答:

（1）静态时,电容 C_2 两端的电压应该等于多少? 调整哪个电阻才能达到上述要求?

（2）设 $R_1=1.2$ kΩ,三极管的 $\beta=50$,$P_{\text{CM}}=200$ mW,若电阻 R_2 或某一个二极管开路,三极管是否安全?

8. 分析图题 6.8 中的 OCL 电路原理,试回答:

（1）静态时,负载 R_{L} 中的电流应为多少? 如果不符合要求,应调整哪个电阻?

（2）若输出电压波形出现交越失真,应调控哪个电阻? 如何调整?

（3）若二极管 D_1 或 D_2 的极性接反,将产生什么后果?

（4）若 D_1、D_2、R_2 三个元件中任一个发生开路,将产生什么后果?

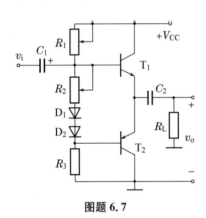 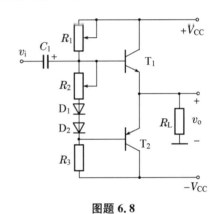

图题 6.7　　　　　　　　　　　　　图题 6.8

9. 在图题 6.9 中,设 v_i 为正弦波,$R_{\text{L}}=8$ Ω,要求最大输出功率 $P_{\text{om}}=9$ W,在晶体管的饱和压降 V_{CES} 可以忽略不计的条件下,求:

（1）正负电源 V_{CC} 的最小值;

（2）根据所求 V_{CC} 的最小值,计算相应的 I_{cem}、$|V_{\text{(BR)CEO}}|$ 的最小值;

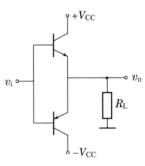

（3）输出功率最大时($P_{\text{om}}=9$ W)电源供给的功率;

（4）每个管子允许的管耗的最小值;

（5）当输出功率最大时的输入电压有效值。

10. 某集成电路如图题 6.10 所示,试说明:

（1）R_1、R_2 和 T_3 组成什么电路? 电路中起何作用?

图题 6.9

（2）恒流源 I 在电路中起何作用?

（3）电路中引入了 D_1、D_2 作为过载保护,试说明其理由。

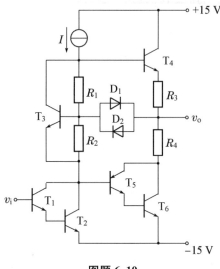

图题 6.10

11. 分析图题 6.11 所示的功率放大电路。

（1）说明放大电路中共有几个放大级，各放大级包括哪几个三极管，分别组成何种类型的电路。

（2）分别说明以下元件的作用：R_1、D_1 和 D_2；R_3 和 C；R_F。

（3）已知 $V_{CC}=15\,V$，$R_L=8\,\Omega$，T_6、T_7 的饱和管压降 $V_{CES}=1.2\,V$，当输出电流达到最大时，电阻 R_{e6} 和 R_{e7} 上的电压降均为 $0.6\,V$，试估算电路的最大输出功率。

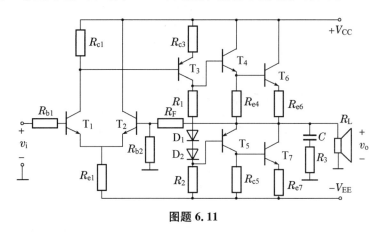

图题 6.11

12. 一个用集成功放 LM384 组成的功率放大电路如图题 6.12 所示。已知电路在通带内的电压增益为 40 dB，在 $R_L=8\,\Omega$ 时不失真的最大输出电压（峰-峰值）可达 18 V。当 v_i 为正弦信号时，求：

（1）最大不失真输出功率 P_{om}；

（2）输出功率最大时的输入电压有效值。

13. TDA2030 集成功率放大器的一种应用电路如图题 6.13 所示，假定其输出级晶体管的饱和压降 V_{CES} 可以忽略不计，v_i 为正弦电压。求：

（1）理想情况下最大输出功率 P_{om}；

（2）电路输出级的效率 η。

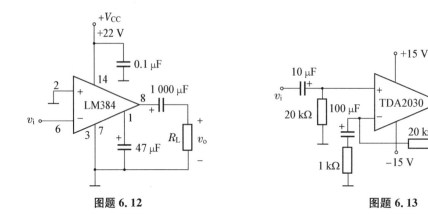

图题 6.12　　　　　　　　　　　　图题 6.13

14. LM1877N-9 为 2 通道低频功率放大电路，单电源供电，最大不失真输出电压的峰-峰值 $V_{opp}=(V_{CC}-6)$ V，开环电压增益为 70 dB。图题 6.14 所示为 LM1877N-9 中一个通道组成的实用电路，电源电压为 24 V，$C_1 \sim C_3$ 对交流信号可视为短路；R_3 和 C_4 起相位补偿作用，可以认为负载为 8 Ω。

（1）图示电路为哪种功率放大电路？

（2）静态时 v_P、v_N、v_o'、v_o 各为多少？

（3）设输入电压足够大，电路的最大输出功率 P_{om} 和效率 η 各为多少？

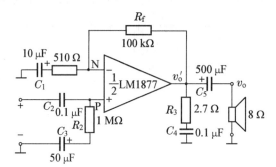

图题 6.14

第 7 章　模拟信号的运算和处理

本章学习目的和要求

1. 重点掌握应用集成运放"虚短"和"虚断"的概念分析比例、加减、积分基本运算电路的工作原理和输入、输出关系;了解微分、指数和对数运算电路的分析方法;
2. 了解模拟乘法器的概念、电路组成与工作原理,理解模拟乘法器在运算电路的应用;
3. 理解典型电压比较器(单门限比较器、迟滞比较器)的电路组成、工作原理和性能特点。了解集成电压比较器的特点;
4. 了解信号转换电路;
5. 了解典型有源滤波器的组成和特点,了解有源滤波器的分析方法。

集成运算放大器作为一种通用器件,可以用来实现各种模拟信号的运算与处理,如对模拟信号的放大、比较、调制、模拟信号与数字信号之间的转换等方面有着非常广泛的应用。因此,集成运放电路的分析和应用是模拟电子技术的最重要的内容之一。

本章首先讨论由运算放大器构成的各类模拟运算电路,然后讨论由集成运放构成的各种信号处理电路,如电压比较器、信号转换电路和有源滤波器等,最后简要介绍了开关电容滤波器,给出了积分运算电路的仿真示例。

7.1　基本运算电路

运算放大电路可以实现对信号的比例、加法、减法、积分、微分等数学运算。在各种运算电路中,要求输出和输入的模拟信号之间实现一定的数学运算关系,因此,运算电路中的集成运放必须工作在线性区。在进行定量分析时,始终将理想运放工作在线性区域时的两个特点,即"虚短"和"虚断"作为基本的出发点。

7.1.1　比例运算电路

比例运算电路的输出电压与输入电压之间存在比例关系,它是最基本的运算电路,是构成其他运算电路的基础。根据输入信号接法的不同,比例运算电路有两种形式:同相比例运算电路和反相比例运算电路。

1. 反相比例运算电路

(1) 电路的组成

在图 7.1.1 中,输入电压 v_i 经电阻 R_1 加到集成运放的反相输入端,其同相输入端经电阻 R_2 接地,输出端 v_o 经 R_f 接回到反相输入端。由于集成运放的输入级是差动放大电路两个差分对管的基极,为提高运算精度,要求两输入端对地的电阻尽量保持一致,以免静态极电流流过这两个电阻时,在运放输入端产生附加的偏差电压。因此,通常选择 $R_2 = R_1 /\!/ R_f$。通过分析可知,反相比例运算电路中反馈的组态是电压并联负反馈。

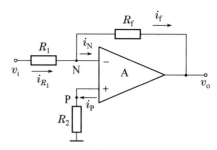

在图 7.1.1 中,由于"虚断",即 $i_P = i_N = 0$,则 R_2 上没有压降,$v_P = 0$。又因"虚短",可得

$$v_N = v_P = 0 \quad\quad (7.1.1)$$

图 7.1.1　反相比例运算电路

上式说明在图 7.1.1 中,反相输入端和同相输入端两点的电位相等且为零,该两点如同接地一样,这种现象称为"**虚地**"。"虚地"是反相比例运算电路的一个重要特点。

(2) 几项技术指标的近似计算

① 电压放大倍数

由"**虚断**",$i_P = i_N = 0$,得

$$i_{R_1} = i_f$$

即

$$\frac{v_i - v_N}{R_1} = \frac{v_N - v_o}{R_f}$$

由"**虚短**",$v_N = v_P = 0$,得

$$\frac{v_i - 0}{R_1} = \frac{0 - v_o}{R_f}$$

故

$$A_v = \frac{v_o}{v_i} = -\frac{R_f}{R_1} \quad\quad (7.1.2)$$

上式说明,输出电压与输入电压的幅值成比例,但相位相反。

② 输入电阻 R_i 和输出电阻 R_o

因为反相输入端"虚地",显而易见,电路的输入电阻为

$$R_i = R_1$$

因为反相比例运算电路引入电压负反馈,且反馈深度 $|1 + AF| \gg 1$,所以该电路的输出电路为

$$R_o = 0$$

(3) 反相比例运算电路的特点

① 在理想情况下,反相输入端的电位等于 0,称为"虚地",因此,加在集成运放的共模输入信号很小。

② 电压放大倍数 $A_v = -\frac{R_f}{R_1}$,决定于电阻 R_f 与 R_1 之比,与集成运放内部参数无关。

③ 电路在深度负反馈条件下,电路的输入电阻为 R_1,输出电阻近似为 0。

【**例 7.1.1**】　在图 7.1.1 所示的反相比例运算电路中,设 $R_1 = 10 \text{ k}\Omega$,$R_f = 30 \text{ k}\Omega$,求 A_{vf};如果 $v_i = -1 \text{ V}$,则 v_o 为多大?

解

$$A_{vf} = -\frac{R_f}{R_1} = -\frac{30}{10} = -3$$

$$v_o = A_{vf} \cdot v_i = (-3) \times (-1) = 3 \text{ (V)}$$

【**例 7.1.2**】　将图 7.1.1 反相比例运算电路中的 R_f 用电阻 R_2、R_3、R_4 构成的 T 形网络代替,如图 7.1.2 所示。

(1) 求电路的电压增益 A_v;

(2) 该电路作为话筒的前置放大电路,若选 $R_1 = 51\ \text{k}\Omega$, $R_2 = R_3 = 390\ \text{k}\Omega$,当 $v_o = -100v_i$,计算 R_4 的值;

(3) 直接用 R_f 代替 T 型网络的电阻时,当 $R_1 = 51\ \text{k}\Omega$,$v_o = -100v_i$ 时,求 R_2 的值。

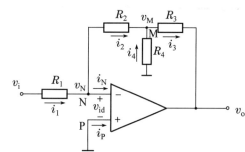

图 7.1.2　例 7.1.2 电路

解　(1) 利用"虚地"$v_N = 0$ 和"虚断"$i_N = i_P = 0$,列出节点 N 和 M 的电流方程分别为

$$i_1 = i_2, \ 即 \frac{v_i - 0}{R_1} = \frac{0 - v_M}{R_2}$$

$$i_3 = i_2 + i_4, \ 即 \frac{v_M - v_o}{R_3} = \frac{0 - v_M}{R_2} + \frac{0 - v_M}{R_4}$$

于是,有

$$\frac{v_i}{R_1} = -\frac{v_M}{R_2}$$

$$v_M \left(\frac{1}{R_2} + \frac{1}{R_3} + \frac{1}{R_4} \right) = \frac{1}{R_3} v_o$$

解上述方程组得该电路的闭环增益为

$$A_v = \frac{v_o}{v_i} = -\frac{R_2 + R_3 + \dfrac{R_2 R_3}{R_4}}{R_1}$$

(2) 当 $R_1 = 51\ \text{k}\Omega$, $R_2 = R_4 = 390\ \text{k}\Omega$,当 $v_o = -100v_i$ 时,有

$$A_v = \frac{v_o}{v_i} = -\frac{390 + 390 + \dfrac{390 \times 390}{R_4}}{51} = -100$$

$$R_4 = 35.2\ \text{k}\Omega$$

(3) 当用 R_f 代替 T 型网络的电阻时,有

$$A_v = \frac{v_o}{v_i} = -\frac{R_f}{R_1} = -100$$

$$R_f = 100R_1 = 5\ 100\ \text{k}\Omega$$

通过以上分析可以看出,用 T 型网络代替反馈电阻 R_f 时,可以用低值电阻 R_2、R_3、R_4 构成的网络获得高增益的放大电路。

2. 同相比例运算电路

(1) 电路的组成

将反相比例运算电路输入端和"地"互换,则可得同相比例运算电路,电路如图 7.1.3 所示。

(2) 电压放大倍数

根据"虚断",有 $i_P = i_N = 0$,得 $i_R = i_f$;根据"虚短",有 $v_N \approx v_P$,则

$$v_i = v_P = v_N = \frac{R_1}{R_1 + R_f} v_o$$

则闭环电压放大倍数为

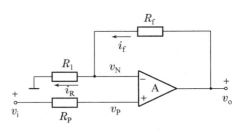

$$A_{vf} = \frac{v_o}{v_i} = 1 + \frac{R_f}{R_1} \qquad (7.1.3)$$

式(7.1.3)表明输出电压和输入电压大小成比例关系,比例系数为$(1 + R_f/R_1)$。放大倍数A_{vf}为正值,表示v_o与v_i同相,并且总大于1,至少等于1。

图 7.1.3 同相比例运算电路

(3) 电压跟随器

将图 7.1.3 同相比例运算电路中,令 $R_1 = \infty$,$R_f = 0$,则可得到图 7.1.4 所示的电路,图中输出电压 v_o 就是反馈电压。

利用"虚短",得

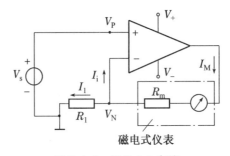

$$v_o = v_N = v_P = v_i$$

$$A_v = \frac{v_o}{v_i} = 1 \qquad (7.1.4)$$

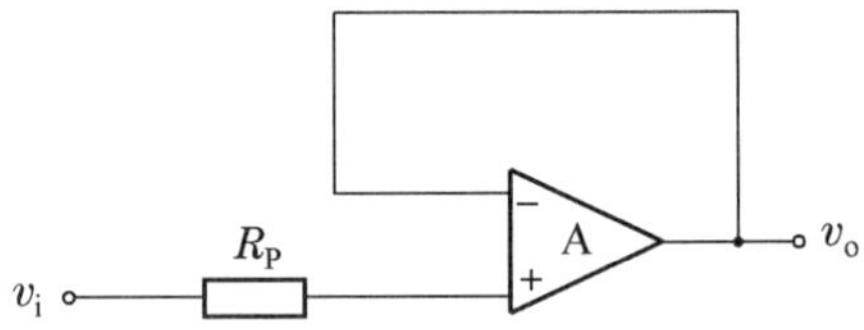

式(7.1.4)表明,输出电压 v_o 和输入电压 v_i

图 7.1.4 电压跟随器

大小相等,相位相同,因此该电路称为**电压跟随器**。

【例 7.1.3】 图 7.1.5 所示为直流电压表电路,磁电式电流表指针偏移满刻度时,流过动圈电流 $I_M = 100\,\mu A$。当 $R_1 = 2\,M\Omega$ 时,可测的最大输入电压 $V_{s(max)}$ 为多少?

图 7.1.5 例 7.1.3 电路

解 利用虚短和虚断有 $V_P = V_s = V_N$,$I_i = 0$,则有

$$I_M = I_1 = \frac{V_N}{R_1} = \frac{V_s}{R_1}$$

$$V_{s(max)} = I_M R_1 = 100 \times 10^{-6}\,A \times 2 \times 10^6\,\Omega = 200\,V$$

由分析可知,电压表的读数正比于 V_s,而与仪表动圈内阻 R_m 无关。这是该仪表的重要优点。

【例 7.1.4】 图 7.1.6 为比例运算电路,已知 $v_o = -55v_i$,且 $R_1 = 10\,k\Omega$,$R_2 = R_4 = 100\,k\Omega$,求 R_5 的阻值。

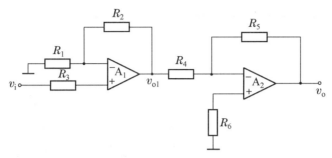

图 7.1.6　例 7.1.4 电路

　　解　该运算电路由两级运算电路组成,第一级运放 A_1 组成同相比例运算电路,第二级运放 A_2 组成反相比例运算放大器,根据放大器电压放大倍数的公式可得

$$A_v=\frac{v_o}{v_i}=\frac{v_{o1}}{v_i}\cdot\frac{v_o}{v_{o1}}=A_{v1}A_{v2}=\left(1+\frac{R_2}{R_1}\right)\left(-\frac{R_5}{R_4}\right)=-\frac{11}{100}R_5=-55$$

$$R_5=500\ \text{k}\Omega$$

7.1.2　加减运算电路

　　实现多个输入信号按各自不同比例求和或求差的电路统称为加减运算电路。该电路是模拟计算机的基本单元,且在测量和控制系统中经常用到。若所有输入信号都加在运放的同一个输入端,则实现加法运算;反之,若在多个输入信号中,有一部分加在同相输入端,另一部分加在反相输入端,则实现加减混合运算。下面先介绍加法电路,然后介绍加减运算电路。

1. 加法电路

　　加法运算电路能够实现多个模拟量的求和运算。集成运放可与电阻构成求和电路,它有反相输入和同相输入两种接法。

　　(1) 反相加法运算电路

　　图 7.1.7(a)所示为一个三个输入信号的反相加法运算电路。运用"虚短"和"虚断"的概念,$v_N=v_P=0$,$i_N=i_P=0$,根据基尔霍夫电流定律可得节点 N 的电流方程

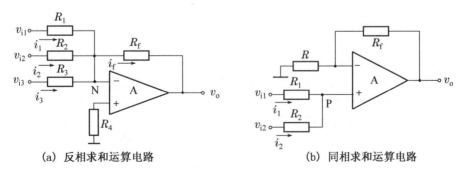

　(a) 反相求和运算电路　　　　　　　　(b) 同相求和运算电路

图 7.1.7　求和运算电路

$$i_f=i_1+i_2+i_3$$

即

$$\frac{v_N-v_o}{R_f}=\frac{v_{i1}-v_N}{R_1}+\frac{v_{i2}-v_N}{R_2}+\frac{v_{i3}-v_N}{R_3}$$

对上式整理得

$$v_o = -R_f\left(\frac{v_{i1}}{R_1} + \frac{v_{i2}}{R_2} + \frac{v_{i3}}{R_3}\right) \tag{7.1.5}$$

在 $R_1 = R_2 = R_3 = R$ 的情况下,可得

$$v_o = -\frac{R_f}{R}(v_{i1} + v_{i2} + v_{i3})$$

式(7.1.5)表明,输出电压等于输入电压按不同的比例求和。这种电路的特点与反相比例运算电路相同,可以通过改变某一输入端的输入电阻,改变电路的比例关系。当 $R = R_f$ 时,有 $v_o = -(v_{i1} + v_{i2} + v_{i3})$,输出电压等于三个输入信号之和,但极性相反。输入端输入信号的个数也可以根据需要增减。

(2) 同相加法运算电路

如果将两个输入信号加在同相输入端即可得到同相求和运算电路,如图 7.1.7(b) 所示。

将这个电路与同相比例电路进行比较可知,它们的输出电压与集成运放的同相输入端电位 v_P 的关系相同,即

$$v_o = \left(1 + \frac{R_f}{R}\right)v_P \tag{7.1.6}$$

根据"虚断"和"虚短"的原则,$i_N = i_P = 0$,$v_N = v_P = 0$,则节点 P 的电流方程为

$$i_1 + i_2 = 0 \quad 即 \quad \frac{v_{i1} - v_P}{R_1} + \frac{v_{i2} - v_P}{R_2} = 0$$

整理得

$$v_P = (R_1 // R_2)\left(\frac{v_{i1}}{R_1} + \frac{v_{i2}}{R_2}\right)$$

从而

$$v_o = \left(1 + \frac{R_f}{R}\right)(R_1 // R_2)\left(\frac{v_{i1}}{R_1} + \frac{v_{i2}}{R_2}\right) \tag{7.1.7a}$$

为了提高电路的共模抑制比和减小零点漂移,通常要求 $R_1 // R_2 = R // R_f$,由此可得

$$v_o = \frac{R + R_f}{R} \cdot \frac{RR_f}{R + R_f}\left(\frac{v_{i1}}{R_1} + \frac{v_{i2}}{R_2}\right) = R_f\left(\frac{v_{i1}}{R_1} + \frac{v_{i2}}{R_2}\right) \tag{7.1.7b}$$

若 $R_1 = R_2 = R = R_f$,则有 $v_o = v_{i1} + v_{i2}$,输出电压等于两输入电压之和。

2. 加减运算电路

若在集成运放的同相输入端和反相输入端各加多个信号,则得到加减运算电路,如图 7.1.8 所示。其中 v_{i1} 和 v_{i2} 加在运放的反相输入端,v_{i3} 和 v_{i4} 加在运放的同相输入端。为保持运放输入端对称,电路中电阻应满足 $R_1 // R_2 // R_f = R_3 // R_4 // R_5$。利用叠加原理可以求出该电路的运算关系。

令 $v_{i3} = v_{i4} = 0$,输出电压为 v_{o1},如图 7.1.9(a)所示,为反相加法电路,根据式(7.1.5)可得

$$v_{o1} = -R_f\left(\frac{v_{i1}}{R_1} + \frac{v_{i2}}{R_2}\right)$$

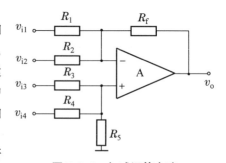

图 7.1.8　加减运算电路

令 $v_{i1}=v_{i2}=0$,输出电压为 v_{o2},如图 7.1.9(b)所示,为同相加法电路,根据式(7.1.7b)可得

$$v_{o2}=R_f\left(\frac{v_{i3}}{R_3}+\frac{v_{i4}}{R_4}\right)$$

根据叠加原理,有

$$v_o=v_{o1}+v_{o2}=R_f\left[\frac{v_{i3}}{R_3}+\frac{v_{i4}}{R_4}-\left(\frac{v_{i1}}{R_1}+\frac{v_{i2}}{R_2}\right)\right]$$

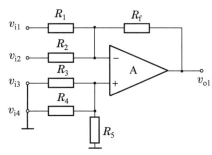
(a) v_{i1} 和 v_{i2} 同时作用的等效电路

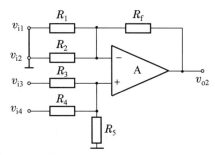
(b) v_{i3} 和 v_{i4} 同时作用的等效电路

图 7.1.9 加减运算电路的分析

【例 7.1.5】 电路如图 7.1.10 所示。

(1) 写出 v_o 与 v_{i1}、v_{i2} 的运算关系式;

(2) 当 R_w 的滑动端在最上端时,若 $v_{i1}=10\text{ mV}$,$v_{i2}=20\text{ mV}$,则 v_o 为多少?

(3) 若 v_o 的最大值为 $\pm14\text{ V}$,输入电压的最大值 $v_{i1max}=10\text{ mV}$,$v_{i2max}=20\text{ mV}$,它们的最小值均为 0,则为了保证集成运放工作在线性区,R_2 的最大值为多少?

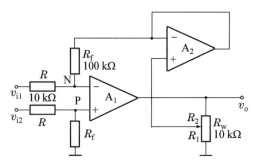

图 7.1.10 例 7.1.5 电路

解 (1) 节点 N、P 如图 7.1.10 所示。

$$\frac{v_{i1}-v_N}{R}=\frac{v_N-\frac{R_1}{R_1+R_2}v_o}{R_f}$$

$$\frac{v_{i2}-v_P}{R}=\frac{v_P}{R_f}$$

$$v_N=v_P$$

解出 $v_o=10\left(1+\frac{R_2}{R_1}\right)(v_{i2}-v_{i1})$

（2）将 $v_{i2}-v_{i1}=10\ \text{mV}$ 代入上式,得 $v_o=100\ \text{mV}$

（3）根据题目所给参数,则 $(v_{i2}-v_{i1})$ 的最大值为 20 mV,若 R_1 为最小值,则可以保证集成运放工作在线性区 $(v_{i2}-v_{i1})=20\ \text{mV}$ 时,集成运放的输出电压应为 +14 V,写成表达式为

$$v_o=10\ \frac{R_w}{R_{1\min}}(v_{i2}-v_{i1})=10\ \frac{10}{R_{1\min}}\cdot 20=14\ 000\ \text{mV}$$

故 $R_{1\min}\approx143\ \Omega,R_{2\max}=R_w-R_{1\min}\approx(10-0.143)\ \text{k}\Omega\approx9.86\ \text{k}\Omega$

7.1.3　积分运算与微分运算电路

积分电路的输出电压反映输入电压对时间的积分,而微分电路的输出电压则反映输入电压对时间的微分,积分和微分互为逆运算。积分电路和微分电路的其他典型应用包括:在自动控制系统中构成调节器;在各种仪器、仪表中用于波形的产生和变换;作为组成模拟计算机的基本单元,实现对微分方程的模拟;利用电路中电容的充放电过程实现延时、定时等功能。在实际工作时,积分电路的应用十分广泛,而微分电路由于其对高频噪声非常敏感,而容易产生自激振荡,因此应用不如积分电路广泛。

1. 积分运算电路

将反相比例运算电路的反馈电阻 R_f 用电容器 C 替换后,便成为积分运算电路,如图 7.1.11 所示。根据集成运放工作在线性区,具有"虚地"和"虚断"的概念,即 $v_N=0$,$i_N=0$,可得

$$i_R=i_C$$

$$i_R=\frac{v_I}{R},i_C=C\frac{\mathrm{d}v_C}{\mathrm{d}t}=C\frac{\mathrm{d}(v_N-v_O)}{\mathrm{d}t}=-C\frac{\mathrm{d}v_O}{\mathrm{d}t}$$

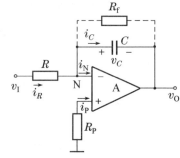

图 7.1.11　积分运算电路

假设电容器初始电压 $v_C(0)=0$,有

$$v_O=-\frac{1}{C}\int i_C\cdot \mathrm{d}t=-\frac{1}{C}\int i_R\cdot \mathrm{d}t=-\frac{1}{RC}\int v_I\mathrm{d}t \tag{7.1.8}$$

式(7.1.8)反映了输出信号与输入信号的积分呈正比的关系,负号表示它们在相位上是相反的。RC 为积分时间常数,由电路元件参数决定。

2. 微分运算电路

将积分电路反馈网络中的电阻和电容互换,并选取比较小的时间常数 RC,即构成微分运算电路,如图 7.1.12 所示。这个电路同样可以依据"虚短"和"虚断"的概念,$v_N=0$,$i_+=i_-=0$。设 $t=0$ 时,电容器 C 的初始电压 $v_C(0)=0$,当信号电压 v_I 接入后,便有 $i_R=i_C=C\frac{\mathrm{d}v_I}{\mathrm{d}t}$,因此,输出电压有

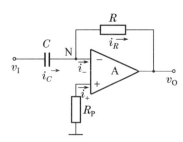

图 7.1.12　微分运算电路

$$v_O=-i_R R=-RC\frac{\mathrm{d}v_I}{\mathrm{d}t} \tag{7.1.9}$$

式(7.1.9)表明,微分电路的输出电压与输入电压对时间的微分成正比,负号表示它们的相位相反。

在微分运算电路输入端,若加正弦信号 $v_I = V_m \sin \omega t$,则输出端 $v_O = -RC\omega \cos \omega t$,实现了对输入电压的移相,或者说实现了函数的变换,如图 7.1.13(a)所示;若加矩形波,则输出为尖脉冲,如图 7.1.13(b)所示。

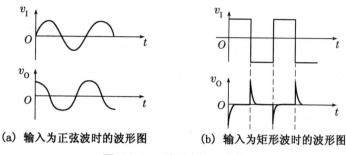

(a) 输入为正弦波时的波形图　　　　(b) 输入为矩形波时的波形图

图 7.1.13　波形变换示意图

7.1.4　对数运算与反对数运算电路

根据与积分和微分同样的原理,可以利用集成运放构成其他运算电路,如对数运算与反对数运算电路。

1. 对数运算电路

运算基本电路如图 7.1.14(a)所示,它是利用二极管的 PN 结作为反馈元件,利用通过它的电压和电流的对数关系来实现对数运算。由二极管的基本公式可知,i_D 与 v_D 的关系为

$$i_D = I_S(e^{v_D/V_T} - 1)$$

当 $v_D \gg V_T$ 时,有 $i_D \approx I_S e^{v_D/V_T}$,则

$$v_D \approx V_T \ln \frac{i_D}{I_S}$$

依据"虚断"的原则,得 $i_D = i_R = \dfrac{v_I}{R}$,又因"虚地",有 $v_D = -v_O$,则

$$v_O \approx -V_T \ln \frac{v_I}{RI_S} \tag{7.1.10}$$

由式(7.1.10)可知,输出电压正比于输入电压的对数值,实现了对数运算。而在实际使用中,往往将三极管的发射结代替二极管来做对数管用,如图 7.1.14(b)所示,可获得较大的工作范围。

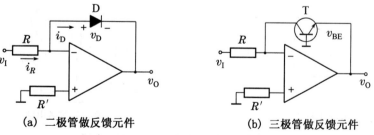

(a) 二极管做反馈元件　　　　　　(b) 三极管做反馈元件

图 7.1.14　对数运算电路

2. 反对数运算电路

反对数运算是对数运算的逆运算,只要将对数运算电路如图 7.1.14 中的三极管(或者

二极管)和电阻 R 互换位置便可实现,如图 7.1.15 所示。图中输入回路使用了接成二极管形式的三极管。同样根据"虚短"和"虚断"的特点,不难得到其输入、输出关系为

$$v_O = -i_R R = -i_I R = -I_S R e^{v_I/V_T}$$

即输出电压和输入电压成反对数关系,或者说,输出电压和输入电压成指数关系。因此,反对数运算电路又称为指数运算电路。

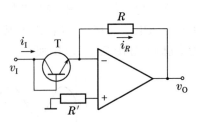

图 7.1.15 反对数运算电路

对数运算和反对数运算电路是属于非线性的运算电路,两者结合,其应用非常广泛,例如乘法运算、除法运算、不同阶次的幂函数运算等等。

7.2 模拟乘法器及其应用

模拟乘法器是实现两个模拟信号相乘的非线性电子器件,它不仅可以用来实现乘法、除法、乘方和开方等模拟运算,而且在通信、测控系统、电气测量和医疗仪器等领域得到广泛的应用。本节主要介绍它在模拟信号运算电路中的应用。

7.2.1 模拟乘法器简介

1. 模拟乘法器的符号和等效电路

模拟乘法器的符号如图 7.2.1(a)所示,其中输入电压为 v_x、v_y,输出电压为 v_o,且 v_o 与 v_x、v_y 的运算关系为

$$v_o = k v_x v_y$$

式中,k 为乘法器的增益系数(或相乘因子),其值可正可负,单位为 V^{-1}。

模拟乘法器的等效电路如图 7.2.1(b)所示。图中,R_x 和 R_y 分别为两个输入端的输入电阻,R_o 为输出电阻。在理想情况下,有

① $R_x = R_y = \infty$,$R_o = 0$;

② k 为常数,不随信号幅值、信号频率而变化;

③ 当 $v_x = v_y = 0$ 时,$v_o = 0$,且电路的失调电压、电流和噪声均为零。

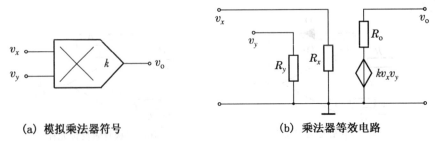

(a) 模拟乘法器符号   (b) 乘法器等效电路

图 7.2.1 模拟乘法器符号及其等效电路

2. 模拟乘法器的分类

由于输入信号的极性可正可负,因此输入信号 v_x 和 v_y 的极性有四种组合,对应如图

7.2.2 所示的四个象限。根据输入电压不同极性的限制，模拟乘法器有单象限(两个输入电压均为单极性)、二象限(即一个输入电压为单极性,另一个输入电压可正可负)和四象限(两个输入电压可正可负,或正负交替)之分。

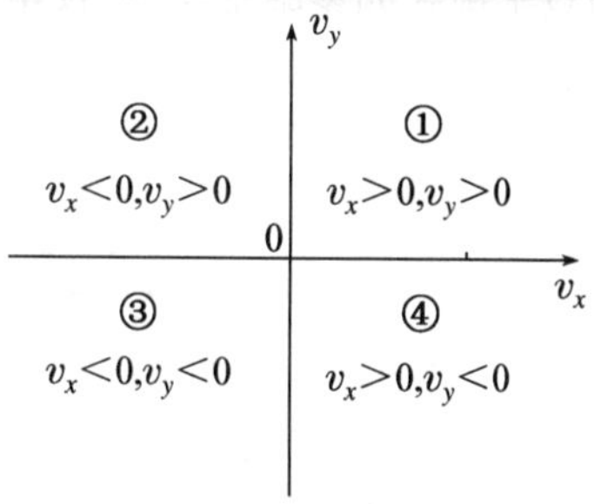

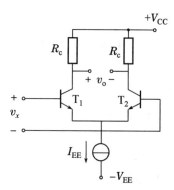

图 7.2.2　模拟乘法器的四个工作象限

实现乘法运算的电路有很多,其中变跨导式模拟乘法器自从做成单片集成器件后,被公认为是优良的通用型模拟乘法器,具有电路性能好、易于集成、工作频率高等特点。

7.2.2　变跨导型模拟乘法器的工作原理

变跨导型模拟乘法器利用输入电压控制差分放大电路差分管的发射极电路,使之跨导作相应的变化,从而达到与输入差模信号相乘的目的。

如图 7.2.3 所示差分放大电路中,T_1 和 T_2 管具有理想对称特性,静态时工作正常。设 $r_{b'e}$ 为它们的发射结电阻,v_{BE} 为发射结电压,则

$$g_m = \frac{\Delta i_C}{\Delta v_{BE}} = \frac{\beta \Delta i_B}{\Delta i_B r_{b'e}} = \frac{\beta}{r_{b'e}}$$

式中 $r_{b'e} = (1+\beta)\dfrac{V_T}{I_{EQ}}$,一般情况下 $\beta \gg 1$,则

$$g_m = \frac{I_{EQ}}{V_T}$$

由图 7.2.3 可知,$I_{EQ} = \dfrac{1}{2} I_{EE}$,因此

图 7.2.3　差分放大电路

$$g_m = \frac{I_{EE}}{2V_T} \tag{7.2.1}$$

电路的输入电压 $v_x \approx 2\Delta v_{BE}$,因而集电极电流 $\Delta i_C = g_m \Delta v_{BE} \approx g_m v_x/2$,输出电压为

$$v_o = -g_m R_c v_x = -\frac{I_{EE} R_c}{2V_T} \cdot v_x \tag{7.2.2}$$

假设 I_{EE} 受一外加电压 v_y 的控制,则 v_o 将是 v_x 和 v_y 相乘的结果。实现这个假设的电路如图 7.2.4 所示,即将图 7.2.3 中的恒流源用一晶体管替代,在该电路中 T_3 管集电极电流

$$i_{C3} = I_{EE} = \frac{v_y - v_{BE3}}{R_e}$$

若 $v_y \gg v_{BE3}$,则 $I_{EE} \approx \dfrac{v_y}{R_e}$,将其代入(7.2.2)式中,得

$$v_o \approx -\frac{R_c}{2V_T R_e} \cdot v_x v_y = k v_x v_y \tag{7.2.3}$$

图 7.2.4 中,v_y 控制 I_{EE},I_{EE} 的变化导致晶体管 T_1 和 T_2 的跨导 g_m 变化,且 v_x 的极性可正可负,而 v_y 必须大于零,因此该电路称为二象限**变跨导式模拟乘法器**。该电路具有 v_y 越小,运算误差越大,而且 v_y 必须为正值时才能工作;v_o 与 V_T 有关,即受温度变化的影响等缺点。为了使两输入电压 v_x 和 v_y 均能在任意极性下正常工作,可采用如图 7.2.5 所示

的双平衡式四象限乘法器,这里不再赘述。

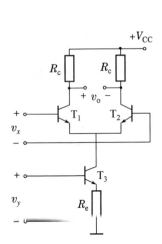

图 7.2.4　变跨导二象限乘法器

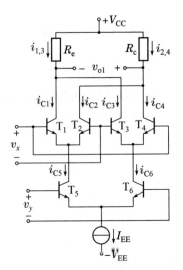

图 7.2.5　双平衡式四象限乘法器

7.2.3　模拟乘法器在运算电路中的应用

利用模拟乘法器和运放相结合,再加上各种不同的外接电路,可以组成各种运算电路。

1. 乘方运算电路

将模拟乘法器的两个输入端并联后输入相同的信号,就可实现平方运算,如图 7.2.6(a)所示,输出电压为

$$v_o = K v_i^2 \tag{7.2.4a}$$

从理论上讲,当多个模拟乘法器串联时,可以实现 v_i 的任意次方运算,如图 7.2.6(b)所示,输出电压为

$$v_{on} = K^{n-1} v_i^n \tag{7.2.4b}$$

但是,实际上串联的乘法器超过 3 时,由于运算误差的积累,使得电路的精度变差,在要求较高时就难以满足。

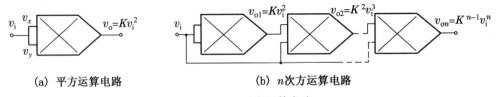

（a）平方运算电路　　　　　　　　　（b）n次方运算电路

图 7.2.6　乘方运算电路

2. 除法运算电路

将模拟乘法器连接在集成运放的反馈通路中,可构成除法运算电路,如图 7.2.7 所示,输出电压为

$$v_O' = k v_{I2} v_O \tag{7.2.5}$$

利用"虚地"的概念有 $v_N = v_P = 0$,又由于"虚断",有 $i_1 = i_2$,所以

$$\frac{v_{I1}}{R_1} = \frac{-v_O'}{R_2} \tag{7.2.6}$$

即 $v_O' = -\dfrac{R_2}{R_1}v_{I1}$，将式(7.2.5)代入整理得

$$v_O = -\frac{R_2}{kR_1} \cdot \frac{v_{I1}}{v_{I2}} \tag{7.2.7}$$

因为"虚断"得 $i_1 = i_2$，即要满足 $v_{I1} > 0$，$v_O' < 0$ 或者 $v_{I1} < 0$，$v_O' > 0$ 时，才能保证电流的正常流动，也就是说只有当 v_{I2} 为正极性时，才能保证 v_{I1} 和 v_O' 极性相反，保证运算放大器是处于负反馈工作状态，而 v_{I1} 可正可负，故称为二象限除法运算电路。

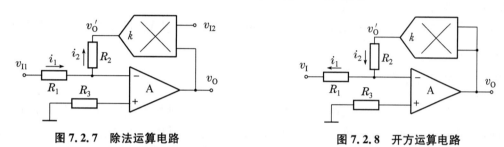

图 7.2.7 除法运算电路   图 7.2.8 开方运算电路

3. 开方运算电路

与实现除法运算电路同样的思路，利用乘方运算电路作为集成运放的反馈通路，就可构成开方运算电路，如图 7.2.8 所示。图中，由于"虚地"，$v_N = v_P = 0$ 和"虚断"，$i_1 = i_2$，所以

$$\frac{v_O'}{R_2} = -\frac{v_I}{R_1}$$

$$v_O' = -\frac{R_2 v_I}{R_1} = kv_O^2 \tag{7.2.8}$$

若输入电压 v_I 小于零，由于 v_I 作用于集成运放的反相输入端，则输出电压 v_O 必然大于零，其表达式为

$$v_O = \sqrt{-\frac{R_2}{kR_1}v_I} \qquad (k > 0, v_I < 0) \tag{7.2.9a}$$

若输入电压 v_I 大于零，则输出电压 v_O 必然小于零，其表达式为

$$v_O = -\sqrt{-\frac{R_2}{kR_1}v_I} \qquad (k < 0, v_I > 0) \tag{7.2.9b}$$

由此可见，开方运算电路中 v_I 与 k 值符号应相反。即模拟乘法器选定后，电路只能对一种极性的 v_I 实现开方运算。

同理，运算放大器的反馈电路中串入多个乘法器就可以得到开高次方运算电路。

7.3 电压比较器

电压比较器是用来比较输入信号 v_I 和参考电压 V_{REF} 的电路，是组成非正弦波发生电路的基本单元电路，在测量和控制中有着相当广泛的应用。本节主要讲述各种电压比较器的特点及电压传输特性，同时阐明电压比较器的组成特点和分析方法。

电压比较器中的理想集成运放工作在非线性区，其特征是处于开环状态或者只是引入

了正反馈。

比较器的输出电压 v_O 与输入电压 v_I 的函数关系 $v_O = f(v_I)$ 一般用曲线来描述,称为电压传输特性。输入电压 v_I 是模拟信号,而输出电压 v_O 是数字信号,有两种可能的状态,不是高电平 V_{OH},就是低电平 V_{OL},用以表示输入信号 v_I 和参考电压 V_{REF} 比较的结果。

由此可以画出电压比较器的电压传输特性,其三要素如下:

(1) 输出电压高电平 V_{OH} 和低电平的数值 V_{OL},用以表示比较的结果。

(2) 阈值电压(或者门槛电压、门限电压、转折电压等)的大小 V_T。V_T 是使输出电压从 V_{OL} 跃变为 V_{OH} 的输入电压和从 V_{OH} 跃变为 V_{OL} 的输入电压,也就是使比较器的集成运放输入端电位相等即 $v_P = v_N$ 时输入电压值。

(3) 输入电压 v_I 过 V_T 时输出电压 v_O 的跃变方向,即是从 V_{OL} 跃变为 V_{OH},还是从 V_{OH} 跃变为 V_{OL}。

7.3.1　单限比较器

单限比较器电路只有一个阈值电压 V_T,输入电压 v_I 逐渐增大或减小的过程中,当通过 V_T 时,输出电压 v_O 就产生跃变。电路如图 7.3.1(a)所示,其中输入电压为 v_I,当 $v_I > V_{REF}$ 时,$v_O = V_{OH}$,当 $v_I < V_{REF}$ 时,$v_O = V_{OL}$。其电压传输特性曲线如图 7.3.1(b)中实线所示。

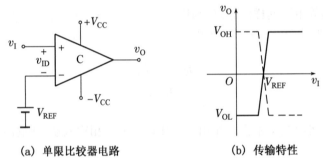

(a) 单限比较器电路　　　　　(b) 传输特性

图 7.3.1　单限比较器及其传输特性曲线

阈值电压 $V_T = V_{REF}$,当 $V_T = V_{REF} = 0$ 时,这样的单限比较器称为**过零比较器**。同时,可看出,单限比较器不但可以采用同相输入,还可以采用反相输入,此时对传输特性应该进行相应的改变,如图 7.3.1(b)中虚线所示。

单限比较器可以有不同的电路结构形式。例如,将输入电压 v_I 和参考电压 V_{REF} 分别接到开环工作状态的集成运放的两个输入端。另外,也可在输出端接上背靠背的稳压管实现限幅。

7.3.2　滞回比较器

滞回比较器电路又称为斯密特触发器,有两个阈值电压 V_{T1} 和 V_{T2}。若 $V_{T2} < V_{T1}$,则输入电压 v_I 在增加过程中,只有经过 V_{T1},输出电压 v_O 才产生跃变;而 v_I 减小的过程中,只有经过 V_{T2} 时,v_O 才产生跃变。也就是说,v_O 从 V_{OL} 跃变为 V_{OH} 和从 V_{OH} 跃变为 V_{OL} 时的阈值电压不同。

滞回比较器可以采用同相输入方式,也可以采用反相输入方式。下面以反相输入滞回比较器为例,如图 7.3.2(a)所示,讨论它的电路组成、工作原理以及传输特性。由图 7.3.2(a)可知,输入电压 v_I 加在集成运放的反相输入端,参考电压 v_{REF} 加在同相输入端,输出端通过电阻 R_F 引回到同相输入端,不难判断,引入的反馈是正反馈。

由于理想运放的差模输入电阻无穷大,故净输入电流为零,即 $i_P = i_N = 0$,则由图 7.3.2(a)可知

① 电阻 R_1 的压降为 0,故

$$v_N = v_I$$

② $i_{R2} = i_F$,即 $\dfrac{v_{REF} - v_P}{R_2} = \dfrac{v_P - v_O}{R_F}$,整理得

$$v_P = \frac{R_F}{R_2 + R_F} v_{REF} + \frac{R_2}{R_2 + R_F} v_O$$

当 $v_P = v_N$ 时,对应的输入电压即阈值电压 V_T,输出电压发生跳变,于是得

$$V_T = \frac{R_F}{R_2 + R_F} v_{REF} + \frac{R_2}{R_2 + R_F} v_O \tag{7.3.1}$$

上式说明,滞回比较器的阈值电压不仅与参考电压 v_{REF} 有关,而且与输出电压也有关。在图 7.3.2(a)中,滞回比较器输出电压 v_O 有两种可能,$+V_z$ 或 $-V_z$。

当 $v_O = +V_z$ 时,阈值电压

$$V_{T1} = \frac{R_F}{R_2 + R_F} v_{REF} + \frac{R_2}{R_2 + R_F} V_z \tag{7.3.2}$$

当 $v_O = -V_z$ 时,阈值电压

$$V_{T2} = \frac{R_F}{R_2 + R_F} v_{REF} - \frac{R_2}{R_2 + R_F} V_z \tag{7.3.3}$$

通过上述分析得,$V_{T1} > V_{T2}$,二者之差称为门限宽度或回差,即

$$\Delta V_T = V_{T1} - V_{T2} = \frac{2R_2}{R_2 + R_F} V_z \tag{7.3.4}$$

可见门限宽度 ΔV_T 的值可以通过 R_2,R_F 和 V_z 调节,而与 v_{REF} 无关,当 v_{REF} 增加或者减小时,滞回比较器的传输特性将向右或向左平移,但是宽度和形状不变。反相滞回比较器的传输特性如图 7.3.2(b)所示。通过滞回比较器与单限比较器的传输特性曲线,发现二者的相同之处是,输入电压向单一方向变化的过程中,输出电压只跃变一次,所以可以将滞回比较器视为两个不同的单限比较器的组合。

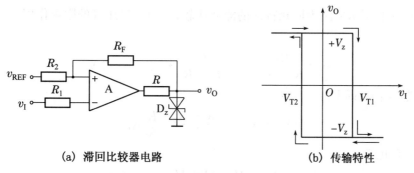

(a) 滞回比较器电路　　　　　　　(b) 传输特性

图 7.3.2　滞回比较器及其传输特性曲线

读者可以利用同样的方法自行分析同相输入滞回比较器。

【例7.3.1】 试分别求解图 7.3.3 所示电路的电压传输特性。

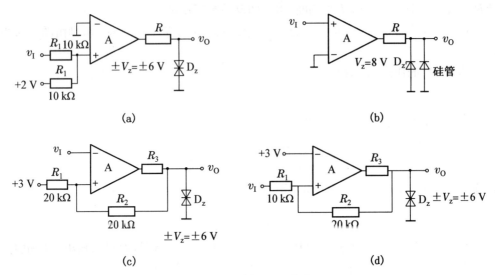

图 7.3.3 例 7.3.1 电路

解 图 7.3.3(a)所示电路为单限比较器,由稳压管的限幅作用可知:$v_O = \pm V_z = \pm 6$ V。当 $v_I = -2$ V 时,$v_N = v_P = 0$,v_O 发生跳变,所以 $V_T = -2$ V,电压传输特性如图 7.3.4(a)所示。

图 7.3.3(b)所示电路为过零比较器,由于二极管的导通压降 $V_D = 0.7$ V,所以 $V_{OL} = -V_D = -0.7$ V,由稳压管的限幅作用 $V_{OH} = +V_z = +8$ V,$V_T = 0$。其电压传输特向如图 7.3.4(b)所示。

图 7.3.3(c)所示电路为反相输入的滞回比较器,由于稳压管的限幅作用,$v_O = \pm V_z = \pm 6$ V。令

$$v_P = \frac{R_1}{R_1 + R_2} \cdot v_O + \frac{R_2}{R_1 + R_2} \cdot v_{REF} = \frac{v_O + v_{REF}}{2} = v_N = v_I$$

因此 $V_T = \dfrac{v_O + v_{REF}}{2}$。

代入求解得 $V_{T1} = -1.5$ V,$V_{T2} = 4.5$ V。其电压传输特性如图 7.3.4(c)所示。

图 7.3.3(d)所示电路为同相输入的滞回比较器,由于稳压管的限幅作用,$v_O = \pm V_z = \pm 6$ V。令

$$v_P = \frac{R_2}{R_1 + R_2} \cdot v_I + \frac{R_1}{R_1 + R_2} \cdot v_O = v_N = 3 \text{ V}$$

由上式解出 v_I,即 V_T:

$$V_T = v_I = 3 \times \frac{R_1 + R_2}{R_2} - \frac{R_1}{R_2} v_O$$

解得阈值电压:

$$V_{T1} = 1.5 \text{ V}$$
$$V_{T2} = 7.5 \text{ V}$$

其电压传输特性如图 7.3.4(d)所示。

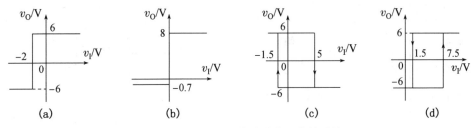

图 7.3.4　例 7.3.1 电路的电压传输特性

当 $v_P > v_N$ 时，$v_O = +V_{OH}$；当 $v_P < v_N$ 时，$v_O = +V_{OL}$；当 $v_P = v_N$ 时，输出在 V_{OH} 和 V_{OL} 之间转换，此时 $v_I = V_T$。因此，求解阈值电压时，不但可以用"虚断"$i_P = i_N = 0$，而且可用"虚短"$v_P = v_N$。

7.3.3　集成电压比较器

以上介绍的各种类型的电压比较器，可由通用集成运算放大器组成，也可采用单片集成电压比较器实现，集成电压比较器内部电路的结构和工作原理与集成运算放大器十分相似，但由于用途不同，集成电压比较器有其固有的特点。

（1）集成电压比较器，可直接驱动 TTL 等数字集成电路器件。

（2）一般集成电压比较器的响应速度比同等价格集成运放构成的比较器的响应速度要快。

（3）为提高速度，集成电压比较器内部电路的输入级工作电流较大。

集成电压比较电路比集成运放开环增益低，失调电压大，共模抑制比小，但比其响应速度快，传输延迟时间短，并且带负载能力强。集成电压比较电路按个数，可分为单、双和四电压比较电路；按功能，可分为通用型、高速型、低功耗型、低电压型和高精度型电压比较电路；按输出方式，可分为普通、集电极（或漏极）开路输出或互补输出三种情况。

此外，还有的集成电压比较电路带有选通端，用来控制电路是处于工作状态还是处于禁止状态。所谓工作状态，是指电路按电压传输特性工作；所谓禁止状态，是指电路不再按电压传输特性工作，从输出端看进去相当于开路，即处于高阻状态。

图 7.3.5(a)是集成电压比较器 AD790 的引脚图，各引脚的功能已在图中标注。图 7.3.5(b)(c)(d)是外接电源的基本接法。图中电容均为去耦电容，用于滤去比较电路输出产生变化时电源电压的波动，这种做法也常见于其他电子电路。其中图 7.3.5(b)所示电路中的 510 Ω 是输出高电平时的上拉电阻。

用 AD790 替换前面所讲各种比较电路中的集成运放，就可组成单限比较器、滞回比较电路和双限比较电路。

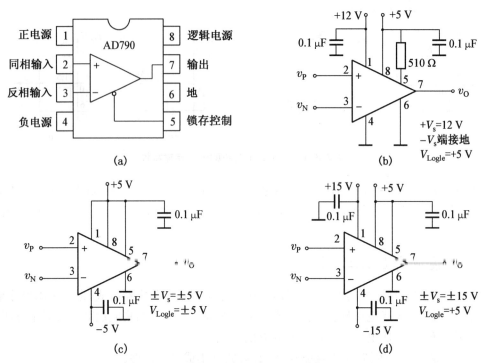

图 7.3.5　集成电压比较器 AD790 的基本接法

7.4　信号转换电路

信号转换电路用于各种类型的信号进行相互转换,它可以使不同输入、输出的器件联用。常用的信号转换电路有电压-电流(V/I)转换电路、电流-电压转换电路(I/V)、电压-频率(V/F)转换电路、频率-电压(F/V)转换电路等。

在控制系统中,为了驱动执行机构,常需要将电压转换成电流;而在监测系统中,为了数字化显示,又常将电流转换成电压,再接数字电压表。在放大电路中引人合适的反馈,就可实现上述转换。

7.4.1　电压-电流转换电路

将输入的电压信号转换成电流信号输出的电路称为电压-电流变换器。当检测装置输入信号为远距离现场传感器输出的电压信号时,为了有效地抑制外来杂散电压信号的干扰,常把传感器输出的电压信号经电压-电流变换电路转换成具有恒流特性的电流信号输出,而后在接收端再由电流-电压变换电路还原成电压信号。

图 7.4.1(a)所示为实现电压-电流转换的基本原理电路。由于“虚地”,$v_N = 0$,则负载电流

$$i_L = i_R = \frac{v_I}{R} \tag{7.4.1}$$

则 i_L 与 v_I 呈线性关系,即负载上的电流与输入电压成正比,而与负载大小无关,实现了电

压-电流转换。

由于图 7.4.1(a)所示电路中的负载没有接地点,负载电流的最大值受运算放大器输出电流能力限制,最小值受放大器输入电流限制,负载两端的电压 $i_L R_L$ 不能超过放大器输出电压范围,因而不适用于某些应用场合。图 7.4.1(b)所示为信号电压从同相端输入构成实用的电压-电流转换电路。由于电路引入了负反馈,A_1 构成同相求和运算电路,A_2 构成电压跟随器,图中 $R_1 = R_2 = R_3 = R_4 = R$,因此

$$\begin{cases} v_{P1} = \dfrac{R_4}{R_3+R_4}v_I + \dfrac{R_3}{R_3+R_4}v_{P2} = 0.5v_I + 0.5v_{P2} \\ v_{O1} = \left(1+\dfrac{R_2}{R_1}\right)v_{P1} = 2v_{P1} \\ v_{O2} = v_{P2} \end{cases} \tag{7.4.2}$$

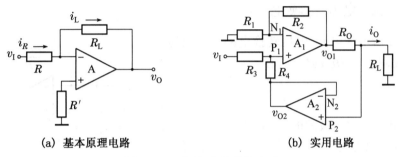

(a) 基本原理电路　　　(b) 实用电路

图 7.4.1　电压-电流转换电路

由式(7.4.2)可得,$v_{O1} = v_{P2} + v_I$,则 R_O 上的电压

$$v_{R_O} = i_O R_O = v_{O1} - v_{P2} = v_I$$

所以

$$i_O = \dfrac{v_I}{R_O} \tag{7.4.3}$$

【例 7.4.1】　图 7.4.2 是运放和三极管构成的电流输出放大器,求输出电流表达式。

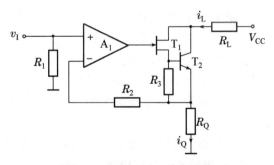

图 7.4.2　例 7.4.1 的电路图

解　由图 7.4.2 可以看出,如果忽略运放反相端的电流和场效应 T_1 的栅极电流,则负载 R_L 上的电流就是电路 R_Q 上的电流,利用"虚短"的概念得

$$i_L = i_Q = \dfrac{v_I}{R_Q}$$

【例 7.4.2】 图 7.4.3 是一个光电池放大与测量电路,求输出电流表达式。

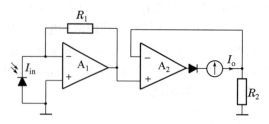

图 7.4.3　例 7.4.2 的电路图

解　运放 A_1 的输出电压为 $I_{in}R_1$,运放 A_2 构成电压-电流变换器,输出电流为

$$I_o = I_{in}R_1/R_2$$

7.4.2　电流-电压转换电路

图 7.4.4 所示为电流-电压转换电路。理想运放条件下,由"虚断""虚短"的概念,有 $i_f = i_s$,$v_N = v_P = 0$,故输出电压

$$v_o = -i_s R_f \qquad (7.4.4)$$

即输出电压正比于输入被测电流,实现了电流-电压转换。应当指出,因为实际电路的输入电阻 r_i 不可能为零,所以 R_s 要比 r_i 大得愈多,转换的精度愈高。

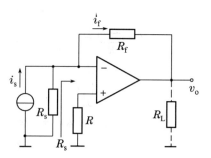

图 7.4.4　电流-电压转换电路

7.4.3　精密整流电路

将交流电压转换成脉动的直流电压,称为整流。精密整流电路的功能是将微弱的交流电压转换成脉动的直流电压。当输入电压为正弦波时,半波整流电路的输出电压如图 7.4.5 中 v_{O1} 所示,全波整流电路的输出如 v_{O2} 所示。

图 7.4.6(a)所示一般半波整流电路中,由于二极管的伏安特性如图 7.4.6(b)所示,当输入电压 v_I 幅值小于二极管的阈值电压 V_{th} 时,二极管在信号的整个周期均处于截止状态,输出电压始终为零。即使 v_I 幅值足够大,输出电压也只反映 v_I 大于 V_{th} 的那部分电压的大小。因此,该电路不能对微弱信号整流。

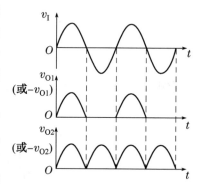

图 7.4.5　整流电路的波形

图 7.4.7(a)所示为半波精密整流电路。当 $v_I > 0$ 时,必然使集成运放的输出 $v_O' < 0$,从而导致二极管 D_2 导通,D_1 截止,电路实现反相比例运算,输出电压

$$v_O = -\frac{R_f}{R_1} \cdot v_I$$

当 $v_I < 0$ 时,必然使集成运放的输出 $v_O' > 0$,从而导致二极管 D_1 导通,D_2 截止,R_f 中电流为零,因此输出电压 $v_O = 0$。v_I 和 v_O 的波形如图 7.4.7(b)所示。

如果设二极管的导通电压为 0.7 V,集成运放的开环差模放大倍数为 50 万倍,那么为

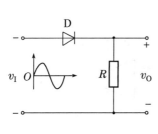

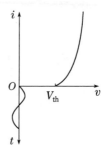

(a) 半波整流电路　　　　　　　　(b) 二极管的伏安特性

图 7.4.6　一般半波整流电路

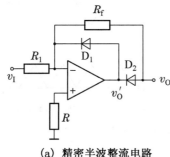
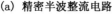
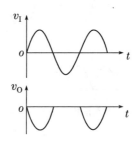

(a) 精密半波整流电路　　　　　　　(b) 输出波形

图 7.4.7　精密半波整流电路及其波形

使二极管 D_1 导通,集成运放的净输入电压

$$v_P - v_N = \left(\frac{0.7}{5\times10^5}\right)V = 1.4\ \mu V$$

　　同理可估算出为使 D_2 导通集成运放所需的净输入电压,也是同数量级。可见,只要输入电压 v_I 使集成运放的净输入电压产生非常微小的变化,就可以改变 D_1 和 D_2 工作状态,从而达到精密整流的目的。

　　图 7.4.7(b)所示波形说明当 $v_I > 0$ 时,$v_O = -Kv_I(K>0)$;当 $v_I < 0$ 时,$v_O = 0$。可以想象,若利用反相求和电路将 $-Kv_I$ 与 v_I 负半周波形相加,就可实现全波整流,电路如图 7.4.8(a) 所示。

　　分析由 A_2 所组成的反相求和运算电路可知,输出电压

$$v_O = -v_{O1} - v_I$$

当 $v_I > 0$ 时,$v_{O1} = -2v_I$,$v_O = 2v_I - v_I = v_I$;当 $v_I < 0$ 时,$v_{O1} = 0$,$v_O = -v_I$。所以

$$v_O = |v_I|$$

　　故图 7.4.8(a)所示电路也称为绝对值电路。当输入电压为正弦波和三角波时,电路输出波形分别如图 7.4.8(b)(c)所示。

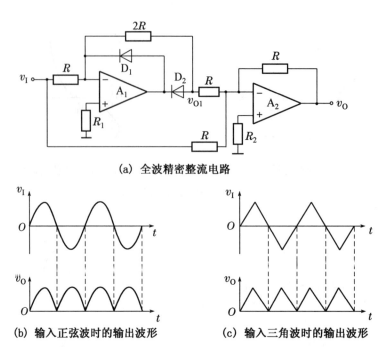

(a) 全波精密整流电路

(b) 输入正弦波时的输出波形　　　　　　(c) 输入三角波时的输出波形

图 7.4.8　全波精密整流电路及其波形

7.5　有源滤波器

在实际的电子系统中,输入信号往往包含一些不需要的信号成分,必须设法将它衰减到足够小的程度,但同时必须让有用信号顺利通过。完成上述功能的电子电路就是滤波电路,称为滤波器。本章主要研究的是模拟滤波器。

7.5.1　滤波电路的作用和分类

早期主要采用由无源器件 R、L、C 组成的无源滤波电路。20 世纪 60 年代以来,集成运放获得了迅速发展,无源滤波电路已被由集成运放和 R、C 组成的有源滤波器取代,该滤波器具有不用电感、体积小、重量轻等优点。由于集成运放的开环增益和输入阻抗很高,输出阻抗低,构成有源滤波电路后还具有一定的电压放大和缓冲的功能。工程上常用它来作信号处理、抑制干扰和数据传送等。

有源滤波电路的缺点是通频带较窄,一般使用在几百千赫以下,所以目前有源滤波电路的工作频率难以做得很高,而且难于对功率信号进行滤波。

1. 基本概念

滤波电路是一种能使有用频率信号通过而同时抑制无用频率信号的电子装置。滤波电路的一般结构图如图 7.5.1 所示,图中 $v_I(t)$ 表示输入信号,$v_O(t)$ 为输出信号。

通常用传递函数来表示滤波器的特性。假设滤波电路是一个线性时不变网络,则在复频域内有如下关系式

图 7.5.1　滤波电路的一般结构框图

$$A_V(s) = \frac{V_O(s)}{V_I(s)} \tag{7.5.1}$$

式中 $A_V(s)$ 是滤波电路的电压传递函数,一般为复数。

若令 $s = j\omega$,则有

$$A(j\omega) = |A(j\omega)| e^{j\varphi(\omega)}$$

式中 $|A(j\omega)|$ 为传递函数的模,$\varphi(\omega)$ 为输出电压和输入电压之间的相位角。

此外,在滤波电路中所关心的另一个量是时延 $\tau(\omega)$,单位为 s,它定义为

$$\tau(\omega) = -\frac{d\varphi(\omega)}{d\omega} \tag{7.5.2}$$

欲使信号通过滤波电路的失真小,则相位或时延应亦需考虑。当相位响应 $\varphi(\omega)$ 作线性变化,即时延响应 $\tau(\omega)$ 为常数时,输出信号才可能避免失真。

2. 滤波器的作用与分类

对于信号频率具有选择性的电路称为滤波电路,其作用是使一定频段内的有用信号顺利通过,而衰减或抑制其余频段的信号。工程上常用它作信号处理、数据传送和抑制干扰等。

根据输出信号中所保留的频率范围的不同,滤波器通常分为如下几类。

(1) 低通滤波电路(LPF[①]):低频或直流信号能通过,高频信号被抑制。

(2) 高通滤波电路(HPF):高频信号能通过,低频或直流信号被抑制。

(3) 带通滤波电路(BPF):一定频段内的信号能通过,该频段的以外的信号分量被抑制。

(4) 带阻滤波电路(BEF):一定频段内的信号被抑制,在此频段以外的信号可以通过。

(5) 全通滤波电路(APF):所有频段内的信号都可以通过。

通常用幅频特性来表征一个滤波器的特性,它们的理想和实际幅频特性如图 7.5.2 所

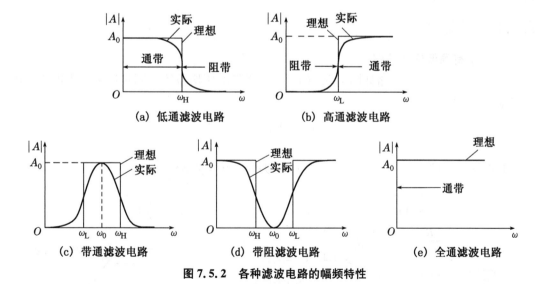

图 7.5.2　各种滤波电路的幅频特性

---

① LPF、HPF、BPF、BEF 和 APF 分别为 Low Pass Filter、High Pass Filter、Band Pass Filter、Band Elimination Filter、A11 Pass Filter 的缩写。

示,其中$|A|$为各频率的增益,A_0为最大增益。通常把能够通过的频率范围称为"通带",被衰减或抑制的频率范围称为"阻带","通带"和"阻带"的临界频率叫作截止频率。

3. 无源滤波器和有源滤波器

由无源器件 R、L、C 组成的滤波电路称为**无源滤波器**;由无源器件和晶体管、集成运放等有源器件共同组成的滤波电路称为**有源滤波器**。

最基本的无源滤波电路在 3.5.1 节简单 RC 电路的频率响应中已经介绍,这里不再赘述。

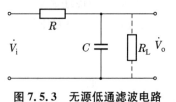

图 7.5.3　无源低通滤波电路

如在无源低通 RC 滤波电路的输出端接一负载 R_L,如图 7.5.3 中虚线所示,此时

$$\dot{A}_V = \frac{\dot{V}_o}{\dot{V}_i} = \frac{\dfrac{1}{j\omega C}//R_L}{R + \dfrac{1}{j\omega C}//R_L} = \frac{\dfrac{R_L}{R+R_L}}{1 + j\omega(R//R_L)}$$

与式(3.5.10)比较得通带增益和截止角频率

$$A'_{VH} = \frac{R_L}{R+R_L}, \quad f'_H = \frac{1}{2\pi(R//R_L)C}$$

接入负载 R_L 后通带增益下降,而且上限截止频率升高,改变了电路的滤波特性,表明无源滤波电路带负载能力较差。

随着集成电路技术工艺的飞速发展和集成运放的广泛应用,由集成运放和 R、C 组成的有源滤波器不仅可以克服上述缺点,还具有不用电感、体积小、重量轻等优点。此外,由于集成运放的开环电压增益和输入阻抗均很高,输出阻抗又很低,构成有源滤波器后还具有一定的电压增益和缓冲作用。但是,集成运放的带宽有限,所以有源滤波器的最高工作频率受运放性能的限制,这是它的不足之处。

7.5.2　低通滤波器

1. 一阶有源低通滤波器

一阶有源低通滤波电路如图 7.5.4(a)所示,通带电压增益等于同相比例放大电路的电压增益 A_{VF},即

$$A_0 = A_{VF} = \frac{V_o(s)}{V_P(s)} = 1 + \frac{R_f}{R_1}$$

由式(3.5.8)得 $V_P(s) = \dfrac{1}{1+sRC}V_i(s)$,所以电路的传递函数为

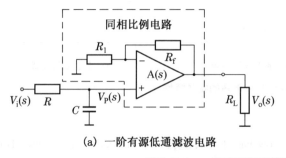

(a) 一阶有源低通滤波电路

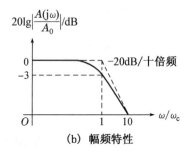

(b) 幅频特性

图 7.5.4　一阶有源低通滤波器及幅频特性

$$A_V(s) = \frac{V_o(s)}{V_i(s)} = \left(1 + \frac{R_f}{R_1}\right)\frac{1}{1+sRC}$$

令 $f_c = \dfrac{1}{2\pi RC}$，而 $s = j\omega$，则

$$A_V(s) = \left(1 + \frac{R_f}{R_1}\right)\frac{1}{1+j\dfrac{f}{f_c}} = \left(1 + \frac{R_f}{R_1}\right)\frac{1}{1+j\dfrac{\omega}{\omega_c}}$$

所以

$$A_V(s) = \frac{A_0}{1+j\dfrac{\omega}{\omega_c}} \tag{7.5.3a}$$

式中，$\omega_c = \dfrac{1}{RC}$ 称为特征角频率。

$$|A(j\omega)| = \frac{|V_o(j\omega)|}{|V_i(j\omega)|} = \frac{A_0}{\sqrt{1+\left(\dfrac{\omega}{\omega_c}\right)^2}} \tag{7.5.3b}$$

由式(7.5.3b)可画出图 7.5.4(b)所示的幅频特性，显然，这里的 ω_c 就是 -3 dB 截止角频率 ω_c。

从图 7.5.4(b)所示的幅频特性可看出，该电路具有低通特点，但滤波效果不够好，它的衰减率只是 20 dB/十倍频程。为了使低通滤波器的过渡带变窄，过渡带中 $|A_V|$ 的下降速率加大，可利用多个 RC 环节构成多阶低通滤波电路。而高于二阶的滤波电路都可以由一阶和二阶有源滤波电路构成，因此有必要讨论二阶有源滤波电路的组成和特性。

2. 二阶有源低通滤波器

(1) 电路构成

一种电路常用的二阶有源低通滤波电路的结构如图 7.5.5(a)所示，这就是著名的赛伦·凯电路[①]。由图可见，它是在图 7.5.4(a)的基础上又增加了一级 RC 滤波电路，并将左边电容 C 的一端与输出端相连，形成正反馈，以改善滤波电路的频率特性。则低通滤波器的通带电压增益为

$$A_0 = A_{VF} = 1 + (A_{VF}-1)\frac{R_1}{R_1}$$

(2) 传递函数

集成运放的同相输入电压

$$V_P(s) = \frac{V_o(s)}{A_{VF}} \tag{7.5.4}$$

$V_P(s)$ 与 $V_A(s)$ 的关系为

$$V_P(s) = \frac{V_A(s)}{1+sRC} \tag{7.5.5}$$

对于节点 A，利用基尔霍夫电流定律得

$$\frac{V_i(s) - V_A(s)}{R} - [V_A(s) - V_o(s)]sC - \frac{V_A(s) - V_P(s)}{R} = 0 \tag{7.5.6}$$

---

① 这种二阶有源低通滤波电路是赛伦·凯(Sallen-Key)于 1955 年提出的，故称赛伦·凯电路。

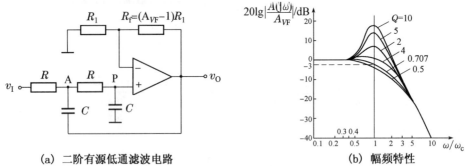

(a) 二阶有源低通滤波电路　　　　　　(b) 幅频特性

图 7.5.5　二阶有源低通滤波器及幅频特性

将式(7.5.4)～式(7.5.6)联立求解,可得电路的传递函数为

$$A(s)=\frac{V_o(s)}{V_i(s)}=\frac{A_{VF}}{1+(3-A_{VF})sCR+(sCR)^2}\tag{7.5.7}$$

式(7.5.7)表明,当 $A_{VF}<3$ 时,电路才能稳定工作,当 $A_{VF}>3$ 时,电路将自激振荡。令

$$\omega_c=\frac{1}{RC}\tag{7.5.8}$$

$$Q=\frac{1}{3-A_{VF}}\tag{7.5.9}$$

则式(7.5.7)变为

$$A(s)=\frac{A_{VF}\omega_c^2}{s^2+\dfrac{\omega_c}{Q}s+\omega_c^2}\tag{7.5.10}$$

式(7.5.10)为二阶低通滤波电路传递函数的表达式。其中 ω_c 为特征角频率,Q 为等效品质因数。

用 $j\omega$ 取代 s,由式(7.5.7)可得

$$A(j\omega)=\frac{A_{VF}}{1-\left(\dfrac{\omega}{\omega_c}\right)^2+j\dfrac{\omega}{Q\omega_c}}\tag{7.5.11}$$

可得电路的幅频特性为

$$|A(j\omega)|=\frac{A_{VF}}{\sqrt{\left[1-\left(\dfrac{\omega}{\omega_c}\right)^2\right]^2+\left(\dfrac{\omega}{Q\omega_c}\right)^2}}\tag{7.5.12}$$

其相频特性为

$$\varphi(\omega)=-\arctan\frac{\dfrac{\omega}{Q\omega_c}}{1-\left(\dfrac{\omega}{\omega_c}\right)^2}\tag{7.5.13}$$

由式(7.5.12)可以看出,当 $\omega=0$ 时,$|A(j\omega)|=A_{VF}$,即通带电压增益;当 $\omega\to\infty$ 时,$|A(j\omega)|\to0$;当 $\omega=\omega_c$ 时,$|A(j\omega)|=Q|A_{VF}|$,即 $Q=\dfrac{|A(j\omega)|}{|A_{VF}|}$,表明 Q 是 $\omega=\omega_c$ 时的电压增益与通带电压增益的数值之比。

图 7.5.5(b)给出 Q 值不同时的对数幅频特性。由图可见当 $Q=0.707$ 时,$|A(j\omega)|=$

$0.707|A_{VF}|$，幅频响应较为平坦。当 $Q=0.707,\dfrac{\omega}{\omega_c}=1$ 时，$20\lg|A(\mathrm{j}\omega)/A_{VF}|=-3\,\mathrm{dB}$；而

当 $\dfrac{\omega}{\omega_c}=10$ 时，$20\lg|A(\mathrm{j}\omega)/A_{VF}|=-40\,\mathrm{dB}$。这表明二阶比一阶低通滤波电路的滤波效果好

得多。

【例 7.5.1】　电路如图 7.5.5(a)所示，要求特征频率 $f_0=1\,\mathrm{kHz}$，$C=0.1\,\mu\mathrm{F}$，等效品质

因数 $Q=1$。试求该电路中的各电阻阻值约为多少。

解　因为 $f_0=\dfrac{1}{2\pi RC}$，故

$$R=\frac{1}{2\pi f_0 C}=\frac{1}{2\pi\times10^3\times0.1\times10^{-6}}\approx1\,590\,(\Omega)=1.59\,(\mathrm{k}\Omega)$$

实际可取标准值 $1.6\,\mathrm{k}\Omega$。

因为 $Q=\dfrac{1}{3-A_{VF}}$，故

$$A_{VF}=3-\frac{1}{Q}=2$$

由于 $A_{VF}=1+\dfrac{R_{\mathrm{f}}}{R_1}=2$，因而有 $R_{\mathrm{f}}=R_1$。

为使集成运放两输入端电阻对称，应有 $R_{\mathrm{f}}//R_1=2R\approx3.18\,\mathrm{k}\Omega$，所以 $R_1=R_{\mathrm{f}}\approx$

$6.36\,\mathrm{k}\Omega$，可取标称值 $6.2\,\mathrm{k}\Omega$。

综上所述，该电路中可以实际取 R 为 $1.6\,\mathrm{k}\Omega$，R_1 和 R_{f} 为 $6.2\,\mathrm{k}\Omega$。

7.5.3　高通滤波器

高通滤波器和低通滤波具有对偶关系，将图 7.5.5(a)所示电路中的 R、C 元件位置对

调，就构成了二阶有源低通滤波器，如图 7.5.6 所示。

利用有源低通滤波电路同样的分析方法，可导出图 7.5.6 所示电路中传递函数为

$$A(s)=\frac{A_{VF}s^2}{s^2+(\omega_c/Q)s+\omega_c^2}\tag{7.5.14}$$

这是二阶有源 RC 高通滤波电路传递函数的标准形式，式中 $\omega_c=\dfrac{1}{RC}$，$Q=\dfrac{1}{3-A_{VF}}$，分母

为 s 的二次幂，分子仅有 s 的二次幂，故它所描述的滤波电路称为二阶有源高通滤波电路。

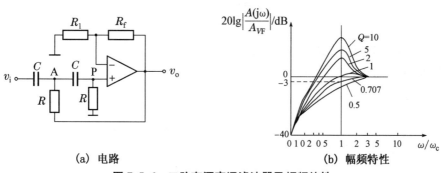

(a)　电路　　　　　　　　　　(b)　幅频特性

图 7.5.6　二阶有源高通滤波器及幅频特性

利用式(7.5.14)可得二阶有源高通滤波器的幅频特性，如图 7.5.6(b)所示。可见，高

通滤波器与低通滤波器的对数幅频特性为"镜像"关系。

7.5.4 带通滤波器

如果低通滤波电路的截止角频率 ω_H 大于高通滤波电路的截止角频率 ω_L，将二者串联起来，则角频率在 $\omega_L < \omega < \omega_H$ 范围内信号能通过，其余频率的信号不能通过，便构成带通滤波器，示意图如图 7.5.7 所示。

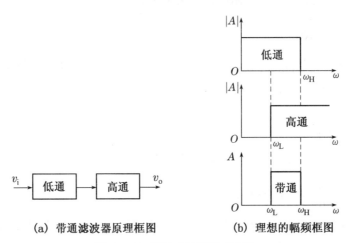

(a) 带通滤波器原理框图   (b) 理想的幅频框图

图 7.5.7 带通滤波器组成原理

实用的二阶有源带通滤波器如图 7.5.8(a)所示，R_3、C_1 组成低通滤波器，R_5、C_2 组成高通滤波器，R_4 引入正反馈，实现输出电压对电压放大倍数的控制。为了使电路分析简单，通常选取 $R_3 = R, R_4 = 2R, C_1 = C_2 = C$。与有源低通滤波器的分析方法类似，可得带通滤波电路的传递函数为

$$A(s) = \frac{A_{VF} sRC}{1 + (3 - A_{VF}) sRC + (sRC)^2}$$

式中 $A_{VF} = 1 + \dfrac{R_f}{R_1}$ 为同相比例运算电路的比例系数，令 $A_0 = \dfrac{A_{VF}}{3 - A_{VF}}$，$\omega_c = \dfrac{1}{RC}$，$Q = \dfrac{1}{3 - A_{VF}}$，则有

$$A(s) = \frac{A_{VF} \omega_c s}{(s)^2 + \dfrac{\omega_c}{Q} s + \omega_c^2}$$

这是二阶有源带通滤电路传递的标准形式。

以 $j\omega$ 取代 s，可得

$$A(j\omega) = \frac{A_0}{1 + jQ\left(\dfrac{\omega}{\omega_c} - \dfrac{\omega_c}{\omega}\right)}$$

由此可得电路的幅频特性为

$$|A(j\omega)| = \frac{A_0}{\sqrt{1 + Q^2 \left(\dfrac{\omega}{\omega_c} - \dfrac{\omega_c}{\omega}\right)^2}} \tag{7.5.15}$$

根据截止频率的定义,下限频率 ω_L 和上限频率 ω_H 是使增益下降 $-3\ \mathrm{dB}$,即 $|A(s)|=$ $\dfrac{|A_0|}{\sqrt{2}}$ 时的频率,两者之差称为通带宽度。为了确定带通滤波器的带宽,令上式分母为 $\sqrt{2}$,即

$$\left| Q\left(\frac{\omega}{\omega_c}-\frac{\omega_c}{\omega}\right) \right|=1$$

解方程,取正根,可得两个截止角频率分别为

$$\omega_L=\frac{\omega_c}{2Q}\sqrt{1+4Q^2}-\frac{\omega_c}{2Q}$$

$$\omega_H=\frac{\omega_c}{2Q}\sqrt{1+4Q^2}+\frac{\omega_c}{2Q}$$

由此,通带带宽为

$$BW=\frac{\omega_H}{2\pi}-\frac{\omega_L}{2\pi}=\frac{\omega_c}{2\pi Q}=\frac{f_c}{Q}$$

由式(7.5.15)可得如图 7.5.8(b)所示的幅频特性,可见,Q 越大,越接近中心频率 f_c 增益越大,通带宽度 BW 越窄,电路的选择性越好。

带通滤波器件的选频特性在信号的提取和通信电路中得到广泛的应用。

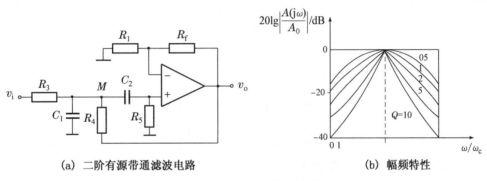

(a) 二阶有源带通滤波电路　　　　　　　(b) 幅频特性

图 7.5.8　二阶有源带通滤波器

7.5.5　带阻滤波器

如果低通滤波电路的截止角频率 ω_H 小于高通滤波电路的截止角频率 ω_L,将二者并联起来,则它们可构成带阻滤波电路,组成原理如图 7.5.9 所示。该电路可阻止 $\omega_L<\omega<\omega_H$ 范围内的信号通过,使其余频率的信号均能通过,在干扰频率确定的情况下,可通过带阻滤波器阻止其通过,以抗干扰。据此,给出带阻滤波器的一种电路结构,如图 7.5.10(a)所示,由 RC 组成的双 T 网络和一个集成运放实现。图中,R_3、R_4 和 C_1 组成的 T 型网络为低通电路,C_2、C_3 和 R_5 组成的 T 型网络为高通电路。为了使电路分析简单,通常选取 $R_3=R_4=R$,$R_5=\dfrac{R}{2}$,$C_2=C_3=C$,$C_1=2C$。与有源低通滤波电路分析方法相似,可得带阻滤波电路的传递函数为

$$A(s)=\frac{A_{VF}[1+(sRC)^2]}{1+2(2-A_{VF})sRC+(sRC)^2}$$

式中 $A_{VF}=1+\dfrac{R_2}{R_1}$,令 $\omega_c=\dfrac{1}{RC}$,$Q=\dfrac{1}{2(2-A_{VF})}$,则

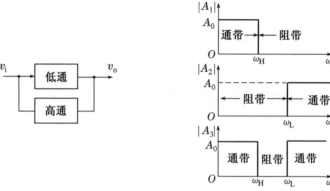

(a) 带阻滤波电路框图　　　　　(b) 理想带阻滤波幅频特性

图 7.5.9　带阻滤波器组成原理

$$A(s) = \frac{A_{VF}(s^2 + \omega_c^2)}{s^2 + \dfrac{\omega_c}{Q}s + \omega_c^2} \tag{7.5.16}$$

以 $j\omega$ 取代 s，可得

$$A(j\omega) = \frac{A_{VF}}{1 + \left[jQ\left(\dfrac{\omega}{\omega_c} - \dfrac{\omega_c}{\omega} \right) \right]^{-1}}$$

带阻滤波电路的两个截止角频率分别为

$$\omega_L = \frac{\omega_c}{2Q}\sqrt{1 + 4Q^2} - \frac{\omega_c}{2Q}$$

$$\omega_H = \frac{\omega_c}{2Q}\sqrt{1 + 4Q^2} - \frac{\omega_c}{2Q}$$

由此，带阻滤波电路的阻带宽度为

$$BW = \frac{\omega_H - \omega_L}{2\pi} = \frac{\omega_c}{2\pi Q} = \frac{f_c}{Q}$$

　　由式(7.5.16)可得如图 7.5.10(b)所示的幅频特性，可见，Q 越大，阻带宽度 BW 越窄，电路的选择性越好。

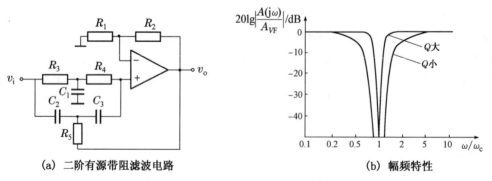

(a) 二阶有源带阻滤波电路　　　　　(b) 幅频特性

图 7.5.10　二阶有源带阻滤波器及幅频特性

7.6* 开关电容滤波器

前面讨论的有源 RC 滤波电路称为连续时间滤波器,其特征是电路的通带增益和品质因数受控于元件的比值,特征频率受控于元件的乘积,电路所需要的电容和电阻的大小、精度对于集成工艺来说相当困难。

开关电容(Switched Capacitor,SC)滤波器是由受时钟信号控制的模拟开关、电容器和运放构成的滤波器。这种电路的特性与电容器的精度无关,而仅与各电容器电容量之比的准确性有关。自 80 年代以来,开关电容电路广泛地应用于滤波器、振荡器、平衡调制器等各种模拟信号处理电路中。由于开关电容滤波器应用 MOS 工艺,故尺寸小,功耗低,且与数字滤波器比较,省略了量化过程,因而具有处理速度快,整体结构简单等优点。经过 30 多年的发展,开关电容滤波器的性能已达到相当高的水平,大有取代一般有源滤波器的趋势。

1. 基本开关电容单元电路的工作原理

基本开关电容电路如图 7.6.1 所示,ϕ 和 $\bar{\phi}$ 为互补的两相时钟脉冲,即 ϕ 为高电平时 $\bar{\phi}$ 为低电平,ϕ 为低电平时 $\bar{\phi}$ 为高电平。它们分别控制电子开关 S_1 和 S_2,因此两个开关不可能同时闭合或断开。当 S_1 闭合时,S_2 必然断开,v_1 对 C 充电,充电电荷 $Q_1 = Cv_1$;而当 S_1 断开时,S_2 必然闭合,C 放电,放电电荷 $Q_2 = Cv_2$。设开关的周期为 T,节点从左到右传输的总电荷为

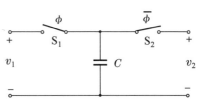

图 7.6.1　基本开关电容单元电路

$$\Delta Q = C\Delta v = C(v_1 - v_2)$$

等效电流为

$$i = \frac{\Delta Q}{T} = \frac{C(v_1 - v_2)}{T}$$

如果时钟脉冲的频率 f 足够高,以至于可以认为在一个周期内两个端口的电压基本不变,则基本开关电容单元就可以等效为电阻,其电阻值为

$$R = \frac{v_1 - v_2}{i} = \frac{T}{C} \tag{7.6.1}$$

即开关电容电路可以作为一个电阻对待,其大小由时钟周期和电容量决定。只要选择合适的 T 和 C 就可能得到很高阻值的等效电阻。如 $C = 1$ pF,$f = 100$ kHz,则等效电阻 R 等于 10 MΩ。利用 CMOS 工艺,电容只需硅片面积 0.01 mm²,所占面积极小,所以解决了集成运放不能直接制作大电阻的问题。

2. 开关电容滤波电路

图 7.6.2(a)所示为开关低通滤波器,它的原型电路如图 7.6.2(b)所示,电路正常工作的条件是 ϕ 和 $\bar{\phi}$ 的频率 f 远大于输入电压 $\dot{V}_i$ 的频率。因而开关电容单元可等效成电阻 R,且 $R = T/C_1$。电路的通带截止频率 f_p 决定于时间常数

$$\tau = RC_2 = \frac{C_2}{C_1}T$$

$$f_P = \frac{1}{2\pi\tau} = \frac{C_1}{C_2} \cdot f \qquad\qquad (7.6.2)$$

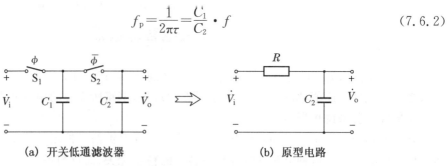

(a) 开关低通滤波器　　　　　　　(b) 原型电路

图 7.6.2　基本开关电容单元电路

由于 f 是时钟脉冲,频率相当稳定;而且 C_1/C_2 是两个电容的电容量之比,在集成电路制作时易于做到准确与稳定,所以开关电容电路容易实现稳定准确的时间常数,从而使滤波器的截止频率稳定。实际电路常常在图 7.6.2(a)所示电路的后面加电压跟随器或同相比例运算电路,如图 7.6.3 所示。

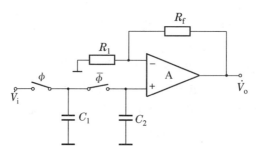

图 7.6.3　实际开关电容低通滤波器

本章小结

1. 理想运放是分析集成运放应用电路的常用工具。所谓理想运放就是将集成运放的各项技术指标理想化。为了使集成运放工作在线性放大状态,运算电路中都引入了深度负反馈。其中运放两个输入端之间的电压差 $(v_P - v_N) \to 0$,称为"虚短"(若有一端接地,则称为虚地);运放两个输入端的电流几乎为零,称为"虚断"。"虚短"是本质的,"虚断"是派生的。二者是两个十分重要的概念,在分析由运放组成的各种线性应用电路时,经常用到这两个概念,因此,必须熟练掌握。

同相放大电路和反相放大电路是两种最基本的线性应用电路。由此可扩展到求和、求差,积分和微分等电路。这种由理想运放组成的线性应用电路输出与输入的关系只取决于运放外部电路的元件值,而与运放内部特性(A_v、r_i、r_o)几乎无关。

在加减运算电路中,利用"虚短"和"虚断"的特点,通过将各输入回路的电流求和的方法实现各输入电压的加减。

积分和微分互为逆运算,这两种电路是在比例运算电路的基础上分别将反馈回路或输入回路中的电阻换为电容而构成。对含有电阻、电容元件的积分和微分电路可以应用简单时间常数 RC 电路的瞬态响应,并结合理想运放电路的特性进行分析。

对数和反对数电路是利用二极管的电流与电压之间存在指数关系,在比例运算电路的基础上,将反馈回路或输入回路中的电阻换为二极管所组成的。

利用模拟乘法器和运放相结合,再加上各种不同的外接电路,可以组成乘方、除法、开方等运算电路。

2. 电压比较器的作用是将模拟输入电压与参考电压进行比较,并将比较的结果以数字量的形式输出,而输出信号为高电平、低电平两种状态。常用的电压比较器有单门限比较器和迟滞比较器,其中单门限比较器只有一个门限电平,迟滞比较器具有滞回曲线形状的传输特性,且迟滞比较器具有较强的抗干扰能力而得到广泛的应用。

电压比较器中的集成运放常工作在线性区,一般处于开环状态,有时还会引入正反馈。

3. 信号转换电路是利用反馈的方法将电流转换为电压或将电压转换为电流。常用的信号转换电路有电压-电流信号转换电路、电流-电压信号转换电路以及精密整流电路。

4. 滤波器是模拟信号处理电路,其作用是抑制或者衰减不需要的频率分量,让有用的频率分量顺利通过。常用的滤波器主要有五大类:低通、高通、带通、带阻和全通滤波器。

有源滤波器由 R、C 和集成运算放大器组成,根据幅频特性也可分为低通、高通、带通、带阻等五种。它们的主要性能指标是通带电压放大倍数 A_{VF}、通带截止角频率和特征角频率、Q 值和通带宽度等。将低通滤波器中起滤波作用的电阻和电容对调即变成高通滤波器。如果参数合适,将低通滤波电路和高通滤波电路串联可变成通带滤波器,将二者并联,可变成带阻滤波器。在有源滤波器中,为了改善滤波特性,可将两级或更多级的 RC 电路串联组成二阶或更高阶的滤波器。

5. 开关电容滤波器是一种崭新的滤波电路,其精度和稳定性均较高,目前已有多种集成电路器件,除了工作频率还不够高外,大部分指标已达到实用水平。

练习题

1. 同相比例运算电路如图题 7.1 所示,图中 $R_1 = 3\ \text{k}\Omega$,若电压放大倍数为 7,求电阻 R_f。

2. 图题 7.2 所示电路中,运放为理想运放。
(1) 求电流 I_2。
(2) 写出 v_o 与 v_i 的关系。

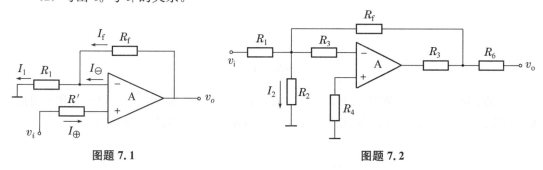

图题 7.1　　　　　　　图题 7.2

3. 电路如图题 7.3 所示,设运放是理想的,图题 7.3(a)电路中的 $v_i = 6\ \text{V}$,图题 7.3(b)中 $v_i = 10\sin\omega t(\text{mV})$,图题 7.3(c)电路中 $v_{i1} = 0.6\ \text{V}$,$v_{i2} = 0.8\ \text{V}$,求各运放电路的输出电压 v_o 和图

题 7.3(a)、(b)中各支路的电流。

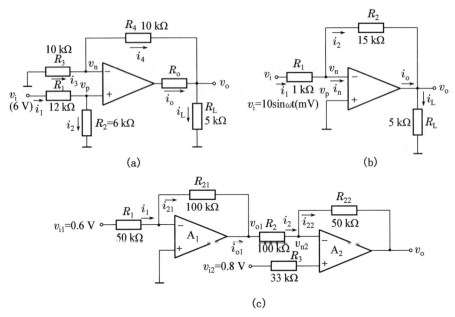

(a)　　　　　　　　　　(b)

(c)

图题 7.3

4. 在图题 7.4 所示的放大电路中,已知 $R_1=R_2=R_5=R_7=R_8=10\ \mathrm{k\Omega}$, $R_6=R_9=R_{10}=20\ \mathrm{k\Omega}$。

(1) 列出 v_{O1}, v_{O2} 和 v_O 的表达式。

(2) 设 $v_{I1}=3\ \mathrm{V}$, $v_{I2}=1\ \mathrm{V}$,则输出电压 $v_O=$?

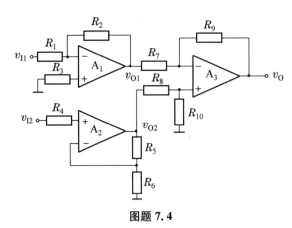

图题 7.4

5. 在图题 7.5(a)电路中,已知 $R_1=100\ \mathrm{k\Omega}$, $R_2=R_{\mathrm{f}}=200\ \mathrm{k\Omega}$, $R'=51\ \mathrm{k\Omega}$, v_{I1} 和 v_{I2} 的波形如图题 7.5(b)所示,试画出输出电压 v_O 的波形,并在图上标明相应电压的数值。

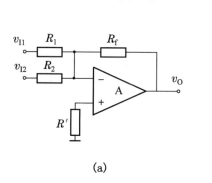

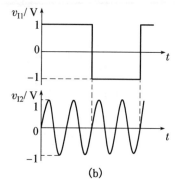

图题 7.5

6. 试求图题 7.6 所示各电路输出电压与输入电压的运算关系式。

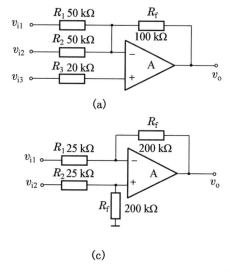

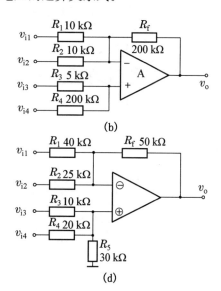

图题 7.6

7. 用理想运放实现以下运算电路，要求画出电路原理图。

(1) $v_o = v_i$；

(2) $v_o = 5v_{i1} - 10v_{i2}$；

(3) $v_o = 2v_{i1} + v_{i2} - 4v_{i3} - 5v_{i4}$；

(4) $v_o = -\dfrac{1}{RC}\int (v_{i1} + v_{i2} + v_{i3})\,\mathrm{d}t$。

8. 图题 7.8(a) 所示电路，在 $t=0$ 时，电容器两端的初始电压为零，输入脉冲信号如图题 7.8(b) 所示，脉冲信号周期为 20 秒，试画出 v_{o1} 和 v_o 的波形。

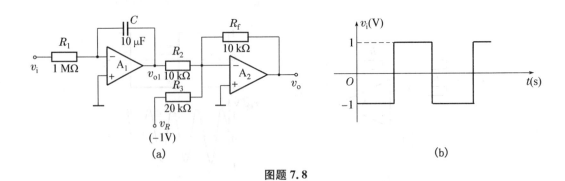

图题 7.8

9. 说明图题 7.9 中各电路分别实现何种运算,写出 v_o 与 v_i 关系的表达式。

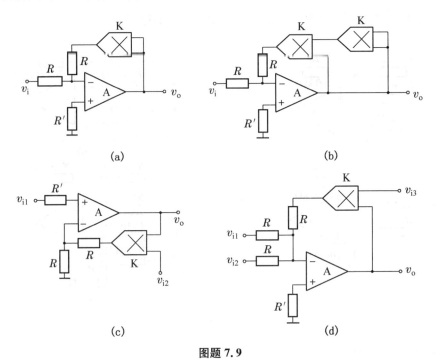

图题 7.9

10. 电路如图题 7.10 所示,设模拟乘法器和运算放大器都是理想器件,电容 C 上的初始电压为 0,试写出 v_{o1}、v_{o2} 和 v_o 的表达式。

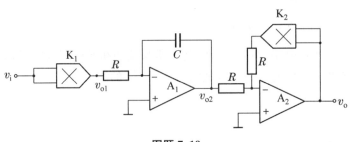

图题 7.10

11. 试分析具有滞回特性的比较器电路,电路如图题 7.11(a)所示,输入三角波如图题 7.11(b)所示,设输出饱和电压 $V_{OH}=10$ V,$V_{OL}=-10$ V,试画出输出波形。

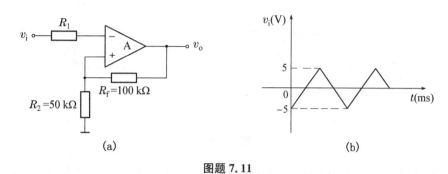

(a)　　　　　　　　　　　　　(b)

图题 7.11

12. 试分别求解图题 7.12 所示各电路的电压传输特性。

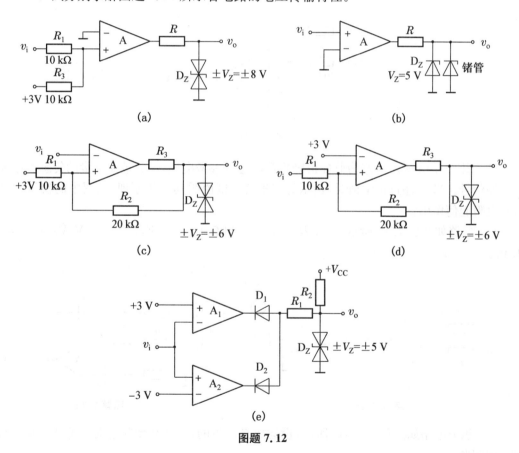

图题 7.12

13. 电路如图题 7.13 所示,已知运放的 $V_{OH}=12$ V,$V_{OL}=-12$ V,稳压管的稳定电压 V_Z 均为 6 V,正向导通电压为 0.7 V,试求各电路的阈值电压,并画出电压传输特性曲线。

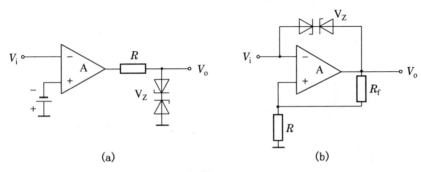

图题 **7.13**

14. 电路如图题 7.14 所示,已知运放的 $V_{OH}=12\ V$, $V_{OL}=-12\ V$, $V_R=3\ V$, $V_i=6\sin\omega t\,V$, $R_1=R_2$,试画出输出电压 V_o 的波形。

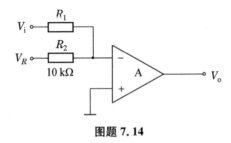

图题 **7.14**

15. 图题 7.15 所示电路为监控报警装置,v_{REF} 为参考电压,v_i 为被监控量的传感器送来的监控信号。当 v_i 超过正常值时,指示灯亮报警。试说明其工作原理,及图中的稳压二极管和电阻起何作用?

16. 电路如图题 7.16 所示,已知 $R_1=R_2=100\ k\Omega$, $C=10\ \mu F$, $V_{i1}=0.5\ V$, $V_{i2}=\sin\omega t$,求 V_o。

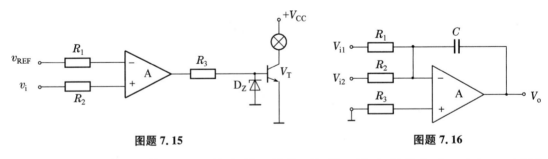

图题 **7.15**　　　　　　　　　　　图题 **7.16**

17. 积分电路如图题 7.17(a)所示,设运放是理想的,已知初始状态时 $v_C(0)=0$,试回答下列问题:

(1) 当 $R=100\ k\Omega$, $C=2\ \mu F$ 时,若突然加入 $v_1=1\ V$ 的阶跃电压,求 1 s 后输出电压 v_o 的值;

(2) 当 $R=100\ k\Omega$, $C=0.47\ \mu F$ 时,输入电压波形如图题 7.17(b)所示,试画出 v_o 的波形,并标出 v_o 的幅值和回零时间。

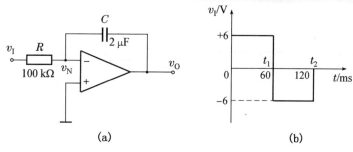

图题 **7.17**

18. 电路如图题 7.18 所示，试求出输出电压 v_o 与输入电压 v_{i1}，v_{i2} 的关系式。

19. 图题 7.19 所示电路，运算放大器都是理想器件，电容 C 上的初始电压为零。由于积分电路 RC 取值受限制，试分析这款更理想的改进型电路。

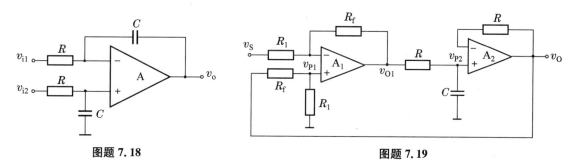

图题 **7.18**　　　　　　　　　　　　　　　　图题 **7.19**

20. 试分别求解图题 7.20 所示各电路的运算电路关系。

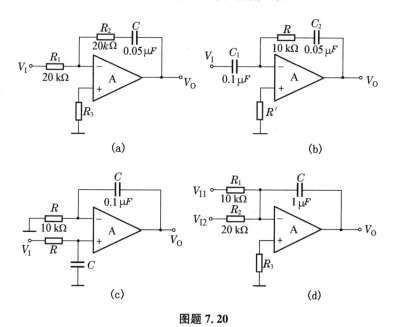

图题 **7.20**

21. 试说明图题 7.21 所示各电路属于哪种类型的滤波电路，是几阶滤波电路。

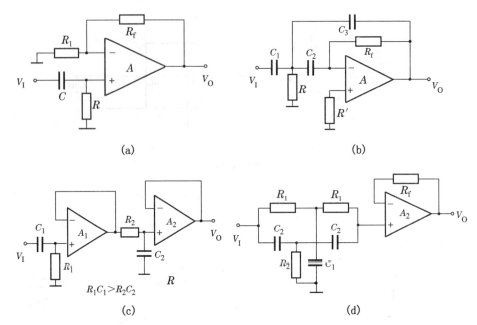

图题 7.21

22. 二阶低通滤波电路如图题 7.22 所示。已知电路参数 $R_f=12\ \mathrm{k\Omega}, R_1=10\ \mathrm{k\Omega}, C=0.1\ \mu\mathrm{F}, R=15\ \mathrm{k\Omega}$,试计算:

(1) 通带电压放大倍数 A_{vp};

(2) 电路的特征频率 f_o;

(3) 电路的品质因数 Q。

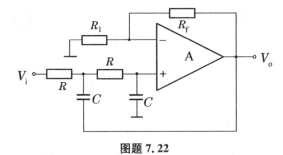

图题 7.22

第8章   信号发生电路

本章学习目的和要求

1. 熟悉正弦波振荡电路的基本组成部分;
2. 熟练掌握产生自激正弦波振荡的振幅平衡条件和相位平衡条件;
3. 熟练掌握利用相位平衡条件判断 RC、LC 等不同正弦波振荡电路能否产生自激振荡的方法;
4. 能熟练地估算出各种正弦波振荡电路的振荡频率,并了解振荡频率与电路元器件参数之间的关系;
5. 了解石英晶体谐振器的特性及串、并联式晶体正弦波振荡电路的工作原理;
6. 了解非正弦波振荡电路与正弦波振荡电路的区别;学会分析基本的非正弦波振荡电路的工作原理;
7. 了解方波与矩形波和三角波与锯齿波振荡电路的主要区别。

在工程实际中,广泛采用各种类型的信号产生电路,就其波形而言,可分为正弦波和非正弦波信号。例如在无线电通信、广播和电视系统中,都需要射频(高频)发射,这里的射频波就是载波,它把音频(低频)、视频信号或脉冲信号运载出去,这就需要产生高频信号的振荡电路。又如在工农业生产和生物医学工程中,高频感应加热、熔炼、淬火、超声波焊接、超声诊断和核磁共振成像等,都需要用功率或大或小、频率或高或低的振荡器。同样,非正弦波信号(矩形波、三角波等)发生器在测量设备、仪器仪表、数字通信和自动控制系统中的应用也日益广泛。

本章首先从产生正弦波振荡的条件出发,讨论了几种典型的 RC 振荡电路和 LC 振荡电路的工作原理和特点,还扼要地介绍了由石英晶体组成的正弦波振荡电路的工作原理和特点。

对于非正弦波发生电路,介绍了几种常用的非正弦波发生电路,如矩形波发生电路、三角波发生电路和锯齿波发生电路的电路组成和工作原理。

8.1   正弦波振荡电路的振荡条件

波形发生电路的种类很多,按其输出波形可以分为正弦波振荡电路和非正弦波振荡电路。

放大电路通常是在输入端接有信号时才有信号输出,如果它的输入端不外接输入信号,其输出端仍有一定频率和幅值的信号输出,则称为放大电路发生了自激振荡。

正弦波振荡电路是一种基本的模拟电子电路,在测量、遥控、自动控制、热处理和超声电焊等各种技术领域中,有着广泛的应用。例如电子技术以及普通物理实验中使用过的低频信号发生器、高频电源、超声波探伤等,都离不开正弦波振荡电路。正弦波振荡电路是依靠自激振荡而产生一定频率、一定幅值的正弦波输出电压的电路。由第五章的内容可知,放大电路引入反馈后,在一定的条件下可能产生自激振荡。

振荡原理框图如图 8.1.1 所示,它由基本放大电路 $\dot{A}$ 和反馈网络 $\dot{F}$ 组成。设开关 S 倒向 1 端,输入正弦信号 $\dot{V}_i$,经放大反馈在 2 端得到一个同频率的信号 $\dot{V}_f$,且 $\dot{V}_f = \dot{F}\dot{V}_o = \dot{A}\dot{F}\dot{V}_i$。如果 $\dot{V}_f$ 和 $\dot{V}_i$ 在幅度和相位上都一致,将开关 S 倒向 2 端,放大电路的

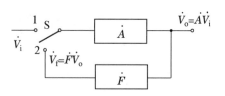

图 8.1.1　振荡原理框图

输出信号 $\dot{V}_o$ 将与原来完全相同。此时,电路未加任何输入信号,但在输出端却得到了一个正弦波信号。由此可知放大电路产生自激振荡的条件是

$$\dot{V}_f = \dot{V}_i$$

而

$$\dot{V}_i = \dot{F}\dot{V}_o = \dot{A}\dot{F}\dot{V}_i$$

所以产生正弦波振荡的平衡条件是

$$\dot{A}\dot{F} = 1 \qquad\qquad (8.1.1)$$

写成模和相角的形式如下

$$\begin{cases} |\dot{A}\dot{F}| = 1 \\ \varphi_a + \varphi_f = 2n\pi \qquad n = 0,1,2,\cdots \end{cases} \qquad (8.1.2)$$

其中,式 $|\dot{A}\dot{F}| = 1$ 叫作幅度平衡条件,表示反馈网络要有足够的反馈系数才能使反馈电压等于所需要的输入电压,振荡电路已经达到稳幅振荡时的情况;式 $\varphi_a + \varphi_f = 2n\pi$ 叫作相位平衡条件,表示反馈电压在相位上要与输入电压同相,它们的瞬时极性始终相同,即必须是正反馈,二者为正弦波振荡电路产生持续振荡的两个条件。

若要求振荡电路能够自行起振,开始时必须满足 $|\dot{A}\dot{F}| > 1$ 的幅度条件。然后在振荡建立的过程中,随着振幅的增大,由于电路中非线性原件的限制,使 $|\dot{A}\dot{F}|$ 逐步下降,最后达到 $|\dot{A}\dot{F}| = 1$,此时振荡电路处于稳幅振荡状态,输出电压的幅度达到稳定。

在第六章中已经讨论过负反馈放大电路产生自激振荡的条件是

$$\dot{A}\dot{F} = -1$$

它与式(8.1.1)相差一个负号,主要是由于反馈信号送到比较环节输入端的 +、− 号不同,所以环路增益不同,从而导致相位条件不一致,如图 8.1.2 所示。

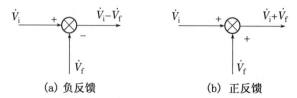

(a)　负反馈　　　　　　　　　　　(b)　正反馈

图 8.1.2　反馈放大电路输入信号和反馈信号的符号关系

由图 8.1.1 可知,一般来说,正弦波振荡电路应该具有基本放大电路和反馈网络,此外电路中还应包含选频网络和稳幅环节。振荡电路中为了获得单一频率的正弦波振荡,需在 $\dot{A}\dot{F}$ 环路中外加选频网络,用以确定振荡频率,而振荡频率 f_0 是由式(8.1.2)中相位平衡条件决定。一个正弦波振荡电路只在一个频率下满足相位平衡条件,这个频率即为 f_0。

正弦波振荡电路常用选频网络所用元件来命名。选频网络若由电阻和电容组成,称为 RC 正弦波振荡电路,一般用来产生 $1\,\mathrm{Hz} \sim 1\,\mathrm{MHz}$ 范围内的低频信号;若由电感和电容组成,称为 LC 正弦波振荡电路,一般用来产生 $1\,\mathrm{MHz}$ 以上的高频信号。

8.2 RC 正弦波振荡电路

RC 正弦波振荡电路有桥式振荡电路、双 T 选频网络式和移相式振荡电路等类型。其中由串、并联选频网络(兼做反馈网络)和放大电路组成的文氏桥式正弦波振荡电路,具有结构简单、波形好、频率可调且范围大等特点,因而获得了广泛的应用。本节主要讨论桥式振荡电路。

图 8.2.1(a)、(b)是 RC 串并联网络正弦波振荡的原理电路和正、负反馈网络组成的桥路。电路由两部分组成,即放大电路 $\dot{A}_V$ 和选频网络 $\dot{F}_V$,已在图中用虚线框标出。其中 RC 串、并联网络同时起到两个网络的功能,即选频网络和正反馈网络;R_f 和 R_1 组成负反馈网络起稳幅作用,正、负反馈网络接于运放的输入端组成的桥路如图 8.2.1(b)所示,桥式或文氏电桥振荡器因此得名。

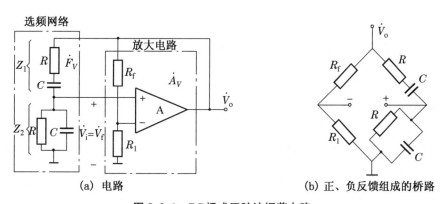

(a) 电路   (b) 正、负反馈组成的桥路

图 8.2.1 RC 桥式正弦波振荡电路

下面首先分析 RC 串、并联网络的选频特性,并由相位平衡条件和幅度平衡条件估算电路的振荡频率和起振条件。然后介绍如何用负反馈改善振荡电路的输出波形。

1. RC 串并联网络的选频特性

由图 8.2.1(a)有

$$Z_1 = R + \frac{1}{\mathrm{j}\omega C}$$

$$Z_2 = R // \frac{1}{\mathrm{j}\omega C}$$

反馈网络的反馈系数为

$$\dot{F}_V = \frac{\dot{V}_f}{\dot{V}_o} = \frac{Z_2}{Z_1 + Z_2} = \frac{R//\frac{1}{j\omega C}}{R + \frac{1}{j\omega C} + R//\frac{1}{j\omega C}}$$

整理得

$$\dot{F}_V = \frac{1}{3 + j\left(\omega RC - \frac{1}{\omega RC}\right)}$$

令 $\omega_0 = \dfrac{1}{RC}$,则上式可简化为

$$\dot{F}_V = \frac{1}{3 + j\left(\dfrac{\omega}{\omega_0} - \dfrac{\omega_0}{\omega}\right)} \tag{8.2.1}$$

其幅频特性为

$$|\dot{F}_V| = \frac{1}{\sqrt{3^2 + \left(\dfrac{\omega}{\omega_0} - \dfrac{\omega_0}{\omega}\right)^2}} \tag{8.2.2}$$

相频特性为

$$\varphi_f = -\arctan\left(\frac{\dfrac{\omega}{\omega_0} - \dfrac{\omega_0}{\omega}}{3}\right) \tag{8.2.3}$$

由式(8.2.2)和(8.2.3)可知,当

$$\omega = \omega_0 = \frac{1}{RC} \tag{8.2.4}$$

时,$\dot{F}_V$ 的幅值为最大,此时

$$|\dot{F}_V|_{\max} = \frac{1}{3} \tag{8.2.5}$$

而相频响应的相位角为零,即

$$\varphi_f = 0 \tag{8.2.6}$$

根据式(8.2.2)和(8.2.3)可画出串、并联选频网络的幅频响应和相频响应,如图 8.2.2 所示。可知,当 $\omega = \omega_0 = \dfrac{1}{RC}$ 时,有 $|\dot{F}_V|_{\max} = \dfrac{1}{3}$;而当 ω 偏离 ω_0 时,$|\dot{F}_V|$ 急剧下降。因此,RC 串并联电路具有选频特性。另外,当 $\omega = \omega_0$ 时,$\varphi_f = 0$,无相移,电路呈现纯电阻性,即 $\dot{V}_f$

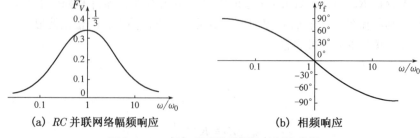

(a) RC 并联网络幅频响应   (b) 相频响应

图 8.2.2 RC 串并联选频网络的频率特性

与 $\dot{V}_o$ 同相。利用 RC 串并联电路的幅频特性和相频特性在 $\omega=\omega_0$ 时的特点,既可把它作为选频网络,又可把它作为正反馈网络。

2. 振荡频率与起振条件

(1) 振荡频率

为了满足相位平衡条件,要求 $\varphi_a+\varphi_f=2n\pi$。通过前面的分析可知,振荡频率是由相位平衡条件决定。从式(8.2.4)(8.2.6)可知,当 $\omega=\omega_0=\dfrac{1}{RC}$ 时,$\varphi_f=0$,如果在此频率下能使放大电路的 $\varphi_a=2n\pi$,即放大电路的输出电压和输入电压同相,即可达到相位平衡条件。在图 8.2.1 中,采用同相输入方式的集成运算放大电路,在中频范围内 φ_a 近似等于零。因此电路在 $\omega=\omega_0=\dfrac{1}{RC}$ 时有 $\varphi_a+\varphi_f=0$,而对于其他的任何频率,则不满足振荡的相位平衡条件,所以电路的振荡频率为

$$f_0=\frac{1}{2\pi\omega_0}=\frac{1}{2\pi RC} \tag{8.2.7}$$

因此,改变电阻 R 或电容 C 即可改变振荡频率。例如,在 RC 串并联网络中,利用波段开关换接不同容量的电容对振荡频率进行粗调,利用同轴电位器对振荡频率进行细调。采用这种办法可以很方便地在一个比较广的范围内对振荡频率进行连续调节。

(2) 起振条件

若要 RC 振荡电路能够自行起振,开始时必须满足 $|\dot{A}\dot{F}|>1$ 的幅度条件。由式(8.2.4) (8.2.5)得当 $\omega=\omega_0=\dfrac{1}{RC}$ 时,$|\dot{F}_V|_{max}=\dfrac{1}{3}$,则可求得振荡电路的起振条件为

$$|\dot{A}_V|>3 \tag{8.2.8}$$

而在同相比例运算电路中

$$\dot{A}_V=\frac{\dot{V}_o}{\dot{V}_P}=1+\frac{R_f}{R_1} \tag{8.2.9}$$

因此在图 8.2.1 中负反馈支路的参数应满足以下条件

$$R_f>2R_1 \tag{8.2.10}$$

这一条件是很容易满足的,因为一般运放(或两级同相放大电路)的增益远大于 3,这样便可施加深度负反馈,从而使振荡波形失真减小,稳定性提高。

(3) 稳幅措施

为了稳定输出电压的幅值,可以在放大电路的反馈回路里采用非线性元件来自动调整反馈的强弱以维持输出电压的恒定。在图 8.2.1 中采用了负反馈稳幅环节(R_1、R_f),其稳幅原理如下:当输出电压 $|\dot{V}_o|$ 增大时,负反馈支路两端的反馈信号也增强,流过 R_f(选用负温度系数的热敏电阻)、R_1 支路电流 $|\dot{I}|$ 增大,热敏电阻 R_f 的阻值减小,则反馈系数 $F=\dfrac{R_1}{R_1+R_f}$ 增大,负反馈深度愈深,放大电路的电压放大倍数愈小,从而阻止了输出电压 $|\dot{V}_o|$ 的增加;反之,当 $|\dot{V}_o|$ 减弱时,由于热敏电阻 R_f 的自动调整作用,从而又限制了 $|\dot{V}_o|$ 的减小。

【例 8.2.1】 图 8.2.3 为 JFET 稳幅音频信号产生电路,试:

（1）阐述其稳幅原理；

（2）切换不同的电容作为频率粗调，调节同轴电位器作为细调，试估算电路的最低振荡频率和最高振荡频率。

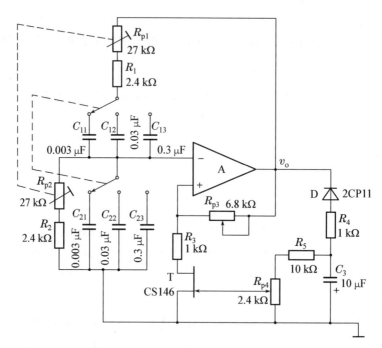

图 8.2.3　JFET 稳幅音频信号产生电路

解　（1）图中负反馈网络 R_{p3}、R_3 和 JFET 的漏源电阻 R_{ds} 组成。正常工作时，输出电压经二极管 D 整流和 R_4、C_3 滤波后，经过 R_4、R_5、R_{p4} 为 JFET 栅极提供控制电压（对地为负电压），幅值增大时，v_{GS} 变负，R_{ds} 将自动加大以加强负反馈，使电路增益下降，当增益下降到 $|\dot{A}_V|=3$ 时，输出电压幅度不再增大。反之亦然。这样，就可以达到自动稳幅的目的。

（2）电路的最高振荡频率和最低振荡频率分别为

$$f_{max}=\frac{1}{2\pi R_{min}C_{min}}=\frac{1}{2\pi\times2.4\times10^3\times0.003\times10^{-6}}=22.1\text{ kHz}$$

$$f_{min}=\frac{1}{2\pi R_{max}C_{max}}=\frac{1}{2\pi\times(2.4+27)\times10^3\times0.3\times10^{-6}}=18.1\text{ Hz}$$

【例 8.2.2】　现用 RC 桥式正弦波振荡电路构成正弦波信号产生电路，如图 8.2.4 所示。已知三个挡 C_1、C_2、C_3 分别为 $0.1\ \mu F$、$0.01\ \mu F$、$0.001\ \mu F$，固定电阻 $R=5.1\text{ k}\Omega$，同轴电位器 $R_w=51\text{ k}\Omega$。试问：

（1）电容在三个档的频率调节范围；

（2）若 R_1 为热敏电阻 R_t，则其温度系数为正还是为负？简述理由。

解　（1）①　当 $C=C_1=0.1\ \mu F$ 时，若电位器 R_w 调至最大，则

$$f_{1\,min}=\frac{1}{2\pi(R+R_w)C_1}=\frac{1}{2\pi(5.1+51)\times10^3\times0.1\times10^{-6}}\approx28.4\text{ Hz}$$

当 R_w 调至 0，则

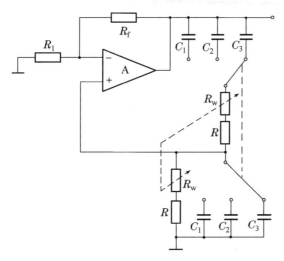

图 8.2.4　振荡频率连续可调的 RC 桥式正弦波振荡电路

$$f_{1\max}=\frac{1}{2\pi RC_1}=\frac{1}{2\pi\times5.1\times10^3\times0.1\times10^{-6}}\approx312\ \mathrm{Hz}$$

② 当 $C=C_2=0.01\ \mu\mathrm{F}$ 时，若电位器 R_w 调至最大，则

$$f_{2\min}=\frac{1}{2\pi(R+R_\mathrm{w})C_2}=\frac{1}{2\pi(5.1+51)\times10^3\times0.01\times10^{-6}}\approx284\ \mathrm{Hz}$$

当 R_w 调至 0，则

$$f_{2\max}=\frac{1}{2\pi RC_2}=\frac{1}{2\pi\times5.1\times10^3\times0.01\times10^{-6}}\approx3\ 120\ \mathrm{Hz}$$

③ 当 $C=C_3=0.001\mu\mathrm{F}$ 时，若电位器 R_w 调至最大，则

$$f_{3\min}=\frac{1}{2\pi(R+R_\mathrm{w})C_3}=\frac{1}{2\pi(5.1+51)\times10^3\times0.001\times10^{-6}}\approx2.84\ \mathrm{kHz}$$

当 R_w 调至 0，则

$$f_{3\max}=\frac{1}{2\pi RC_3}=\frac{1}{2\pi\times5.1\times10^3\times0.001\times10^{-6}}\approx31.2\ \mathrm{kHz}$$

因此，该仪器的三挡频率调节范围分别约为

Ⅰ挡：28.4～312 Hz；Ⅱ挡：284～3 120 Hz；Ⅲ挡：2.84～31.2 kHz。

实际的各挡位的频率刻度标度值：Ⅰ挡：30～300 Hz；Ⅱ挡：300～3 000 Hz；Ⅲ挡：3～30 kHz。作为仪器，通常相邻的两挡频率的可调范围应相互覆盖，以达到频率连续可调的目的。

（2）R_1 为正温度系数的热敏电阻。当 V_o 由于某种原因增大时，R_1 中电流将增大，使之温度升高，阻值增大，根据式（8.2.9），$|\dot A_v|$ 减小，V_o 必然减小；V_o 减小时各物理量的变化与上述相反，故 V_o 得到稳定。

8.3　*LC* 正弦波振荡电路

LC 正弦波振荡电路通常由 *LC* 谐振回路和放大电路组成。可产生高达 1 000 MHz 以

上的正弦波,一般多由分立元件组成。常见的 LC 振荡电路有变压器反馈式、电感三点式和电容三点式三种。其共同特点是用 LC 并联回路作为选频网络,所以我们首先讨论 LC 并联回路的频率特性。

8.3.1　LC 并联回路的频率特性

图 8.3.1 所示是一个 LC 并联电路,R 表示电感和回路中所带负载的等效总损耗电阻,其值一般很小,$\dot{I}_s$ 是正弦输入电流。电路的等效阻抗为

$$Z=\dfrac{\dfrac{1}{j\omega C}\cdot(R+j\omega L)}{\dfrac{1}{j\omega C}+R+j\omega L} \tag{8.3.1}$$

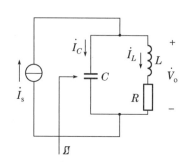

图 8.3.1　LC 并联回路

当信号频率变化时,我们来定性地分析一下,并联电阻阻抗 Z 的大小和性质如何变化。当频率很低时,容抗很大,可以认为开路,但电感很小,可总的阻抗主要取决于电感支路。当频率很高时,感抗很大,可以认为开路,但容抗很小,此时总的阻抗主要取决于电容支路。所以,在低频时并联阻抗为感性,而且随着频率的降低,阻抗值愈来愈小;在高频时并联阻抗为容性,且随着频率的降低,阻抗值也愈来愈小。

上述两种情况,无论是总的阻抗取决于电感支路还是电容支路,总的阻抗值都较小。而且频率越向两端变化,阻抗值越小。相反,信号频率向中间频率范围变化时,阻抗值会逐渐增大。而且当在某一频率 $f=f_0$ 时,实际表现为 C 支路电流向下流时,L 支路的电流向上流,或 C 支路电流向上流时,L 支路的电流向下流,L 和 C 形成了电流流动的闭合回路,形成了电感支路储存的磁场能释放就向电容器充电而转变为电场能,电容器放电就把电场能释放并向电感支路充磁而转变为磁场能,大部分能量就在电容器和电感线圈之间相互传递和转换。由于两支路的容抗和感抗大小相等使得两个支路电流值大小(基本)相等,这样,即两支路的容抗和感抗大小相等相位相反而相互抵消,并联电路的总电流必然最小,所以表现为总的等效阻抗值呈纯阻性且达到最大。此时称电路发生了**谐振**,这时的频率称为**谐振频率**。

通常有 $R\ll\omega L$,则

$$Z=\dfrac{\dfrac{1}{j\omega C}\cdot j\omega L}{\dfrac{1}{j\omega C}+R+j\omega L}=\dfrac{\dfrac{L}{C}}{R+j\left(\omega L-\dfrac{1}{\omega C}\right)} \tag{8.3.2}$$

可知当 $\dfrac{1}{j\omega C}=j\omega L$ 时,可求出回路的谐振频率为

$$\omega_0=\dfrac{1}{\sqrt{LC}} \quad 或者 \quad f_0=\dfrac{1}{2\pi\sqrt{LC}} \tag{8.3.3}$$

此时,回路的等效阻抗为纯电阻性质,其值最大,即

$$Z_0=\dfrac{L}{RC} \tag{8.3.4}$$

令

$$Q = \frac{\omega_0 L}{R} \tag{8.3.5}$$

式中 Q 为谐振回路的品质因数,是用来评价回路损耗大小的指标,其值为几十到几百范围内。将式(8.3.5)代入(8.3.4)得

$$Z_0 = \frac{L}{RC} = \frac{Q}{\omega_0 C} = Q\omega_0 L = Q\sqrt{\frac{L}{C}} \tag{8.3.6}$$

由式(8.3.6)看出,Q 值越大则并联谐振时的等效阻抗 Z_0 越高。

在谐振频率附近,即当 $\omega \approx \omega_0$ 时,式(8.3.2)可近似表示为

$$Z \approx \frac{Z_0}{1 + jQ\left(1 - \frac{\omega_0^2}{\omega^2}\right)} \tag{8.3.7}$$

由此可得到 LC 并联谐振回路的幅频特性和相频特性,如图 8.3.2 所示。

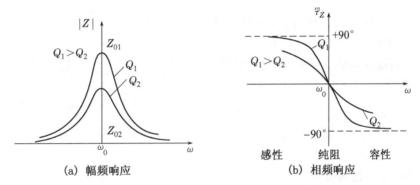

(a) 幅频响应　　　　　　　　　　(b) 相频响应

图 8.3.2　LC 并联谐振回路的频率特性

从图中的曲线可以得出如下结论:

(1) 从幅频响应曲线可见,当外加信号角频率 $\omega = \omega_0$ 时,产生并联谐振,回路等效阻抗呈纯电阻性且达最大值 $Z_0 = \frac{L}{RC}$。当角频率偏离 ω_0 时,$|Z|$ 将减小,且 $|\omega - \omega_0|$ 越大,$|Z|$ 越小。

(2) 从相频响应曲线可得,当 $\omega > \omega_0$ 时,回路总阻抗为电容性;当 $\omega < \omega_0$ 时,回路总阻抗为电感性。

(3) 电路的品质因数 Q 值愈大,则幅频特性愈尖锐,即选频特性愈好,谐振时的阻抗值 Z_0 也愈大。同时,相频特性愈陡。

电路谐振时,由图 8.3.1 和式(8.3.6)有

$$\dot{V}_o = \dot{I}_s Z_0 = \dot{I}_s Q / \omega_0 C$$

$$|\dot{I}_C| = \omega_0 C |\dot{V}_o| = Q|\dot{I}_s| \tag{8.3.8}$$

通常有 $R \ll \omega L$,即 $Q \gg 1$,则

$$|\dot{I}_C| \approx |\dot{I}_L| >> |\dot{I}_s|$$

此时在 LC 谐振回路中,电容支路的电流幅值和电感支路的电流幅值近似相等,比输入电流的幅值大得多,即谐振回路的外界影响可以忽略。这个结论对于分析 LC 正弦波振荡

电路十分有利。

8.3.2　变压器反馈式 LC 正弦波振荡电路

1. 电路组成

图 8.3.3 所示为变压器反馈式正弦波振荡器。电路由放大电路、LC 选频网络和反馈等部分组成。LC 并联网络作为选频网络,同时又是单管共射放大电路的集电极负载,当 $f=f_0=\dfrac{1}{2\pi\sqrt{LC}}$ 发生并联谐振。

首先判断电路是否满足振荡的相位平衡条件。假设断开图 8.3.3 中Ⓐ点,经放大电路的输入端加一个频率为 $f=f_0=\dfrac{1}{2\pi\sqrt{LC}}$ 的信号 $\dot{V}_i$,极性为正,利用瞬时极性法,选频网络在谐振时呈电阻性,三极管集电极Ⓑ点的极性和基极相反,其极性为负。根据图中标出的变压器同名端符号"·",反馈绕组 N_2 的Ⓓ端与Ⓑ点极性相反,即 $\dot{V}_f$ 为正。$\dot{V}_f$ 与 $\dot{V}_i$ 同相,为

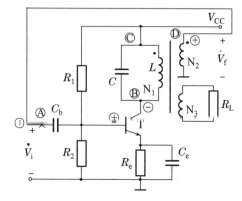

图 8.3.3　变压器反馈式振荡电路

正反馈。通过分析表明,放大电路的相移 $\varphi_a=180°$,反馈网络的相移 $\varphi_f=180°$,则 $\varphi_a+\varphi_f=360°$,满足振荡的相位平衡的条件。

2. 振荡频率与起振条件

通过分析相位平衡条件的过程中看出,只有在谐振频率 $f=f_0=\dfrac{1}{2\pi\sqrt{LC}}$ 时,电路才满足振荡条件,所以振荡频率就是 LC 回路的谐振频率,即

$$f_0\approx\frac{1}{2\pi\sqrt{LC}} \tag{8.3.9}$$

同时,为了满足幅度平衡条件,对放大管的放大倍数也有一定的要求。根据振荡电路的起振条件 $|\dot{A}\dot{F}|=\left|\dfrac{\dot{V}_f}{\dot{V}_i}\right|>1$ 便可得到变压器反馈式振荡电路的起振条件为

$$\beta>\frac{r_{be}R'C}{M} \tag{8.3.10}$$

式中 r_{be} 为三极管 b、e 间的等效电阻,R' 是折合到谐振回路中的等效总损耗电阻,M 为绕组 N_1 和 N_2 之间的互感。

振荡器的振荡建立、稳定与稳幅过程如图 8.3.3 所示。振荡开始时,由于静态工作点设置在特性曲线的线性区,满足 $|\dot{A}\dot{F}|>1$,振荡逐步建立。随着 v_{BE} 幅度增大,i_B、i_C 幅度也增大并出现失真,波形如图 8.3.4(a) 所示,发射极电阻上的直流电压分量 V_E 增大,使 V_{BE} 减小,工作点从 Q_1 点下移到 Q_2 点,三极管的 β 值随之减小,直到使 $|\dot{A}\dot{F}|$ 减小到 $|\dot{A}\dot{F}|=1$ 为止,此时振荡幅度基本稳定。虽然 i_C 的波形出现了失真,但由于三极管集电极负载 LC 回路 Q 值较高,具有良好的选频特性,若将 LC 回路的谐振频率选择在 i_C 的基波分量上,则 i_C 的

基波分量在 LC 回路两端产生的压降最大,直流分量和其他谐波分量在 LC 回路两端的压降很小,于是无论是从集电极输出还是通过互感耦合输出,都可以得到所需的正弦波输出电压。

当集电极输出电压幅度较大时,三极管输出特性的饱和区和截止区将起到自动限制幅度的作用。

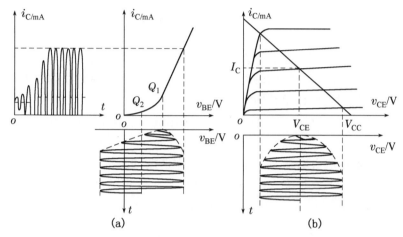

图 8.3.4　振荡器的振荡建立、稳定与稳幅过程

LC 振荡器除了有变压器反馈式振荡电路之外,还有三点式振荡电路。

8.3.3　电感三点式振荡电路

图 8.3.5 是电感三点式振荡电路,采取了自耦形式的接法。由图可见,这种电路的 LC 并联谐振电路中由电感 L_1 和 L_2 引出首端(1 点)、中间抽头(2 点)、和尾端(3 点)三个端点,其交流通路分别和三极管的集电极、发射极、基极相连,故称为电感三点式振荡器。反馈到放大电路输入端的电压是 L_1 上的电压。

再根据瞬时极性法分析图 8.3.5 所示的相位条件。假设在Ⓐ点将电路断开,并加上输入信号 $\dot{V}_i$,极性为(+)。LC 并联网络作为集电极负载,谐振时相当于一个纯电阻,共射电路具有倒相作用,三极管集电极(1 点)极性为(−)。又

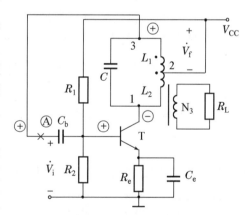

图 8.3.5　电感三点式振荡电路

因电感抽头处(2 点)为交流接地,反馈端(3 点)瞬时极性为(+),即反馈信号 $\dot{V}_f$ 与 $\dot{V}_i$ 同相,为正反馈,表明该电路满足振荡的相位平衡条件。

振荡频率取决于 LC 并联谐振回路的谐振频率,考虑到 L_1、L_2 间的互感,电路的振荡频率可近似表示为

$$f_0 \approx \frac{1}{2\pi\sqrt{LC}} = \frac{1}{2\pi\sqrt{(L_1+L_2+2M)C}} \tag{8.3.11}$$

式中 L 为回路的总电感。这种振荡电路的工作频率范围可从数百千赫兹到数十兆赫兹。

根据幅度平衡条件可以得到电感三点式振荡电路的起振条件为

$$\beta > \frac{L_1+M}{L_2+M} \cdot \frac{r_{be}}{R'} \tag{8.3.12}$$

式中 R' 为折合到管子集电极和发射极间的等效并联总损耗电阻。

电感三点式具有以下特点。

(1) 由于 L_1 和 L_2 的耦合很紧,容易起振。改变电感抽头的位置,即改变 L_1、L_2 的比值,可以获得满意的正弦波,且振幅较大。通常反馈线圈选择为整个线圈的 1/8 到 1/4。具体的线圈匝数应该通过实验调整来确定。

(2) 调节频率方便。LC 并联谐振回路可以采用可变电容,易获得一个较宽的振荡频率调节范围。

(3) 由于反馈电压取自电感 L_1,而电感对高次谐波的阻抗较大,在反馈信号中有较大的高次谐波分量,使输出波形变差。一般用于要求不高的场合,产生几十兆赫以下的正弦波。

8.3.4　电容三点式振荡电路

电容三点式振荡器如图 8.3.6 所示。为了获得良好的正弦波,将图 8.3.5 中的电感 L_1、L_2 改换成对高次谐波呈低阻抗的电容 C_1、C_2,同时将原来的电容 C 改为电感 L,为构成放大管输出回路的直流通路,集电极增加了负载电阻 R_c,电容 C_2 上的电压为反馈到输入端的电压。电容三点式和电感三点式一样,都具有 LC 并联回路,因此,若从放大电路的输入端Ⓐ点断开,用瞬时极性法,不难判断出当 LC 回路谐振时电路满足相位平衡条件。

振荡频率基本上等于 LC 并联谐振回路的谐振频率,即

$$f_0 \approx \frac{1}{2\pi\sqrt{LC}} = \frac{1}{2\pi\sqrt{L\dfrac{C_1C_2}{C_1+C_2}}} \tag{8.3.13}$$

由幅度平衡条件,可以证明起振条件为

$$\beta > \frac{C_2}{C_1} \cdot \frac{r_{be}}{R'} \tag{8.3.14}$$

式中 R' 为折合到管子集电极和发射极间的等效并联总损耗电阻。同时恰当选取比值 C_2/C_1,更有利于起振,一般取 $C_2/C_1 = 0.01 \sim 0.5$。

电容三点式振荡电路的特点:

(1) 由于反馈电压取自电容 C_2,而电容对高次谐波的阻抗很小,因此在反馈信号中有很小的高次谐波分量,所以输出波形较好。

(2) 调节电容值 C_1、C_2 来实现振荡频率调节时会影响起振条件。另外,频率很高时,电容取值很小,这时三极管的极间电容随温度变化的影响不可忽略,会影响振荡频率的稳定性,这在实用上不方便。

为了克服上述缺点,可在图 8.3.6 电路的基础上加以改进,可在 LC 并联回路中电感支路上再串联一个电容 C_0,这样调节方便,且稳定性高,如图 8.3.7 所示。

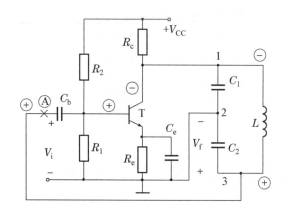

图 8.3.6　电容三点式振荡器

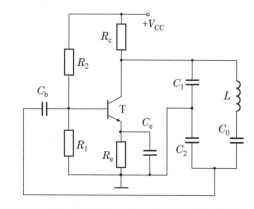

图 8.3.7　改进的电容三点式振荡器

这种振荡电路的工作频率范围可从数百千赫兹到一百兆赫兹以上。它通常用在调幅和调频接收机中,利用同轴电容器来调节振荡频率。

各种 LC 正弦波振荡电路的比较见表 8.3.1 所示。

表 8.3.1　各种 LC 正弦波振荡电路比较

电路名称	变压器反馈式	电感三点式	电容三点式	改进型电容三点式
选频网络				
振荡频率	$f_0 \approx \dfrac{1}{2\pi \sqrt{LC}}$	$f_0 \approx \dfrac{1}{2\pi \sqrt{(L_1+L_2+2M)C}}$	$f_0 \approx \dfrac{1}{2\pi \sqrt{L \cdot \dfrac{C_1 C_2}{C_1+C_2}}}$	$f_0 \approx \dfrac{1}{2\pi \sqrt{LC_0}}$
振荡波形	一般	高次谐波分量大波形差	高次谐波分量小波形好	同左
谐振频率可调选项网络及其可调范围	将 C 换成可调电容,频率可调范围宽	同左	增加可调电容 C,频率可调范围小	将 C 换成可调电容频率,可调范围小

(续表)

电路名称	变压器反馈式	电感三点式	电容三点式	改进型电容三点式
频率稳定度	可达 10^{-4}	同左	可达 $10^{-4} \sim 10^{-5}$	可达 10^{-5}
适用频率	几 kHz～几十 MHz	同右	几 MHz～ 1 000 MHz 以上	同左

8.3.5　石英晶体振荡电路

在许多应用领域,如通信系统中的射频振荡器、数字系统中的振荡器要求振荡频率十分稳定。

影响 LC 振荡器振荡频率稳定的主要因素是谐振网络参数 L、C 和 R。此外,理论和实践都可证明,网络 Q 值越大,频率稳定度越高,由式(8.3.5)知

$$Q = \frac{\omega_0 L}{R} = \frac{1}{R}\sqrt{\frac{L}{C}}$$

为了提高 Q 值,应尽量减小回路的损耗电阻 R 并加大 L/C 值。实际上,L/C 的比值不能无限增大,因为增大电感要使电感的体积增大,线圈的损耗和分布电容也增大;另一方面,电容取得过小,三极管的极间电容和线圈的分布电容都会影响振荡频率。一般 LC 并联谐振回路 Q 的值最高为数百,LC 振荡器的频率稳定性很难超过 10^{-5} 的数量级,而石英晶体具有极高的 Q 值,由其组成的振荡电路频率稳定度可达 $10^{-6} \sim 10^{-8}$,甚至可以达到 $10^{-10} \sim 10^{-11}$ 的数量级。所以当需要频率稳定性特别高的场合,常采用石英晶体正弦波振荡器。

石英晶体振荡器突出的特点是谐振频率稳定性好。其频率稳定度一般可达 $10^{-6} \sim 10^{-9}$ 的数量级,频率较高,可达 100 MHz 以上。

1. 石英晶体的基本特性和等效电路

石英晶体是化学成分为二氧化硅(SiO_2)的一种结晶体,是硅石的一种,化学、物理性质都相当稳定,具有各向异性的特点。将石英晶体按特定的方向进行切割,切割成的薄片称为晶体片,再在晶体片的两个对应面上镀银层并引出两个金属电极,最后用金属外壳或者玻璃外壳封装就构成石英晶体产品。石英晶体的外形、结构如图8.3.8所示。

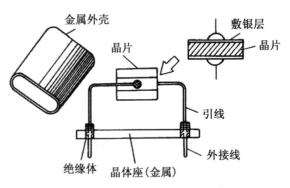

图 8.3.8　石英晶体的外形、结构

由于石英晶体具有压电效应,即若在晶片的两个极板间施加机械力,则在晶片中沿力的方向上会产生电场,这种现象称为压电效应。相反,如果在晶片的两个极板加以电场,晶片会产生机械形变,称其为反压电效应。因此,当在晶片的两极板间加上交变电压时,晶片将会产生机械变形振动,同时晶片的机械振动又会产生交变电场。一般来说,机械振动的幅度非常小,当外加电压的频率和晶片的固有频率相等时,振动的幅度达到最大,这种现象称为**压电谐振**,因此石英晶体又称为石英晶体谐振器。

综上所述,石英晶体有两个基本特性,即压电效应和压电谐振。

石英晶体的压电谐振现象可以用图 8.3.9 所示的等效电路表示。当石英晶体不振动时,可等效为一个平板电容 C_0,称为静电电容。当晶片产生振动时,等效为 RLC 串联电路。其中电感 L 模拟机械振动的惯性,电容 C 模拟晶片的弹性,电阻 R 模拟晶片振动时的摩擦损耗。

根据图 8.3.9(b),可得等效谐振回路的电抗 X 和 ω 的关系式如下:

$$X=\frac{\dfrac{1}{\mathrm{j}\omega C_0}\left(\mathrm{j}\omega L+\dfrac{1}{\mathrm{j}\omega C}\right)}{\dfrac{1}{\mathrm{j}\omega C_0}+\mathrm{j}\omega L+\dfrac{1}{\mathrm{j}\omega C}}=\frac{-\mathrm{j}\dfrac{1}{\omega C_0}\left(\omega L-\dfrac{1}{\omega C}\right)}{-\dfrac{1}{\omega C_0}+\left(\omega L-\dfrac{1}{\omega C}\right)} \tag{8.3.15}$$

根据上式可画出石英晶体的电抗频率特性如图 8.3.9(c)所示。它有两个固有频率:

(1) 当 $X \to 0$ 时,得频率为

$$f_{\mathrm{s}}=\frac{1}{2\pi\sqrt{LC}} \tag{8.3.16}$$

即 R、L、C 串联谐振频率,该支路呈纯阻性且阻抗最小,等效为电阻 R。

(2) 当 $X \to \infty$ 时,得频率为

$$f_{\mathrm{p}}=\frac{1}{2\pi\sqrt{L\dfrac{CC_0}{C+C_0}}}=f_{\mathrm{s}}\sqrt{1+\frac{C}{C_0}} \tag{8.3.17}$$

即回路并联谐振频率,由于 $C \ll C_0$,因此 f_{p} 与 f_{s} 非常接近。

由图 8.3.9(c)可见,当 $f_{\mathrm{s}} < f < f_{\mathrm{p}}$ 时,石英谐振器呈现感性,而此频段范围以外,均呈现出容性。

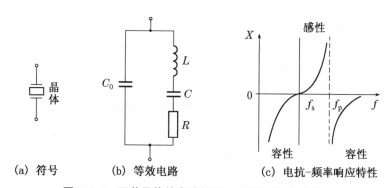

图 8.3.9 石英晶体的电路符号、电路模型与电抗特性

2. 石英晶体的振荡电路

石英晶体振荡电路的形式虽然多种多样的,但基本电路只有两类,即并联晶体振荡电路和串联晶体振荡电路。前者石英晶体工作在 f_{s} 与 f_{p} 之间,晶体等效为一个电感来组成振荡电路,而后者则工作在串联谐振频率 f_{s} 处,晶体等效为纯电阻且阻抗最小的特性来组成振荡电路。

图 8.3.10(a)是并联型石英晶体振荡电路的电路原理图,与图 8.3.6 比较可知,此电路相当于将电容三点式振荡电路中的电感换成石英晶体,振荡电路的选频网络由石英晶体和电容 C_1、C_2 组成。电路的交流等效电路如图 8.3.10(b)所示。

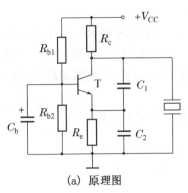 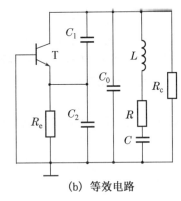

(a) 原理图　　　　　　　　　　　　(b) 等效电路

图 8.3.10　并联型晶体振荡电路

此时,石英晶体工作在 f_s 与 f_p 之间呈感性,构成电容三点式振荡电路。只有当 $f_s <$ $f < f_p$ 时,本电路才满足起振的相位平衡条件,故振荡频率仅由石英晶体本身决定。而和 C_1、C_2 无关,这也是石英晶体正弦波发生电路具有高频率稳定度的原因。

串联型晶体振荡电路如图 8.3.11 所示。在此电路中,石英晶体接在晶体管 T_1 与 T_2 的发射极之间,组成一个正反馈电路。当信号的频率等于晶体谐振器的串联谐振频率时,晶体的阻抗最小,且为纯电阻。这时电路满足自激振荡条件。对于 f_s 以外的其他频率,晶体的阻抗增大,且不为电阻性,不能满足自激振荡条件。所以此电路的振荡频率为 f_s,图中的 R,用来调节反馈量的大小。若反馈量太小,将会停振,反馈量太大,输出波形将产生失真。与并联

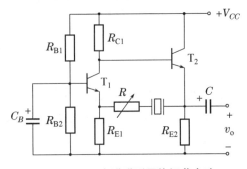

图 8.3.11　串联联型晶体振荡电路

型石英晶体正弦波发生电路一样,振荡频率也仅由石英晶体本身决定。

8.4　非正弦波发生电路

在实际信号使用中,除了常见的正弦波外,还有非正弦波,如矩形波、三角波、锯齿波等,如图 8.4.1 所示,它们实质上都是脉冲波。

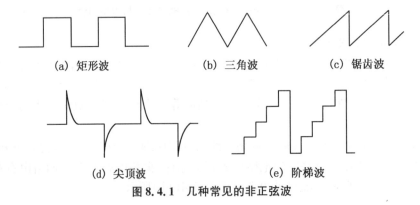

(a) 矩形波　　　　　(b) 三角波　　　　　(c) 锯齿波

(d) 尖顶波　　　　　　　　(e) 阶梯波

图 8.4.1　几种常见的非正弦波

对于非正弦波发生电路,它们的电路组成、工作原理以及分析方法均与前面的正弦波振荡电路有着显著的区别。下面分别介绍矩形波、三角波、锯齿波电路。

8.4.1 方波发生电路

方波发生电路是一种能够直接产生方波或矩形波的非正弦信号发生电路。它常作为数字电路的信号源或模拟电子开关的控制信号。

图 8.4.2 为方波发生电路,它由反相输入的滞回比较器和具有定时、实现输出状态的自动转换作用的 R_f、C 充放电回路组成,在比较的输出端引入限流电阻 R 和两个背靠背的限幅双向稳压管。由图可知电路的正反馈系数为

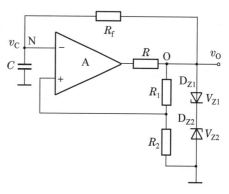

图 8.4.2 方波发生电路

$$F \approx \frac{R_2}{R_1 + R_2} \quad (8.4.1)$$

滞回比较器的输出电压 $v_O = \pm V_Z$,v_P 点上有两个阈值电压,若不计稳压管正向电压,则有

$$\pm V_T = \pm F V_Z \quad (8.4.2)$$

在接通电源的瞬间,输出电压究竟偏于正向饱和还是负向饱和,纯属偶然。设输出电压偏于正饱和值,即 $v_O = +V_Z$ 时,加到集成运放同相端的电压为 $+F V_Z$,而加于反相端的电压,由于电容器 C 上的电压 v_C 不能突变,只能由输出电压 v_O 通过电阻 R_f 按指数规律向 C 充电来建立,如图 8.4.3(a)所示,充电电流为 i^+。显然,当加到反相端的电压 v_C 略正于 $+F V_Z$ 时,输出电压便立即从正饱和值($+V_Z$)迅速翻转到负饱和值($-V_Z$),$-V_Z$ 又通过 R_f 对 C 进行反向充电,如图 8.4.3(b)所示,充电电

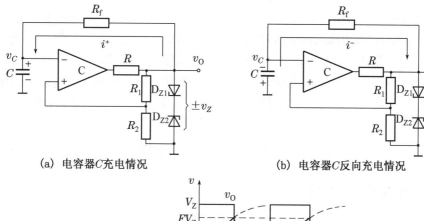

(a) 电容器C充电情况   (b) 电容器C反向充电情况

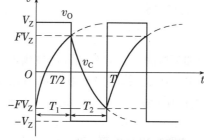

(c) 输出电压和电容器电压波形图

图 8.4.3 方波发生电路工作原理

流为 i^-。直到 v_C 略负于 $-FV_Z$ 值时，输出状态再翻转回来。如此循环不已，形成一系列的方波输出。

图 8.4.3(c)画出了在一个方波的典型周期内，输出端及电容器 C 上的电压波形。设 $t=0$ 时，$v_C=-FV_Z$，则在 $T/2$ 的时间内，电容 C 上的电压 v_C 将以指数规律由 $-FV_Z$ 向 $+V_Z$ 方向变化，利用一阶 RC 电路的三要素可列出电容器电压随时间变化规律为

$$v_C(t)=V_Z\left[1-(1+F)\mathrm{e}^{-\frac{t}{R_f C}}\right] \tag{8.4.3}$$

设 T 为方波的周期，当 $t=\dfrac{T}{2}$ 时，$v_C\left(\dfrac{T}{2}\right)=FV_Z$，代入上式，可得

$$v_C(t)=V_Z\left[1-(1+F)\mathrm{e}^{-\frac{t}{R_f C}}\right]=FV_Z \tag{8.4.4}$$

对 T 求解，可得

$$T=2R_f C\frac{1+F}{1-F}=2R_f C\ln\left(1+2\frac{R_2}{R_1}\right) \tag{8.4.5}$$

如适当选取 R_1 和 R_2 的值，可使 $\ln\left(1+2\dfrac{R_2}{R_1}\right)=1$，则振荡周期可简化为 $T=2R_f C$，或者振荡频率为

$$f=\frac{1}{T}=\frac{1}{2R_f C} \tag{8.4.6}$$

通过以上分析可知，调整电压比较器的电路参数 V_Z 可以改变方波发生电路的振荡幅值，调整电阻 R_1、R_2、R_f 和电容 C 的数值可以改变电路的振荡频率。

通常将矩形波为高电平的持续时间与振荡周期的比称为占空比。对称方波的占空比为 50%。如需产生占空比小于或大于 50% 的矩形波，只需改变电容 C 的正、反向充电时间常数即可。实现此目标的一个方案如图 8.4.4，将图中 D_1、D_2、R_w、R_f 所组成的网络代替图 8.4.2 中的电阻 R_f。这样，当 v_O 为正时，D_1 导通而 D_2 截止，反向充电时间常数为 $(R_f+R_{f2})C$。选取 R_{f1}/R_{f2} 的比值不同，就改变了占空比，设忽略了二极管的正向电阻，此时的振荡周期为

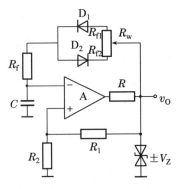

图 8.4.4　改变正、反向充电时间常数的方波发生电路

$$T=(2R_f+R_{f1}+R_{f2})C\ln\left(1+2\frac{R_2}{R_1}\right) \tag{8.4.7}$$

8.4.2　三角波发生电路

1. 电路组成

把上升时间（斜率）和下降时间（斜率）相同的锯齿波称为三角波。典型的三角波发生电路由迟滞比较器和积分电路组成，其电路和波形如图 8.4.5 所示。图中 A_1 组成带有正反馈的迟滞比较器，起开关作用，输出方波；A_2 组成积分电路，它将 A_1 输出的方波转换为三角波，并起延迟作用。

假设 $t=0$ 时滞回比较器输出高电平，即 $v_{O1}=+V_Z$，积分电容上的电压 $v_C=0$，则 $v_O=0$。根据叠加原理可得集成运放 A_1 同相输入的电压 v_{P1} 为

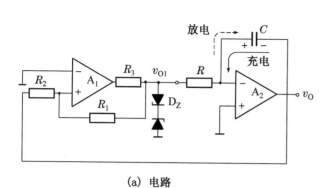
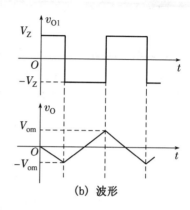

(a) 电路　　　　　　　　(b) 波形

图 8.4.5　三角波发生电路

$$v_{P1} = \frac{R_2}{R_1+R_2}v_{O1} + \frac{R_1}{R_1+R_2}v_O \tag{8.4.8}$$

令 $v_{P1} = v_{N1} = 0$，并将 $v_{O1} = \pm V_Z$ 代入，可得阈值电压

$$\pm V_T = \pm \frac{R_2}{R_1}V_Z \tag{8.4.9}$$

2. 工作原理

当 $v_{P1} > 0$ 时，$v_{O1} = +V_Z$；当 $v_{P1} < 0$ 时，$v_{O1} = -V_Z$。

在电源接通时，假设电容器初始电压为零，集成运放 A_1 输出电压为正饱和电压值 $+V_Z$，积分电路输入为 $+V_Z$，电容 C 开始充电，输出电压 v_O 开始往负方向线性增长，v_{P1} 也随之减小，当 v_O 减小到阈值电压 $-V_T$ 时，v_{P1} 由正值变为零，滞回比较器 A_1 翻转，集成运放 A_1 的输出 $v_{O1} = -V_Z$。

当 $v_{O1} = -V_Z$ 时，积分输入负电压，输出电压 v_O 开始增大，v_{P1} 值也随之增大，当 v_O 增大到阈值电压 $+V_T$ 时，v_{P1} 由负值变为零，滞回比较器 A_1 翻转，集成运放 A_1 的输出 $v_{O1} = +V_Z$。

此后，便在 A_1 的输出端得到幅值为 V_Z 矩形波，A_2 输出端得到三角波，如此周而复始，产生振荡。

由于积分电路反向积分和正向积分的电流大小均为 $\dfrac{v_{O1}}{R}$，使得 v_O 在一个周期内的下降时间和上升时间相等，且斜率的绝对值也相等，因而 v_O 是三角波，v_{O1} 为方波，波形如图 8.4.5(b)所示。

3. 主要参数

(1) 输出幅值

在图 8.4.5(b)可见，当滞回比较器的输出电压 v_{O1} 由 $-V_Z$ 跳变为 $+V_Z$ 时，三角波 v_O 达到最大值 V_{om}，而此时应该 $v_P = v_N = 0$，即

$$v_{P1} = \frac{R_2}{R_1+R_2}(-V_Z) + \frac{R_1}{R_1+R_2}V_{om} = v_N = 0$$

因此可解得三角波的输出幅度

$$V_{om} = \frac{R_2}{R_1}V_Z \tag{8.4.10}$$

因为方波的幅值决定于稳压管组成的限幅电路,所以高、低电平分别为

$$V_{OH} = +V_Z, V_{OL} = -V_Z$$

(2) 振荡周期

如图 8.4.5(b)还可以看出,当积分电路的输入电压为 $-V_Z$,在半个周期之内,积分电路的输出电压 v_O 由 $-V_{om}$ 增长至 $+V_{om}$,则可表示为

$$v_O = -\frac{1}{RC}\int_0^{\frac{T}{2}}(-V_Z)\,\mathrm{d}t = 2V_{om}$$

即

$$\frac{V_Z}{RC}\cdot\frac{T}{2} = 2V_{om}$$

将 $V_{om} = \dfrac{R_2}{R_1}V_Z$ 代入上式,整理可得振荡周期

$$T = \frac{4RR_2C}{R_1} \tag{8.4.11}$$

8.4.3 锯齿波发生电路

1. 电路组成及工作原理

只需要三角波上升边和下降边的斜率不同,而且相差悬殊,即称为锯齿波。因此,在三角波发生电路的基础上,利用二极管的单向导电性可使积分电路两个方向的积分通路不同,并使两个通路的积分电路相差悬殊,使矩形波的正半周和负半周积分时间常数不同,即可得到锯齿波发生电路,如图 8.4.6(a)所示。

当滞回比较器的输出电压 $v_{O1} = +V_Z$ 时,二极管 D_1 导通,积分时间常数为 $R_{w1}C$,而当 $v_{O1} = -V_Z$,二极管 D_2 导通,积分时间常数为 $R_{w2}C$。假设 $R_{w1} \ll R_{w2}$,则三角波下降的速度将比上升的速度快得多,波形如图 8.4.6(b)。

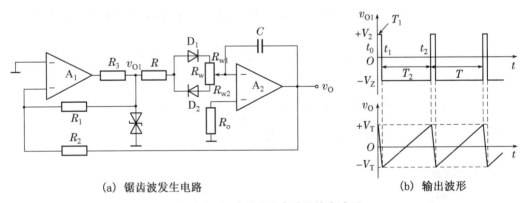

(a) 锯齿波发生电路　　　　　　　(b) 输出波形

图 8.4.6　锯齿波发生电路及输出波形

2. 输出幅度及振荡周期

根据同样的方法可求得锯齿波的输出幅度为

$$V_{om} = \frac{R_2}{R_1}V_Z$$

锯齿波的振荡周期为

$$T = T_1 + T_2 = \frac{2R_2(R+R_{W1})C}{R_1} + \frac{2R_2(R+R_{W2})C}{R_1} = \frac{2R_2(2R+R_W)C}{R_1} \quad (8.4.12)$$

8.4.4 集成函数信号发生器

函数信号发生器是一种可以同时产生方波、三角波和正弦波的专用集成电路。当调节外接部电路参数时,还可以获得占空比可调的矩形波和锯齿波,使用方便,性能可靠。因此,广泛用于仪器仪表之中,如型号为 ICL8038 的函数发生器。

1. 工作原理

函数发生器 ICL8038 为 14 只引脚,双列直插式封装集成电路,其内部电路结构如图 8.4.7 虚线框内所示。从图上可以看出 ICL8038 主要由两个电流源 I_1 和 I_2、电压比较器 A 和 B、触发器、三角波变正弦波电路、反相器等构成。

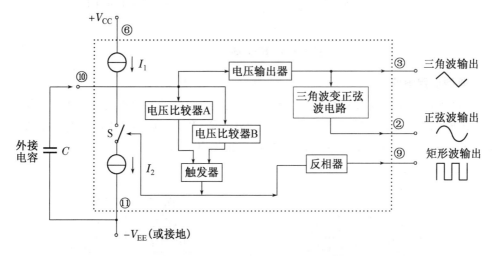

图 8.4.7 ICL8038 函数发生器原理框图

在图 8.4.7 中,电压比较器 A、B 的门限电压分别为两个电源电压之和$(V_{CC}+V_{EE})$的 2/3 和 1/3,电流源 I_1 和 I_2 的大小可通过外接电阻调节,其中 I_2 必须大于 I_1。

当触发器的输出端为低电平时,它控制开关 S 使电流源 I_2 断开。而电流源 I_1 则向外界电容 C 充电,使电容两端电压随时间线性上升,当 v_C 上升到 $v_C = 2(V_{CC}+V_{EE})/3$ 时,比较器 A 的输出电压发生跳变,使触发器输出端由低电平变为高电平,这时,控制开关 S 使电流源 I_2 接通。由于 $I_2 > I_1$,因此,外界电容 C 放电,v_C 随时间线性下降。

当 v_C 下降到 $v_C \leqslant (V_{CC}+V_{EE})/3$ 时,比较器 B 输出电压发生跳变,使触发器输出端又由高电平变为低电平,I_2 再次断开,I_1 再次向 C 充电,v_C 又随时间线性上升。如此循环,就可产生振荡。外接电容 C 交替地从一个电流源充电后向另一个电流源放电,就会在电容 C 的两端产生三角波并输出到③脚。该三角波经电压跟随器缓冲后,一路经正弦波变换器变成正弦波后由②脚输出。另一路通过比较器和触发器,并经过反向缓冲,由⑨脚输出方波。ICL8038 的外部引脚排列如图 8.4.8 所示。

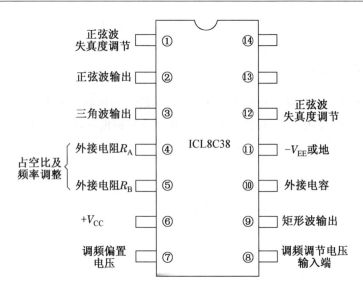

图 8.4.8　ICL8038 的引脚图

2. 典型应用电路

ICL8038 最常见的两种基本接法如图 8.4.9 所示,矩形波输出端为集电极开路形式,需外接电阻 R_L 至 $+V_{CC}$。在图 8.4.9(a)所示电路中,R_A 和 R_B 可分别独立调整。在图 8.4.9(b)所示电路中,可通过改变电位器 R_w 的数值。根据 ICL8038 内部电路和外接电阻可以推导出占空比的表达式为

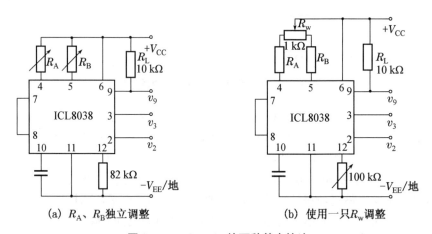

(a)　R_A、R_B独立调整　　　　(b)　使用一只R_w调整

图 8.4.9　ICL8038 的两种基本接法

$$\frac{T_1}{T_2} = \frac{2R_A - R_B}{2R_A}$$

故 $R_B < 2R_A$,占空比的大小取决于 R_A 和 R_B 的阻值。当 $R_A = R_B$ 时,各输出端的波形如图 8.4.10(a)所示,矩形波的占空比为 50%,因而为方波;当 $R_A \neq R_B$ 时,矩形波不再是方波,管脚 2 也就不再是正弦波了,如图 8.4.10(b)所示。

在图 8.4.9(b)所示电路中用 $100\ \text{k}\Omega$ 的电位器取代了图 8.4.9(a)所示电路中的 $82\ \text{k}\Omega$ 电阻,调节电位器可减小正弦波的失真度。如果要进一步减小正弦波的失真度,可采用图

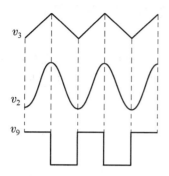 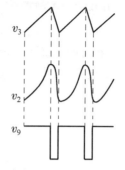

(a) 占空比为50%时的输出波形　　　　(b) 占空比为75%时的输出波形

图 8.4.10　ICL8038 两种基本接法的输出波形

8.4.11 所示电路中的两个 100 kΩ 的电位器和两个 10 kΩ 电阻所组成的电路,调整它们可使正弦波的失真度减小到 0.5%。

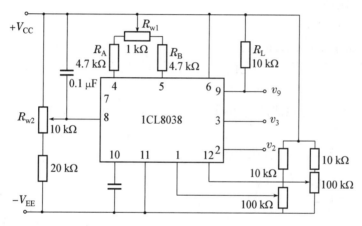

图 8.4.11　减小失真度和频率可调电路

本章小结

1. 正弦波振荡电路主要由基本放大电路、正反馈网络、选频网络和稳幅环节四个部分组成,其中正反馈网络和选频网络一般合二为一,稳幅环节可以利用非线性的元件如热敏电阻、晶体管等实现稳幅。正弦波振荡的起振条件为 $|\dot{A}\dot{F}|>1$,幅值平衡条件为 $|\dot{A}\dot{F}|=1$,相位平衡条件 $\varphi_a+\varphi_f=2n\pi$($n$ 为整数),可以通过瞬时极性法来判断。正弦波振荡电路的分析步骤通常分为两步:首先判断是否满足正弦波振荡的条件,如果满足,然后分析估算振荡频率和起振条件。

2. 正弦波信号发生器依据振荡选频网络的不同区分为 RC、LC 以及石英晶体振荡电路。RC 正弦波振荡电路主要适用于 1 MHz 低频振荡;LC 振荡电路的选频网络由 LC 回路构成,它可以产生较高频率的正弦波信号;石英晶体振荡电路是采用石英晶体作为振荡源的,其振荡频率的准确度和稳定性都较 LC 振荡电路高,适用范围也更广。

3. 常见的非正弦波发生电路有矩形波发生电路、三角波发生电路、锯齿波发生电路等。

矩形波发生电路可以由滞回比较器和 RC 充放电回路组成。使电容充电和放电时间常数不同,即可获得占空比可调的矩形波信号。

将矩形波进行积分即可获得三角波,因此三角波发生电路可由滞回比较器和积分电路组成。

在三角形发生电路中,使积分电容充电和放电的时间常数不等且相差悬殊,在输出端即可获得锯齿波信号。

【微信扫码】
自我检测

练习题

1. 在满足相位平衡条件的前提下,既然正弦波振荡器的幅值平衡条件为 $AF=1$,如果 F 为已知,只要使 $A=\dfrac{1}{F}$ 就可以了。你认为这种说法对吗?

2. 电路如图题 8.2 所示,试求解:

(1) R_m 的下限值;

(2) 振荡频率的调节范围。

3. 电路如图题 8.3 所示,试问:

(1) 电路中双向稳压管、可调电位器 R_p、同轴电位器 R_1 的作用分别是什么?

(2) 试列写出振荡频率 f_0 估算式。

(3) 设集成运放是理想器件,它的最大输出电压为 $\pm 10\text{ V}$,试问由于某种原因使 R_f 断开时,其输出电压的波形是什么(正弦波、近似为方波或停振)? 输出电压的峰-峰值为多少(峰-峰值是波形图上正、负向幅值之差)?

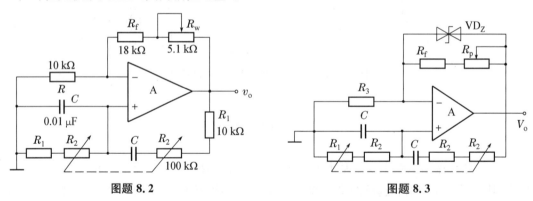

图题 8.2　　　　　　　　　图题 8.3

4. 用相位平衡条件判断图题 8.4 所示电路是否会产生振荡,若不会产生振荡,请改正。

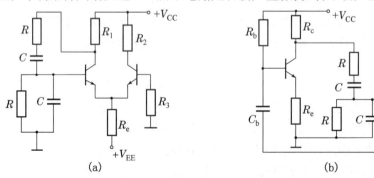

(a)　　　　　　　　　(b)

图题 8.4

5. 图题 8.5 所示为 RC 串、并联桥式正弦波振荡电路,所用运算放大器为理想的。

(1) 据相位平衡条件判断电路能否产生正弦波振荡?

(2) 推导电路产生正弦波振荡的振荡频率表达式。

(3) 说明电阻 R_1 和 R_2 的大、小之间的关系。若 $R_1'=2R_2$,$R_p=0$,说明电路能否起振;如不起振,应当怎样调整 R_p 的值?

6. RC 桥式正弦波振荡电路如图题 8.6 所示,已知 A 为运放 741,其最大输出电压为 ±12 V。

(1) 图中用二极管 D_1,D_2 作为自动稳幅元件,试分析它的稳幅原理。

(2) 设电路已产生稳幅正弦波振荡,当输出电压达到正弦波峰值时,二极管的正向压降约为 0.6 V,试粗略估算输出电压的峰值 V_{Om}。

(3) 试定性说明因不慎使 R_2 短路时,输出电压 v_O 的波形。

(4) 试定性画出当 R_2 不慎断开时,输出电压 v_O 的波形,并标明振幅。

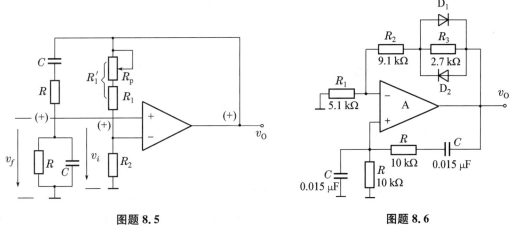

图题 8.5　　　　　　图题 8.6

7. 电路如图题 8.7 题所示。

(1) 将图中 A、B、C、D 四点正确连接,使之成为一个正弦振荡电路。

(2) 估算电路的振荡频率 f_0。

(3) 如果是 R_1 断路、R_1 短路、R_2 断路、R_2 短路,则电路将分别产生什么现象?

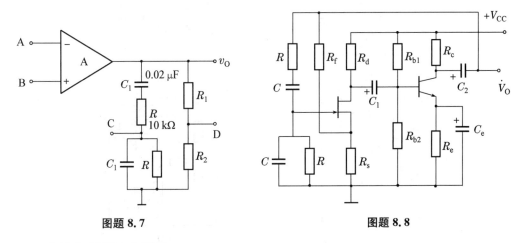

图题 8.7　　　　　　图题 8.8

8. 电路如图题 8.8 所示。

（1）试问该电路能否产生正弦波振荡，若能，它是一种什么类型的正弦波振荡电路，图中 R_s 和 R_f 的值有何关系？振荡频率 f_0 式为何？

（2）为了稳幅，电路中哪个电路可以采用热敏元件，其温度系数如何？

9．分析图题8.9中各电路是否满足产生正弦振荡的相位平衡条件。

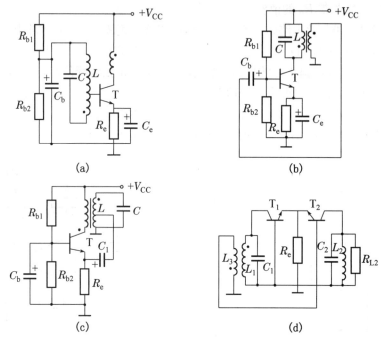

图题 8.9

10．分析如图题8.10所示电路是否满足正弦波振荡的相位条件，并说明理由，将不能振荡的电路加以改正，成为可能振荡的电路。

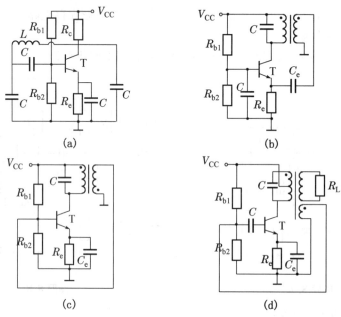

图题 8.10

11. 电路如图题 8.11 所示,在各三点式振荡电路中,试用相位平衡条件判断哪个电路可能振荡,指出可能振荡的电路属于什么类型,哪个不能,并说明理由。

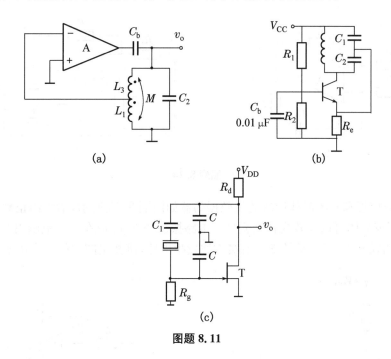

图题 8.11

12. 电路如图题 8.12 所示中,若 $L_1=L_2=0.5$ mH,忽略互感 M,电容 C 可调范围为 $0.004\sim0.04$ μF,求频率 f_0 的范围。

13. 变压器反馈式 LC 振荡器如图题 8.13 所示。

(1) 标出变压器的同名端。

(2) 已知 $L_2=4$ mH,$C_1=200$ pF,$C_2=10\sim30$ pF,试求出电路的可调振荡频率范围。

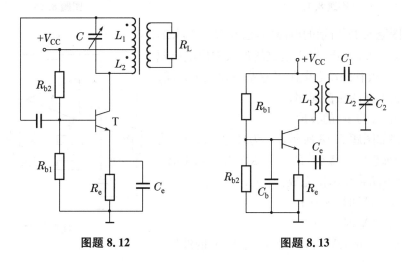

图题 8.12　　　　　　　　图题 8.13

14. 石英晶体振荡电路如图题 8.14 所示,电容 C_s 可以在小范围内微调晶体的谐振频率。

（1）试用相位平衡条件判定两个电路能否产生正弦振荡。

（2）如能振荡，晶体在电路中可以等效看成什么元件？

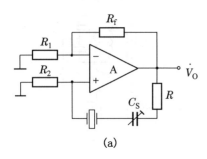 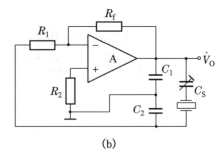

图题 **8.14**

15. 场效应管和石英晶体组成的正弦振荡器如图题 8.15 所示，请画出正确连线。在正弦振荡叫，石英晶体可以等效为什么元件？电路振荡频率 f_0 应在什么范围内？

16. 如图题 8.16 所示是某学生所接方波发生电路，试找出图中的三个错误，并改正。

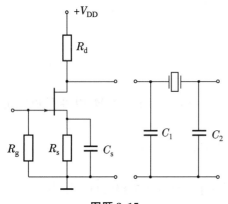 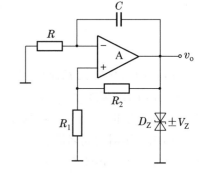

图题 **8.15**　　　　　　　　　　　图题 **8.16**

17. 在图题 8.17 所示的电路中，已知 $R_1 = 10\ \text{k}\Omega$，$R_2 = 20\ \text{k}\Omega$，$C = 0.01\ \mu\text{F}$，集成运放的最大输出电压幅值为 $\pm 12\ \text{V}$，二极管的动态电阻可忽略不计。试完成：

（1）求出电路的振荡周期；

（2）画出 v_O 与 v_C 的波形。

18. 电路如图题 8.18 所示，A_1 为理想运放，C_2 为比较器，D 为理想的二极管，$R_b = 51\ \text{k}\Omega$，$R_c = 5.1\ \text{k}\Omega$，$\beta = 50$，$V_{\text{CES}} \approx 0$，$I_{\text{CEO}} \approx 0$，试完成：

（1）当 $v_i = 1\text{V}$ 时，求 v_o；

（2）当 $v_i = 3\text{V}$ 时，求 v_o；

（3）当 $v_i = 5\sin\omega t\,\text{V}$ 时，画出 v_i、v_{o2} 及 v_o 的波形。

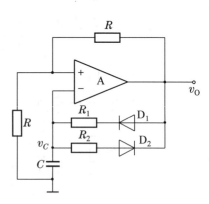

图题 **8.17**

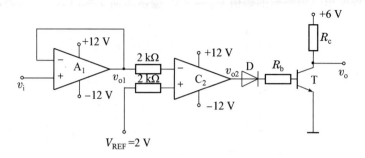

图题 8.18

19. 图题 8.19 所示为一波形发生电路，说明该电路由哪些单元组成，各起什么作用，并画出 A、B、C 三点的波形。

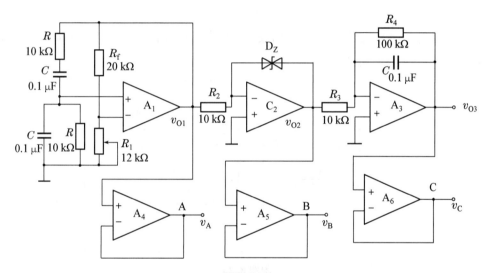

图题 8.19

20. 在如图题 8.20 所示的矩形波发生电路中，设 D_1、D_2 的正向电阻均为 $r_d=100\ \Omega$。

（1）当电位器的动点分别滑至最上端和最下端时，v_o 的振荡周期 T、频率及占空比 q 各等于多少？

（2）电路输出的幅值是多少？

（3）当电位器的滑动触点在中间位置，试画出输出电压 v_o 和电容电压 v_C 的波形，估算输出电压的振荡周期。

21. 在如图题 8.21 所示的三角波发生电路中，设双向稳压管 $V_Z=\pm 6\ \text{V}$。

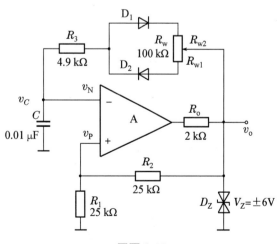

图题 8.20

（1）若要求输出三角波形的幅值 $V_{om}=3\,V$，振荡周期 $T=1\,ms$。试选择电阻 R_1 和电容 C 的值。

（2）试画出 v_o、v_{o1} 的波形图，并在图上标出电压的幅值和振荡周期 T 的数值。

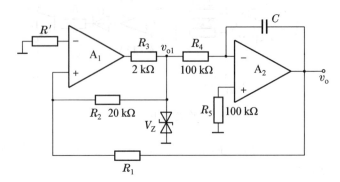

图题 8.21

22. 图题 8.22 所示电路为方波-三角波产生电路，试求出其振荡频率，并画出 v_{o1}、v_{o2} 的波形。

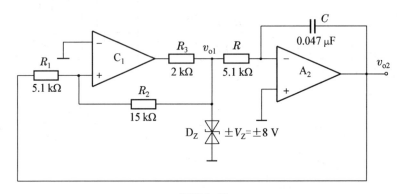

图题 8.22

第 9 章　直流稳压电源

本章学习目的和要求

1. 熟悉直流稳压电源的基本结构和各部分电路的作用；
2. 熟练掌握桥式整流电路的工作原理,会计算输出直流电压和选择整流二极管；
3. 熟悉电容滤波电路的工作原理,掌握桥式整流电容滤波电路各项指标、参数的计算和元件的选择；
4. 掌握串联型稳压电路的组成、工作原理及性能的改进措施,会计算输出电压的调节范围；
5. 了解三端集成稳压电路的内部结构,学会正确使用三端集成稳压器件；
6. 了解开关型稳压电路的电路结构,特点及工作原理。

电子系统中,所有电子电路的工作都需要稳定的直流电源供电,在某些特定场合下也可以采用太阳能电池或化学电池作电源,但是大多数直流电源是由电网的交流电转换而得到的。直流电源可分为线性稳压电源和开关稳压电源两类,其中线性稳压电源采用线性稳压电路,电路内部的电压调整管工作在放大状态；而开关稳压电源采用开关式稳压电路,电路内部的开关管工作在开关状态。线性稳压电源的输出电压稳定,纹波较小,但其输出电流较小,调整管的功耗大,电源效率较低；开关稳压电源的输出电压稳定范围宽,比如输入交流电压在 100 V～270 V 之间波动时仍然能够维持稳定的输出电压,且体积小,输出电流大,电源效率高,但是输出电压中含有纹波电压。

本章首先介绍小功率直流稳压电源的电路组成及其各组成部分的功能,然后介绍单相整流电路、电源滤波电路、串联型稳压电路和开关型稳压电路的工作原理,最后给出了串联稳压电路的仿真示例。

9.1　直流稳压电源的电路组成

【微信扫码】
扩展阅读

在电子电路及设备中,一般都需要稳定的直流电源供电。本章所介绍的直流电源为单相小功率 1 000 W 以下的电源,它将频率为 50 Hz、有效值为 220 V 的单相交流电压转换为幅值稳定、输出电压为几十伏以下的直流电压。

单相交流电经过电源变压器、整流电路、滤波电路和稳压电路转换成稳定的直流电压,其电路方框图及各部分电路的输出电压波形如图 9.1.1 所示。直流电源的输入为 220 V 的电网电压(即市电),一般情况下,所需直流电压的数值和电网电压的有效值相差较大,因而需要通过电源变压器降压后,再对交流电压进行处理。变压器副边电压有效值决定于后面电路的需要。目前有些电路不用变压器,而采用其他方法降压。

变压器副边电压通过整流电路由交流电压转换为直流电压,即将正弦波电压转换为单

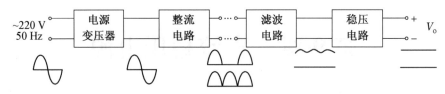

图 9.1.1 直流稳压电源构成框图

一方向的脉动电压。半波整流电路、全波整流电路的输出波形如图中所示。可以看出,它们均含有较大的交流分量,会影响负载电路的正常工作。例如,交流分量会混入输入信号被放大电路放大,甚至在放大电路的输出端所混入的电源交流分量大于有用信号,因而不能直接作为电子电路的供电电源。应当指出,图中整流电路输出端所画波形是未接滤波电路时的波形,接入滤波电路后波形将有所变化。

为了减小电压的脉动,需通过低通滤波电路滤波,使输出电压平滑。理想情况下,应将交流分量全部滤掉,使滤波电路的输出电压仅为直流电压。然而,由于滤波电路为无源电路,所以接入负载后势必影响其滤波效果。对于稳定性要求不高的电子电路,整流、滤波后的直流电压可以作为供电电源。交流电压通过整流、滤波后虽然变为交流分量较小的直流电压,但是当电网电压波动或者负载变化时,其平均值也将随之变化。稳压电路的功能是使输出直流电压基本不受电网电压波动和负载电阻变化的影响,从而获得足够高的稳定性。

9.2 单相整流电路

整流电路利用具有单向导电特性的器件,把交变电流变换为单一方向的直流电。电子设备中广泛使用的是单相整流电路,也就是将单相交流电进行整流的电路。常用的有单相半波、全波、桥式和倍压等整流电路。在分析整流电路时,为简化分所过程,一般均假设负载为纯电阻件负载,整流二极管为加正向电压导通且正向电阻为零、加反向电压截止且反向电流为零的理想二极管。

9.2.1 半波整流电路

1. 电路组成及工作原理

单相半波整流电路如图 9.2.1(a)所示,图中 T 为电源变压器,R_L 为电阻性负载。设变压器副边绕组的交流电压瞬时值 $v_2=\sqrt{2}V_2\sin\omega t$,式中 V_2 为副边电压有效值。

(1)正半周时,v_2 的瞬时极性为 a(+)、b(-),二极管 D 正偏导通,电流由 a 点流出经二极管和负载电阻流入 b 点,此时 $v_o=v_2$。

(2)负半周时,v_2 的瞬时极件为 a(-)、b(+),二极管 D 反偏截止,无电流流过负载电阻,此时 $v_o=0$。

通过以上分析可知,负载电阻 R_L 上的电压波形如图 9.2.1(b)所示。由于输出波形是输入波形的半个周期,故称半波整流电路。

2. 负载上电压、电流平均值的计算

负载上的直流电压是指一个周期内脉动电压的平均值,由例 2.4.2 可知,在输入电压

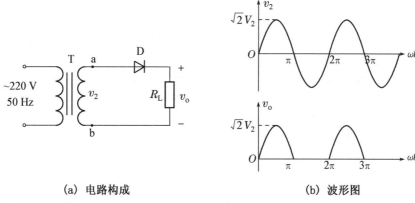

（a）电路构成　　　　　　　　　　（b）波形图

图 9.2.1　单相半波整流电路及波形

$v_2 = \sqrt{2}V_2 \sin\omega t$ 时，输出电压在一个周期时间内的平均值为

$$V_o = \frac{1}{2\pi}\int_0^{2\pi}\sqrt{2}V_2\sin\omega t \, d(\omega t)$$

$$= \frac{1}{2\pi}\int_0^{\pi}\sqrt{2}V_2\sin\omega t \, d(\omega t)$$

$$= \frac{\sqrt{2}}{\pi}V_2 \approx 0.45\,V_2$$

所以，半波整流的输出电压为

$$V_o = 0.45V_2 \tag{9.2.1}$$

实际上，输出电压 v_o 是非正弦周期信号，可用傅立叶级数分解为

$$v_o = \sqrt{2}V_2\left(\frac{1}{\pi}+\frac{1}{2}\sin\omega t - \frac{2}{3\pi}\cos2\omega t + \cdots\right) \tag{9.2.2}$$

式中 $\frac{\sqrt{2}}{\pi}V_2$ 称为 v_o 的直流分量，可见它等于输出电压的平均值，因为每一个正弦谐波分量的周期内的平均值都为零，所以 v_o 的直流分量自然也就是输出电压的平均值。

此外，整流电流的波形与电压波形相同，也含有直流分量和交流谐波分量，其平均值为

$$I_o = \frac{V}{R_L} = 0.45\frac{V_2}{R_L} \tag{9.2.3}$$

3. 脉动系数

整流输出电压的脉动系数 S 用来表示电压脉动的大小，定义为整流输出电压的基波峰值与输出电压平均值之比，即

$$S = \frac{V_{olm}}{V_o} \tag{9.2.4}$$

根据公式（9.2.2）可知，$V_{olm} = \frac{\sqrt{2}}{2}V_2$，所以

$$S = \frac{V_{olm}}{V_o} = \frac{\sqrt{2}V_2/2}{\sqrt{2}V_2/\pi} = \frac{\pi}{2} \approx 1.57 \tag{9.2.5}$$

可见,半波整流的输出电压脉动很大。

4. 整流二极管的选择

在选择整流二极管参数时应考虑通过二极管的平均电流和它承受的最高反向电压。

(1) 二极管最大整流平均电流 I_F

由于半波整流时流过二极管的平均电流与输出平均电流相等,故选择 $I_F \geqslant I_o$。即 $I_F \geqslant 0.45 \dfrac{V_2}{R_L}$。

(2) 最高反向工作电压 V_{RM}

由于二极管承受的最高反向工作电压就是变压器副边的峰值电压,所以应选择 $V_{RM} \geqslant \sqrt{2}V_2$。

单相半波整流电路使用的元件少,电路简单,但它只利用了输入电压的半个周期,其输出电压低、脉动大,同时由于输出电流中有不小的直流电流分量使电源变压器容量的有效利用率降低。因此它只用在整流电流小、对电源要求不高的场合。

9.2.2 桥式整流电路

前面分析可知,经半波整流的信号有半个周期被削掉了,如何将被削掉的半个周期补上以提高输出电压改善输出波形是这一节要解决的问题。在实际应用中多采用单相桥式整流电路。

1. 单相桥式整流电路的组成及工作原理

单相桥式整流电路由四个二极管接成电桥形式构成,电路如图 9.2.2(a)所示。图 9.2.2(b)所示为单相桥式整流电路简化画法。值得注意的是,错接二极管会形成很大的短路电流从而烧毁二极管,正确接法是两只二极管共阳端和共阳端接负载,而另外两端(阴极阳极连接端)接变压器副边绕组。

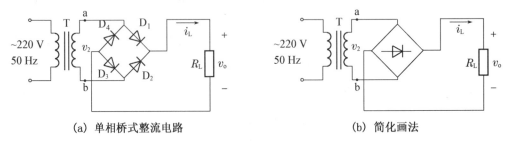

(a) 单相桥式整流电路   (b) 简化画法

图 9.2.2　单相桥式整流电路及简化画法

下面分析其工作原理。设变压器副边电压瞬时值为 $v_2 = \sqrt{2}V_2 \sin\omega t$,式中 V_2 为副边电压有效值。

(1) 正半周时,v_2 的瞬时极性为 a(+)、b(−),二极管 D_1、D_3 正偏导通,D_2、D_4 反偏截止。电流出 a 点经二极管 D_1、负载电阻 R_L 和二极管 D_3 流入 b 点,负载上电压极性上正下负,此时 $v_o = v_2$,D_2 和 D_4 承受的反向电压为 v_2。

(2) 负半周时,v_2 的瞬时极性为 a(−),b(+),二极管 D_1、D_3 反偏截止,D_2、D_4 正偏导通,电流由 b 点经二极管 D_2、负载电阻 R_L 和二极管 D_4 流入 a 点,负载上电压极性上正下负,此时 $v_o = v_2$,D_1 和 D_3 承受的反向电压为 v_2。

　　在整个周期内,两对二极管交替导通,使得在半波整流中被削掉的半个周期波形得以恢复,负载电阻 R_L 上总有电流通过,而且方向不变。电路各部分的电压和电流波形如图 9.2.3 所示。

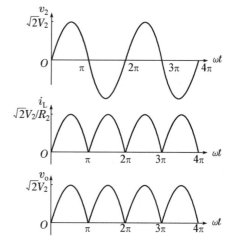

2. 负载上电压、电流值及脉动系数的计算

　　根据输出电压的波形可计算出负载上的电压平均值为

$$V_o = \frac{1}{\pi} \int_0^\pi \sqrt{2}V_2 \sin\omega t \, \mathrm{d}(\omega t) = \frac{2\sqrt{2}}{\pi}V_2 \approx 0.9V_2 \tag{9.2.6}$$

图 9.2.3　单相桥式整流电路波形

　　可见,在变压器副边电压有效值相同情况下,输出电压的平均值是半波时的两倍,有效提高了输出电压。流过负载的电流平均值与输出电流平均值相等,为

$$I_o = \frac{V_o}{R_L} \approx 0.9 \frac{V_2}{R_L} \tag{9.2.7}$$

　　在变压器副边电压有效值和负载相同的情况下,输出电流的平均值是半波时的两倍。根据谐波分析可计算出桥式整流电路的脉动系数,即

$$S = \frac{V_{olm}}{V_o} = \frac{\frac{2}{3\pi} \times 2\sqrt{2}V_2}{2\sqrt{2}V_2/\pi} = \frac{2}{3} \approx 0.67 \tag{9.2.8}$$

　　可见,与半波整流相比,桥式整流的脉动减小很多。

3. 整流二极管的选择

　　(1) 因二极管只在半个周期内导通,所以通过每只二极管的平均电流是输出电流的一半,与半波整流时相同,即 $I_D = \frac{1}{2}I_o$。

　　(2) 二极管承受的最高反压 $V_{RM} = \sqrt{2}V_2$ 与半波整流时的相同。

　　选择二极管时,二极管的参数应大于上述参数,这样才能保证二极管安全工作。

9.2.3　倍压整流电路

　　为了得到高的直流电压输出,上述各种电路都可以用升高变压器副边电压 v_2 的方法实现,但变压器体积太大,且要求二极管和电容的耐压性能也高。所以,当需要输出高的直流电压,且输出电流较小时,经常采用倍压整流。

1. 二倍压整流电路

　　二倍压整流电路如图 9.2.4 所示,其工作原理如下:在 v_2 的正半周期时,D_1 导通,D_2 截止,电容 C_1 充电,充电电流方向如图 9.2.4 实线箭头所示,充电电压值可达 $\sqrt{2}V_2$;在 v_2 的负半周期时,D_1 截止,D_2 导通,此时变压器副边电压 v_2 和电容 C_1 上的电压串联来对电容 C_2

充电,充电电流方向如图 9.2.4 虚线箭头所示,C_2 上的充电电压值可达 $2\sqrt{2}V_2$,输出电压从 C_2 两端输出,因输出电压值可达电容滤波输出电压的两倍,所以该电路称为二倍压整流电路。为得到更高倍数的输出电压,可采用多倍压整流电路。

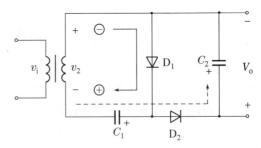

图 9.2.4　二倍压整流电路

2. 多倍压整流电路

多倍压整流电路如图 9.2.5 所示,其工作过程如下:在 v_2 的第一个正半周期时,电源电压通过 D_1 将电容 C_1 上的电压充到 $\sqrt{2}V_2$;在 v_2 的第一个负半周期时,D_2 导通,v_2 和 C_1 上的电压串联共同将 C_2 上的电压充到 $2\sqrt{2}V_2$,在 v_2 的第二个正半周期时,电源对电容 C_3 充电,通路为

$$v_2 \rightarrow C_2 \rightarrow D_3 \rightarrow C_3 \rightarrow C_1, v_{C3} = v_2 + v_{C2} - v_{C1} \approx 2\sqrt{2}V_2$$

在 v_2 的第二个负半周期时,对电容 C_4 充电,通路为

$$v_2 \rightarrow C_1 \rightarrow C_3 \rightarrow D_4 \rightarrow C_4 \rightarrow C_2, v_{C4} = v_2 + v_{C3} - v_{C2} \approx 2\sqrt{2}V_2$$

依此类推,电容 C_5、C_6 也充至 $2\sqrt{2}V_2$,它们的极性如图 9.2.5 所示。只要将负载接至有关电容组的两端,就可得到相应多倍压直流电压输出。

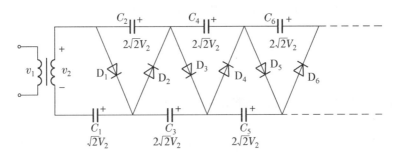

图 9.2.5　多倍压整流电路

上述分析均在理想情况下,即电容器两端电压可充至变压器副边电压的最大值。实际上由于存在放电回路,所以达不到最大值,且电容充放电时,电容器两端电压将上下波动,即有脉冲成分。由于倍压整流是从电容两端输出,当 R_L 较小时,电容放电快,输出电压降低.且脉冲成分加大,故倍压整流只适合于要求输出电压较高、负载电流小的场合。

由上可看出倍压整流、管子的耐压和电容的耐压均为 $2\sqrt{2}V_2$。

高电压、小电流的电源也可通过振荡器产生一个高频电压,然后经过一个提升变压器将电压提高到所需电压值,再对此高电压进行整流。因为高频时,变压器铁芯小,可使整个设备简单,体积也较小。

9.3　电源滤波电路

从以上整流电路分析可以看到,无论哪一种整流电路,它们的输出电压都含有较大的脉动成分。滤波电路用于滤去整流输出电压中的纹波,也就是尽量降低输出电压中的脉动成分,保留其中的直流成分,使输出的电压接近理想的直流电压。电容和电感都是基本的滤波元件,同时也都是储能元件,它们能够储存一定的能量(电容储存电场能,电感储存磁场能),又由于能量不能突变,因此能量将逐渐释放,从而能得到比未滤波前较平滑的波形。电容具有通交流阻直流的特性,电感具有通直流阻交流的特性,把它们合理安排在电路中,可达到降低交流成分、保留直流成分的目的,实现滤波的功能。

9.3.1　电容滤波电路

图 9.3.1 所示的是在桥式整流电路输出端与负载电阻 R_L 并联一个较大的电容 C 而构成的电容滤波电路。

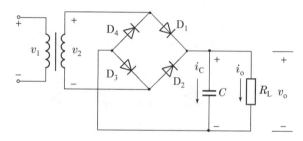

图 9.3.1　单相桥式整流电容滤波电路

1. 空载情况(负载 R_L 断开)

设电容器两端初始电压为零,接入交流电源后,若 v_2 在正半周,则电流通过 D_1、D_2 向电容器 C 充电;若 v_2 在负半周,则电流通过 D_3、D_4 向电容 C 充电,充电的时间常数为 $\tau = RC$。其中,R 为整流器内阻的值,包括变压器副边绕组的直流电阻和二极管的正向电阻。由于 R 很小,电容器很快充电到交流电压 v_2 的最大值 $\sqrt{2}V_2$。由于电容器无放电回路,电容器 C 两端的电压 v_C(即输出电压 v_o)保持为 $\sqrt{2}V_2$,输出为一恒定的直流电压。

2. 有载情况(负载 R_L 接上)

假设 v_2 由 0 上升时接入负载电阻 R_L,因 C 上已经充了 $\sqrt{2}V_2$ 的电压,此时 $v_2 < v_o$,故二极管承受反向电压而截止,电容器 C 经 R_L 放电,于是 v_o 按指数规律缓慢下降,如图 9.3.2 所示的 ab 段。随后,随着交流电压 v_2 按正弦规律上升,当达到 $v_2 > v_o$ 时,二极管 D_1、D_3 导通,电容 C 又开始充电,电容两端的电压升高,输出电压增大,如图 9.3.2 所示的 bc 段。以后重复上述的充电和放电过程,便可得到图 9.3.2 输出电压波形,它近似为一锯齿波直流电压。这使负载电压的波动大为减小。

电容滤波也可以这样来理解:既然整流输出的半波电压是由直流分量和各次交流谐波分量组成,而电容的容抗又是与频率成反比的,那么,由于电容有通交隔直的特性,频率愈高的分量,电容的旁路作用就愈强,因而输出的直流成分能得到提高,纹波减小,波形得到了改善。

从上面的分析可以得出电容滤波几个特点。

(1)电容滤波能使输出电压脉动成分降低,直流成分提高,这是利用电容的储能作用来实现的。当二极管导通时,电容充电将能量储存起来;二极管截止时,再把储存的能量释放给负载,一方面使输出电压波形变得比较平滑,另一方面也增加了输出电压的平均值。

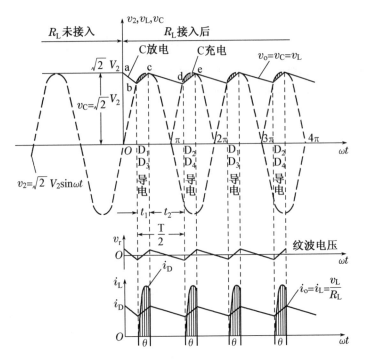

图9.3.2 桥式整流电容滤波的电压、电流和纹波电压波形

（2）电容滤波放电时间常数（$\tau = R_L C$）越大，放电过程越慢，输出电压越高，同时脉动成分越小，滤波效果越好。当 $R_L = \infty$（如负载开路，电容 C 没有放电通路）时，输出电压为 $\sqrt{2}V_2$。为此，应选择大容量的电容作为滤波电容，而且要求负载电阻 R_L 的值要大。电容滤波适用于负载电流比较小的整流电路，如图9.3.3所示。

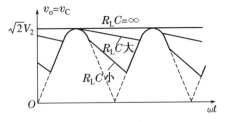

图9.3.3 $R_L C$ 的变化对电容滤波电路 v_o 的影响

（3）在整流电路采用电容滤波后，只有当 $v_2 > v_o$ 时，二极管才导通，所以整流二极管的导电时间缩短了。由于电容 C 充电的瞬时电流很大，形成了浪涌电流，容易损坏二极管，故在选取二极管时，必须留有足够的电流裕量。一般可按（2～3）I_D 的值来选择二极管。

（4）为了有良好的滤波效果，一般取

$$RC > (3 \sim 5)\frac{T}{2} \tag{9.3.1}$$

式中 T 为输入交流电压的周期。当负载去掉时，电容端电压将升至 $\sqrt{2}V_2$，加之电网供电电压会经常波动，故电容耐压应大于它实际工作时所承受的最大电压 $\sqrt{2}V_2$，留有一定的余量。

（5）当电容 C 的值满足式（9.3.1）时，输出电压的平均值近似为

$$V_O \approx 1.2 V_2 \tag{9.3.2}$$

$$I_O = \frac{V_O}{R_L} = \frac{1.2 V_2}{R_L} \tag{9.3.3}$$

9.3.2　电感滤波电路

将一个电感线圈 L 和负载电阻 R_L 串联,这样组成的电路同样具有滤波作用。图 9.3.4 所示的为全波整流电感滤波电路。

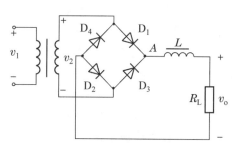

由于滤波电感是一种储能元件,当通过的电流发生变化时,在电感中产生感应电动势,阻碍电流变化。设电流增加,感应电动势将阻碍电流增加,同时把一部分能量储存于线圈的磁场中;当电流减小时,感应电动势将阻碍电流减小,同时把储存的磁场能量释放出来。所以通过电感滤波后,输出电压和电流的脉动都将大为减小。

图 9.3.4　电感滤波电路

线圈的电感愈大,产生的感应电动势愈大,阻碍负载电流变动的能力就愈强,输出电压的脉动愈小,滤波效果就愈好。但电感大了,不但成本大,而是线圈匝数增加,导致直流电阻也要增加,从而引起直流能量损失,故线圈电感一般为几亨到十几亨。

从整流电路输出的电压中,其直流分量由于电感近似于短路而全部加在负载 R_L 两端,交流分量由于电感 L 的感抗远大于负载电阻而大部分降落在电感 L 上,负载 R_L 上只有很小的交流电压,达到了滤除交流分量的目的。所以,电感滤波器适用于大电流负载的场合。

9.3.3　复式滤波电路

串联电感和并联电容都能够起滤波作用。为了进一步减小脉动、提高滤波效果,可以将滤波电感和滤波电容组合成复式滤波电路。常用的复式滤波电路有 $LC-\mathrm{II}$ 型滤波电路和 $RC-\mathrm{II}$ 型滤波电路。

1. LC 型滤波电路

它是在电感滤波的基础上,在 R_L 上并联一个滤波电容 C 构成的,如图 9.3.5 所示。不难看出,当 L 的值很小,R_L 的值很大时,该电路和电容滤波电路很相似,呈现出电容滤波的特性。参数之间应恰当配合,满足条件 $R_L < 3\omega L$。

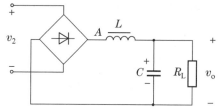

图 9.3.5　LC 滤波电路

由图可知,在 LC 滤波电路中输出电压的交流分量在 $\left(R_L // \dfrac{1}{j\omega C}\right)$ 和 $j\omega L$ 之间分压得到,所以输出电压脉动成分比仅用电感滤波时更小。

LC 滤波电路在负载电流较大或较小时,均有良好的滤波作用,也就是说,它对负载的适应性较强。

2. LC-II 型滤波电路

在 LC 滤波电路的输入端再加一个电容,就可以构成 $LC-\mathrm{II}$ 型滤波电路,如图 9.3.6 所示。

由于输入端接了电容,是一种电容输入式滤波器,整流后的脉动电压作用在电容 C_1 两端。在电容 C_1 的充放电作用下,输出的直流电压均值比 LC 型滤波器的高些。因此提高了输出直流电压。显然,$LC-\mathrm{II}$ 型滤波电路的输出电压比 LC 滤波电路的输出电压的波形更加平滑,但是,同样也带来了电容充电时浪涌电流的问题,即整流管冲击电流比较大的缺点。

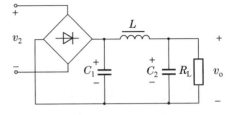

图 9.3.6　$LC-\mathrm{II}$ 型滤波电路

在电容 C_1 两端所得到的已较平滑的输出电压,再经过电感 L 和电容 C_2 进行滤波,使输出电压的脉动将大大减小而更加平滑。所以,$LC-\mathrm{II}$ 型滤波器的滤波性能比 LC 型滤波器更好,输出电压也高,在各种电子设备中广泛应用。

3. $RC-\mathrm{II}$ 型滤波电路

对于上述 $LC-\mathrm{II}$ 型滤波电路,当负载电流较小时,为了使结构简单、经济,常常用一个适当阻值的电阻代替电感线圈,组成 $RC-\mathrm{II}$ 型滤波器,如图 9.3.7 所示。

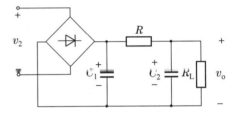

图 9.3.7　$RC-\mathrm{II}$ 型滤波电路

经电容 C_1 一次滤波后,较小的脉动电压又被 R 衰减,再经 C_2 二次滤波,使滤波效果更好。同时也应注意到,电流流过电阻时,会有直流分量的压降和功率损耗,$RC-\mathrm{II}$ 型滤波器一般只适用于输出电流小且负载较稳定的场合,它同时还具有降压限流作用,在多级放大电路的供电电路中常用它作为级间去耦滤波电路。

【例 9.3.1】 单相桥式整流、电容滤波电路如图 9.3.1 所示。已知交流电源电压为 220 V,交流电源频率 $f=50$ Hz,要求直流电压 $V_\mathrm{O}=60$ V,负载电流 $I_\mathrm{O}=100$ mA。试求变压器副边电压 v_2 的有效值;选择整流二极管及滤波电容器。

解: (1) 变压器副边电压有效值

由公式 (9.3.2),取 $V_\mathrm{O}=1.2 V_2$,则

$$V_2=\frac{60}{1.2}\mathrm{V}=50\ \mathrm{V}$$

(2) 选择整流二极管

流经二极管的平均电流

$$I_\mathrm{D}=\frac{1}{2}I_\mathrm{O}=\frac{1}{2}\times100\ \mathrm{mA}=50\ \mathrm{mA}$$

二极管承受的最大反向电压

$$V_\mathrm{RM}=\sqrt{2}V_2=70\ \mathrm{V}$$

因此,可选用整流二极管(其允许最大电流 $I_\mathrm{F}=100$ mA,最大反向电压 $V_\mathrm{RM}=200$ V),也可选用 $I_\mathrm{F}=100$ mA、$V_\mathrm{RM}=200$ V 的整流桥堆 KBL102。凡是满足 $I_\mathrm{F}>I_\mathrm{D}$、$V_\mathrm{RM}>\sqrt{2}V_2$ 的整流电流二极管原则上都可以选用,当然实用中要留有余量,并且在此基础上还会考虑性价比等其他因素。

(3) 选择滤波电容器

负载电阻

$$R_\mathrm{L}=\frac{V_\mathrm{O}}{I_\mathrm{O}}=\frac{60}{100}\mathrm{k\Omega}=0.6\ \mathrm{k\Omega}$$

由公式(9.3.1),取

$$C = \frac{4 \times \dfrac{T}{2}}{R_L} = \frac{2 \times \dfrac{1}{50}\text{s}}{600\Omega} \approx 66.7 \ \mu\text{F}$$

若考虑电压波动±10%,则电容器承受的最高电压为

$$V_{CM} = \sqrt{2}V_2 \times 1.1 = (1.4 \times 50 \times 1.1)\text{V} = 77 \ \text{V}$$

因为计算结果所要求的电容器的参数值,市场上未必有完全符合计算要求的规格产品,应在耐压参数满足要求的情况下选择与容量计算值相接近的系列规格产品。

所以,本例选用标称值为 $100 \ \mu\text{F}/100 \ \text{V}$ 的电解电容器。

9.4　串联型稳压电路

整流和滤波后输出的直流电压含有的纹波已经比较小了,但是在一些对电源稳定度要求更高的场合,其输出仍不能满足需要。导致整流滤波后电路输出电压不稳定的因素有三个方面,一是输入(交流)电压的变化,二是负载电流的变化,三是环境温度的变化,所以输出电压可以用如下关系式描述:

$$V_O = f(V_I, I_L, T) \tag{9.4.1}$$

在整流、滤波电路之后接入稳压电路,可以维持输出电压的稳定,克服上述因素的影响。

稳压电路按工作方式分为线性稳压电路和开关型稳压电路,其中线性稳压电路又分为串联型和并联型稳压电路。最简单的稳压电路是由稳压二极管组成的,在第 2 章已经阐述其稳压原理。由于稳压二极管与负载并联,因而属于并联型稳压电路。这里主要介绍串联型稳压电路的工作原理以及三端集成稳压器的应用。

9.4.1　直流稳压电源的主要质量指标

稳压电源的技术指标分为两种:一种是特性指标,包括允许的输入电压、输出电压、输出电流及输出电压调节范围;另一种是质量指标,用来衡量输出直流电压的稳定程度,包括稳压系数、输出电阻、温度系数及纹波电压等。这些质量指标的含义,可简述如下:

由于输出直流电压 V_O 随输入直流电压 V_I(即整流滤波电路的输出电压,其数值可近似认为与交流电源电压成正比)、输出电流 I_O 和环境温度 $T(℃)$ 的变动而变动,即输出电压 $V_O = f(V_I, I_L, T)$,因而输出电压变化量的一般式可表示为

$$\Delta V_O = \frac{\partial V_O}{\partial V_I}\Delta V_I + \frac{\partial V_O}{\partial I_O}\Delta I_O + \frac{\partial V_O}{\partial T}\Delta T$$

或 $\Delta V_O = K_V \Delta V_I + R_O \Delta I_O + S_T \Delta T$

式中的三个系数的定义是:

1. 输入电压调整因数 K_V

在负载固定和温度不变时,输入电压调整系数 K_V,为稳压电路输出电压的变化量与其输入电压的变化量之比,即

$$K_V = \frac{\Delta V_O}{\Delta V_I}\bigg|_{\substack{\Delta I_O = 0 \\ \Delta T = 0}} \tag{9.4.2}$$

这个指标给出了在改变输入电压时,电路保持预定输出能力的一种度量,即反映了电网

电压波动对直流稳压电源的影响,其中 V_I 是指整流滤波后的直流电压。

工程上常把电网电压波动 $\pm 10\%$ 时所对应的直流输出电压的相对变化量的百分比作为衡量的指标,实际上常用输入电压变化 ΔV_I 时引起输出电压的相对变化来表示,称为**电压调整率**,即

$$S_V = \frac{\Delta V_O / V_O}{\Delta V_I} \times 100\% \bigg|_{\substack{\Delta I_O = 0 \\ \Delta T = 0}} (\%/V) \qquad (9.4.3)$$

有时也以输出电压和输入电压的相对变化之比来表征稳压性能,称为**稳压系数**,其定义可写为

$$\gamma = \frac{\Delta V_O / V_O}{\Delta V_I / V_I} \bigg|_{\substack{\Delta I_O = 0 \\ \Delta T = 0}} \qquad (9.4.4)$$

2. 输出电阻 R_O

输出电阻 R_O 为输入电压和温度不变时,因负载变化,引起输出电压的变化量与电流变化量之比。因此输出电阻 R_O 的大小衡量了稳压电路的输出电压在 I_L 变化时的稳定情况,即反映稳压电路受负载变化影响的大小,也称为**负载调整率**。

$$R_O = \frac{\Delta V_O}{\Delta I_O} \bigg|_{\substack{\Delta V_I = 0 \\ \Delta T = 0}} \qquad (9.4.5)$$

工程上也用**电流调整率 S_I** 表示。S_I 是指负载电流从零变到最大时,输出电压的相对变化,即

$$S_I = \frac{\Delta V_O}{V_O} \times 100\% \bigg|_{\substack{\Delta T = 0 \\ \Delta V_I = 0}} \qquad (9.4.6)$$

3. 输出电压的温度系数 S_T

输出电压的温度系数 S_T,是指电网电压和负载都不变时,单位温度变化所引起的输出电压的变化量。该指标用以度量在改变温度的条件下,电路维持预定输出电压 V_O 的能力。

$$S_T = \frac{\Delta V_O}{\Delta T} \bigg|_{\substack{\Delta V_I = 0 \\ \Delta I_O = 0}} \qquad (9.4.7)$$

上述的系数越小,输出电压越稳定,它们的具体数值与电路形式和电路参数有关。

9.4.2 串联型稳压电路的工作原理

图 9.4.1 是串联型稳压电路的一般结构图,图中 V_I 是整流滤波电路的输出电压,T 为调整管,A 为比较放大器,V_{REF} 为基准电压,R_1 与 R_2 分压组成的取样电路,是用来反映输出电压变化的反馈网络。

这种稳压电路的主回路是与负载串联的起调整作用的三极管 T,通常称为电压调整管,构成了串联型稳压电路。输出电压的变化量由取样、反馈网络经比较放大器放大后去控制调整管 T 的 c、e 极间的电压降,从而达到稳定输出电压 V_O 的目的。其稳压原理可简述如下:当输入电压 V_I 增加(或负载电流 I_O 减小)时,导致输出电压 V_O 增加,随之反馈电压 $V_F = R_2 V_O / (R_1 + R_2) = F_V V_O$ 也增加(F_V 为反馈系数)。V_F 与基准电压 V_{REF} 相比较,其差值电压经比较放大器放大后使 V_B 和 I_C 减小,调整管 T 的 c、e 极间电压 V_{CE} 增大,使 V_O 下降,从而维持 V_O 基本恒定。

同理,当输入电压 V_I 减小(或负载电流 I_O 增加)、输出电压 V_O 减小时,反馈电压亦将使 V_B 和 I_C 增大,使 V_O 上升,从而使输出电压基本保持不变。

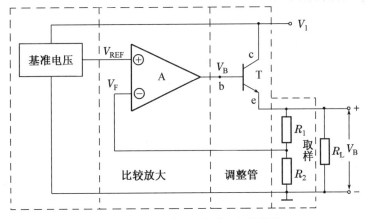

图 9.4.1　串联稳压电路一般结构图

从反馈放大器的角度来看,这种电路属于电压串联负反馈电路。调整管 T 连接成射极电压跟随器形式,因而可得

$$V_B = A_V(V_{REF} - F_V V_O) \approx V_O$$

或

$$V_O = V_{REF} \times \frac{A_V}{1 + A_V F_V} \tag{9.4.8}$$

式中 A_V 是比较放大器的电压放大倍数,是考虑了所带负载的影响,与开环放大倍数 A_{VO} 不同。在深度负反馈条件下,$|1 + A_V F_V| \gg 1$ 时,可得

$$V_O \approx \frac{V_{REF}}{F_V} \tag{9.4.9}$$

式中 $F_V = R_2/(R_1 + R_2)$ 为电压反馈系数。

上式表明,输出电压 V_O 与基准电压 V_{REF} 近似成正比,与电压反馈系数 F_V 成反比。当 V_{REF} 及 F_V 已确定时,V_O 也就确定了。因此它是设计稳压电路的基本关系式。

由上式还可以推出,误差放大器的电压放大倍数 A_V 和电压反馈系数 F_V 愈大愈好,因为电路的环路增益大,引入深度负反馈,则较小的 V_O 变化就可获得足够大的电压 V_B,去调节调整管的管压降。电路的基准电压 V_{REF},愈稳定愈好,V_{REF} 和 V_F 的差值是误差信号,如果 V_{REF} 也在变化,这个差值就不可靠了。此外,误差放大器的零点漂移应愈小愈好,为此宜选用温度稳定性良好的元器件。

要使电路能够实现稳压,必须使电路的 $V_I > V_O + V_{CES}$,使调整管工作于放大区,所以串联型稳压电路也称为线性稳压电路。电压调整管是串联型稳压电路的核心器件,它的安全工作是电路正常运行的保证,因此还应该考虑调整管的极限参数:最大集电极电流 I_{CM}、ce 间的反向击穿电压 V_{BRCEO} 以及集电极最大管耗 P_{CM}。若忽略取样电路的分流作用,使 $I_E \approx I_L$,则可以按下式选择调整管。

$$I_{CM} > I_{Lmax} \tag{9.4.10}$$

$$V_{BRCEO} > V_{Imax} - V_{Omin} \tag{9.4.11}$$

$$P_{CM} > I_{Lmax}(V_{Imax} - V_{Omin}) \tag{9.4.12}$$

【例 9.4.1】 直流稳压电源电路如图 9.4.2 所示。

（1）说明整流电路、滤波电路、调整管、基准电压电路、比较放大电路、采样电路等部分各由哪些元件组成。

（2）标出集成运放的同相输入端和反相输入端。

（3）写出输出电压的表达式。

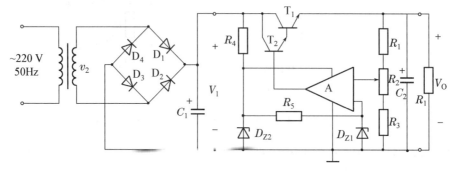

图 9.4.2　例 9.4.1 的稳压电路

解　（1）$D_1 \sim D_4$ 构成桥式整流电路；C_1 组成电容滤波电路；T_1 和 T_2 构成的复合管是调整管；R_4、D_{Z2} 和 R_5、D_{Z1} 组成两级稳压电路形成较稳定的基准电压；集成运放 A 完成比较放大功能；R_1、R_2、R_3 构成反馈网络和取样电路。其中 R_2 为电位器，使输出电压具有一定的调节范围。另外，电容 C_2 也构成电容滤波电路，进一步减小输出电压的纹波。

（2）为了使电路引入负反馈，集成运放的输入端应为上"−"下"+"。

（3）由集成运放两输入端的虚短关系 $V_P \approx V_N$，可得

当 R_2 滑动端移到上端位置时

$$V_{Z1} = \frac{R_2 + R_3}{R_1 + R_2 + R_3} V_{Omin}$$

当 R_2 滑动端置于下端时

$$V_{Z1} = \frac{R_3}{R_1 + R_2 + R_3} V_{Omax}$$

所以，输出电压的表达式为

$$\frac{R_1 + R_2 + R_3}{R_2 + R_3} V_{Z1} \leqslant V_O \leqslant \frac{R_1 + R_2 + R_3}{R_3} V_{Z1}$$

【例 9.4.2】 图 9.4.3 所示电路为输出负电压的稳压电源。已知稳压管 D_Z 的稳定电压 $V_Z = -2.3\,V$，晶体管的 $V_{BE} = -0.7\,V$，电阻 $R_3 = R_4 = 1\,k\Omega$。

（1）试说明串联型稳压电路的各组成部分由哪些元器件构成；

（2）若 R_p 的滑动端在最下端时 $V_O = -15\,V$，求 R_p 的值；

（3）若 R_p 的滑动端在最上端，问 V_O 为多少？

（4）若电网电压波动 $\pm 10\%$，最大输出电流为 $1.2\,A$，T_1 的最大管耗为多少瓦？

（5）在输出电流为 $1.2\,A$ 情况下，求稳压电路的效率。

解　（1）图 9.4.3 所示为一完整的桥式整流、电容滤波、串联稳压电路。其中，稳压电路包含电压调整管、基准电压、取样电路、比较放大 4 部分。它们分别由下列元器件构成：

电压调整管由复合管 T_1、T_2 构成；基准电压部分为 R_2 和稳压管 D_Z；取样电路由 R_3、R_4

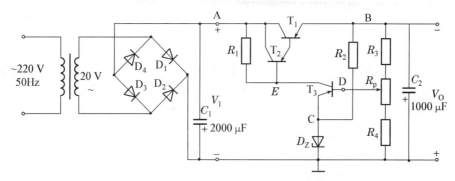

图 9.4.3　采用晶体管放大器的串联稳压电路

和电位器 R_p 组成;比较放大由三极管 T_3 组成。

必须指出的是:图 9.4.3 中稳压管的限流电阻 R_2 连接到 B 点,是为了提高基准电压的稳定性。此时,必须加入启动电阻 R_1,否则电路不能正常工作。

(2) 若 R_p 的滑动端在最下端时

$$V_{B3}=V_O\frac{R_4}{R_3+R_p+R_4}=V_{BE}+V_Z=-2.3\text{ V}-0.7\text{ V}=-3\text{ V}$$

所以

$$R_p=\frac{V_OR_4}{V_{B3}}-R_4-R_3=\frac{-15\times1}{-3}\text{k}\Omega-2\text{ k}\Omega=3\text{ k}\Omega$$

(3) 若 R_p 的滑动端在最上端时

$$V_{B3}=V_O\frac{R_p+R_4}{R_3+R_p+R_4}=-3\text{ V}$$

所以

$$V_O=V_{B3}\frac{R_3+R_p+R_4}{R_p+R_4}=-3.75\text{ V}$$

(4) 根据桥式整流电容滤波的输出电压

$$V_A=-1.2V_2=-1.2\times20\text{ V}=-24\text{ V}$$
$$R_L=V_A/I_L=24\text{ V}/1.2\text{ A}=20\text{ }\Omega$$

当交流电压最高时,$V_A=-1.2\times20\times(1+10\%)\text{V}=-26.4\text{ V}$

当 R_p 的滑动端在最上端时　　$V_O=-3.75\text{ V}$

T_1 的最大电压 $V_{AB}=V_A-V_B=-26.4\text{ V}-(-3.75\text{ V})=-22.65\text{ V}$

最大管耗　　　　　$P_{T1max}=V_{CE1}I_L=V_{AB}I_L=27.18\text{ W}$

(5) 最大管耗时效率 $\eta=\frac{P_0}{P_V}\times100\%=\frac{3.75\times1.2}{26.4\times1.2}\times100\%=14.2\%$

可见线性可调稳压电源在低电压输出时效率是非常低的,这种电源显然是不适合大功率应用场合的。

当交流电压最低时 $V_A=-1.2\times20\times(1-10\%)\text{V}=-21.6\text{ V}$

当 R_p 的滑动端在最上端时　$V_O=-15\text{ V}$

这时 T_1 上的压降最小　$V_{AB}=V_A-V_B=-21.6\text{ V}-(-15)\text{V}=-6.6\text{ V}$

管耗　　　　　$P_{T1min}=V_{AB}I_L=6.6\times1.2\text{ W}=7.92\text{ W}$

此时效率　　　　$\eta=\frac{P_0}{P_V}\times100\%=\frac{15\times1.2}{21.6\times1.2}\times100\%=69.44\%$

　　实际的串联型稳压电源工作时的效率没有这么高,大多在 $40\%\sim 60\%$ 之间。

9.4.3　三端集成稳压器

　　集成稳压器是内部带有保护电路的集成稳压电路,一旦出现电流过载、二次击穿以及热过载等情况,这些保护电路将被启动以确保器件在安全界限内工作,从而降低了器件失效或电路性能下降的风险。集成稳压器连接在整流滤波电路的输出端,在输入电压变化、负载电流变化、温度变化时均有恒定电压输出。常用的集成稳压器有三个端子,输入端、输出端和公共(调节)端,故称之为三端集成稳压器。

　　1. 三端固定输出集成稳压器

　　三端固定输出集成稳压器是一种串联调整式稳压器,它将全部电路集成在单块硅片上。三端分别是输入端、接地端和输出端,输出电压固定。这种稳压器使用非常方便。典型产品有 78XX 正电压输出系列和 79XX 负电压输出系列。

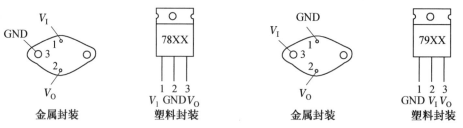

图 9.4.4　78XX 正电压输出系列封装图　　　　**图 9.4.5　79XX 负电压输出系列封装图**

　　78XX/79XX 系列中的符号 XX 表示集成稳压器的输出电压的数值,以 V 为单位。每类稳压器电路输出电压有 5 V,6 V,7 V,8 V,9 V,10 V,12 V,15 V,18 V,20 V 和 24 V 共 11个档次。该系列的输出电流分 5 档,7800 系列是 1.5 A,78M00 是 0.5 A,78L00 是 0.1 A,78T00 是 3 A,78H00 是 5 A。

　　2. 三端输出可调集成稳压器

　　三端可调输出集成稳压器是在三端固定输出集成稳压器的基础上发展起来的,集成片的输入电流几乎全部流到输出端,流到公共端的电流非常小,因此可以用少量的外部元件方便地组成精密可调的稳压电路,应用更为灵活。

　　三端可调输出集成稳压器的典型产品有正电源输出 CW117、CW217、CW317 系列和负电源输出 CW137、CW237、CW337 系列。其输出端与调整端之间的电压为 1.25 V,称为基准电压。CW117、CW117M、CW117L 的最大输出电流依次为 1.5 A、500 mA、100 mA。CW117、CW217、CW317 具有相同的引出端、相同的基准电压和相似的内部电路。它们的工作温度范围是:CW117(137)为 $-55\sim 150℃$,CW217(237)为 $-25\sim 150℃$;CW317(337)为 $0\sim 125℃$。

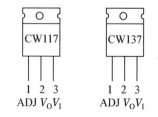

图 9.4.6　CW117 及 CW137 系列塑料直插式封装

　　CW117 及 CW137 系列塑料直插式封装管脚排列如图 9.4.6 所示,图中 ADJ 称为电压调整端,因所有偏置电路和放大器的静态工作点电流都流到稳压器的输出端,所以没有单独引出接地端。

9.4.4　三端集成稳压器的应用

1. 三端固定集成稳压器应用

图 9.4.7 所示电路中,稳压器输出电压为 12 V,最大输出电流为 1.5 A。为使电路正常工作,要求输入电压 V_I 比输出电压 V_O 至少大 2.5~3 V。输入端电容 C_1 用以抵消输入端较长接线的电感效应,以防止自激振荡,还可抑制电源的高频脉冲干扰,一般取 0.1~1 μF。输出端电容 C_2、C_3 用以改善负载的瞬态响应,消除电路的高频噪声,同时也具有消振作用。D 是保护二极管,用来防止在输入端短路时输出电

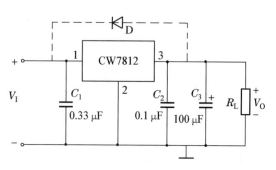

图 9.4.7　CW7800 基本应用电路

容 C_3 所存储电荷通过稳压器放电而损坏器件。CW7900 系列的接线与 CW7800 系列基本相同。

2. 三端可调集成稳压器应用

图 9.4.8 是 CW117(CW137)系列集成稳压器内部电路组成框图。典型应用电路如图 9.4.9 所示。

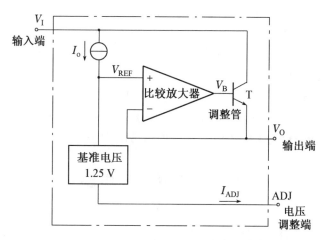

图 9.4.8　CW117 系列集成稳压器内部电路组成框图

由图 9.4.8 看到,可调输出三端集成稳压器的内部,在输出端和调整端之间是 1.25 V 的基准电压源,因此图 9.4.9 电路输出电压 V_O 为

$$V_O = V_{REF} + \left(\frac{V_{REF}}{R_1} + I_{adj}\right)R_p$$

$$= V_{REF}\left(1 + \frac{R_p}{R_1}\right) + I_{adj}R_p$$

$$\approx 1.25\left(1 + \frac{R_p}{R_1}\right) \tag{9.4.13}$$

调节电位器 R_p 即可调节输出电压 V_O 的大小。

【例 9.4.3】 电路如图 9.4.9 所示。已知输入电压 V_I 的波动范围为 $\pm 10\%$；CW117 正常工作时输入端与输出端之间电压 V_{32} 为 3～40 V，最小输出电流 $I_{Omin}=5$ mA，输出端与调整端之间电压 $V_{21}=1.25$ V；输出电压的最大值 $V_{Omax}=28$ V。

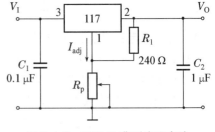

图 9.4.9 CW117 典型应用电路

(1) 输出电压的最小值 V_{Omin} 为多少？

(2) R_1 的最大值 R_{1max} 为多少？

(3) 若 $R_1=200$ Ω，则 R_p 应取多少？

(4) 为使电路能够正常工作，V_I 的取值范围为多少？

解 (1) $R_2=0$ 时，$V_O=V_{Omin}=V_{23}=1.25$ V。

(2) 为保证空载时 CW117 的输出电流大于 5 mA，R_1 的最大值

$$R_{1max}=\frac{V_{23}}{I_{Omax}}=\left(\frac{1.25}{0.005}\right)\Omega=250 \ \Omega$$

(3) 若 $R_1=200$ Ω，根据式(9.4.13)，为使 $V_{Omax}=28$ V，则

$$\left(1+\frac{R_p}{R_1}\right)\times 1.25 \ V=28 \ V$$

可求出 $R_p=4.28$ kΩ

(4) 要使电路正常工作，就应保证 W117 在 V_I 波动时 V_{12} 在 3～40 V。

当 V_O 最小且 V_I 波动 $+10\%$ 时，V_{12} 最大且应小于 40 V，即

$$V_{12max}=1.1V_I-V_{Omin}=1.1V_I-1.25<40 \ V$$

得到 V_I 的上限值为 37.5 V。

当 V_O 最大且 V_I 波动 -10% 时，V_{12} 最小且应大于 3 V，即

$$V_{12min}=0.9V_I-V_{Omax}=0.9V_I-28>3 \ V$$

得到 V_I 的下限值为 34.4 V。所以，V_I 的取值范围为 34.4～37.5 V。

9.5* 开关稳压电路

9.5.1 开关型稳压电路的特点和分类

1. 开关型稳压电路的特点

(1) 效率高

串联型稳压电路的调整管串接在输入和输出端之间，输出电压的稳定是依靠调节调整管的管压降 V_{CE} 来实现的，调整管工作在放大区，造成电源效率低，一般只有 50% 左右。开关型稳压电路的开关管工作在开关状态(截止、饱和导通)，截止期间无电流，不消耗功率，饱和导通时，功耗为饱和压降乘以电流。电源本身功耗很小，效率明显高于串联型稳压电路，通常可达 $65\%\sim90\%$ 左右。

(2) 体积小、重量轻

开关型稳压电路因调整管功耗小，故散热器也可随之减小。而且，许多开关型稳压电路

可将电网电压直接整流,省去笨重的电源变压器(工频变压器),从而使体积缩小、重量减轻。另外,它的工作频率高,对滤波元件参数要求较低。

(3) 稳压范围宽

由于开关型稳压电路的输出电压是由脉冲波形的占空比来调节的,受输入电压幅度变化的影响较小,所以它的稳压范围很宽,并允许电网电压有较大的变化. 一般线性稳压电路允许电网电压波动±10%,而开关型稳压电路在电网电压为 140 V 至 260 V,电网频率变化±4%时仍可正常工作。

(4) 纹波和噪声较大

开关型稳压电路的调整管工作在开关状态,会产生尖峰干扰和谐波干扰。电压中的纹波和噪声成分较线性稳压电路的大。

(5) 电路结构复杂

与串联型稳压电路相比,开关型稳压电路的结构复杂,调试比较麻烦。但随着许多用于开关型稳压电路控制的集成电路和单片开关型集成稳压电源的出现,其外围电路大为简化。

2. 开关型稳压电路的分类

开关型稳压电路的种类很多,分类方法也有多种。

(1) 按开关管与负载之间的连接方式分为:串联型、并联型。

(2) 按启动开关管的方式可分为:自激型和它激型。它激型由附加振荡器产生的开关脉冲来控制开关管。自激型由开关管和脉冲变压器构成正反馈电路,形成自激振荡来控制开关管。控制开关管的驱动信号又分电压型、电流型两类。

(3) 按所用开关器件可分为:晶体管开关型稳压电路、MOS 场效应管开关型稳压电路、晶闸管开关型稳压电路。

(4) 按稳压的控制方式可分为:脉冲宽度调制(PWM 周期恒定、改变占空比),脉冲频率调制(PFM 导通脉宽恒定、改变工作频率)和混合型调制(即脉宽—频率调制)。PWM、PFM 方式统称时间比率控制方式,也称占空比控制。

(5) 按电路的结构可分为:单管型、推挽型、半桥型及全桥型等。单管型又可分为单管正激型和单管反激型。

9.5.2　开关串联型稳压电路

串联开关型稳压电路的组成如图 9.5.1 所示。图中包括开关调整管、滤波电路、脉冲调制电路、比较放大器、基准电压和采样电路等各个组成部分。

如果由于输入直流电压或负载电流波动而引起输出电压发生变化时,采样电路将输出电压变化量的一部分送到比较放大电路,与基准电压进行比较并将二者的差值放大后送至脉冲调制电路,使脉冲波形的占空比发生变化。此脉冲信号作为开关调整管的输入信号,使调整管导通和截止时间的比例也随之发生变化,从而使滤波以后输出电压的平均值基本保持不变。

图 9.5.2 为一个简单的开关型稳压电路的原理电路图。电路的控制方式采用脉冲宽度调制式。图中三极管 T 为工作在开关状态的调整管。由电感 L 和电容 C 组成滤波电路,二极管 D 称为续流二极管。脉冲宽度调制电路由一个比较器和一个产生三角波的振荡器组

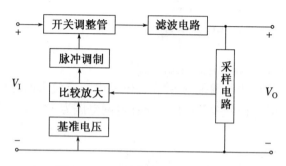

图 9.5.1　开关型稳压电路的组成

成。运算放大器 A 作为比较放大电路,基准电源产生一个基难电压 V_{REF}。电阻 R_1、R_2 组成采样电阻。

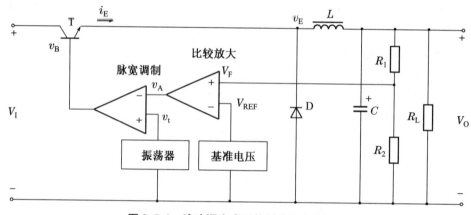

图 9.5.2　脉冲调宽式开关型稳压电路原理

图 9.5.2 电路中,由采样电路得到的采样电压 v_F 与输出电压成正比,它与基准电压进行比较并放大以后得到 v_A,被送到比较器的反相输入端。振荡器产生的三角波信号 v_t 加在比较器的同相输入端。当 $v_t > v_A$ 时,比较器输出高电平,即

$$v_B = +V_{OPP} \tag{9.5.1}$$

当 $v_t < v_A$ 时,比较器输出低电平,即

$$v_B = -V_{OPP} \tag{9.5.2}$$

故调整管 T 基极电压 v_B 成为高、低电平交替的脉冲波形,如图 9.5.3 所示。

当 v_B 为高电平时,调整管饱和导通,此时发射极电流 i_E 流过电感和负载电阻,一方面向负载提供输出电压,同时将能量储存在电感的磁场中。由于晶体管 T 饱和导通,因此其发射极电位 v_E 为

$$v_E = V_I - V_{CES} \tag{9.5.3}$$

上式中 V_I 为直流输入电压,V_{CES} 为晶体管的饱和管压降。v_E 的极性为上正下负,则二极管 D 被反向偏置,不能导通,故此时二极管不起作用。

当 v_B 为低电平时,调整管截止,$i_E = 0$。但电感具有维持流过电流不变的特性,此时将储存的能量释放出来。在电感上产生的反电势使电流通过负载和二极管继续流通,因此,二

极管 D 称为续流二极管。此时调整管发射极的电位为

$$v_{E}=-V_{D} \tag{9.5.4}$$

式中 V_O 为二极管的正向导通电压。

由图 9.5.2 可见,调整管处于开关工作状态,它的发射极电位 v_E 也是高、低电平交替的脉冲波形。但是.经过 LC 滤波电路以后,在负载上可以得到比较平滑的输出电压 v_O。

在理想情况下,输出电压 v_O 的平均值 V_O,即是调整管发射极电压 v_E 的平均值。根据图 9.5.3 中 v_E 的波形可求得

$$V_{O}=\frac{1}{T}\int_{0}^{T}v_{E}\,\mathrm{d}t=\frac{1}{T}\left[\int_{0}^{T_{on}}(V_{I}-V_{CES})\mathrm{d}t+\int_{0}^{T}(-V_{D})\mathrm{d}t\right] \tag{9.5.5}$$

因三极管的饱和管压降 V_{CES} 以及二极管的正向导通电压 V_D 的值均很小,与直流输入电压 V_I 相比通常可以忽略,则上式可近似表示为

$$V_{O}\approx\frac{1}{T}\int_{0}^{T_{on}}V_{I}\mathrm{d}t=\frac{T_{on}}{T}V_{I}=qV_{I} \tag{9.5.6}$$

式(9.5.6)中 q 为脉冲波形 v_E 的占空比。由上式可知,在一定的直流输入电压 V_I 之下,占空比 q 的值愈大,则开关型稳压电路的输出电压 V_O 愈高。

下面再来分析当电网电压波动或负载变化时,图 9.5.2 中的开关型稳压电路如何起稳压作用。假设由于电网电压或负载电流的变化使输出电压 V_O 升高,则经过采样电阻以后得到的采样电压 v_F 也随之升高,此电压与基准电压 V_{REF} 比较以后再放大得到的电压 v_A 也将升高,v_A 送到比较器的反相输入端。由图 9.5.3 的波形图可见.当 v_A 升高时,将使开关调整管基极电压 v_B 的波形中高电平的时间缩短,而低电平的时间增长,于是调整管一个周期中饱和导电时间减少,截止的时间增加,则其发射极电压 v_E 脉冲波形的占空比减小,从而使输出电压的平均值 V_O 减小,最终保持输出电压基本不变。

应当指出,由于负载电阻变化时影响 LC 滤波电路的滤波效果,因而开关型稳压电路不适用于负载变化较大的场合。

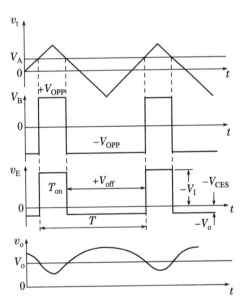

图 9.5.3　脉冲调宽式开关型稳压电路的波形图

从对图 9.5.2 所示电路工作原理的分析可知,控制过程是在保持调整管开关周期 T 不变的情况下,通过改变开关管导通时间 T_{on} 来调节脉冲占空比,从而达到实现稳压的,故称之为脉宽调制型开关电源。目前有多种脉宽调制型开关电源的控制器芯片,有的还将开关管也集成于芯片之中.且含有各种保护电路,因而图 9.5.2 所示电路可简化成图 9.5.4 所示电路。

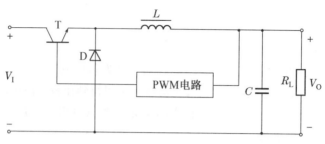

图 9.5.4 开关串联型稳压电路的简化电路

9.5.3 开关并联型稳压电路

开关串联型稳压电路调整管与负载串联,输出电压总是小于输入电压,故称为降压型稳压电路。在实际应用中,还需要将输入电压经稳压电路转换成大于输入电压的稳定的输出电压,称为升压型稳压电路。在这类电路中,开关管常与负载并联,故称之为开关并联型稳压电路。它通过电感的储能作用,将感生电动势与输入电压相叠加后作用于负载,因而 $V_O > V_I$。

图 9.5.5(a)所示为并联开关型稳压电路的基本原理电路,输入电压 V_I 为直流供电电压。晶体管 T 为开关管,v_B 为矩形波,电感 L 和电容 C 组成滤波电路,D 为续流二极管。

开关管 T 的工作状态受 v_B 的控制。当 v_B 为高电平时,T 饱和导通,V_I 通过 T 给电感 L 充电储能,充电电流几乎线性增大;D 因承受反压而截止;滤波电容 C 对负载电阻放电,等效电路如图 9.5.5(b)所示,各部分电流如图中所标注。当 v_B 为低电平时,T 截止,L 产生感生电动势,其方向阻止电流的变化,因而与 V_I 同方向,两个电压相加后通过二极管 D 对 C 充电,等效电路如图 9.5.5(c)所示。因此,无论 T 和 D 的工作状态如何,负载电流方向始终不变。

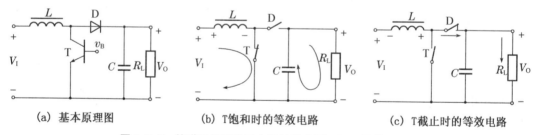

(a) 基本原理图　　　(b) T饱和时的等效电路　　　(c) T截止时的等效电路

图 9.5.5 并联开关型稳压电路的基本原理图及其等效电路

根据上述分析,可以画出控制信号 v_B、电感上的电压 v_L 和输出电压 v_O 的波形,如图 9.5.6 所示。从波形分析可知,只有当 L 足够大时,才能升压;并且只有当 C 足够大时,输出电压的脉动才能足够小。当 v_B 的周期不变时,其占空比越大,输出电压将越高。

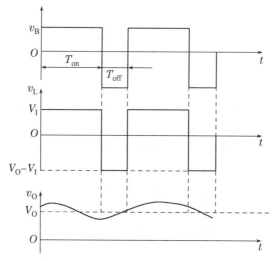

图 9.5.6　并联型开关稳压电路的波形分析

本章小结

1. 小功率直流稳压电源由电源变压器、整流电路、滤波电路和稳压电路组成。整流电路将交流电压变为脉动的直流电压,滤波电路可减小脉动使直流电压平滑,稳压电路的作用是在电网电压波动或负载电流变化时保持输出电压基本不变。

2. 单相整流电路有半波和全波两种,最常用的单相整流电路是单相桥式整流电路。分析整流电路时,应分别判断在变压器副边电压正、负半周两种情况下二极管的工作状态(导通或截止),从而得到负载两端电压、副边管端电压及其电流波形,并由此得到输出电压和电流的平均值,以及二极管的最大整流平均电流和所承受的最高反向电压。

3. 电容滤波电路最简单且应用最广。在 $RC \geqslant (3 \sim 5)T/2$ 时,滤波电路的输出电压约为 $1.2V_2$。负载电流较大时,应采用电感滤波;对滤波效果要求较高时,可采用 $RC-\Pi$ 型滤波和 $LC-\Pi$ 型复式滤波电路。

4. 串联型稳压电路由电压调整管(多为复合管)、基准电压电路、取样电路和比较放大电路 4 个基本部分组成。串联型稳压电路的晶体管都工作在线性放大状态,因电路中引入了深度电压负反馈,从而使输出电压稳定。基准电压的稳定性和反馈深度是影响输出电压稳定性的重要因素。读者应当掌握稳压电路的稳压原理,会估算输出电压的调节范围。

集成稳压器代表了稳压电源的发展方向。三端集成稳压器仅有输入端、输出端和公共端(或调整端),使用灵活方便,稳压性能好,通过外接电路可以扩展输出电压和输出电流。CW78××和 CW79××系列为输出电压固定的三端集成稳压器,CW117、CW137 等系列为输出电压可调的三端集成稳压器。读者应掌握其应用方法。

5. 在开关型稳压电路中,调整管工作在开关状态,通过反馈控制调整管导通和截止时间的比例来实现输出电压的自动稳定,其控制方式有脉冲宽度调制(PWM)、脉冲频率调制(PFM)和混合调制(即脉宽一频率调制)。开关型稳压电路受输入电压幅度影响小,稳压范围宽,并且允许电网电压有较大的波动。开关型直流稳压电源的体积较小、工作频率高、管耗低、效率高,缺点是控制电路复杂、纹波和噪声较大。由于优点突出,开关型稳压电路在便携式大功率电子设备中应用广泛。

练习题

1. 图题 9.1 为桥式整流电容滤波电路。已知 $R_L=50\ \Omega$,$C=1000\ \mu F$,用交流电压表量得变压器副边电压的有效值 $V_2=20\ V$。如果用直流电压表测得的 V_O 有下列几种情况:28 V、18 V、24 V 和 9 V,试分析它们是电路分别处在什么情况下引起的(指电路正常或出现某种故障)结果。

2. 电路如图题 9.2 所示,按下列要求回答问题:
(1) 请标出 V_{O1}、V_{O2} 的极性,求出 V_{O1}、V_{O2} 的数值;
(2) 求出每个二极管承受的最大反向电压。

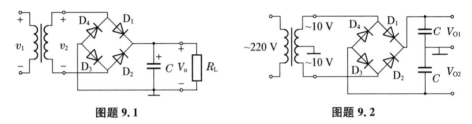

图题 9.1　　　　　图题 9.2

3. 求图题 9.3 中各电路的输出电压平均值 V_O。其中图题 9.3(b)所示电路,满足 $R_LC\geqslant(3\sim5)\dfrac{T}{2}$ 的条件(T 为交流电网电压的周期),对其 V_O 可作粗略估算。图中变压器副边电压为有效值。

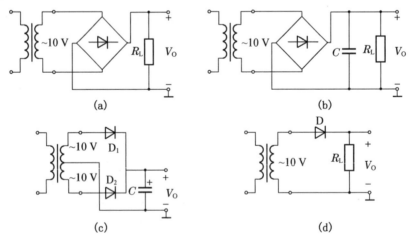

图题 9.3

4. 电路如图题 9.4 所示,已知稳压管 D_Z 的稳压值 $V_Z=6\ V$,$I_{Zmin}=5\ mA$,$I_{Zmax}=40\ mA$,变压器二次电压有效值 $V_2=20\ V$,电阻 $R=240\ \Omega$,电容 $C=200\ \mu F$。求:
(1) 整流滤波后的直流电压 V_I 约为多少伏?
(2) 当电网电压在 $\pm10\%$ 的范围内波动时,负载电阻 R_L 允许的变化范围有多大?

5. 指出图题 9.5 中的 5 V 稳压电路是否有错误。如有错误,请在原电路基础上加以改正,最多只允许加两个电阻。

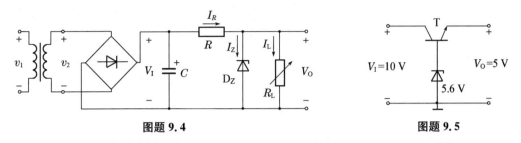

图题 **9.4**　　　　　　　　　　　　图题 **9.5**

6. 图题 9.6 中的各个元器件应如何连接才能得到对地为 ± 15 V 的直流稳定电压。

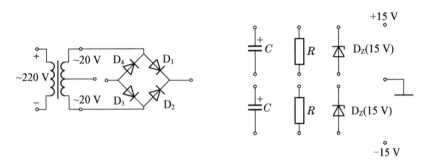

图题 **9.6**

7. 电路如图题 9.7 所示。

(1) 设变压器副边电压的有效值 $V_2 = 20$ V,求 V_I 的值,并说明电路中 T_1、R_1、D_{Z2} 的作用。

(2) 当 $V_{Z1} = 6$ V,$V_{BE} = 0.7$ V,电位器 R_p 箭头在中间位置,不接负载电阻 R_L 时,试计算 A、B、C、D、E 点的电位和 V_{CE3} 的值。

(3) 计算输出电压的调节范围。

(4) 当 $V_O = 12$ V、$R_L = 150$ Ω、$R_2 = 510$ Ω 时,计算调整管 T_3 的功耗 P_{C3}。

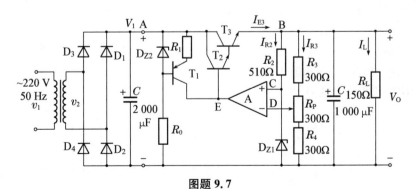

图题 **9.7**

8. 试推导图题 9.8 电路中输出电流 I_O 的表达式。A 为理想集成运算放大器,且可以正常工作;三端集成稳压器 CW7824 的 3、2 端间的电压用 V_{REF} 表示。

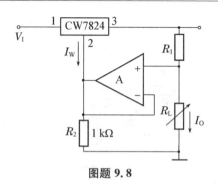

图题 9.8

9. 直流稳压电源如图题 9.9 所示。若变压器二次侧电压的有效值 $V_2 = 15\,\text{V}$，三端稳压器为 W7812，试回答：

（1）整流器的输出电压约为多少？

（2）要求整流管的最高反向工作电压 V_{BRM} 大于多少？

（3）W7812 中的调整管承受的电压约为多少？

（4）若负载电流 $I_L = 100\,\text{mA}$，W7812 的功率损耗为多少？

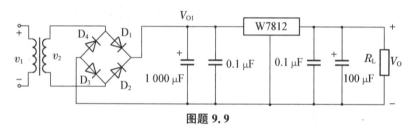

图题 9.9

10. 图题 9.10 所示是由三端集成稳压电路 W7805 组成的恒流源电路。已知 W7805 的 2 脚输出电流 $I = 5\,\text{mA}$，$R = 1\,\text{k}\Omega$，$R_L = 100 \sim 200\,\Omega$，求流过负载 R_L 上的电流 I_O 值及输出电压 V_O 的范围。

11. 直流稳压电源如图 9.11 所示。

（1）说明电路的整流电路、滤波电路、调整管、基准电压电路、比较放大电路、采样电路等部分各由哪些元件组成。

（2）标出集成运放的同相输入端和反相输入端。

（3）写出输出电压的表达式。

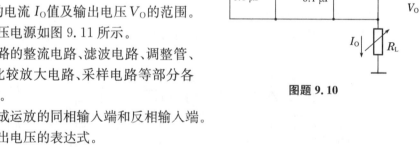

图题 9.10

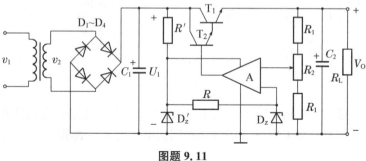

图题 9.11

12. 电路如图 9.12 所示,已知稳压管的稳定电压 $V_Z=6\,V$,晶体管的 $V_{BE}=0.7\,V$,$R_1=R_2=R_3=300\,\Omega$,$V_I=24\,V$。判断出现下列故障时,电路输出电压的大小或者取值范围。

(1) T_1 的 c、e 短路。

(2) R_e 短路。

(3) R_2 短路。

(4) T_2 的 b、c 短路。

(5) R_1 短路。

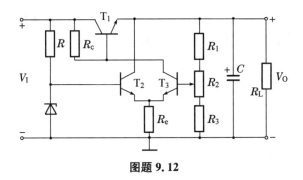

图题 9.12

13. 电路如图题 9.13 所示。已知 v_2 的有效值足够大,合理连线,使之构成一个 5 V 的直流电源。

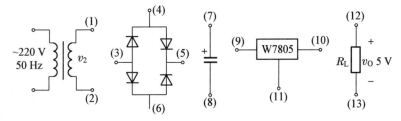

图题 9.13

14. 串联型稳压电路如图 9.14 所示,其中变压器次级电压有效值 $V_2=18\,V$,稳压管的稳定电压 $V_Z=6\,V$,$R_1=270\,\Omega$,$R_2=R_3=470\,\Omega$。

(1) 说明电路的整流电路、滤波电路、调整管、基准电压电路、比较放大电路、采样电路等部分各由哪些元件组成。

(2) 当电容足够大时,估算整流滤波电路的输出电压 V_d。

(3) 求输出电压的最大值和最小值。

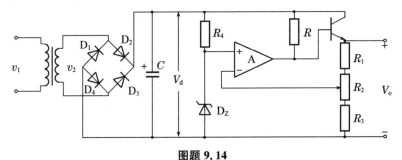

图题 9.14

15. 如图题 9.15 所示电路中,已知输出电压最大值为 25 V,$R_1 = 240\ \Omega$,CW117 的输入端和输出端的电压差的取值范围为 3~40 V,最小输出电流 $I_{omin} = 5$ mA,输出端与调整端的电压 $V_{21} = 1.25$ V。

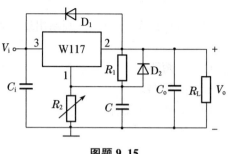

图题 9.15

(1) 求输出电压的最小值。

(2) 求 R_2 的大小。

(3) 求输入电压 V_I 允许的取值范围。

(4) 若输入电压 V_I 的波动范围为 $\pm 10\%$,求 V_I 的取值范围。

附　录

【微信扫码】

Multisim 仿真

参考文献

[1] [美]博伊尔斯塔德(Boylestad,R. L.)等著. 李立华等译. 模拟电子技术. 北京:电子工业出版社,2008.

[2] 冯军,谢嘉奎主编. 电子线路线. 线性部分. 北京:高等教育出版社,2010.

[3] 康华光主编. 电子技术基础. 模拟部分(第四版). 北京:高等教育出版社,1999.

[4] 康华光主编. 电子技术基础. 模拟部分(第五版). 北京:高等教育出版社,2006.

[5] 清华大学电子学教研组编. 华成英,童诗白主编. 模拟电子技术基础(第四版). 北京:高等教育出版社,2006.

[6] 华成英主编. 模拟电子技术基本教程. 北京:清华大学出版社,2006.

[7] 华成英编. 模拟电子技术基础(第四版)习题解答. 北京:高等教育出版社,2007.

[8] 王淑娟,蔡惟铮主编. 模拟电子技术基础学习指导与考研指南. 北京:高等教育出版社,2008.

[9] 王淑娟,蔡惟铮,齐明主编. 模拟电子技术基础. 北京:高等教育出版社,2009.

[10] 王楚,余道衡编著. 电子线路. 北京:北京大学出版社,2003.

[11] 梁明理主编. 电子线路. 北京:高等教育出版社,2008.

[12] 陈大钦主编. 模拟电子技术基础. 北京:机械工业出版社,2006.

[13] 杨素行主编. 模拟电子技术基础简明教程. 北京:高等教育出版社,2006.

[14] 杨明欣主编. 模拟电子技术基础. 北京:高等教育出版社,2012.

[15] 陆利忠,王志刚编著. 现代电子线路基础. 上册. 北京:国防工业出版社,2011.

[16] 胡宴如,耿苏燕主编. 模拟电子技术基础. 北京:高等教育出版社,2010.

[17] 胡宴如,耿苏燕主编. 模拟电子技术(第三版)学习指导. 北京:高等教育出版社,2008.

[18] 傅丰林主编. 模拟电子技术基础. 北京:人民邮电出版社,2008.

[19] 傅丰林主编. 陈健编. 低频电子线路(第二版). 北京:高等教育出版社,2008.

[20] 谢志远主编. 尚秋峰副主编. 模拟电子技术基础. 北京:清华大学出版社,2011.

[21] 杨凌编著. 模拟电子线路. 北京:机械工业出版社,2007.

[22] 张绪光,刘在娥主编. 模拟电子技术. 北京:北京大学出版社,2010.

[23] 李霞主编. 模拟电子技术基础. 武汉:华中科技大学出版社,2009.

[24] 张虹主编. 模拟电子技术原理与应用. 北京:北京大学出版社,2009.

[25] 翟丽芳主编. 模拟电子技术. 北京:机械工业出版社,2011.

[26] 李哲英主编. 电子技术及其应用基础. 模拟部分(第二版). 北京:高等教育出版社,2008.

[27] 陶桓齐,张小华,彭其圣主编. 模拟电子技术. 武汉:华中科技大学出版社,2007.

[28] 唐治德主编. 模拟电子技术基础. 北京:科学出版社,2009.

[29] 陈梓城,邓海主编. 模拟电子技术. 北京:高等教育出版社,2010.

[30] 王公望主编. 董晓强,谢松云编著. 模拟电子技术基础. 西安:西北工业大学出版

社,2005.

[31] 郑晓峰主编. 模拟电子技术基础. 北京:中国电力出版社,2008.

[32] 郭业才,黄友锐主编. 模拟电子技术. 北京:清华大学出版社,2011.

[33] 金玉善,曹应晖,申春编著. 模拟电子技术基础. 北京:中国铁道出版社,2010.

[34] 劳五一,劳佳编著. 模拟电子学导论. 北京:清华大学出版社,2011.

[35] 沙占友著. 万用表最新妙用 100 例(第二版). 北京:机械工业出版社,2008.

[36] 高海生主编. 模拟电子技术基础. 南昌:江西科学技术出版社,2009.

[37] 梅开乡,梅军进主编. 模拟电子技术. 北京:北京理工大学出版社,2009.

[38] 刘宝玲主编. 电子电路基础. 北京:高等教育出版社,2006.

[39] 华君玮主编. 电工学中册模拟电子技术基础. 合肥:中国科学技术大学出版社,2009.

[40] 王勇编著. 模拟电子学基础学习指导与教学参考. 上海:复旦大学出版社,2006.

[41] 沈裕钟主编. 工业电子学(第三版). 北京:高等教育出版社,1998.

[42] 宋家友主编. 电子技术快学快用. 福州:福建科学技术出版社,2009.

[43] 何其贵主编. 低频电子线路分析基础. 北京:北京理工大学出版社,2010.

[44] 陈艳峰主编. 模拟电子技术基础. 北京:机械工业出版社,2011.

[45] 刘树林,程红丽编著. 低频电子线路. 北京:机械工业出版社,2007.

[46] 廖惜春主编. 模拟电子技术基础. 武汉:华中科技大学出版社,2008.

[47] 廖惜春主编. 模拟电子技术基础. 北京:科学出版社,2011.

[48] 靳孝峰编著. 模拟电子技术. 天津:天津大学出版社,2011.

[49] 王友仁,李东新,姚睿编著. 模拟电子技术基础教程. 北京:科学出版社,2011.

[50] 戈素贞,杜群羊,吴海青编著. 模拟电子技术基础与应用实例(第二版). 北京:北京航空航天大学出版社,2012.

[51] 王艳春著. 电子技术实验与 Multisim 仿真. 合肥:合肥工业大学出版社,2011.

[52] 蒋卓勤,黄天录,邓玉元主编. Multisim 及其在电子设计中的应用. 西安:西安电子科技大学出版社,2011.

[53] 许晓华,何春华主编. Multisim 10 计算机仿真及应用. 北京:北京交通大学出版社,2011.

[54] 黄智伟主编. 基于 NI Multisim 的电子电路计算机仿真设计与分析(修订版). 北京:电子工业出版社,2011.

[55] 周淑阁主编. 模拟电子技术实验教程. 南京:东南大学出版社,2008.

[56] 周淑阁主编. 杨栋副主编. 模拟电子技术. 南京:东南大学出版社,2008.

[57] 宋树祥主编. 李海侠,刘亚荣副主编. 模拟电子线路. 北京:北京大学出版社,2012.

[58] 闵锐,徐勇,孙峥等编著. 电子线路基础. 西安:西安电子科技大学出版社,2010.

[59] 林春景主编. 模拟电子线路. 北京:机械工业出版社,2009.

[60] 黄丽亚,杨恒新等编著. 模拟电子技术基础(第二版). 北京:机械工业出版社,2012.

[61] 王连英主编. 基于 Multisim 10 的电子仿真实验与设计. 北京:北京邮电大学出版社,2009.

[62] 陈光梦编著. 模拟电子学基础. 上海:复旦大学出版社,2009.

[63] 施智雄,胡放鸣主编. 实用模拟电子技术. 成都:电子科技大学出版社,2006.

［64］成立,杨建宁主编.模拟电子技术.南京:东南大学出版社,2006.

［65］陈大钦,彭容修.电子技术基础(模拟部分)重点难点·题解指导·考研指南.北京:高等教育出版社,2006.

［66］吴友宇主编.模拟电子技术基础.北京:清华大学出版社,2009.

［67］章小宝,朱海宽,夏小勤编著.电工技术与电子技术基础实验教程.北京:清华大学出版社,2011.

［68］元增民编著.模拟电子技术.北京:中国电力出版社,2009.

［69］张新喜编著.Multisim 10 电路仿真及应用.北京:机械工业出版社,2010.